普通高等教育机电类系列教材

机械振动理论及应用

主　编　李友荣
副主编　王兴东
参　编　吴宗武　鲁志文　龚彩云

机 械 工 业 出 版 社

本书内容包括单自由度系统的自由振动和受迫振动及应用、多自由度系统模态分析方法及应用、多自由度系统子模型综合法、分析力学基础、连续系统的振动及其精确解、非线性系统振动求解的几何方法和解析方法及工程应用。每章针对各个知识点均设有一定量的习题，以强化读者对相关内容的理解和掌握。

本书内容全面涵盖了工程中常用的振动相关理论，并包含了编者在长期实践中积累的大量工程应用案例，内容丰富，结构清晰，叙述简洁，术语规范，既可作为普通高等工科院校机械、汽车工程、结构工程、土木工程等相关专业本科生、研究生的教材，又可作为相关专业工程技术人员的参考书。

图书在版编目（CIP）数据

机械振动理论及应用/李友荣主编. —北京：机械工业出版社，2020.8
普通高等教育机电类系列教材
ISBN 978-7-111-65563-3

Ⅰ.①机… Ⅱ.①李… Ⅲ.①机械振动-高等学校-教材
Ⅳ.①TH113.1

中国版本图书馆 CIP 数据核字（2020）第 076613 号

机械工业出版社（北京市百万庄大街 22 号 邮政编码 100037）
策划编辑：余 皞 责任编辑：余 皞
责任校对：王 欣 封面设计：张 静
责任印制：郜 敏
北京圣夫亚美印刷有限公司印刷
2020 年 8 月第 1 版第 1 次印刷
184mm×260mm · 15.5 印张 · 381 千字
标准书号：ISBN 978-7-111-65563-3
定价：39.80 元

电话服务 网络服务
客服电话：010-88361066 机 工 官 网：www.cmpbook.com
010-88379833 机 工 官 博：weibo.com/cmp1952
010-68326294 金 书 网：www.golden-book.com
封底无防伪标均为盗版 机工教育服务网：www.cmpedu.com

前　言

设备和结构的振动会产生巨大的动载荷，使设备和结构的服役寿命显著降低，同时也会影响产品的质量。但在实际工程中，也有许多应用振动来完成工作的设备，如振动筛等。无论是进行动力分析、环境调查（载荷谱预测等）还是质量检测（设备和结构的健康监测等），都需要对振动理论及应用方法有深入的了解。

本书主编从事机械振动的教学和科研工作 40 余年。本书素材源于多年教学科研实践所编写的讲义，编写过程中参阅了国内外相关的教材，进行了对比总结，取长补短，同时通过与学生交流、同行交流等，确定了本书的编写思想与大纲。此外，编者围绕本书内容进行了大量的教学研究，针对不同的教学内容和教学方法进行了教学实践。通过实践发现，本书的内容和相应的教学方法具有更好的教学效果，更适合机械工程、汽车工程、结构工程、土木工程等专业的本科生、研究生及工程技术人员。

全书共 6 章。第 1 章介绍了单自由度系统的自由振动、受迫振动及减振和隔振的方法。第 2 章介绍了多自由度系统振动的模态分析方法、动力减振及流固耦合系统的分析方法。第 3 章介绍了多自由度系统的子模型综合法，包括对链状系统的传递矩阵法、采用电路理论来分析机械和结构振动的机电模拟方法。第 4 章介绍了分析力学基础，采用拉格朗日方程，用能量和功等标量来描述振动系统，特别适用于工程中常见的机电液气耦合系统。第 5 章介绍了连续系统的振动及其精确解，并对受约束连续系统的求解进行了论述。第 6 章介绍了非线性系统振动的几何求解和解析求解方法，对工程中的自激振动进行了建模、分析并给出抑制对策。

本书的主要特点如下：

1）对理论推导的过程删繁就简，着重讲述工程案例解决方案，对于机械、汽车、结构、土木等工科专业学生来说，本书内容更加简洁，重点突出，更有针对性。

2）省去大篇幅的理论讲解，侧重理论与实际应用的结合，能够加速学生对理论的消化理解，并应用到实践中去解决实际问题。

3）在内容上贴近机械及结构工程应用，配合相关专业课的学习，能够使学生学以致用。

感谢宝武集团宝钢股份武汉钢铁有限公司、宝山钢铁有限公司等企业提供了大量的工程案例，使本书的理论内容能结合工程实际应用，使读者不仅能学习到振动的基本理论，而且可以增强读者运用基本理论来分析、解决工程实际问题的能力。

由于编者水平有限，书中难免有不当之处，恳请读者批评指正。可将意见和建议反馈至邮箱：liyourong@ wust. edu. cn。

编　者

目　录

第1章

单自由度系统的振动

单自由度系统是指只用一个广义坐标即可完全描述其运动规律的系统。单自由度系统的振动是振动分析中最为简单的一种情况，也是多自由度系统及连续系统振动分析的基础。在一定条件下，许多工程中的振动问题可以简化为单自由度振动系统来分析。

1.1 单自由度系统振动的微分方程

图 1.1-1a 所示为一典型的单自由度振动系统，它包含质量块、弹簧和阻尼器（假定为黏性阻尼）三个基本元件。振动系统中的惯性、弹性和耗能参数分别为质量 m、刚度 k 和黏性阻尼系数 c。

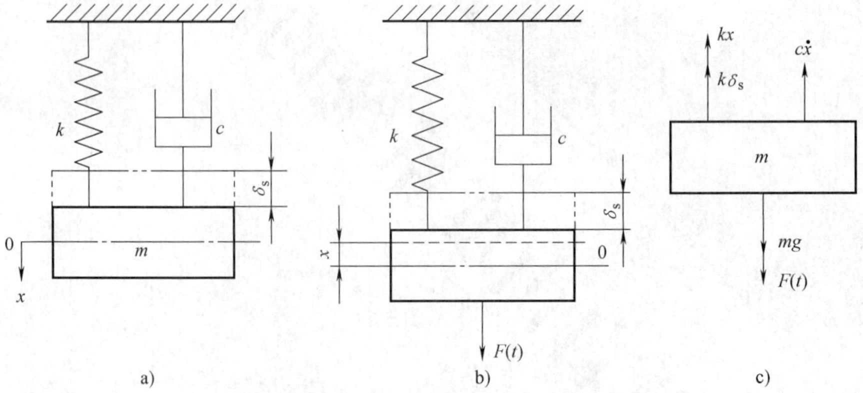

图 1.1-1 单自由度振动系统及受力示意图

a）静平衡位置 b）受外力作用 c）运动中的受力图

假设在质量块上作用有大小随时间变化的激振力 $F(t)$，此时系统能够作等幅振动。如图 1.1-1b 所示，当质量块的位移为 x 时，弹性力 kx、阻尼力 $c\dot{x}$、惯性力 $m\ddot{x}$ 分别与振动质量的位移、速度和加速度成正比，方向相反。

通过对质量块进行受力分析，可知质量块受力如图 1.1-1c 所示。根据牛顿第二定律可建立方程

$$m\ddot{x}=F(t)+mg-kx-c\dot{x}-k\delta_s \tag{1.1-1}$$

式中，$k\delta_s=mg$，δ_s 为质量块处于静平衡时弹簧的静伸长。

对式（1.1-1）整理可得

$$m\ddot{x}+c\dot{x}+kx=F(t) \tag{1.1-2}$$

式（1.1-2）即为单自由度线性振动系统的运动微分方程式的一般形式，也称为单自由度有黏性阻尼系统的受迫振动方程。它是一个二阶常系数线性非齐次微分方程。$\ddot{x}$、$\dot{x}$、x 分别为质量块的运动加速度、速度和位移。

根据外激励及系统阻尼的有无，单自由度系统可以分为如下几种情况：

1）当式（1.1-2）右端项 $F(t)$ 为零时，系统不受外力作用，则可以得到单自由度有黏性阻尼系统的自由振动方程

$$m\ddot{x}+c\dot{x}+kx=0 \tag{1.1-3}$$

2）当式（1.1-2）中黏性阻尼系数 c 为零时，系统中无阻尼，则可以得到单自由度无阻尼系统的受迫振动方程

$$m\ddot{x}+kx=F(t) \tag{1.1-4}$$

3）当式（1.1-2）中黏性阻尼系数 c 和右端项 $F(t)$ 均为零时，系统无阻尼且不受外力作用，则可以得到单自由度无阻尼系统的自由振动方程

$$m\ddot{x}+kx=0 \tag{1.1-5}$$

1.2 几种常见的单自由度振动系统

单自由度振动系统有众多不同形式，但本质上与 1.1 节所述的典型的弹簧-质量块系统相同，本节将介绍三种常见的单自由度系统并推导其运动微分方程。

1.2.1 扭转振动系统

如图 1.2-1 所示，有一圆盘固定于一根轴的一端，轴的另一端固定，构成图示的扭转振动系统。假设圆盘和轴为均质体，且不考虑轴的质量，圆盘转动惯量为 J。设有扭矩 $M(t)$ 作用于圆盘上，使圆盘绕轴做扭转振动。

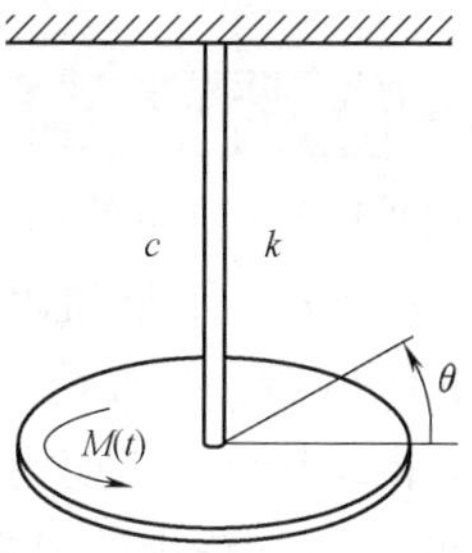

图 1.2-1　单自由度扭转振动系统

在 t 时刻圆盘转动角位移为 θ，角速度为 $\dot{\theta}$，角加速度为 $\ddot{\theta}$。此时作用在圆盘上的弹性恢复力矩、阻尼力矩和惯性力矩分别为 $k\theta$、$c\dot{\theta}$ 和 $J\ddot{\theta}$。

根据牛顿第二定律，有

$$J\ddot{\theta}=M(t)-k\theta-c\dot{\theta}$$

由此可得单自由度扭转振动系统的运动微分方程的一般形式为

$$J\ddot{\theta}+c\dot{\theta}+k\theta=M(t) \tag{1.2-1}$$

1.2.2 微幅摆振系统

如图 1.2-2 所示的单摆，摆线长度为 l（质量不计），摆球质量为 m（忽略尺寸），弹簧刚度为 k，弹簧悬挂点与单摆转动中心的距离为 a，阻尼器阻尼系数为 c，J 为摆球相对转动中心的转动惯量（$J=ml^2$）。在摆球上作用有外力矩 $M(t)$，构成微幅摆动系统。假设摆杆处于竖直位置时为该系统的静平衡状态，此时弹簧未发生变形，以相对此状态的角位移为广义坐标，逆时针方向为正方向。

t 时刻，单摆的角位移为 θ，分析摆球上所受力矩情况，摆球上作用有弹性力矩 $-2ka^2\sin\theta\cos\theta$、阻尼力矩 $-(c\cos\theta)\ l^2\dot{\theta}$、重力力矩 $-mgl\sin\theta$ 和惯性力矩 $J\ddot{\theta}$。

考虑到为微幅摆动，θ 很小，则 $\sin\theta\approx\theta$，$\cos\theta\approx1$。弹性力矩、阻尼力矩和重力力矩可分别近似为 $-2ka^2\theta$、$-cl^2\dot{\theta}$ 和 $-mgl\theta$。

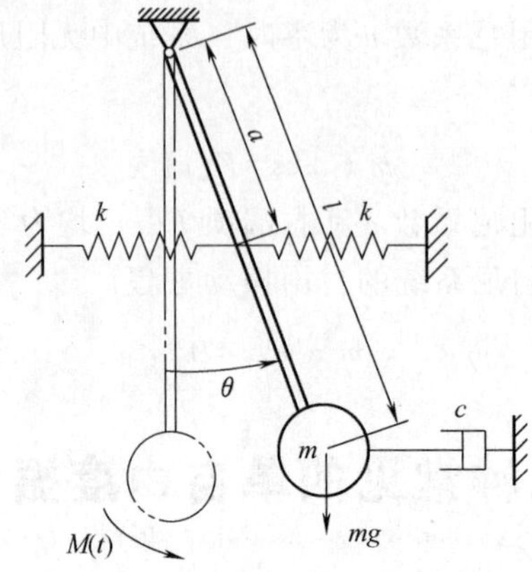

图 1.2-2　单自由度微幅摆动系统

根据牛顿第二定律，得

$$ml^2\ddot{\theta} = M(t) - cl^2\dot{\theta} - 2ka^2\theta - mgl\theta$$

于是可得单自由度微幅摆动系统运动微分方程的一般形式为

$$ml^2\ddot{\theta} + cl^2\dot{\theta} + (2ka^2 + mgl)\theta = M(t) \tag{1.2-2}$$

1.2.3　简支梁横向振动系统

如图 1.2-3 所示的简支梁振动系统，梁的长度为 l（梁本身的质量忽略不计），梁跨中的集中质量为 m，阻尼器阻尼系数为 c，在梁的跨中作用有外力 $F(t)$，构成简支梁横向振动系统。

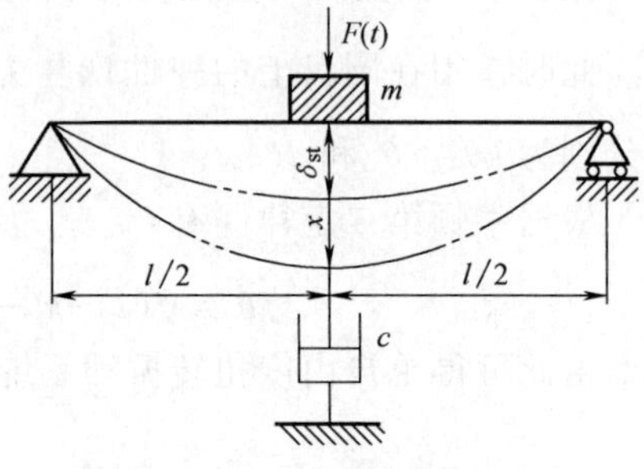

图 1.2-3　简支梁振动系统

取梁跨中的动挠度为系统位移 x。系统不受外力 $F(t)$ 作用时梁跨中的静挠度为 δ_{st}。根据材料力学知

$$\delta_{st} = \frac{mgl^3}{48EI}$$

式中，EI 为梁截面的抗弯刚度，I 为梁横截面的惯性矩，E 为弹性模量。

则梁的等效刚度为

$$k_e = \frac{48EI}{l^3}$$

以梁跨中的静平衡位置为 x 的坐标原点，向下为正方向。梁在振动过程中，跨中质量块所受的梁抗弯反力为$-k_e x$、阻尼力为$-c\dot{x}$。

根据牛顿第二定律，得

$$m\ddot{x} = F(t) - k_e x - c\dot{x}$$

式中，$m\ddot{x}$ 为质量块的惯性力，由此可得到简支梁单自由度横向振动系统运动微分方程的一般形式为

$$m\ddot{x} + c\dot{x} + k_e x = F(t) \tag{1.2-3}$$

1.3 单自由度无阻尼系统的自由振动

无阻尼自由振动是指振动系统受到初始扰动（激励）以后，不再受外力作用，且不受阻尼的影响所做的振动。其典型形式如图 1.3-1 所示，振动系统中的惯性、弹性参数分别为质量 m 和弹簧刚度 k，弹簧的静变形量为 δ_s。

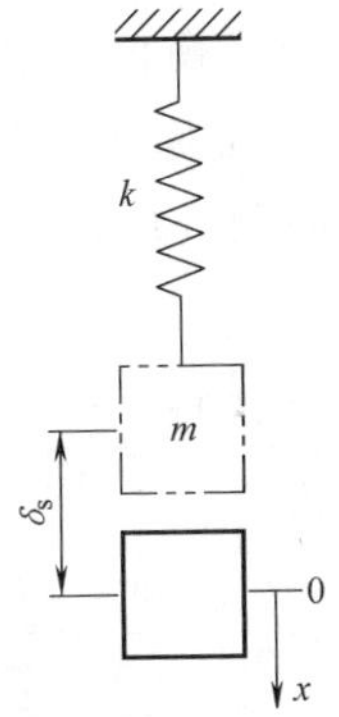

图 1.3-1 单自由度无阻尼自由振动系统

1.3.1 振动微分方程的解

由本章 1.1 节可知，单自由度无阻尼系统自由振动的微分方程为式（1.1-5），即

$$m\ddot{x}+kx=0$$

令 $k/m=\omega_n^2$，上式可写为

$$\ddot{x}+\omega_n^2x=0 \tag{1.3-1}$$

这是一个齐次二阶常系数线性微分方程，令 $x=e^{st}$（$e^{st}\neq0$），得到式（1.3-2）的以 s 为变量的特征方程

$$s^2+\omega_n^2=0 \tag{1.3-2}$$

它的解 $s=\pm i\omega_n$（其中 $i=\sqrt{-1}$）称为特征根。

则由式（1.1-5）表示的单自由度无阻尼振动微分方程的通解为

$$x=c_1e^{i\omega_nt}+c_2e^{-i\omega_nt} \tag{1.3-3}$$

1.3.2 微分方程通解的一般形式

根据欧拉公式 $e^{ix}=\cos x+i\sin x$，式（1.3-3）可以写成式（1.3-4）的形式

$$x=(c_1+c_2)\cos(\omega_nt)+i(c_1-c_2)\sin(\omega_nt) \tag{1.3-4}$$

也可用式（1.3-5）表示

$$x=d_1\cos(\omega_nt)+d_2\sin(\omega_nt) \tag{1.3-5}$$

式中，d_1、d_2 为待定系数，由初始条件确定。

式（1.3-5）也可写为

$$x=A\sin(\omega_nt+\psi_0) \tag{1.3-6}$$

其中

$$A=\sqrt{d_1^2+d_2^2} \tag{1.3-7}$$

$$\psi_0=\arctan\frac{d_1}{d_2} \tag{1.3-8}$$

$$\omega_n=\sqrt{\frac{k}{m}} \tag{1.3-9}$$

则单自由度无阻尼系统的自由振动可以看成是一个以平衡位置为中心的简谐振动。式（1.3-6）中 A 为振幅，它表示质量偏离静平衡位置的最大位移；ψ_0 为初始相位角；$\omega_n t+\psi_0$ 称为相位；ω_n 称为系统的固有圆频率，也常称为固有频率，单位为 rad/s。

系统完成一次振动所需的时间称为周期（s），用 T_n 表示，系统在 1s 内的振动次数称为系统的固有频率（Hz），用 f_n 表示。显然 T_n 是频率 f_n 的倒数。

$$T_n=\frac{1}{f_n}=\frac{2\pi}{\omega_n}=2\pi\sqrt{\frac{m}{k}} \tag{1.3-10}$$

$$f_n=\frac{\omega_n}{2\pi}=\frac{1}{2\pi}\sqrt{\frac{k}{m}} \tag{1.3-11}$$

设初始时刻 $t=0$ 时，$x=x_0$，$\dot{x}=\dot{x}_0$，将其代入式（1.3-5）中，得

$$d_1=x_0$$

$$d_2=\omega_n/\dot{x}_0$$

则式（1.3-5）可以写成

$$x=x_0\cos(\omega_n t)-\frac{\dot{x}_0}{\omega_n}\sin(\omega_n t) \tag{1.3-12}$$

且式（1.3-6）中振幅和初始相位角分别为

$$A=\sqrt{x_0^2+\frac{\dot{x}_0^2}{\omega_n^2}},\psi_0=\arctan\frac{x_0\omega_n}{\dot{x}_0} \tag{1.3-13}$$

由式（1.3-9）和式（1.3-10）可知，在单自由度无阻尼自由振动系统中，固有频率（ω_n 或 f_n）和振动周期仅与系统的固有参数 m 和 k 有关，而与初始条件无关，是系统的固有特性，故可称为系统的固有频率和固有周期。因而，系统的惯性质量越大，弹簧越软则固有频率越小，固有周期越大；反之系统的惯性质量越小，弹簧越硬，则固有频率越大，固有周期越小。而由式（1.3-13）可知，系统的振幅和初始相位角取决于初始条件，不是系统的固有特性。

1.4 用能量法建立系统振动微分方程

无阻尼系统称为保守系统，在振动中机械能保持守恒，即动能与势能之和始终为定值，若令 T 和 U 分别代表振动系统的动能和势能，则

$$T+U=常数 \tag{1.4-1}$$

由于动能最大时，势能为零，势能最大时，动能为零。因此

$$T_{max} = U_{max} \tag{1.4-2}$$

若将式（1.4-1）对时间求导，则可得

$$\frac{d}{dt}(T+U) = 0 \tag{1.4-3}$$

根据式（1.4-3）可以建立无阻尼振动系统的振动微分方程，且利用无阻尼单自由度系统的自由振动是简谐振动，可由式（1.4-2）直接求出振动系统的固有频率，这将在后面介绍单自由度系统固有频率计算方法时详细说明。

能量法既适用于简单的振动系统，也适用于复杂的振动系统。特别是对于复杂的振动系统，即使是单自由度系统，或许也会包含多个物体和弹簧，受力情况复杂。若使用牛顿定律，受力分析较为烦琐，而此时使用能量法，只需求出整体的总动能和势能，并按式（1.4-3）求导即可得到系统的振动方程，操作简便。

例 1.4-1 如图 1.3-1 所示的简单振动系统，使用能量法求其振动微分方程。

解： 设静平衡状态的质心为坐标原点 O，此时弹簧伸长量设为零。某瞬时 t，物块下移 x，此时弹簧伸长量为 x，物块速度为 $\dot{x}$，则系统动能为

$$T = \frac{1}{2}m\dot{x}^2$$

取静平衡位置作为势能零点，系统势能为

$$U = \frac{1}{2}kx^2$$

将以上两式代入式（1.4-3）则有

$$\frac{d}{dt}\left[\frac{1}{2}m\dot{x}^2 + \frac{1}{2}kx^2\right] = 0$$

即

$$m\dot{x}\ddot{x} + kx\dot{x} = 0$$

由于振动速度不能恒为零，因此可消去 $\dot{x}$，即 $m\ddot{x}+kx=0$。

例 1.4-2 如图 1.4-1 所示的复合振动系统中，均质杆 AB 长为 l，质量为 m_1。均质轮半径为 R，质量为 m_2。弹簧刚度为 k，质量不计。弹簧通过细绳绕过滑轮与杆 AB 的右端相连，假设绳轮间不存在打滑情况，均质杆处于水平位置时为系统的静平衡位置（此时弹簧伸长量为 δ_s），求系统自由振动微分方程。

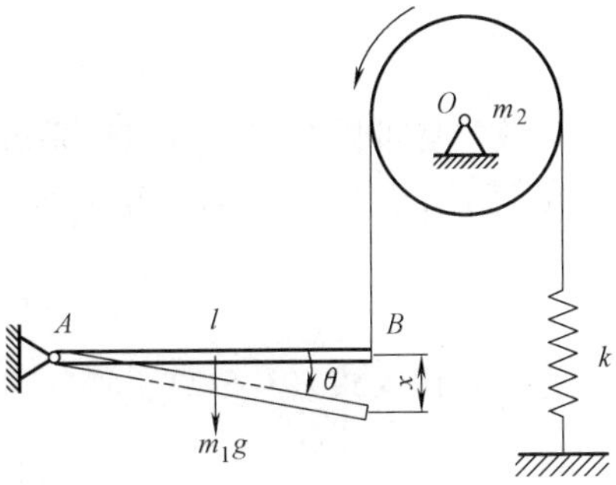

图 1.4-1 复合振动系统

解： 设系统振动过程中滑轮转过的微小角度为 φ，B 点向下的位移为 x，杆转动角度为 θ，在连接点 B 处可以确定系统的运动关系

$$\dot{x} = R\dot{\varphi} = l\dot{\theta}$$

系统的动能为

$$
\begin{aligned}
T &= T_1 + T_2 \\
&= \frac{1}{2} J_A \dot{\theta}^2 + \frac{1}{2} J_o \dot{\varphi}^2 \\
&= \frac{1}{2} \times \frac{1}{3} m_1 l^2 \dot{\theta}^2 + \frac{1}{2} \times \frac{1}{2} m_2 R^2 \dot{\varphi}^2 \\
&= \frac{1}{2} \times \left(\frac{1}{3} m_1 + \frac{1}{2} m_2 \right) \dot{x}^2
\end{aligned}
$$

取静平衡位置作为势能零点，系统的势能为

$$U = \frac{1}{2} k x^2$$

将系统动能和势能代入式（1.4-3）并化简，即可得到系统的自由振动微分方程

$$\left(\frac{1}{3} m_1 + \frac{1}{2} m_2 \right) \ddot{x} + kx = 0$$

1.5 等效质量与等效刚度

实际的振动系统往往不是如图 1.3-1 所示的弹簧-质量系统，而通常是由多个构件组成的复合系统，其质量是分散的，弹性元件样式多、组合形式复杂，分析起来较为困难。因此常用等效质量来代替分散的质量，用等效弹簧的刚度来代替组合弹簧刚度，从而将实际振动系统简化为如图 1.3-1 所示的等效振动系统（弹簧-质量系统）。

假设简化后的振动系统中，等效质量为 M_e，等效刚度为 K_e，则等效振动系统的固有频率为

$$\omega_n = \sqrt{\frac{K_e}{M_e}} \tag{1.5-1}$$

1.5.1 等效质量

假定某振动系统的等效质量为 M_e，可以将系统的动能写成以下形式

$$T = \frac{1}{2} M_e \dot{x}^2 \tag{1.5-2}$$

因此等效质量可以根据简化前后系统的动能相等来计算。

在例 1.4-2（图 1.4-1）中，系统动能为

$$T = \frac{1}{2} \times \left(\frac{1}{3} m_1 + \frac{1}{2} m_2 \right) \dot{x}^2$$

将上式代入式（1.5-2），得

$$\frac{1}{2} \times \left(\frac{1}{3} m_1 + \frac{1}{2} m_2 \right) \dot{x}^2 = \frac{1}{2} M_e \dot{x}^2$$

则系统等效质量

$$M_e = \frac{1}{3} m_1 + \frac{1}{2} m_2$$

系统的固有频率

$$\omega_{\mathrm{n}}=\sqrt{\frac{K_{\mathrm{e}}}{M_{\mathrm{e}}}}=\sqrt{\frac{k}{\frac{1}{3}m_1+\frac{1}{2}m_2}}=\sqrt{\frac{6k}{2m_1+3m_2}}$$

1.5.2 等效刚度

工程中，常使用等效弹簧来替代若干弹性元件组合而成的系统，计算时则用等效弹簧的刚度 k_{e} 来替代组合弹性元件的刚度。为了实现这种等效，需要保证等效弹簧的变形量与原系统中的组合弹性元件的综合变形量相同，计算中可以利用等效系统与原系统势能相等的原则。

1. 串联弹簧

如图 1.5-1a 所示的串联弹簧系统，根据变形量相同的原则，在力 $F(t)$ 的作用下，弹簧 k_1、k_2、…、k_n 的总伸长量应等于等效弹簧的伸长量，即

$$\frac{F(t)}{k_{\mathrm{e}}}=\frac{F(t)}{k_1}+\frac{F(t)}{k_2}+\cdots+\frac{F(t)}{k_n}$$

则

$$\frac{1}{k_{\mathrm{e}}}=\frac{1}{k_1}+\frac{1}{k_2}+\cdots+\frac{1}{k_n}=\sum_{i=1}^{n}\frac{1}{k_i} \tag{1.5-3}$$

2. 并联弹簧

如图 1.5-1b 所示的并联弹簧系统，假设原系统与等效弹簧的变形量均为 δ_{s}，可得

$$k_1\delta_{\mathrm{s}}+k_2\delta_{\mathrm{s}}+\cdots+k_n\delta_{\mathrm{s}}=F(t)=k_{\mathrm{e}}\delta_{\mathrm{s}}$$

则

$$k_{\mathrm{e}}=k_1+k_2+\cdots+k_n=\sum_{i=1}^{n}k_i \tag{1.5-4}$$

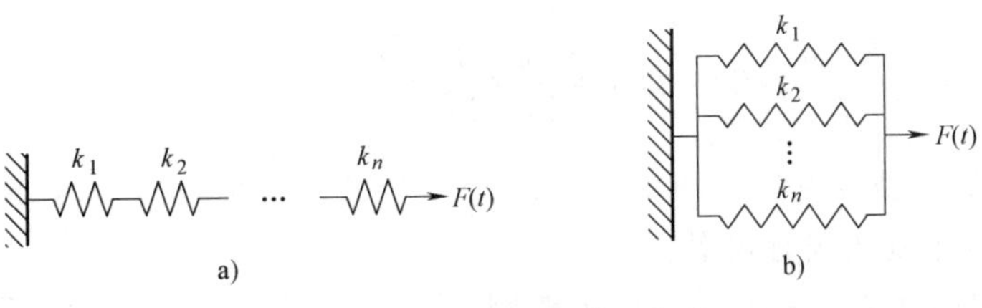

图 1.5-1 弹簧的串联与并联

a）串联 b）并联

1.6 计算系统固有频率的常用方法

系统的固有频率是系统振动的重要特征之一，在动力分析中有着十分重要的意义。单自由度系统固有频率的计算常采用以下几种方法：

1. 建立系统振动微分方程的方法

此方法是求系统固有频率最为基本的方法，即首先建立系统的振动微分方程，而后按照定义计算系统固有频率。其求解过程在 1.3 节中已经讲述，本节不再重复。

2. 静变形法

此方法是一种常用的工程方法，适用于结构复杂而刚度难以计算的情况。使用该法，不需求弹性元件的刚度，只需测得其静变形量，即可求出固有频率。

3. 能量法

能量法适用于阻尼可以忽略的保守系统，1.5 节已经讲述了使用能量法建立系统振动微分方程的方法，而后可以根据微分方程求固有频率。但若只需求系统的固有频率，也可以使用机械能守恒方程直接求解固有频率，从而跳过建立系统振动微分方程这一步。

4. 瑞利法

该法适用于需要考虑弹性元件的分布质量的情况。瑞利法是能量法的一种推广，它使用能量法对分布质量系统进行近似计算，将分布质量系统简化为一个单自由度系统。使用该法可以考虑弹性元件分布质量对振动的影响，从而得到一阶固有频率的近似值。

1.6.1 静变形法

如图 1.3-1 所示的弹簧-质量系统，假设仅在重力作用下，系统处于静平衡时弹簧的伸长量为 δ_s，则有

$$k\delta_s = mg$$

则弹簧刚度可表示为

$$k = \frac{mg}{\delta_s}$$

因此固有频率可表示为

$$\omega_n = \sqrt{\frac{k}{m}} = \sqrt{\frac{g}{\delta_s}} \tag{1.6-1}$$

或

$$f_n = \frac{\omega_n}{2\pi} = \frac{1}{2\pi}\sqrt{\frac{g}{\delta_s}} \tag{1.6-2}$$

由于 δ_s 为弹簧的静变形量，则从式（1.6-1）和式（1.6-2）可知，只需求得弹簧的静变形 δ_s，即可得到系统的固有频率。

例 1.6-1 如图 1.6-1 所示，一根抗弯刚度为 EI 的均质梁，长度为 l，跨中放置一质量为 m 的物体，忽略梁的质量，试用静变形法求系统的固有频率。

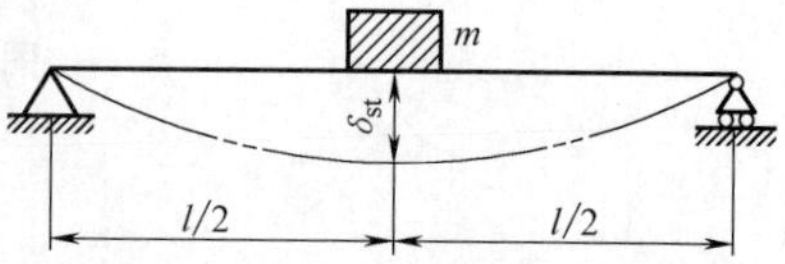

图 1.6-1 简支梁静变形

解： 根据材料力学理论，梁上支承物体处的静挠度为

$$\delta_{st} = \frac{mgl^3}{48EI}$$

代入式（1.6-1）得系统的固有频率为

$$\omega_n=\sqrt{\frac{g}{\delta_{st}}}=\sqrt{\frac{48EI}{ml^3}}$$

1.6.2 能量法

在本章 1.4 节中已经讲述了使用能量法求系统的振动微分方程的方法，得到微分方程后自然可以求出系统的固有频率。然而对于无阻尼系统，也可以利用机械能守恒原理（$T_{max}=U_{max}$）直接得到系统的固有频率，从而跳过建立系统振动微分方程的过程。同样地，由于使用能量法不需分别分析每个对象的受力情况，因而可以比较方便地计算复杂的单自由度系统的固有频率。

在例 1.4-1 中，取质量块的质心静平衡位置为坐标原点及势能零点，若使用能量法求固有频率，则根据机械能守恒原理可得

$$T_{max}=U_{max}$$

$$\frac{1}{2}m\dot{x}_{max}^{2}=\frac{1}{2}kx_{max}^{2}$$

由式（1.3-6）可知：$x_{max}=A$，$\dot{x}_{max}=A\omega_n$，将它们代入上式，得

$$\frac{1}{2}mA^2\omega_n^2=\frac{1}{2}kA^2$$

即

$$\omega_n=\sqrt{\frac{k}{m}} \tag{1.6-3}$$

则

$$f=\frac{1}{2\pi}\sqrt{\frac{k}{m}} \tag{1.6-4}$$

同理，在例 1.4-2 中，若使用能量法求固有频率，则根据机械能守恒原理可得

$$T_{max}=U_{max}$$

$$\frac{1}{2}\times\left(\frac{1}{3}m_1+\frac{1}{2}m_2\right)\dot{x}_{max}^{2}=\frac{1}{2}kx_{max}^{2}$$

同样将 $x_{max}=A$，$\dot{x}_{max}=A\omega_n$ 代入上式

有

$$\frac{1}{2}\left(\frac{1}{3}m_1+\frac{1}{2}m_2\right)A^2\omega_n^2=\frac{1}{2}kA^2$$

从而得到

$$\omega_n=\sqrt{\frac{k}{\frac{1}{3}m_1+\frac{1}{2}m_2}}=\sqrt{\frac{6k}{2m_1+3m_2}}$$

$$f_n=\frac{1}{2\pi}\sqrt{\frac{6k}{2m_1+3m_2}}$$

1.6.3 瑞利法

前述计算系统固有频率时，均没有考虑弹性元件的质量，因而计算出来的固有频率实际上是相对偏大的。在很多场合下，这种计算方式能够满足要求，但在有些工程问题中，弹性元件本身的质量可能占总质量的比例较大，此时若忽略其质量，则计算的固有频率会出现较大的偏差。

为解决此问题，瑞利（Rayleigh）提出了一种考虑弹性元件质量的近似计算系统固有频率的方法，称为瑞利法。实践已经证明，用该方法可以得到较精确的近似值。

如图 1.6-2 所示的弹簧-质量系统，假设在振动过程中，弹簧各截面的位移与它离固定端的距离成正比，则当质量块 m 的位移为 x 时，弹簧上距离固定端为 s 处的位置的位移为$\frac{s}{l}x$，质量块 m 的速度为 $\dot{x}$ 时，微元 ds 的相应速度为$\frac{s}{l}\dot{x}$。

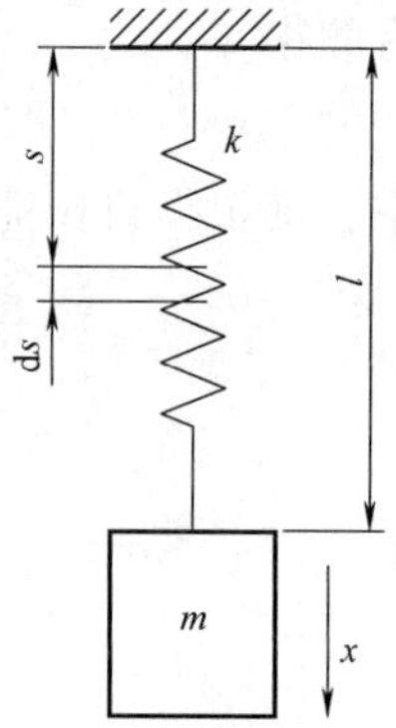

图 1.6-2 瑞利法求固有频率

令 ρ 为弹簧单位长度的质量，m_1 为弹簧整体的质量（$m_1=\rho l$），则整个弹簧的动能为

$$T_k=\int_0^l \frac{1}{2}\rho\left(\frac{s\dot{x}}{l}\right)^2 ds$$
$$=\frac{1}{2}\times\frac{\rho l}{3}\dot{x}^2$$
$$=\frac{1}{2}\times\frac{m_1}{3}\dot{x}^2$$

系统的总动能为质量块 m 的动能与弹簧的动能之和。故系统的最大动能为

$$T_{max}=\frac{1}{2}\times m\dot{x}_{max}^2+\frac{1}{2}\times\frac{m_1}{3}\dot{x}_{max}^2$$
$$=\frac{1}{2}\left(m+\frac{m_1}{3}\right)\dot{x}_{max}^2$$

则弹簧的等效质量为 $m_e=m_1/3$，系统的等效质量为 $M_e=m+m_1/3$。

系统的最大势能仍为弹簧的最大变形能，即

$$U_{max}=\frac{1}{2}\times kx_{max}^2$$

由机械能守恒定律 $T_{max}=U_{max}$，得

$$\frac{1}{2}\left(m+\frac{m_1}{3}\right)\dot{x}_{max}^2=\frac{1}{2}\times kx_{max}^2 \tag{1.6-5}$$

同样将 $x_{max}=A$，$\dot{x}_{max}=A\omega_n$ 代入式（1.6-5），得

$$\omega_n=\sqrt{\frac{k}{m+\frac{m_1}{3}}},\ f_n=\frac{\omega_n}{2\pi}=\frac{1}{2\pi}\sqrt{\frac{k}{m+\frac{m_1}{3}}} \tag{1.6-6}$$

由此可见，若需要考虑弹簧质量对系统的影响时，只需把弹簧质量的 1/3 作为集中质量

加入到原质量 m 上，便可求解到固有频率的精度较高的近似值。例如，当 $m_1=m$ 时，误差约为 0.75%；当 $m_1=0.5m$ 时，误差约为 0.5%；而当 $m_1=2m$ 时，误差为 3%。

1.7 有黏性阻尼系统的自由振动

前面讨论的无阻尼自由振动中没有考虑运动中的阻力的影响，是一种理想化系统，因而存在机械能守恒。然而，在实际的振动系统中阻力是不可避免的，自由振动必然会因阻力的作用而逐渐衰减，直至消失，在振动系统中这些阻力的作用可通过阻尼来描述。

实际的振动系统中阻尼的来源多种多样，如摩擦阻尼、电磁阻尼、介质阻尼和结构阻尼等。不同的阻尼类型其变化规律各有不同。在本节中只讨论黏性阻尼，即阻力大小与相对速度呈线性关系的阻尼。在实际应用中，也常将系统中的阻尼假设或等效为黏性阻尼，以便简化振动问题。

1.7.1 振动微分方程的解

由前述内容可知，如图 1.1-1 所示，当 $F(t)$ 为零时，系统为有黏性阻尼单自由度自由振动，振动方程为式（1.1-3）

$$m\ddot{x}+c\dot{x}+kx=0$$

式中，阻尼力 $F_r=c\dot{x}$，c 为黏性阻尼系数，国际单位为 N · s/m。

在上式中，令 $k/m=\omega_n^2$ 和 $c/m=2n$，则上式化为

$$\ddot{x}+2n\dot{x}+\omega_n^2x=0 \tag{1.7-1}$$

这是一个齐次二阶常系数线性微分方程，令 $x=e^{st}(e^{st}\neq0)$，则

$$\begin{aligned}\dot{x}&=se^{st}\\ \ddot{x}&=s^2e^{st}\end{aligned} \tag{1.7-2}$$

将式（1.7-2）代入式（1.7-1），得到式（1.7-1）的特征方程为

$$s^2+2ns+\omega_n^2=0 \tag{1.7-3}$$

它的两个根为

$$s_{1,2}=-n\pm\sqrt{n^2-\omega_n^2} \tag{1.7-4}$$

则微分方程式（1.7-1）的通解为

$$x=r_1e^{s_1t}+r_2e^{s_2t} \tag{1.7-5}$$

其中 r_1、r_2 为待定常数，由振动的初始条件确定。

1.7.2 黏性阻尼对自由振动的影响

式（1.7-5）的解取决于根式 $\sqrt{n^2-\omega_n^2}$ 的值是实数（正实数、零）还是虚数，因此存在三种不同情况。为此引进一个无量纲量 ζ，令

$$\zeta=\frac{n}{\omega_n}$$

可以用 ζ 来表示系统的阻尼状态，ζ 称为相对阻尼系数或阻尼比。

图 1.7-1 所示为三种不同阻尼比情况下的系统运动规律。

1）当 $n<\omega_n$ 时，$\zeta<1$，$\sqrt{n^2-\omega_n^2}$ 是虚数，称为欠阻尼（亚临界阻尼）状态。

2）当 $n=\omega_n$ 时，$\zeta=1$，$\sqrt{n^2-\omega_n^2}$ 为零，称为临界阻尼状态。

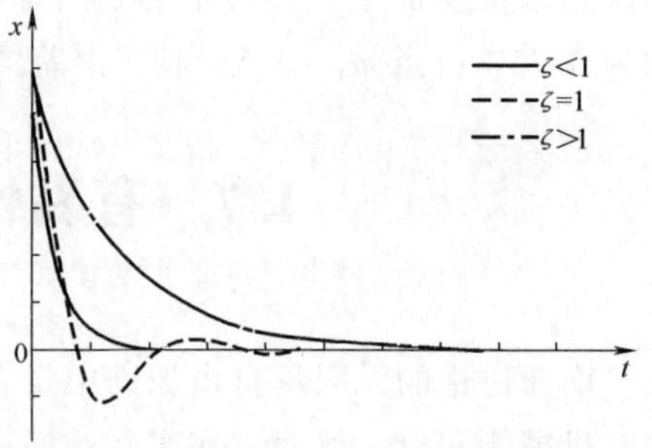

图 1.7-1　具有黏性阻尼的振动响应曲线

3）当 $n>\omega_n$ 时，$\zeta>1$，$\sqrt{n^2-\omega_n^2}$ 为实数，称为过阻尼（超临界阻尼）状态。

1. 欠阻尼状态（$\zeta<1$）

欠阻尼状态（$\zeta<1$）下，此时特征方程式（1.7-3）的根为一对共轭复数

$$s_{1,2}=-n\pm i\sqrt{\omega_n^2-n^2}=-\zeta\omega_n\pm i\omega_d$$

式中，ω_d 称为有阻尼固有圆频率或减幅振动圆频率，$\omega_d=\omega_n\sqrt{1-\zeta^2}$。

此时，根据欧拉公式 $e^{ix}=\cos x+i\sin x$，式（1.7-5）可以写成

$$x=e^{-nt}[D_1\cos(\omega_d t)+D_2\sin(\omega_d t)] \tag{1.7-6}$$

式中，$D_1=r_1+r_2$；$D_2=i(r_1-r_2)$。

代入初始条件 $x(0)=x_0$、$\dot{x}(0)=\dot{x}_0$ 得

$$D_1=x_0, D_2=\frac{\dot{x}_0+nx_0}{\sqrt{n^2-\omega_n^2}}$$

式（1.7-6）经三角变换，又可以写为

$$x=Ae^{-nt}\sin(\omega_d t+\psi_d) \tag{1.7-7}$$

其中

$$A=\sqrt{x_0^2+\left(\frac{\dot{x}_0+\zeta\omega_n x_0}{\omega_d}\right)^2}$$
$$\psi_d=\arctan\frac{x_0\omega_d}{\dot{x}_0+\zeta\omega_n x_0} \tag{1.7-8}$$

从式（1.7-7）和式（1.7-8）可见，处于欠阻尼状态（$\zeta<1$）的系统是作振幅按指数衰减的简谐振动，称为减幅阻尼振动，其响应曲线如图 1.7-2 所示。

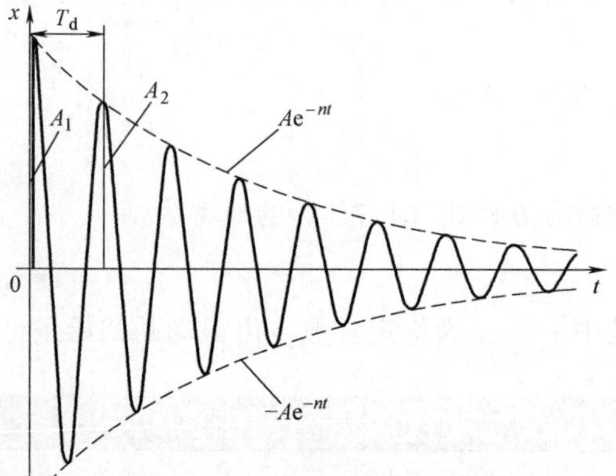

图 1.7-2　$\zeta<1$ 时的减幅振动

记 f_d 和 T_d 分别为有阻尼振动的频率和周期，f_n 和 T_n 分别为无阻尼时的振动频率和周期，则

$$f_d=\frac{\omega_n}{2\pi}\sqrt{1-\zeta^2}=f_n\sqrt{1-\zeta^2} \tag{1.7-9}$$

$$T_d=\frac{1}{f_d}=\frac{2\pi}{\omega_d}=\frac{2\pi}{\omega_n\sqrt{1-\zeta^2}}=\frac{T_n}{\sqrt{1-\zeta^2}} \tag{1.7-10}$$

由式（1.7-9）和式（1.7-10）可知，受阻尼的影响，系统周期增大，频率减小，且阻尼越大，这种影响越明显，阻尼越小，影响越小。

为评价阻尼对振动周期和固有频率的影响，将相邻振幅之比称为减幅系数（η），用以表征振幅衰减程度

$$\eta=\frac{A_1}{A_2}=\frac{Ae^{-\zeta\omega_n T_i}}{Ae^{-\zeta\omega_n(T_i+T_d)}}=e^{\zeta\omega_n T_d} \tag{1.7-11}$$

由式（1.7-11）可知，阻尼比 ζ 越大振幅衰减越快。

实际应用中，为便于计算，常用对数衰减系数 δ 代替减幅系数 η

$$\delta=\ln\eta=\ln\frac{A_1}{A_2}=\ln e^{\zeta\omega_n T_d}=\zeta\omega_n T_d=nT_d \tag{1.7-12}$$

实验中，为提高测试精度，通常采用相隔 j 个周期的两振幅之比来计算对数衰减系数 δ，即

$$\delta=\ln\frac{A_1}{A_2}=\ln\frac{A_2}{A_3}=\cdots=\ln\frac{A_j}{A_{j+1}}=\frac{1}{j}\ln\frac{A_1A_2}{A_2A_3}\cdots\frac{A_j}{A_{j+1}}=\frac{1}{j}\ln\frac{A_1}{A_{j+1}} \tag{1.7-13}$$

将式（1.7-13）代入式（1.7-12），得

$$n=\frac{1}{jT_d}\ln\frac{A_1}{A_{j+1}} \tag{1.7-14}$$

将 $n=\dfrac{c}{2m}$ 代入式（1.7-14），得

$$c=\frac{2m}{jT_d}\ln\frac{A_1}{A_{j+1}} \tag{1.7-15}$$

将 $c=2mn=2m\zeta\omega_n$ 及 $T_d=\dfrac{2\pi}{\omega_d}=\dfrac{2\pi}{\omega_n\sqrt{1-\zeta^2}}$ 代入式（1.7-15），得

$$\frac{1}{j}\ln\frac{A_1}{A_{j+1}}=\frac{2\pi\zeta}{\sqrt{1-\zeta^2}}$$

若 ζ 比较小，则 $\sqrt{1-\zeta^2}\approx\zeta$，上式可写为

$$\frac{1}{j}\ln\frac{A_1}{A_{j+1}}\approx 2\pi\zeta$$

即

$$\zeta\approx\frac{1}{2\pi j}\ln\frac{A_1}{A_{j+1}} \tag{1.7-16}$$

因此，只要实测出系统振动中相距 j 个周期的两个振幅 A_1 和 A_{j+1}，便可由式（1.7-16）求出系统的阻尼比 ζ。

例 1.7-1 已知一单自由度振动系统，实测得其自由振动振幅在 5 个整周期后衰减了 50%，试计算该系统的阻尼比 ζ。

解：由题意知，$j=5$，$A_1/A_{j+1}=A_1/A_6=2$，根据式（1.7-16），得系统的阻尼比为

$$\zeta\approx\frac{1}{5\times2\pi}\ln2=0.0221$$

2. 过阻尼状态（$\zeta>1$）

在过阻尼状态（$\zeta>1$）时，式（1.7-3）的特征方程有两个实根，$s_{1,2}=-n\pm\sqrt{n^2-\omega_n^2}$。此时，将 $t=0$ 时的初始条件 $x=x_0$、$\dot{x}=\dot{x}_0$ 代入式（1.7-5）得

$$r_1=\frac{1}{2}\left(x_0+\frac{\dot{x}_0+nx_0}{\sqrt{n^2-\omega_n^2}}\right),r_2=\frac{1}{2}\left(x_0-\frac{\dot{x}_0+nx_0}{\sqrt{n^2-\omega_n^2}}\right)$$

将上述 r_1、r_2 再代入式（1.7-5），则

$$x=e^{-nt}\left[\frac{1}{2}x_0\left(e^{\sqrt{n^2-\omega_n^2}t}+e^{-\sqrt{n^2-\omega_n^2}t}\right)+\frac{1}{2}\frac{\dot{x}_0+nx_0}{\sqrt{n^2-\omega_n^2}}\left(e^{\sqrt{n^2-\omega_n^2}t}+e^{-\sqrt{n^2-\omega_n^2}t}\right)\right]$$

整理后，得

$$x=e^{-nt}\left[x_0\cosh(\sqrt{n^2-\omega_n^2}t)+\frac{\dot{x}_0+nx_0}{\sqrt{n^2-\omega_n^2}}\sinh(\sqrt{n^2-\omega_n^2}t)\right] \tag{1.7-17}$$

此式表示的已不再是振动，而是按指数衰减的非周期性蠕动，其响应曲线如图 1.7-1 所示的点画线。

3. 临界阻尼状态（$\zeta=1$）

临界阻尼状态（$\zeta=1$）时，式（1.7-3）的特征方程有重根，$s_1=s_2=-n=-\omega_n$。则振动微分方程式（1.7-1）的通解为

$$x=e^{-\omega_n t}(r_1+r_2t) \tag{1.7-18}$$

代入初始条件 $t=0$ 时，$x=x_0$，$\dot{x}=\dot{x}_0$，得

$$r_1=x_0,\ r_2=\dot{x}_0+nx_0$$

将以上 r_1、r_2 代入式（1.7-18），得

$$x=e^{-\omega_n t}[x_0+(\dot{x}_0+nx_0)t] \tag{1.7-19}$$

式（1.7-19）表示的仍然是按指数衰减的非周期性蠕动（如图 1.7-1 所示的实线），临界阻尼状态比过阻尼状态的蠕动衰减更快。

引入参数 c_c 作为临界状态时的阻尼系数，则

$$c_c=2m\omega_n=2\sqrt{km} \tag{1.7-20}$$

由式（1.7-20）可见，临界阻尼系数 c_c 只取决于系统的质量与刚度，与初始条件无关。

1.8 单自由度系统在简谐激励下的受迫振动

如 1.7 节所述，有阻尼自由振动系统并不能产生连续稳定的振动，它的振幅会逐渐衰减，直到振动停止。但是，若系统受外界激励持续周期地作用，且由此从外界获得的能量补偿刚好能够抵消阻尼消耗的能量，则系统将产生等幅振动。像这种系统由于外界持续激励所

引起的振动称为受迫振动。

作用在系统上的外界激励，按它们随时间变化的规律可分为三类：简谐激励、一般周期激励和任意激励。

图 1.8-1 所示为受迫振动的力学模型，系统受到激振力 $F(t)$ 的作用。

由本章 1.1 节式（1.1-4）可知，如图 1.8-1 所示模型的振动微分方程可表示为

$$m\ddot{x}+c\dot{x}+kx=F(t) \tag{1.8-1}$$

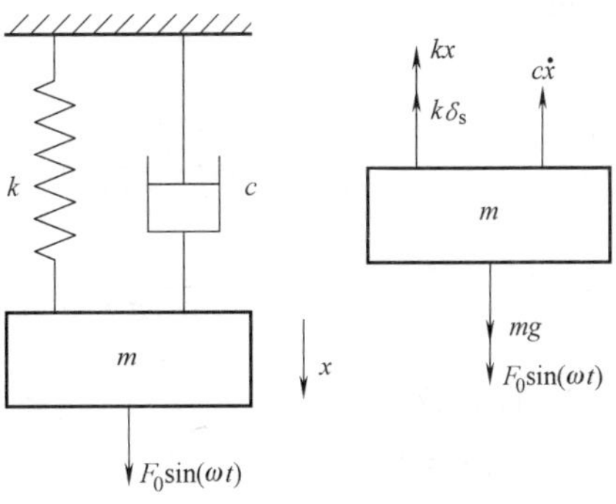

图 1.8-1　受迫振动力学模型

式 1.8-1 可以改写为

$$\ddot{x}+2\zeta\omega_n\dot{x}+\omega_n^2x=\frac{F(t)}{m}=f(t) \tag{1.8-2}$$

式（1.8-2）是一个二阶常系数非齐次线性微分方程，它的解可以表示为

$$x(t)=x_1(t)+x_2(t)$$

其中 $x_1(t)$ 为式（1.8-2）对应的齐次方程

$$\ddot{x}+2\zeta\omega_n\dot{x}+\omega_n^2x=0$$

的通解，则由式（1.7-6）知

$$x_1(t)=\mathrm{e}^{-nt}[A_1\cos(\omega_d t)+A_2\sin(\omega_d t)] \tag{1.8-3}$$

此即为欠阻尼状态（$\zeta<1$）自由振动微分方程的解。此处常数 A_1、A_2 与式（1.7-6）中的常数 D_1、D_2 含义相同，但常数 A_1、A_2 需要根据式（1.8-2）进行求解，而 D_1、D_2 则是根据式（1.7-1）求解。

$x_2(t)$ 为式（1.8-2）的一个特殊解，当外力 $F(t)$ 为简谐激励 $F_0\sin(\omega t)$ 时，式（1.8-2）的非齐次项为简谐函数，则

$$x_2(t)=B\sin(\omega t-\psi) \tag{1.8-4}$$

所以微分方程式（1.8-1）的通解可表示为

$$x(t)=A\mathrm{e}^{-nt}\sin(\omega_d t+\psi_d)+B\sin(\omega t-\psi) \tag{1.8-5}$$

式（1.8-5）展示的运动规律如图 1.8-2 所示，其右端第一项为 1.7 节中在欠阻尼状态下，单自由度系统的自动振动微分方程的解。根据前述内容可知，其表示一个衰减振动，属于瞬态振动，一段时间后将会消失，当仅研究受迫振动中持续的等幅振动时可不予考虑。式（1.8-5）右端第二项 $x_2(t)$ 表示阻尼系统的受迫振动，称为系统的稳态解。

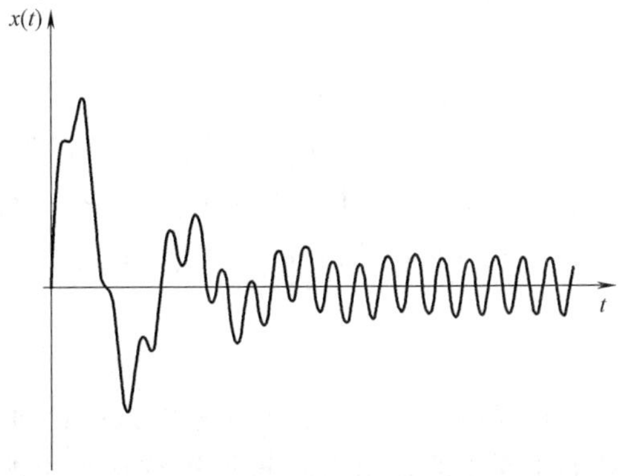

图 1.8-2　受迫振动响应

1.8.1 稳态振动响应

根据式（1.8-5）可知，在振动初始阶段，自由振动和受迫振动同时存在。由于阻尼的存在，自由振动逐渐衰减并消失，最终系统的振动状态达到稳态，其稳态振动表达式为式

(1.8-4)。

将式(1.8-4)代入式(1.8-2),且令激振频率与系统固有频率之比 $z=\omega/\omega_n$,可解得

$$B=\frac{F_0}{\sqrt{(k-m\omega^2)^2+c^2\omega^2}}=\frac{F_0}{k}\frac{1}{\sqrt{(1-z^2)^2+(2\zeta z)^2}} \tag{1.8-6}$$

$$\psi=\arctan\left(\frac{c\omega}{k-m\omega^2}\right)=\arctan\left(\frac{2\zeta z}{1-z^2}\right) \tag{1.8-7}$$

1. 幅频特性

令 $F_0/k=B_s$,代入式(1.8-6)可得

$$\beta=\frac{B}{B_s}=\frac{1}{\sqrt{(1-z^2)^2+(2\zeta z)^2}} \tag{1.8-8}$$

式中,β 是受迫振动的振幅和静变形之比,称为动力放大系数、放大因子或振幅比,通常用其描述振动系统的动态特性。

由式(1.8-8)可知,振幅比 β 的大小仅取决于频率比 z 和阻尼比 ζ,若以 z 为横坐标,β 为纵坐标,则可以得到不同阻尼比下的 β-z 关系曲线,该曲线称为幅频响应曲线,如图1.8-3所示。

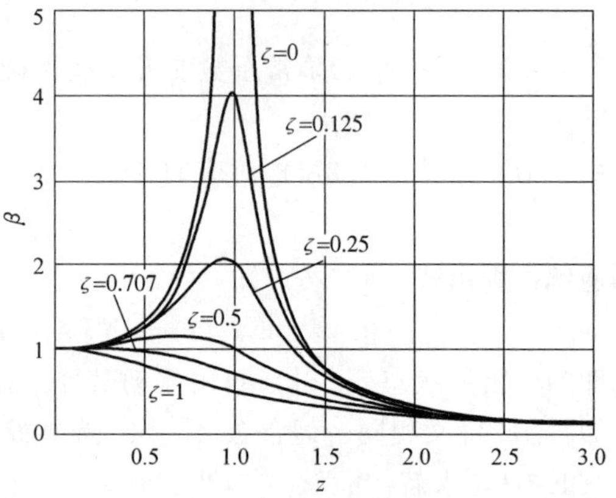

图1.8-3 幅频响应曲线

从图1.8-3所示幅频响应曲线可知:

1)当 z 很小($z<<1$,即 $\omega<<\omega_n$)时,不论阻尼比 ζ 大小如何,振幅比 $\beta\approx1$,即 $B\approx B_s$。此时,响应振幅与激振力幅值 F_0 作用在弹簧上引起的静变形 B_s 近似相等。即在低频区,振幅 B 主要取决于系统本身的静态特性(弹簧刚度)。且当 z 增大(激振力频率 ω 增大)时,振幅比 β 也随着增大,系统的振幅相应增大。

2)当 z 很大($z>>1$,即 $\omega>>\omega_n$)时,振幅比 $\beta\to0$。即当激振频率 ω 远远大于系统的固有频率 ω_n 时,振幅很小。产生这种现象的原因是当激振频率很大时,激励方向改变过快,而振动体由于惯性作用来不及跟随振动,故几乎处于停止状态。

3)当 $z\approx1$(即 $\omega\approx\omega_n$)时,由于通常情况下 $\zeta<<1$,所以振幅比 β 趋向于很大,即

$$\beta=\frac{1}{2\zeta} \tag{1.8-9}$$

此时不论激励有多小,受迫振动的振幅都将趋于很大。这种现象称为"共振"或"谐振"。此状态下系统的阻尼对共振振幅有很大影响,振幅随阻尼的增加明显减小。当 $\zeta>0.7$ 时,幅频响应曲线变成了一平坦的曲线,这说明阻尼对共振振幅有明显的抑制作用。在工程设计中,除需在共振状态下运行的结构或器械外,都需要合理设计系统参数以避开共振区。若必须穿过共振区,则必须确保系统有足够大的阻尼。

2. 相频特性

若取 z 为横坐标,ψ 为纵坐标,则可以得到不同阻尼比下的 ψ-z 关系曲线,该曲线称为

相频响应曲线，如图 1.8-4 所示。

从图 1.8-4 所示的相频响应曲线可知：

1）当 $z=1$（即 $\omega=\omega_n$）时，此时系统处于共振状态，响应总是滞后于激励 $\pi/2$，与系统的阻尼大小（$\zeta\neq0$）无关。这是共振的一个很重要的特征，实验中可以根据此特征来确定共振频率。且 ζ 越小，共振区的相位角变化越剧烈。

2）当 $z<<1$（即 $\omega<<\omega_n$）时，$\psi\approx0$，即响应与激励同相位；当 $z>>1$（即 $\omega>>\omega_n$）时，$\psi\approx\pi$，即响应与激励相位相反。

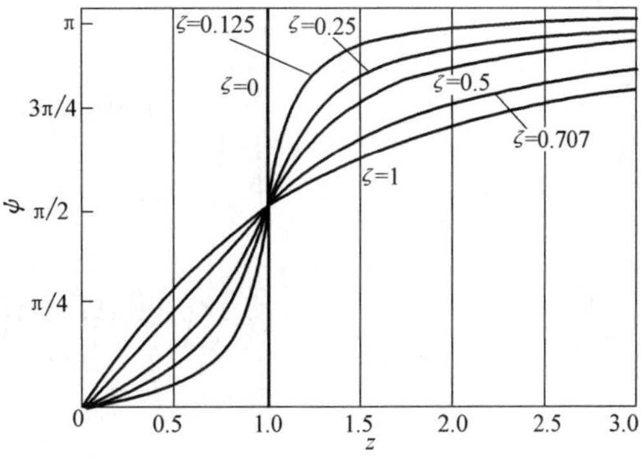

图 1.8-4　相频响应曲线

3）当 $\zeta=0$ 时，若 $z<1$，则 $\psi=0$；若 $z>1$，则 $\psi=\pi$；若 $z=1$（共振点），相位有突变。

4）当 $\zeta>0$ 时：ψ 随着 z 的增大而增大。其中 $z<1$ 时，$0<\psi<\pi/2$；$z>1$ 时，$\pi/2<\psi<\pi$。

1.8.2 瞬态响应

由式（1.8-5）知，在受迫振动的初始阶段，自由振动和受迫振动同时存在，这一阶段称为受迫振动的瞬态振动。前述在研究稳态响应时，忽略了瞬态振动部分。然而，对于瞬时激励，瞬态响应则是最为重要的部分。结合式（1.7-6）可知，式（1.8-5）由三项组成，具体如下

$$x(t)=e^{-nt}[A_1\cos(\omega_d t)+A_2\sin(\omega_d t)]+B\sin(\omega t-\psi) \tag{1.8-10}$$

其中 A_1、A_2 由初始条件确定。

将初始条件 $x(0)=x_0$，$\dot{x}(0)=\dot{x}_0$ 代入式（1.8-10）得

$$x_0=A_1-B\sin\psi$$

$$\dot{x}_0=-nA_1+B\omega\cos\psi+\omega_d A_2$$

进而可解出

$$A_1=x_0+B\sin\psi$$

$$A_2=\frac{\dot{x}_0+n(x_0+B\sin\psi)-B\omega\cos\psi}{\omega_d}$$

将上式代入式（1.8-10）中，得

$$x(t)=e^{-nt}\left[x_0\cos(\omega_d t)+\frac{\dot{x}_0+nx_0}{\omega_d}\sin(\omega_d t)\right]+Be^{-nt}\left[\sin\psi\cos(\omega_d t)+\frac{n\sin\psi-\omega\cos\psi}{\omega_d}\sin(\omega_d t)\right]+B\sin(\omega t-\psi) \tag{1.8-11}$$

式（1.8-11）右端第一项表示由初始条件产生的自由振动，且为衰减振动；第二项表示由简谐激振产生的伴生自由振动，其频率为系统的固有频率 ω_d，但振幅与激振力和系统本身特性都有关，在有阻尼的情况下伴生自由振动在一段时间内也会逐渐衰减；第三项表示由激励产生的纯受迫振动，即稳态响应。因此，受迫振动初始阶段的响应是很复杂的。其中式（1.8-11）右端的前两项合起来称为瞬态响应，式（1.8-11）中瞬态振动的三项分量如图 1.8-5 所示。

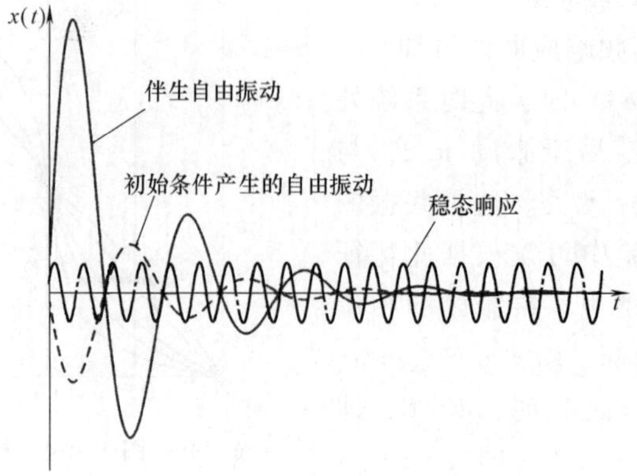

图 1.8-5 瞬态振动的三项分量

1.8.3 “拍振”现象

实验中发现，若激励频率 ω 接近系统固有频率 ω_d，系统的振幅会出现周期性的忽大忽小的现象，被称为“拍振”。实际上，任何两个频率相近的简谐振动的物理过程叠加，都可能产生“拍振”现象。

由式（1.8-3）表示的瞬态分量

$$x_1(t)=e^{-nt}[A_1\cos(\omega_d t)+A_2\sin(\omega_d t)]$$
$$=e^{-nt}\left[x_0\cos(\omega_d t)+\frac{\dot{x}_0+nx_0}{\omega_d}\sin(\omega_d t)\right]+Be^{-nt}\left[\sin\psi\cos(\omega_d t)+\frac{n\sin\psi-\omega\cos\psi}{\omega_d}\sin(\omega_d t)\right]$$

可知阻尼比 ζ 很小时（此时 $n\approx 0$，$\omega_d\approx\omega_n$），可以忽略瞬态振动中振幅的衰减，得到

$$x_1(t)=[x_0+B\sin\psi]\cos(\omega_n t)+\frac{\dot{x}_0-B\omega\cos\psi}{\omega_n}\sin(\omega_n t) \tag{1.8-12}$$

且当 $\omega\to\omega_n$ 时，稳态响应的振幅 B 很大。相对而言，由 x_0、$\dot{x}_0$ 引起的自由振动很小，在式（1.8-12）中可以忽略不计。且 $z\to 1$，因此式（1.8-12）可以简化为

$$x_1(t)=B\sin\psi\cos(\omega_n t)-B\cos\psi\sin(\omega_n t)$$
$$=-B\sin(\omega_n t-\psi) \tag{1.8-13}$$

则式（1.8-11）可改写为

$$x(t)=-B\sin(\omega_n t-\psi)+B\sin(\omega t-\psi) \tag{1.8-14}$$

令 $\omega=\omega_n+\varepsilon$（$\varepsilon$ 很小），将其代入式（1.8-14），并将右端两项进行合并可得

$$x(t)=2B\sin\left(\frac{\varepsilon}{2}t\right)\cos\left[\left(\omega_n+\frac{\varepsilon}{2}\right)t-\psi\right] \tag{1.8-15}$$

式（1.8-15）可以看成振幅为 $2B\sin\left(\frac{\varepsilon}{2}t\right)$，频率为 $\omega_n+\varepsilon/2$ 的振动，其中振幅随时间缓慢变化，这种特殊的振动现象被称为“拍振”，如图 1.8-6 所示。式中，拍振的周期为 π/ε，当 $\varepsilon\to 0$ 时，拍振的周期则为无穷大，也就是共振现象。实际应用中，若拍振的最大振幅大

于允许值，必须进行消除或衰减。

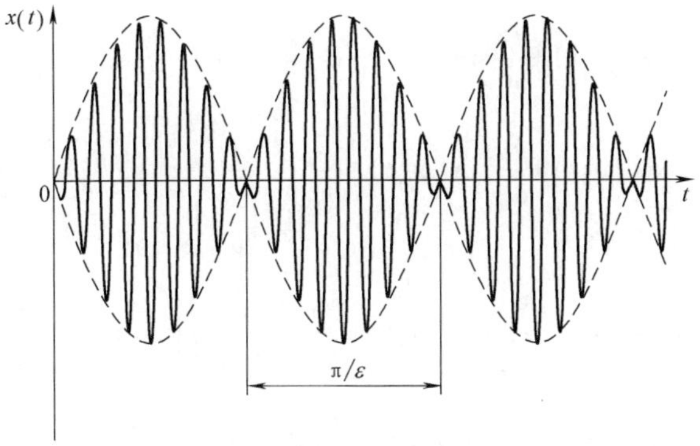

图 1.8-6 “拍振”现象

当 $\varepsilon=0$（即 $z=1$），即共振时，$\psi=\pi/2$，式（1.8-15）可以写成

$$x(t)=2B\cos\left[\omega_n t-\frac{\pi}{2}\right] \tag{1.8-16}$$

也就是说共振时，系统的振动相位角始终落后于激励的相位角 $\pi/2$，因而外激励总是与振动同方向，始终对振动系统做正功，使振动系统能量不断增加，振幅不断增大。

1.8.4 无阻尼系统的受迫振动

无阻尼时（$\zeta=0$），如图 1.8-1 所示的受迫振动力学模型的微分方程为

$$m\ddot{x}+kx=F_0\sin(\omega t) \tag{1.8-17}$$

可改写为

$$\ddot{x}+\frac{k}{m}x=\frac{F_0}{m}\sin(\omega t) \tag{1.8-18}$$

该二阶常系数非齐次线性微分方程的解的形式为：$x(t)=x_1(t)+x_2(t)$。

根据前述结论，可以得到

$$x_1(t)=A_1\cos(\omega_n t)+A_2\sin(\omega_n t)$$

$$x_2(t)=B\sin(\omega t-\psi)$$

$$A_1=x_0+B\sin\psi$$

$$A_2=\frac{\dot{x}_0-B\omega\cos\psi}{\omega_n}$$

$$\psi=\arctan\left(\frac{2\zeta z}{1-z^2}\right)=0$$

$$B=\frac{F_0}{k}\frac{1}{\sqrt{(1-z^2)^2+(2\zeta z)^2}}=\frac{F_0}{k}\frac{1}{1-z^2} \quad \left(\text{其中 } z=\frac{\omega}{\omega_n}\right)$$

则式（1.8-11）可以改写为

$$
\begin{aligned}
x(t) &= [x_0+B\sin\psi]\cos(\omega_n t)+\frac{\dot{x}_0-B\omega\cos\psi}{\omega_n}\sin(\omega_n t)+B\sin(\omega t-\psi) \\
&= x_0\cos(\omega_n t)+\frac{\dot{x}_0}{\omega_n}\sin(\omega_n t)+B\left[\sin(\omega t)-\frac{\omega}{\omega_n}\sin(\omega_n t)\right] \\
&= x_0\cos(\omega_n t)+\frac{\dot{x}_0}{\omega_n}\sin(\omega_n t)+\frac{F_0}{k}\frac{1}{1-\left(\frac{\omega}{\omega_n}\right)^2}\left[\sin(\omega t)-\frac{\omega}{\omega_n}\sin(\omega_n t)\right] \\
&= x_0\cos(\omega_n t)+\frac{\dot{x}_0}{\omega_n}\sin(\omega_n t)+\frac{F_0}{m}\frac{1}{\omega_n^2-\omega^2}\left[\sin(\omega t)-\frac{\omega}{\omega_n}\sin(\omega_n t)\right] \\
&= A\sin(\omega_n t+\psi_0)-\frac{F_0}{m}\frac{1}{\omega_n^2-\omega^2}\frac{\omega}{\omega_n}\sin(\omega_n t)+\frac{F_0}{m}\frac{1}{\omega_n^2-\omega^2}\sin(\omega t)
\end{aligned}
\tag{1.8-19}
$$

其中右端第一项表示由初始条件产生的自由振动，A 表示其振幅，ψ_0 表示其相位角；第二项表示由简谐激振产生的伴生自由振动，其频率为系统的固有频率 ω_n，但振幅与激振力及系统本身特性都有关；第三项表示由激励产生的纯受迫振动，即稳态响应。

特别地，当 $\zeta=0$ 时（即 $\omega_d=\omega_n$），设 $\omega=\omega_n+\varepsilon$（$\varepsilon$ 很小），则 $\psi=\pi/2$。此时根据式（1.8-15）则可以得到

$$
x(t)=\frac{2F_0}{k}\frac{1}{1-z^2}\sin\left(\frac{\varepsilon}{2}t\right)\cos\left[\left(\omega_d+\frac{\varepsilon}{2}\right)t-\frac{\pi}{2}\right] \tag{1.8-20}
$$

在式（1.8-20）中，$\omega\approx\omega_n$ 时，有

$$
\frac{2F_0}{k}\frac{1}{1-z^2}=\frac{2F_0}{m}\frac{1}{\omega_n^2-\omega^2}\approx\frac{F_0}{m\varepsilon\omega_n} \tag{1.8-21}
$$

式（1.8-21）表示的是无阻尼时的拍振运动方程，最大振幅为 $\frac{F_0}{m\varepsilon\omega_n}$，最小振幅为 $\frac{F_0}{m\omega_n^2}$，周期为 π/ε。若在式（1.8-21）中，$\varepsilon\to 0$（即频率比 $z\to 1$），则振幅和周期都将趋近于无穷大（图 1.8-7），就成了无阻尼系统的共振。

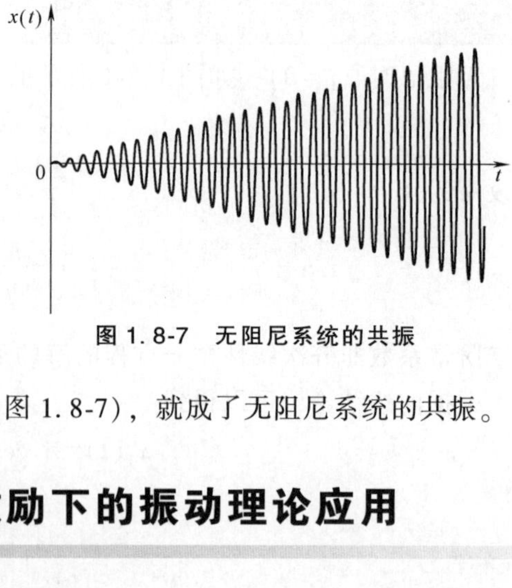

图 1.8-7 无阻尼系统的共振

1.9 单自由度系统简谐激励下的振动理论应用

1.9.1 转子偏心质量引起的受迫振动

旋转机械设备（如电动机、离心泵、汽轮机等）的转动部件，通常称为转子。由于转子质量不平衡（即偏心质量）引起振动是非常普遍的。

如图 1.9-1a 所示，电动机安装在一根不计质量的横梁上，电动机的总质量为 m，若电动机转子的偏心质量为 m_0，偏心距为 e，转动角速度为 ω，则可以建立如图 1.9-1b 所示由

弹簧（刚度为 k）和阻尼器（阻尼系数为 c）支承的旋转机械动力学模型，在此仅研究竖直方向的振动情况。

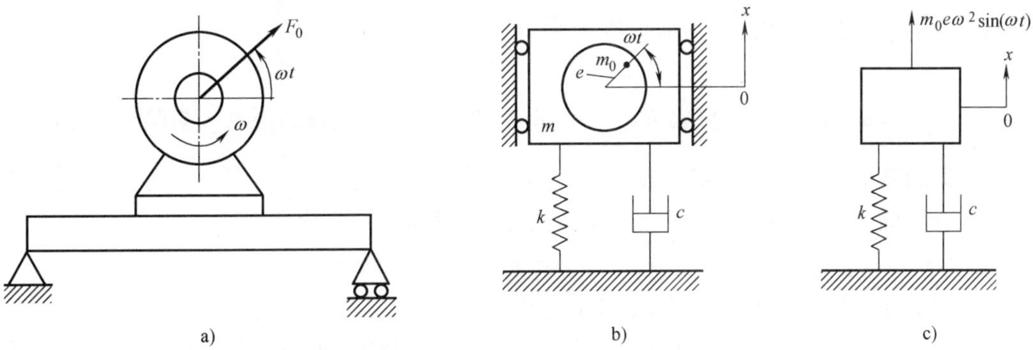

图 1.9-1　旋转机械转子不平衡引起的受迫振动

偏心质量 m_0 的离心力为 $m_0e\omega^2$，其在竖直方向的分量为 $m_0e\omega^2\sin(\omega t)$（图 1.9-1c）。故系统在竖直方向的振动微分方程为

$$m\ddot{x}+c\dot{x}+kx=m_0e\omega^2\sin(\omega t) \tag{1.9-1}$$

式（1.9-1）与式（1.8-1）形式相同，其稳态解为

$$x=B\sin(\omega t-\psi)$$

结合式（1.8-6），得

$$B=\frac{m_0e\omega^2}{\sqrt{(k-m\omega^2)^2+c^2\omega^2}}=\frac{m_0e}{m}\cdot\frac{z^2}{(1-z^2)^2+(2\zeta z)^2} \tag{1.9-2}$$

$$\psi=\arctan\frac{2\zeta z}{1-z^2} \tag{1.9-3}$$

由式（1.9-2）可知，不平衡质量引起的受迫振动的振幅 B 与偏心质量 m_0、偏心距 e 成正比。因此，应设法减小转子的偏心质量 m_0 和偏心距 e，以减小旋转部件的振动。据此，旋转机械设备在出厂前都要做平衡实验，并使其中的旋转部件质量分布尽量均匀（减小转子的偏心质量 m_0 和偏心距 e），以得到较好的平衡，达到减小旋转机械运转时振动的目的。

若将式（1.9-2）变换成下式

$$\frac{B}{m_0e/m}=\frac{Bm}{m_0e}=\frac{z^2}{(1-z^2)^2+(2\zeta z)^2} \tag{1.9-4}$$

并以 $\beta=\dfrac{Bm}{m_0e}$ 为纵坐标（显然与振幅成正比），z 为横坐标，根据不同的 ζ 值，可绘制如图 1.9-2 所示的幅频响应曲线。

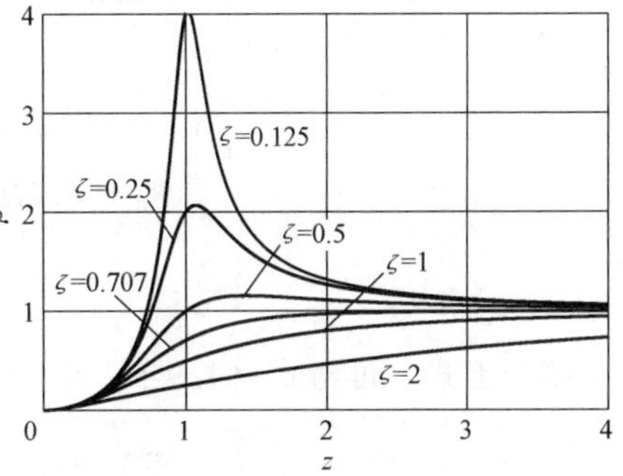

图 1.9-2　幅频响应曲线

该图与如图 1.8-3 所示的幅频响应曲线类似，但有其不同的特点，具体如下：

1）当 $z<<1(\omega<<\omega_n)$ 时，激振力幅值 $m_0e\omega^2$ 很小，振幅 $B\approx0$，即在低频范围内，振幅 B 几乎等于零。

2）当 $z>>1(\omega>>\omega_n)$ 时，振幅 $B\approx\frac{m_0e}{m}$，就是说在高频范围内，振幅接近常数（不为零），幅频响应曲线以振幅$\frac{m_0e}{m}$为渐近线。

3）当 $z=1(\omega=\omega_n)$ 时，振幅 $B=\frac{m_0e}{2\zeta m}$，系统的振幅受到阻尼的限制。当阻尼很小时，振幅很大，振动强烈，这就是共振现象。

相频响应曲线与如图 1.8-4 所示的相频响应曲线相同。

1.9.2 支承简谐运动引起的受迫运动

很多情况下，系统是由于支承的运动而产生受迫振动的，如机器振动引起的其上仪表的振动。

如图 1.9-3 所示，支承运动规律为 $x_H=H\sin(\omega t)$，H 为支承运动的幅值，带动质量块 m 作受迫振动，支承运动的正方向假定为图中的 x 方向，且假定质量块 m 的运动方向和支承运动的方向相同。

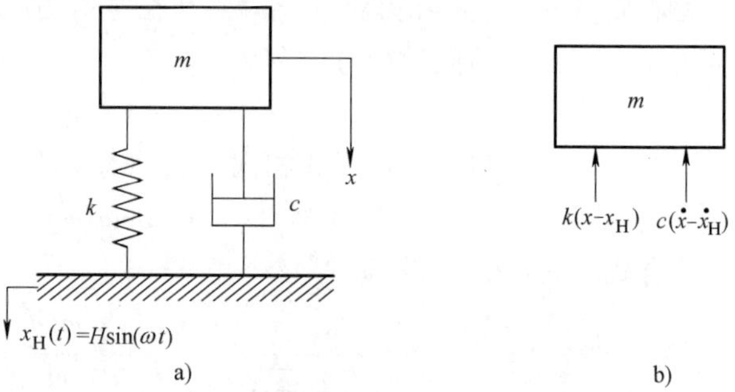

图 1.9-3 支承简谐运动引起的受迫振动

a）支承做简谐运动 b）系统受力图

由给定条件知，质量块受弹簧恢复力和阻尼力共同作用，且弹簧实际变形量及阻尼的运动速度分别为质量块与支承间的相对位移和相对速度。则弹簧的变形量为 $x-x_H$，阻尼器处相对速度为 $\dot{x}-\dot{x}_H$，其中 $\dot{x}_H=H\omega\cos(\omega t)$。

根据牛顿第二定律得系统振动微分方程为

$$m\ddot{x}+c\dot{x}+kx=kH\sin(\omega t)+c\omega H\cos(\omega t) \tag{1.9-5}$$

由式（1.9-5）可知，作用在系统质量块 m 上的力可理解为由两个激振力组成，一个是弹簧传给质量块 m 的弹性力 $kH\sin(\omega t)$，另一个是阻尼器传给质量块 m 的阻尼力 $c\omega H\cos(\omega t)$。

对激振力作矢量合成，得总的激振力为

$$F=F_0\sin(\omega t+\alpha)$$

其中

$$F_0=\sqrt{(kH)^2+(c\omega H)^2}=H\sqrt{k^2+c^2\omega^2}$$

$$\tan\alpha=\frac{c\omega}{k}\text{或 }\alpha=\arctan\frac{c\omega}{k}$$

结合上式，可将式（1.9-5）写为

$$m\ddot{x}+c\dot{x}+kx=H\sqrt{k^2+c^2\omega^2}\sin(\omega t+\alpha) \tag{1.9-6}$$

式（1.9-6）与式（1.8-1）形式相同，其稳态解为

$$x=B\sin(\omega t-\psi)$$

振幅为

$$B=\frac{H\sqrt{k^2+c^2\omega^2}}{\sqrt{(k-m\omega^2)^2+c^2\omega^2}}=\frac{H\sqrt{1+(2\zeta z)^2}}{\sqrt{(1-z^2)^2+(2\zeta z)^2}} \tag{1.9-7}$$

从式（1.9-7）可知，支承简谐运动引起的受迫振动振幅 B 取决于支承运动的幅值 H、频率比 z 和阻尼比 ζ。

同时系统中各力之间的矢量关系如图 1.9-4 所示。

由各力间的矢量关系可得

$$\tan(\alpha+\psi)=\frac{c\omega}{k-m\omega^2}$$

$$\tan\alpha=\frac{c\omega}{k}$$

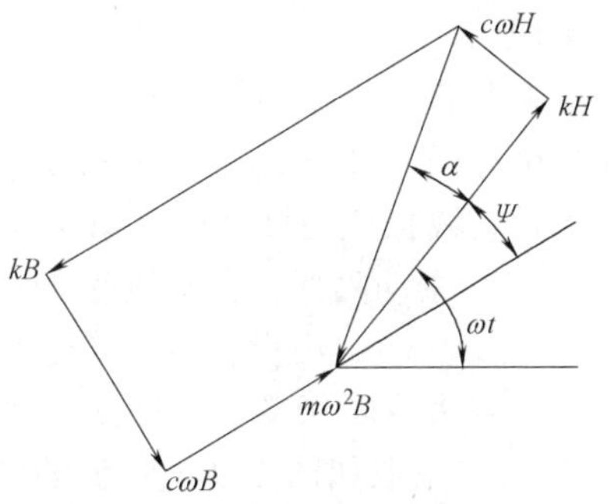

图 1.9-4　系统各力的矢量关系

可求出相位角 ψ

$$\psi=\arctan\frac{\tan(\alpha+\psi)-\tan\alpha}{\tan\alpha\tan(\alpha+\psi)+1}=\arctan\frac{2\zeta z^3}{1-z^2+(2\zeta z)^2} \tag{1.9-8}$$

根据式（1.9-7）可得放大因子 β

$$\beta=\frac{B}{H}=\frac{\sqrt{k^2+c^2\omega^2}}{\sqrt{(k-m\omega^2)^2+c^2\omega^2}}=\frac{\sqrt{1+(2\zeta z)^2}}{\sqrt{(1-z^2)^2+(2\zeta z)^2}} \tag{1.9-9}$$

对于式（1.9-9），若以 β 为纵坐标，z 为横坐标，根据不同的 ζ 值，可做出如图 1.9-5 所示的幅频响应曲线。

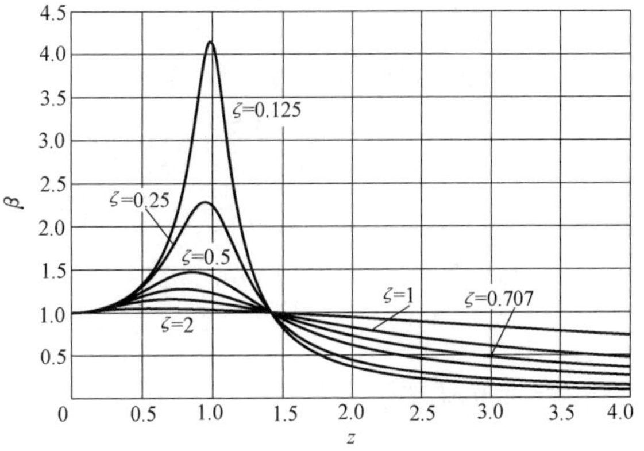

图 1.9-5　幅频响应曲线

如图 1.9-5 所示的幅频响应曲线与图 1.8-3 所示的幅频响应曲线有类似之处（如 $z=1$ 时仍为系统的共振点，振幅最大），但却有着明显不同的特点。

1）所有曲线都交于（$\sqrt{2}$，1）这一点。即当 $z=\sqrt{2}$ 时，$\beta=1$，即振幅 B 始终等于支承运动的幅值 H，与阻尼大小无关。

2）当 $z>\sqrt{2}$ 时，无论阻尼如何变化，始终有 $\beta<1$。且当 $z>>\sqrt{2}$ 时，由支承运动引起的受迫振动很小，这就是被动隔振的理论基础。

1.9.3 隔振与减振

由于各种激振因素的存在，设备运行时不可避免地会产生振动。剧烈的振动不仅影响设备的正常运行，引发设备事故，而且会对周围环境内的事物造成危害，振动产生的噪声也会对人体健康产生影响。因此，有效地减少或隔离振动日益受到重视。

1. 振动的隔离

振动隔离是指：对于振动的设备，为了减少设备与周围环境（或设备）间的相互影响，而采取的将它与周围环境（或设备）隔离的振动控制方法。按振源的不同，可使用不同的处理方式，一般分为主动隔振和被动隔振两种情况。

若是将作为振源的振动设备与地基隔离开来，称为主动隔振或积极隔振（图 1.9-6）；若是将需要保护的设备与振源隔离开来，则称为被动隔振或消极隔振（图 1.9-3）。

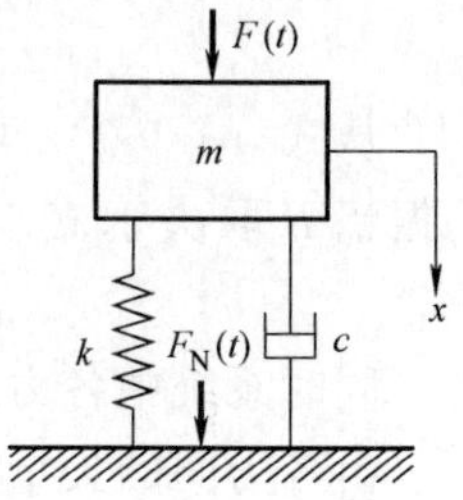

图 1.9-6 主动隔振原理示意图

（1）主动隔振　主动隔振的振源是设备本身工作时产生的激振力（图 1.9-6），由设备运行产生的动载荷设为 $F(t)=F_0\sin(\omega t)$。

若未采取隔振措施，则所有的动载荷将全部传递到地基上，力幅为 F_0。采取如图 1.9-6 所示的隔振措施后，传递给地基的力变为动载荷 $F_N(t)$，幅值为 F_{N0}。

隔振后，根据式（1.8-4）、式（1.8-6）及式（1.8-7），设备振动的位移和相位角分别为

$$x=\frac{F_0}{k\sqrt{(1-z^2)^2+(2\zeta z)^2}}\sin(\omega t-\psi)$$

$$\psi=\arctan\frac{2\zeta z}{1-z^2}$$

速度为

$$\dot{x}=\frac{F_0\omega}{k\sqrt{(1-z^2)^2+(2\zeta z)^2}}\cos(\omega t-\psi)$$

传给地基的动载荷应等于弹性力与阻尼力的叠加，即

$$\begin{aligned}F_N(t)&=kx+c\dot{x}\\&=\frac{F_0}{\sqrt{(1-z^2)^2+(2\zeta z)^2}}[\sin(\omega t-\psi)+2\zeta z\cos(\omega t-\psi)]\\&=\frac{F_0\sqrt{1+(2\zeta z)^2}}{\sqrt{(1-z^2)^2+(2\zeta z)^2}}\sin(\omega t-\psi+\alpha)\end{aligned}$$

其中　$\alpha=\arctan(2\zeta z)$。

则

$$F_{N0}=\frac{F_0\sqrt{1+(2\zeta z)^2}}{\sqrt{(1-z^2)^2+(2\zeta z)^2}}$$

为表征隔振的效果，取 $\eta_b=F_{N0}/F_0$，将 η_b 称为隔振系数（或传递系数）。则

$$\begin{aligned}\eta_b&=\frac{\text{隔振后传递到地基上的力}}{\text{未隔振时传递到地基上的力}}\\&=F_{N0}/F_0=\frac{\sqrt{1+(2\zeta z)^2}}{\sqrt{(1-z^2)^2+(2\zeta z)^2}}\end{aligned}\qquad(1.9\text{-}10)$$

式（1.9-10）与支承简谐运动引起的受迫振动的放大因子 β 的表达式（1.9-9）完全相同。

不考虑阻尼（$\zeta=0$）时

$$\eta_b = F_{N0}/F_0 = \frac{1}{|1-z^2|} \tag{1.9-11}$$

（2）被动隔振　被动隔振的振源是由地基传递的运动。此时可以使用隔振器将重要设备与地基隔离开来，如图 1.9-3 所示。此处的推导与 1.9.2 节（支承简谐运动引起的受迫运动）相同，因此直接继续前节推导。

此时的隔振效果用隔振系数 η_b 表示，定义为

$$\eta_b = \frac{\text{隔振后设备的振幅}}{\text{地基的运动振幅}}$$

则

$$\eta_b = B/H = \frac{\sqrt{1+(2\zeta z)^2}}{\sqrt{(1-z^2)^2+(2\zeta z)^2}} \tag{1.9-12}$$

式（1.9-11）和式（1.9-12）对应的幅频响应曲线如图 1.9-5 所示。

无论是主动隔振还是被动隔振，设计隔振器的参数时，先选定隔振系数的大小，然后按式（1.9-10）、式（1.9-11）及式（1.9-12）确定频率比 z 及阻尼比 ζ，再计算出隔振弹簧的刚度。

2. 系统的减振

为使系统中的振动快速衰减，以减少或避免不利影响，可以采取必要的减振措施，通常有以下方法：

1）找到振源，减少或消除振源的激振力。

2）设计时应避开共振区，使设备的固有频率与振源振动频率有足够大的差距。

3）适当增大系统的阻尼，利用阻尼消耗振动的能量。在复杂振动系统中常使用阻尼减振器，常见的为液体阻尼减振器，如图 1.9-7 所示。

液体阻尼减振器原理是：利用浸入液体中的运动件与阻尼液之间的黏性摩擦来消耗振动能量，达到衰减振动的目的。

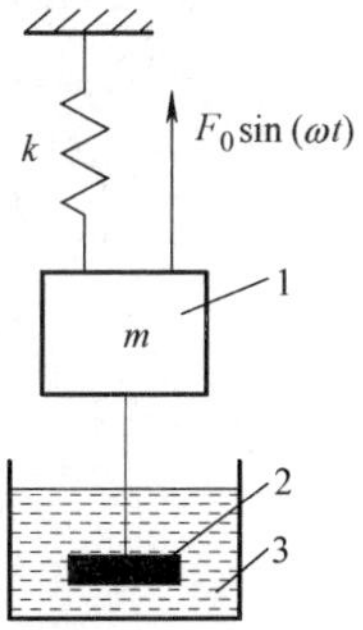

图 1.9-7　液体阻尼减振器原理示意图

1—振动体　2—运动件　3—阻尼液

1.10　一般周期激振的响应

前面介绍了简谐激励下的受迫振动，但是在工程实际中，纯简谐激励很少，往往是更为复杂的激励形式，如一般周期激励和非周期激励。本节将讨论一般周期激励下的振动。

由于一般周期激励均可以分解为 Fourier 级数，即分解为一系列与基本频率成整倍数关系的简谐激振函数的叠加。因此可以分别求出各个简谐激振的响应，再利用线性叠加原理把响应逐项叠加起来，即可以得到一般周期激振的响应。

1.10.1 一般周期激振的 Fourier 级数

黏性阻尼系统中的一般周期激振可以分为力激振和支承位移激振两种形式进行研究，其力学模型如图 1.10-1 所示。

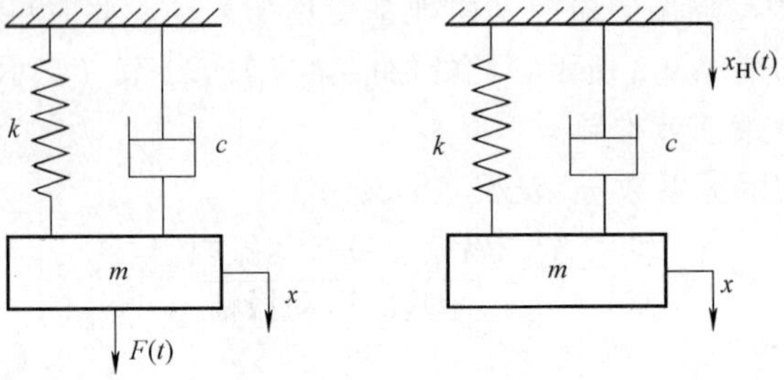

图 1.10-1 一般周期激振

a）力激振 b）支承位移激振

对于如图 1.10-1a 所示的力激振，激振力 $F(t)$ 为周期函数，展开成 Fourier 级数为

$$F(t)=a_0+a_1\cos(\omega t)+a_2\cos(2\omega t)+\cdots+b_1\sin(\omega t)+b_2\sin(2\omega t)+\cdots$$
$$=a_0+\sum_{j=1}^{n}[a_j\cos(j\omega t)+b_j\sin(j\omega t)] \qquad (j=1,2,3,\cdots,n) \tag{1.10-1}$$

式中，$\omega=2\pi/T$ 称为基频；a_0，a_j，b_j 为傅氏系数，其值可以利用三角函数的正交性得到，有

$$\int_{-\frac{T}{2}}^{\frac{T}{2}}F(t)\cos(j\omega t)\,\mathrm{d}t=a_j\times\frac{2}{T} \qquad (j=1,2,3,\cdots,n) \tag{1.10-2}$$

则

$$a_j=\frac{2}{T}\int_{-\frac{T}{2}}^{\frac{T}{2}}F(t)\cos(j\omega t)\,\mathrm{d}t \qquad (j=1,2,3,\cdots,n) \tag{1.10-3}$$

$$a_0=\frac{1}{T}\int_{-\frac{T}{2}}^{\frac{T}{2}}F(t)\,\mathrm{d}t \tag{1.10-4}$$

$$b_j=\frac{2}{T}\int_{-\frac{T}{2}}^{\frac{T}{2}}F(t)\sin(j\omega t)\,\mathrm{d}t \qquad (j=1,2,3,\cdots,n) \tag{1.10-5}$$

若 $F(t)$ 已知，即可根据式（1.10-3）~式（1.10-5）求出各系数 a_0、a_j 及 b_j。

对于如图 1.10-1b 所示的支承位移激振，$x_{\mathrm{H}}(t)$ 为周期函数，同样可展开成 Fourier 级数。

1.10.2 一般周期激振下的受迫振动的响应

假定如图 1.10-1a 所示的振动系统的微分方程为

$$m\ddot{x}+c\dot{x}+kx=F(t)$$

则将式（1.10-3）~式（1.10-5）的各系数代入，一般周期激振函数作用下的有阻尼受迫振

动方程式可写成

$$m\dot{x} + c\dot{x} + kx = a_0 + \sum_{j=1}^{n}[a_j\cos(j\omega t) + b_j\sin(j\omega t)] \tag{1.10-6}$$

对于式（1.10-6）所示的振动方程，可根据线性系统的叠加原理，求出右端各项作用下的响应，然后叠加即可得到系统对 $F(t)$ 的响应。

$$x(t) = \frac{a_0}{k} + \sum_{j=1}^{n}\frac{B_j}{\sqrt{(1-j^2z^2)^2+(2j\zeta z)^2}}\sin(j\omega t + \alpha_j + \psi_j) \tag{1.10-7}$$

式中，$B_j=\dfrac{\sqrt{a_j^2+b_j^2}}{k}$；$\alpha_j=\arctan\dfrac{a_j}{b_j}$；$\psi_j=\arctan\dfrac{2j\zeta z}{1-j^2z^2}$

对于如图 1.10-1b 所示的振动系统，非简谐周期性支承运动的规律可以写为

$$x_H(t) = a_0 + \sum_{j=1}^{n}[a_j\cos(j\omega t) + b_j\sin(j\omega t)] \tag{1.10-8}$$

已知简谐支承运动 $x_H=H\sin(\omega t)$ 作用下单自由度系统的稳态响应为

$$x(t)=\frac{H\sqrt{1+(2\zeta z)^2}}{\sqrt{(1-z^2)^2+(2\zeta z)^2}}\sin(\omega t-\psi)$$

依据线性叠加原理，可由式（1.10-8）得到系统在一般周期性支承运动作用下的响应为

$$x(t) = \frac{a_0}{k} + \sum_{j=1}^{n}\frac{H\sqrt{1+(2\zeta z)^2}}{\sqrt{(1-j^2z^2)^2+(2j\zeta z)^2}}\sin(j\omega t + \alpha_j - \psi_j) \tag{1.10-9}$$

例 1.10-1 单自由度弹簧-质量系统受到周期方波激励（图 1.10-2），求系统响应。

$$F(t)=\begin{cases} F_0, & 0<t<\dfrac{T}{2} \\ -F_0, & \dfrac{T}{2}<t<T \end{cases}$$

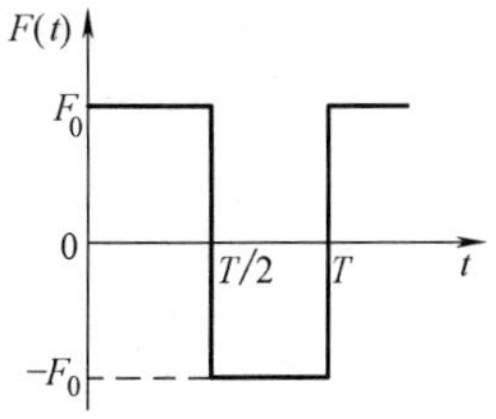

图 1.10-2 周期方波激励

解：激励力的基频为

$$\omega_1=\frac{2\pi}{T}$$

$$F(t) = \frac{a_0}{2} + \sum_{n=1}^{\infty}(a_n\cos n\omega_1 t + b_n\sin n\omega_1 t)$$

$$a_0 = \frac{2}{T}\int_{\tau}^{\tau+T}F(t)\,\mathrm{d}t = \frac{2}{T}\int_0^{T/2}F_0\,\mathrm{d}t + \frac{2}{T}\int_{T/2}^{T} - F_0\,\mathrm{d}t = 0$$

$$\begin{aligned} a_n &= \frac{2}{T}\int_{\tau}^{\tau+T}F(t)\cos n\omega_1 t\mathrm{d}t \\ &= \frac{2}{T}\int_0^{T/2}F_0\cos n\omega_1 t\mathrm{d}t + \frac{2}{T}\int_{T/2}^{T} - F_0\cos n\omega_1 t\mathrm{d}t = 0 \end{aligned}$$

$$b_n = \frac{2}{T}\int_{\tau}^{\tau+T}F(t)\sin n\omega_1 t\mathrm{d}t$$

$$= \frac{2}{T}\int_0^{T/2} F_0 \sin n\omega_1 t \mathrm{d}t + \frac{2}{T}\int_{T/2}^{T} - F_0 \sin n\omega_1 t \mathrm{d}t = \frac{4}{T}\frac{F_0}{n\omega_1}[1 - \cos(n\pi)]$$

当 n 取奇数时

$$b_n = \frac{2}{T}\int_0^T F(t)\sin n\omega_1 t \mathrm{d}t = \frac{4F_0}{n\omega_1} \qquad (n = 1,3,5,\cdots)$$

于是周期性激励 $F(t)$ 可写为

$$F(t) = \sum_{n=1}^{\infty} b_n \sin n\omega_1 t = \frac{4F_0}{\pi}\sum_{n=1,3,5,\cdots}^{\infty}\frac{1}{n}\sin n\omega_1 t$$

$$= \frac{4F_0}{\pi}\left(\sin\omega_1 t + \frac{1}{3}\sin 3\omega_1 t + \frac{1}{5}\sin 5\omega_1 t + \cdots\right)$$

由系统运动方程

$$m\ddot{x} + c\dot{x} + kx = F(t)$$

可得

$$x = \frac{4F_0}{\pi k}\sum_{n=1,3,5,\cdots}^{\infty}\beta_n \sin(n\omega_1 t - \phi_n)$$

其中

$$\beta_n = \frac{1}{n\sqrt{(1-n^2z^2)^2 + (2\zeta nz)^2}}, \phi_n = \arctan\frac{2\zeta nz}{1-n^2z^2}, z = \frac{\omega_1}{\omega_0}$$

当不计阻尼时

$$x = \frac{4F_0}{\pi k}\sum_{n=1,3,5,\cdots}^{\infty}\frac{1}{n(1-n^2z^2)}\sin n\omega_1 t$$

1.11 非周期任意激振的响应

许多工程实际问题中，激励并非周期性的，而是关于时间的任意函数或者是瞬时的冲击作用，如地震波、风力载荷、爆炸等。

在这类非周期任意激励作用下，系统通常没有稳态振动，而只有瞬态振动。在激振作用消失后，系统将按固有频率作自由振动。这里的瞬态振动和自由振动合称为任意非周期激振的响应。

处理这类瞬态响应的方法很多种，如傅里叶变换法、拉普拉斯变换法、数值分析法等，本节仅介绍最为基本的杜哈梅积分法（Duhamel's Integral）。

杜哈梅积分法的基本思想是将非周期任意激励分解为一系列微冲量的连续作用，先求出系统在每个微冲量作用下的响应，然后根据线性叠加原理将其叠加起来，即可得到系统在非周期任意激励下的响应。

假设在单自由度系统中激振力 $F(t)$ 为如图 1.11-1 所示的一个任意激振力函数。

依据前文内容知，系统的振动微分方程式为

$$m\ddot{x} + c\dot{x} + kx = F(t) \tag{1.11-1}$$

在式（1.11-1）中，因 $F(t)$ 是非周期性的，所以无法直接求解微分方程式。为求解此类问题，按照杜哈梅积分法，可以将激振力 $F(t)$ 的作用时间从 $0\to t$ 分成无数多个极短的时间间隔 $d\tau$（图 1.11-1），则在此时间间隔内物体受到由激振力 $F(\tau)$ 引发的微冲量 $I=F(\tau)d\tau$（即如图 1.11-1 中所示阴影部分的面积）的作用，系统由此而增加的速度为 $d\dot{x}$，系统的动量增量为 $md\dot{x}$。

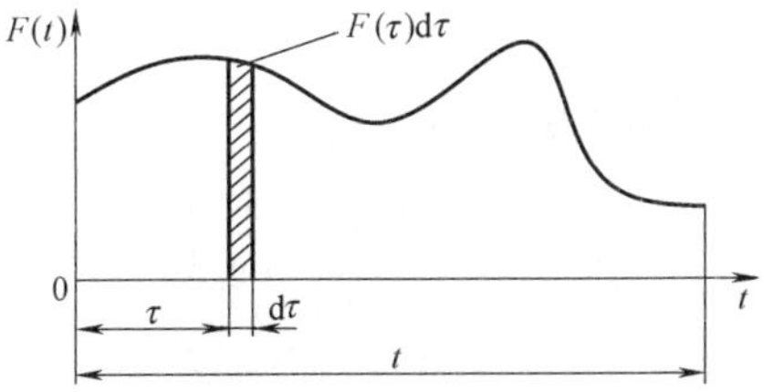

图 1.11-1　任意激振力

根据动量定理，系统所受外力的冲量等于系统动量的增量，即

$$md\dot{x}=F(\tau)d\tau$$

则

$$d\dot{x}=\frac{F(\tau)}{m}d\tau=q(\tau)d\tau$$

式中，$q(\tau)$ 为单位质量所受的激振力。即在微冲量作用下系统的质量块 m 获得一个速度增量 $d\dot{x}$。

因系统在极短的时间间隔 $d\tau$ 内来不及产生位移，所以可以认为系统在 $\tau+d\tau$ 时刻的初始条件为：$t=\tau$，$x_0=0$，$\dot{x}_0=d\dot{x}=q(\tau)d\tau$，系统做有阻尼的自由振动。则在任意时刻 $t(t\geqslant\tau)$ 处，系统由于微冲量 $q(\tau)d\tau$ 作用产生的位移增量为

$$dx=e^{-n(t-\tau)}\frac{q(\tau)d\tau}{\omega_d}\sin[\omega_d(t-\tau)] \tag{1.11-2}$$

那么在 $\tau=0$ 到 $\tau=t$ 这段时间内，系统会受到微冲量 $q(\tau)d\tau$ 的连续作用。将所有微冲量的响应叠加起来，便可以得到系统对激振力 $F(t)$ 的响应

$$x(t)=\frac{e^{-nt}}{\omega_d}\int_0^t e^{n\tau}q(\tau)\sin[\omega_d(t-\tau)]d\tau \tag{1.11-3}$$

式（1.11-3）便称为杜哈梅积分，为式（1.11-1）的通解，即系统在初始条件为零时的全解，包含了瞬态振动和稳态振动。

式（1.11-3）可以分为三种情况讨论：

1）若 $\tau=0$ 时还有初始位移 x_0 和初始速度 $\dot{x}_0$，为了计入这些影响，则需在式（1.11-3）的基础上叠加由初始条件产生的自由振动，即考虑初始条件的响应为

$$x(t)=e^{-nt}\left\{x_0\cos(\omega_d t)+\frac{\dot{x}_0+nx_0}{\omega_d}\sin(\omega_d t)+\frac{1}{\omega_d}\int_0^t e^{n\tau}q(\tau)\sin[\omega_d(t-\tau)]d\tau\right\} \tag{1.11-4}$$

2）当不计阻尼时，即 $n=0$，$\omega_d=\omega_n$，式（1.11-4）及式（1.11-3）分别简化为

$$x(t)=x_0\cos(\omega_n t)+\frac{\dot{x}_0}{\omega_n}\sin(\omega_n t)+\frac{1}{\omega_n}\int_0^t q(\tau)\sin[\omega_n(t-\tau)]d\tau \tag{1.11-5}$$

$$x(t)=\frac{1}{\omega_n}\int_0^t q(\tau)\sin[\omega_n(t-\tau)]d\tau \tag{1.11-6}$$

3）若系统激励为支承运动（图 1.10-1b），支承运动 $x_H(t)$ 为非周期任意函数。则根据

牛顿第二定律，系统方程可以改写为

$$m\ddot{x}+c\dot{x}+kx=c\dot{x}_H+kx_H \tag{1.11-7}$$

可求得系统响应为

$$\begin{aligned} x(t) &= \frac{1}{m\omega_d}\int_0^t [c\dot{x}_H(\tau)+kx_H(\tau)]e^{-n(t-\tau)}\sin[\omega_d(t-\tau)]d\tau \\ &= \frac{1}{\omega_d}\int_0^t [2\zeta\omega_n\dot{x}_H(\tau)+\omega_n{}^2x_H(\tau)]e^{-\zeta\omega_n(t-\tau)}\sin[\omega_d(t-\tau)]d\tau \end{aligned} \tag{1.11-8}$$

例 1.11-1 单自由度系统受激振力 F 的作用，F 的变化规律如图 1.11-2 所示。初始条件为：$t=0$，$x_0=\dot{x}_0=0$。若不计阻尼，求系统对 F 的响应。

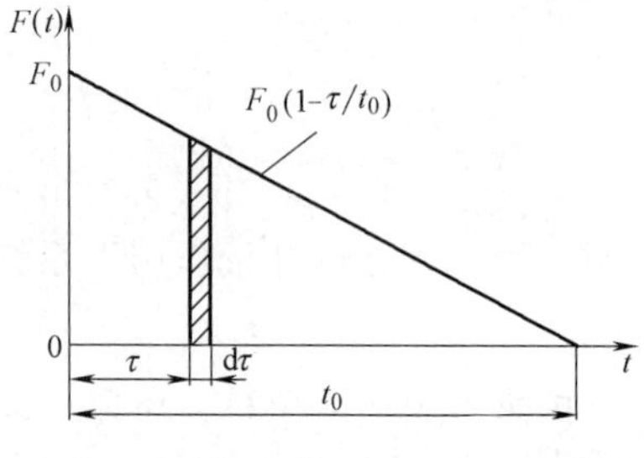

图 1.11-2 递减三角脉冲（$\tau\leqslant t_0$）

解：应用杜哈梅积分，分别计算 $0\leqslant t\leqslant t_0$ 和 $t>t_0$ 两个区间的响应。

当 $0\leqslant t\leqslant t_0$ 时，由式（1.11-6）计算系统的响应

$$\begin{aligned} x(t) &= \frac{1}{m\omega_n}\int_0^t F\sin[\omega_n(t-\tau)]d\tau = \frac{F_0}{m\omega_n}\int_0^t\left(1-\frac{\tau}{t_0}\right)\sin[\omega_n(t-\tau)]d\tau \\ &= \frac{F_0}{m\omega_n^2}\cos[\omega_n(t-\tau)]\Big|_0^t - \frac{F_0}{m\omega_n t_0}\left\{\frac{\tau}{\omega_n}\cos[\omega_n(t-\tau)]+\frac{1}{\omega_n^2}\sin[\omega_n(t-\tau)]\right\}\Big|_0^t \\ &= \frac{F_0}{k}[1-\cos(\omega_n t)] - \frac{F_0}{kt_0}\left[t-\frac{1}{\omega_n}\sin(\omega_n t)\right] \end{aligned}$$

当 $t>t_0$ 时，大于 t_0 的部分被积函数为零，所以

$$\begin{aligned} x &= \frac{F_0}{m\omega_n^2}\cos[\omega_n(t-\tau)]\Big|_0^{t_0} - \frac{F_0}{m\omega_n t_0}\left\{\frac{\tau}{\omega_n}\cos[\omega_n(t-\tau)]+\frac{1}{\omega_n^2}\sin[\omega_n(t-\tau)]\right\}\Big|_0^{t_0}+0 \\ &= \frac{F_0}{k}\{\cos\omega_n(t-t_0)-\cos(\omega_n t)\} - \frac{F_0}{kt_0}\left\{t_0\cos[\omega_n(t-t_0)]+\frac{1}{\omega_n}\sin[\omega_n(t-t_0)]-\frac{1}{\omega_n}\sin(\omega_n t)\right\} \\ &= \frac{F_0}{k\omega_n t_0}\{\sin(\omega_n t)-\sin[\omega_n(t-t_0)]\} - \frac{F_0}{k}\cos(\omega_n t) \end{aligned}$$

例 1.11-2 无阻尼弹簧-质量系统受到一阶跃载荷 F_0（图 1.11-3a）的作用，求此弹簧-质量系统上的响应（不计阻尼）。

解：将 $F(t)=F_0$，即 $q(\tau)=F_0/m$ 代入式（1.11-6）有

$$x = \frac{F_0}{m\omega_n}\int_0^t \sin[\omega_n(t-\tau)]d\tau \tag{1.11-9}$$

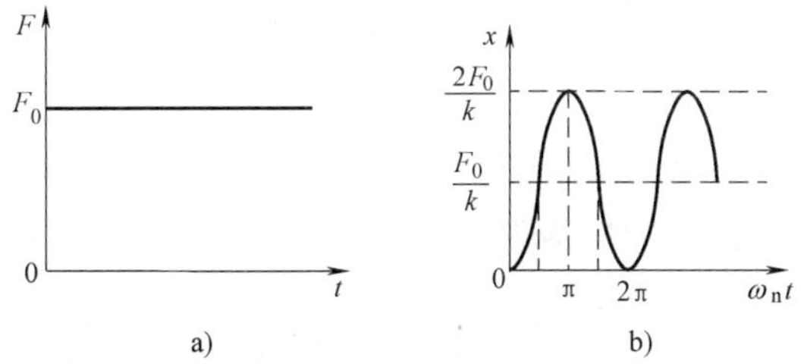

图 1.11-3 阶跃载荷激励及其响应

a）阶跃载荷 b）响应曲线

由不定积分公式得

$$\int \sin[\omega_n(t-\tau)]\mathrm{d}\tau = \frac{1}{\omega_n}\cos[\omega_n(t-\tau)]$$

且 $m\omega_n^2=k$，因而系统在阶跃力 F_0 作用下的响应为

$$x=\frac{F_0}{k}[1-\cos(\omega_n t)]$$

无阻尼时系统的响应曲线如图 1.11-3b 所示。可见，突加载荷 F_0 除了使弹簧产生大小为 F_0/k 的静变形外，还使系统产生振幅为 F_0/k、周期为 $t=2\pi/\omega_n$ 的振动。弹簧的最大变形量为 $2F_0/k$，该值为静变形的 2 倍。

例 1.11-3 无阻尼弹簧-质量系统在 $t=0$ 时受到矩形脉冲载荷 F_0（图 1.11-4a）的作用，求系统的响应。

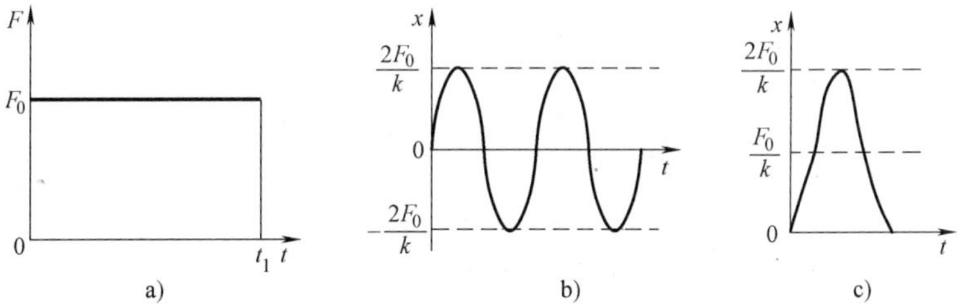

图 1.11-4 矩形脉冲激励及其响应

a）矩形脉冲载荷 b）$t_1=T/2$ 时的响应曲线 c）$t_1=T$ 时的响应曲线

解： 在 $0\leqslant\tau\leqslant t_1$ 阶段，系统的响应曲线仍如图 1.11−3b 所示，即

$$x=\frac{F_0}{k}[1-\cos(\omega_n t)]$$

但当 $t>t_1$ 时，激振力为零，系统以固有频率 ω_n 进行自由振动。以 $t=t_1$ 时的位移 x_1 与速度 $\dot{x}_1$ 为初始条件。当 $t=t_1$ 时

$$x_1=\frac{F_0}{k}[1-\cos(\omega_n t_1)],\dot{x}_1=\frac{F_0}{k}\omega_n\sin(\omega_n t_1)$$

由式（1.3-12）可知系统的响应为

$$x=x_1\cos[\omega_n(t-t_1)]+\frac{\dot{x}_1}{\omega_n}\sin[\omega_n(t-t_1)]$$

$$=\frac{F_0}{k}\{\cos[\omega_n(t-t_1)]-\cos(\omega_n t)\}$$

由式（1.3-13）知自由振动的振幅为

$$A=\sqrt{x_1^2+\left(\frac{\dot{x}_1}{\omega_n}\right)^2}=\frac{F_0}{k}\sqrt{2[1-\cos(\omega_n t_1)]}$$

$$=\frac{2F_0}{k}\sin\frac{\omega_n t_1}{2}=\frac{2F_0}{k}\sin\frac{\pi t_1}{T}$$

由此可见，在去除常数力 F_0 后，质量块 m 的振幅 A 随比值 t_1/T 而改变。当 $t_1=T/2$ 时，$A=2F_0/k$ 的系统响应曲线如图 1.11-4b 所示。当 $t_1=T$ 时，则 $A=0$，即去除 F_0 后，系统就停止不动，响应曲线如图 1.11-4c 所示。

1.12 等效黏性阻尼

在前述的研究中，系统的阻尼都假定为黏性阻尼（线性阻尼），即阻尼大小与速度成正比，如图 1.12-1a 所示。但在实际的振动系统中，非线性阻尼非常常见，其阻尼大小与速度不成正比。如机械零件间的干摩擦产生的阻尼、流体阻尼、结构阻尼等。

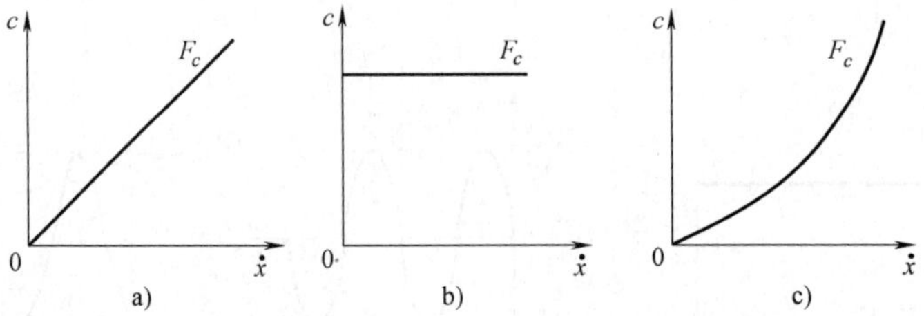

图 1.12-1 阻尼特性

a）线性阻尼 b）库仑阻尼 c）流体阻尼

1.12.1 阻尼的等效原理

无阻尼系统在振动过程中保持机械能守恒，因而振幅不变。但在有阻尼的系统中，机械能则并不守恒，振动过程中阻尼会不断消耗能量，导致振幅不断衰减。若要维持振动，系统就必须不断从外界吸收能量。若吸收的能量与阻尼消耗的能量相等，则可维持等幅的稳态振动。

对于非线性阻尼特性可以采用一定的方式进行线性化。通常是采用能量等效的原则进行等效处理，将非黏性阻尼等效为黏性阻尼（即求出等效线性阻尼）。其具体做法是假设非黏性阻尼在一个振动周期内所消耗的能量与等效黏性阻尼消耗的能量相等，进而换算出等效黏性阻尼系数 c_{eq}。为方便计算消耗的能量，通常会假设在非黏性阻尼作用下系统的稳态振动仍然是简谐振动。

假定 W_e 和 W_c 分别为等效黏性阻尼和非黏性阻尼在一个周期内消耗的能量，它们应相等，即

$$W_e = W_c \tag{1.12-1}$$

1. 简谐激振力每周期做的功

假设系统在简谐激振力 $F(t)=F_0\sin(\omega t)$ 作用下的稳态振动响应为

$$x = B\sin(\omega t-\psi)$$

则激振功率为

$$P = F(t)\dot{x} = F_0\sin(\omega t)\cdot\omega B\cos(\omega t-\psi)$$

在一个周期（$t=0\sim t=2\pi/\omega$）内，激振力所做的功为

$$\begin{aligned} W_F &= \int_0^{\frac{2\pi}{\omega}} F_0\sin(\omega t)\cdot\omega B\cos(\omega t-\psi)\mathrm{d}t \\ &= F_0B\int_0^{\frac{2\pi}{\omega}}\sin(\omega t)\cos(\omega t-\psi)\mathrm{d}(\omega t) \\ &= \pi F_0 B\sin\psi \end{aligned} \tag{1.12-2}$$

由式（1.12-2）可知，简谐激振力在一个周期内所做功的大小取决于激振力幅值 F_0、振幅 B 和相位角 ψ。当 $\psi>0$，外力超前位移，做正功；当 $\psi<0$，外力落后于位移，做负功；当 $\psi=0$ 或 $\psi=\pi$ 时，外力在一个周期内做功之和等于零。这也印证了前面的结论：如发生无阻尼共振时，$\psi=\pi/2$，激振力在每个周期内都做正功 $W_F=\pi F_0 B$，所以振动越来越强，振幅越来越大。

其实，若将激振力分解为与位移同相位的分量 $F_1=F_0\cos\psi$ 和与速度同相位的分量 $F_2=F_0\sin\psi$（图 1.12-2），则激振力在一个周期内所做的功 W_F 可以看成是激振力的两个分量做功之和。

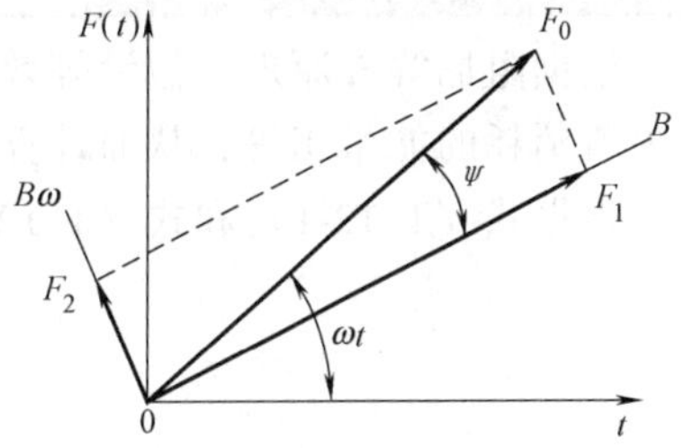

图 1.12-2 激振力分解

与位移同相位的分力 $F_1=F_0\cos\psi$ 在一个周期内所做的功

$$\begin{aligned} W_{F1} &= \int_0^T F_1\sin(\omega t-\psi)\dot{x}\mathrm{d}t \\ &= \int_0^{\frac{2\pi}{\omega}} F_0\cos\psi\sin(\omega t-\psi)B\omega\cos(\omega t-\psi)\mathrm{d}t \\ &= F_0B\cos\psi\int_0^{\frac{2\pi}{\omega}}\sin(\omega t-\psi)\cos(\omega t-\psi)\mathrm{d}(\omega t) \\ &= 0 \end{aligned}$$

可见 $W_{F1}=0$，实际上激振力所做的功就等于其超前位移 $\pi/2$ 的分量所做的功，即等于与速度同相位的分力 $F_2=F_0\sin\psi$ 在一个周期内所做的功。

$$\begin{aligned} W_{F2} &= \int_0^T F_2\cos(\omega t-\psi)\dot{x}\mathrm{d}t \\ &= F_0B\sin\psi\int_0^{\frac{2\pi}{\omega}}\cos^2(\omega t-\psi)\mathrm{d}(\omega t) \end{aligned}$$

$$= \pi F_0 B\sin\psi$$

即

$$W_F = W_{F1} + W_{F2} = \pi F_0 B\sin\psi$$

2. 阻尼力每周期消耗的能量

按前述假设，可将系统位移写为 $x = B\sin(\omega t - \psi)$，则阻尼力

$$\begin{aligned} F_c &= -c\dot{x} \\ &= -c\omega B\cos(\omega t - \psi) \\ &= c\omega B\sin\left(\omega t - \psi - \frac{\pi}{2}\right) \end{aligned}$$

阻尼力比位移落后 π/2，对系统做负功，一个周期内消耗的能量为

$$\begin{aligned} W_c &= \int_0^T F_c \dot{x}\mathrm{d}t \\ &= \int_0^{\frac{2\pi}{\omega}} cB^2\omega^2\cos^2(\omega t - \psi)\mathrm{d}t \\ &= \pi c\omega B^2 \end{aligned} \tag{1.12-3}$$

由式（1.12-3）可知，阻尼力在一个周期内所做功的大小取决于阻尼系数 c、振幅 B 和振动频率 ω。

1.12.2 等效黏性阻尼

根据阻尼等效原理，假设等效黏性阻尼在一个周期内消耗的能量与非线性阻尼在一个周期内所消耗的能量相等，从而计算出等效黏性阻尼系数。

根据式（1.12-1）和式（1.12-3），并假设等效黏性阻系数为 c_{eq}，有

$$W_e = W_c = \pi c_{eq}\omega B^2 \tag{1.12-4}$$

即

$$c_{eq} = \frac{W_e}{\pi\omega B^2} \tag{1.12-5}$$

则可以根据式（1.12-5）计算等效黏性阻尼系数 c_{eq} 的值，其中 W_e 可根据不同的阻尼的实际情况计算。

若将式（1.12-5）代入式（1.8-6），可得等效阻尼条件下的振幅

$$B = \frac{F_0}{k}\frac{1}{\sqrt{(1-z^2) + \left(\frac{c_{eq}\omega}{k}\right)^2}} \tag{1.12-6}$$

稳态振动时，在一个振动周期内激振力 F_0 所做的功等于阻尼所做的功，即

$$W_F = W_c$$

由式（1.12-2）和式（1.12-3）有

$$\pi F_0 B\sin\psi = \pi c_{eq}\omega B^2$$

可求得稳态振动的振幅

$$B = \frac{F_0\sin\psi}{c_{eq}\omega} \tag{1.12-7}$$

1. 干摩擦阻尼的等效黏性阻尼系数

干摩擦阻尼又称为库仑阻尼。如图1.12-3所示的振动系统中，物体受到水平方向力$F(t)=F_0\sin\omega t$激励。假设物体与支承面之间的正压力为F_N，接触表面的摩擦系数为μ，则摩擦力$F_c=\mu F_N$（方向总是与运动方向相反）。

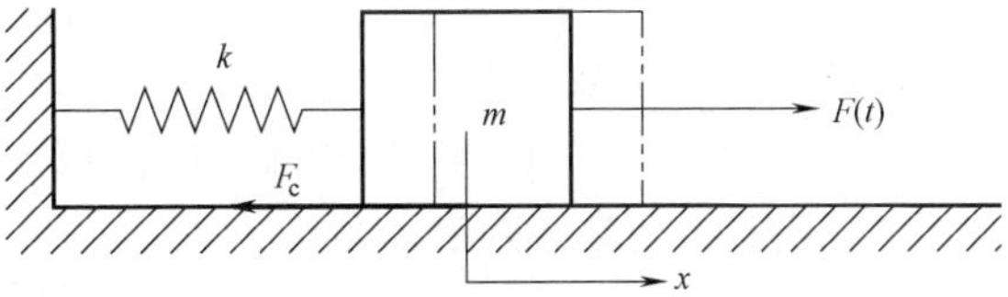

图1.12-3 有干摩擦阻尼的振动系统

当质量块从平衡位置移动到最大位移时，摩擦力做功为$\mu F_N B$。因此，在一个振动周期内摩擦力消耗的能量为

$$W_e=4\mu F_N B \tag{1.12-8}$$

将式（1.12-8）中的W_e值代入式（1.12-5）中，得等效黏性阻尼系数为

$$c_{eq}=\frac{4\mu F_N}{\pi\omega B} \tag{1.12-9}$$

2. 流体阻尼的等效黏性阻尼系数

物体在流体介质（如水、空气）中高速（>3m/s）运动时，所受的流体阻力与速度的平方成正比，方向与速度方向相反，即

$$F_c=\alpha|\dot{x}|\dot{x} \tag{1.12-10}$$

式中，α为比例系数（常数）。

假定物体作简谐振动，则位移为$x=B\sin(\omega t-\psi)$，得到$\dot{x}=B\omega\cos(\omega t-\psi)$。因此阻尼力在一个周期内消耗的能量为

$$W_e=4\int_0^{\frac{T}{4}}F_c\dot{x}\mathrm{d}t=4\alpha\int_0^{\frac{\pi}{2\omega}}\dot{x}^3\mathrm{d}t=\frac{8}{3}\alpha B^3\omega^2 \tag{1.12-11}$$

将式（1.12-11）中的W_e值代入式（1.12-5）中，得等效黏性阻尼系数为

$$c_{eq}=\frac{8\alpha}{3\pi}B\omega \tag{1.12-12}$$

3. 结构阻尼的等效黏性阻尼系数

由材料自身内摩擦造成的阻尼称为结构阻尼，也称材料阻尼。材料力学中已证明，若在一种材料上施加超过弹性极限的载荷，卸载后继续向反方向加载，再卸载，在这个循环过程中，材料的卸载并不会严格按照加载曲线回复到原始状态，而是在应力-应变曲线中形成一个滞后回环，如图1.12-4所示。

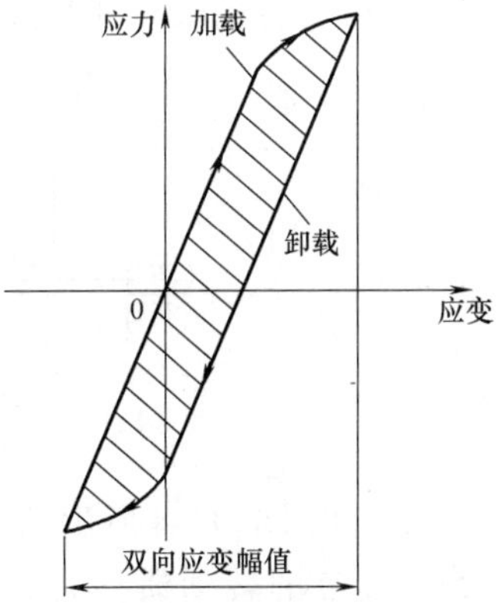

图1.12-4 材料加载卸载一个周期的滞后回环

滞后回环包围的阴影面积代表在一个循环中单位体积材料释放的能量，而这部分能量将变成热能散失掉。当材料产生振动时，每一个振动周期都会引起一次滞后回环，称为结构阻尼。

实验证明，大多数金属（如钢、铝等）结构阻尼在每一周期中消耗的能量W_e与振幅的平方成正比，而在很宽的频率范围内与频率无关。因此结构阻尼力在一个周期内消耗的能量可表示为

$$W_e = a_c B^2 \tag{1.12-13}$$

式中，a_c 称为材料常数。

将式（1.12-13）中的 W_e 值代入式（1.12-5）中，得等效黏性阻尼系数为

$$c_{eq} = \frac{a_c}{\pi\omega} \tag{1.12-14}$$

1.13 习 题

1-1 求如图 1.13-1 所示系统的等效刚度。

1-2 如图 1.13-2 所示结构，已知悬臂梁的等效刚度为 k_1，弹簧刚度分别为 k_2、k_3，求该系统的等效刚度。

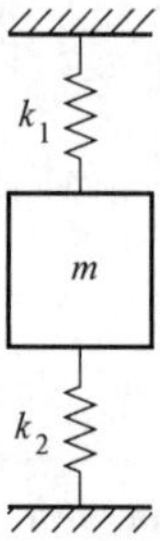

图 1.13-1 题 1-1 图

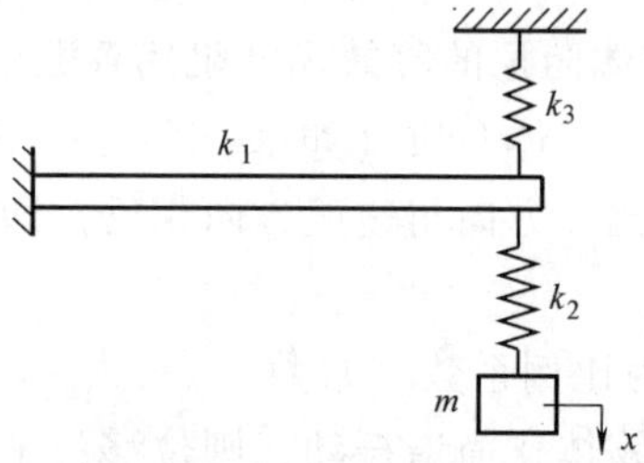

图 1.13-2 题 1-2 图

1-3 如图 1.13-3 所示两级齿轮减速系统，其中驱动电动机转动惯量为 I_1，负载转动惯量为 I_2。不考虑齿轮及转轴的转动惯量，试建立系统对应的两自由度扭转振动力学模型，并计算各力学元件的等效惯量及等效刚度。

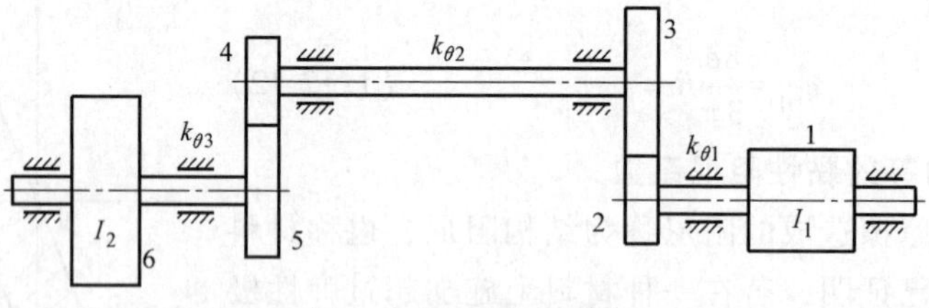

图 1.13-3 题 1-3 图

1-4 如图 1.13-4 所示凸轮连杆气门弹簧组，摇杆 AC 关于 O 点的转动惯量为 I，顶杆 AB 质量为 m_1，阀杆 CD 的质量为 m_2，弹簧刚度为 k，试求系统在 x 轴方向上的等效质量和等效刚度。

1-5 如图 1.13-5 所示系统，物体质量为 m_1，圆盘质量为 m_2，圆盘半径为 R，试建立系统的振动微分方程。

1-6 如图 1.13-6 所示微幅摆系统，不计摆杆的质量，试建立系统振动微分方程。

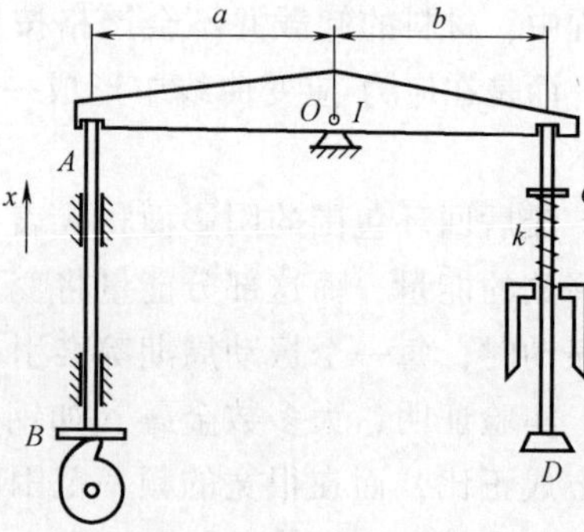

图 1.13-4 题 1-4 图

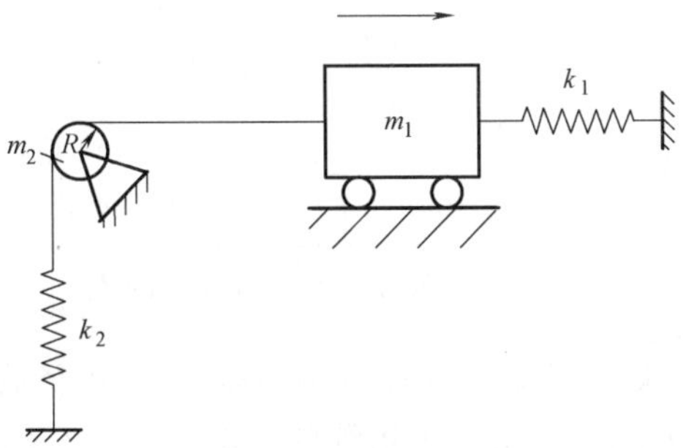

图 1.13-5 题 1-5 图

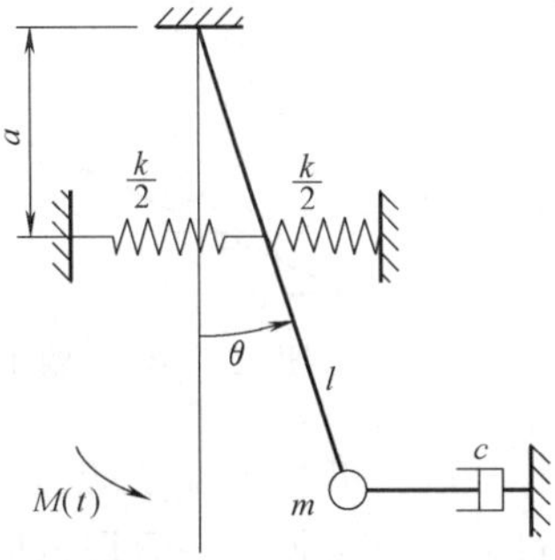

图 1.13-6 题 1-6 图

1-7 如图 1.13-7 所示滑轮组弹簧-质量系统，忽略摩擦和滑轮质量，求质量块 m 的微幅振动微分方程。

1-8 如图 1.13-8 所示各系统，不计摆杆质量，试求各系统的固有频率。

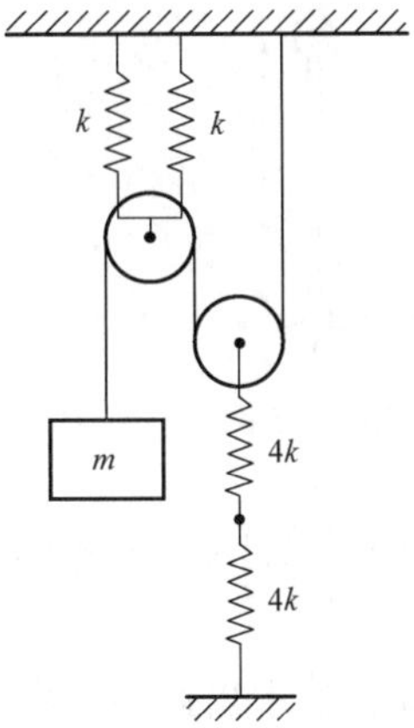

图 1.13-7 题 1-7 图

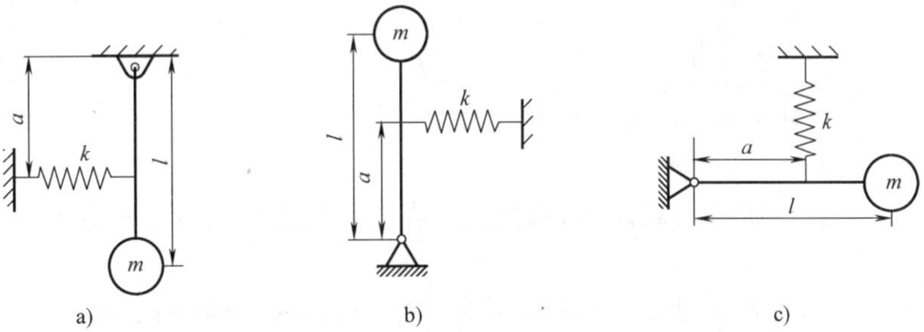

图 1.13-8 题 1-8 图

1-9 如图 1.13-9 所示，质量为 m_1、半径为 R 的滚子铰接在长为 l 的无质量杆上，滚子在圆弧滚道上作纯滚动，求系统微幅振动时的固有频率。

1-10 长为 l 的悬臂梁，单位长度质量为 ρ，抗弯刚度为 EI。其自由端放置一质量为 m 的物体，用瑞利法求该系统的固有频率。

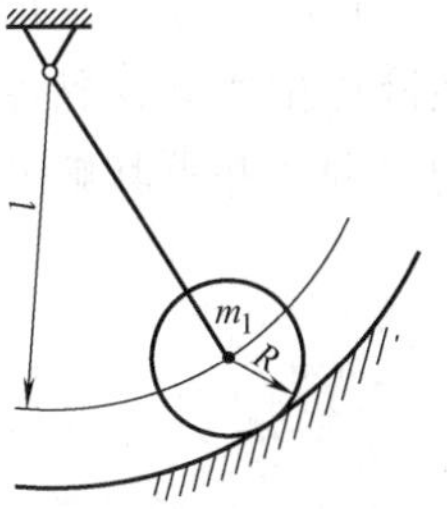

图 1.13-9 题 1-9 图

1-11 如图 1.13-10 所示，一质量为 m 的小车在斜面上自高 h 处滑下，与缓冲器相撞后，随同缓冲器弹簧一起作自由振动，弹簧刚度为 k，斜面倾角为 α，小车与斜面之间的摩擦力忽略不计，求小车的振动周期和振幅。

1-12 如图 1.13-11 所示的有阻尼自由振动系统，弹簧刚度为 32.14kN/m，物块质量为 150kg。要求：①求此系统的临界阻尼系数；②该系统的阻尼系数为 0.685kN · s/m 时，问经过多长时间后振幅衰减到 10%。③求衰减振动周期。

1-13 已知单自由度系统的质量块 $m=800$kg，弹簧刚度 $k=100$kN/m，阻尼比 $\zeta=0.05$，$x_0=0.05$m，$\dot{x}=0$。求：①系统的固有圆频率；②系统振动位移表达式。

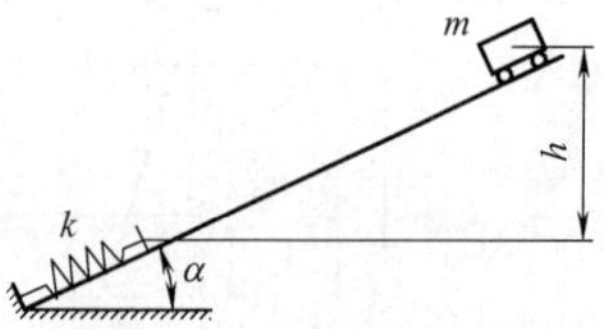

图 1.13-10　题 1-11 图

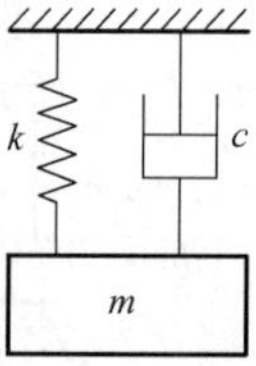

图 1.13-11　题 1-12 图

1-14　单自由度系统，已知质量块 $m=9.0\times10^4$kg，使之产生位移 0.03m 后突然释放，经过 $t=0.64$s 振动一全周返回时测得最大位移为 0.02m。试求：①系统的阻尼比 ζ；②系统的自振频率；③系统的刚度；④求出振动的位移表达式和 $t=1.2$s 时的振动位移。

1-15　如图 1.13-12 所示弹簧-质量系统，在两弹簧连接处作用一激振力 $Q_0\sin\omega t$。试求质量块 m 的振幅。

1-16　如图 1.13-13 所示系统，在位移 $H_0\cos\omega t$ 作用下，求系统的响应。

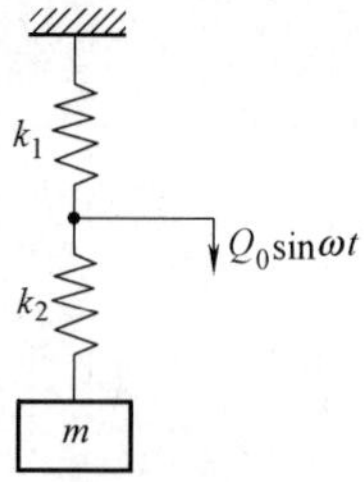

图 1.13-12　题 1-15 图

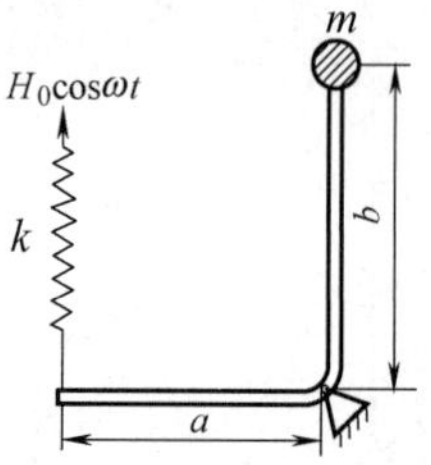

图 1.13-13　题 1-16 图

1-17　如图 1.13-14 所示系统，在质量块上作用有激励力 $F(t)=4900\sin\left(\dfrac{\pi}{2}t\right)$N，在弹簧固定端有支承运动 $x_s=0.003\sin\left(\dfrac{\pi}{4}t\right)$m。已知 $m=9800$kg，$k=966.28$kN/m，试求出此系统的稳态响应。

1-18　如图 1.13-15 所示的单摆，其质量为 m，摆杆是无质量的刚性杆，长为 l。它在黏性液体中摆动，黏性阻尼系数为 c，悬挂点 O 的运动 $x(t)=A\sin(\omega t)$，试写出单摆微幅摆动的方程式并求其解。

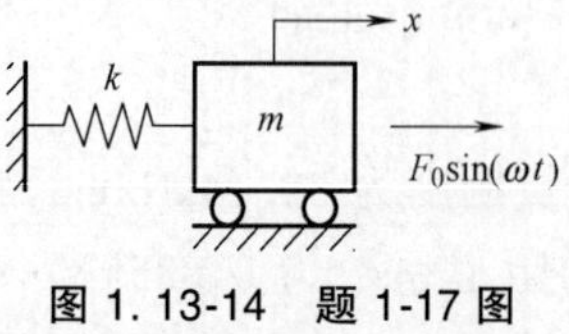

图 1.13-14　题 1-17 图

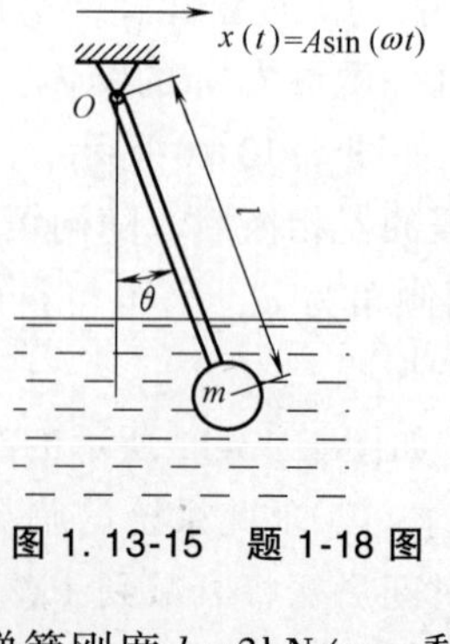

图 1.13-15　题 1-18 图

1-19　有一阻尼弹簧-质量系统，其固有频率 $f_n=4$Hz，弹簧刚度 $k=3$kN/m，黏性阻尼系数 $c=1.50$kN·s/m。求在外力 $F=20\cos(3t)$N 作用下的稳态振动振幅和相位角。

1-20　一阻尼弹簧-质量系统，质量 m 为 196kg，弹簧刚度为 1.96×10^4N/m，作用在质量块上的激振力为 156.8sin（10t）N，阻尼系数为 627.2N·s/m。试求质量块的振幅及放大因子。

1-21　用如图 1.13-16 所示含两个反相旋转偏心转子的惯性激振器去测定一个质量为 180kg 的弹簧-质量系统的振动特性。当激振器转速为 600r/min 时，激振器的偏心质量处于最高点，而质量块正好向上通过静平衡位置，此时振幅为 1cm。求：①待测系统的固有频率；②若激振器调速到 2400r/min 时，测得振幅为 0.05cm，求待测系统的阻尼比。

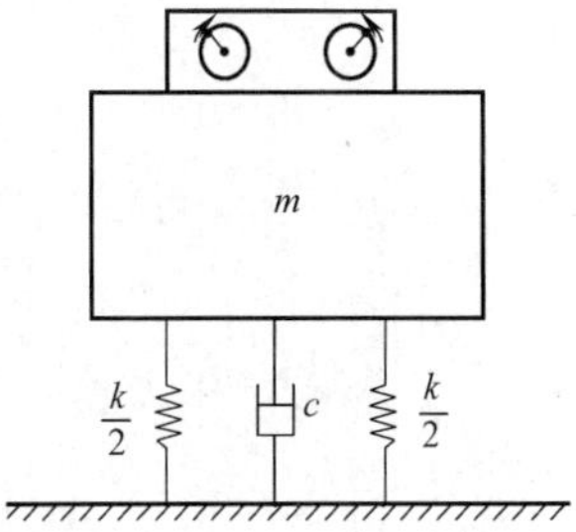

图 1.13-16　题 1-21 图

1-22　如图 1.13-17 所示的精密仪器，质量 m = 400kg，用弹簧与地面相连，现地面以 15Hz 的频率作竖向简谐振动，振幅为 0.015m，为使仪器的振幅<0.0025m，试求弹簧的刚度（不考虑阻尼）。

1-23　求单自由度系统在如图 1.13-18 所示周期激励下的稳态振动响应，不考虑阻尼。

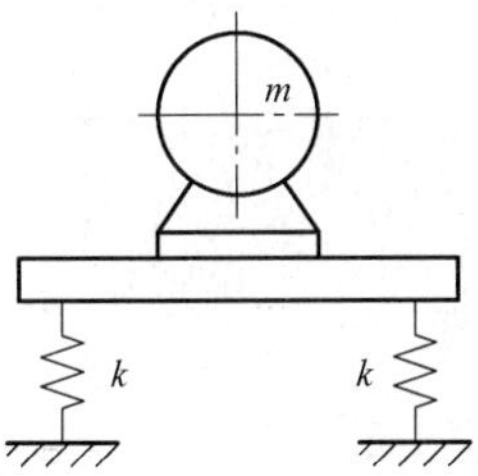

图 1.13-17　题 1-22 图

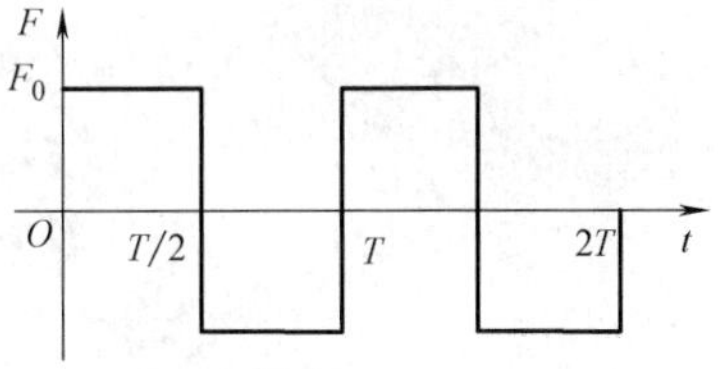

图 1.13-18　题 1-23 图

1-24　如图 1.13-19 所示，箱中有一弹簧-质量系统，箱子从高 h 处自由下落。试求箱子下落过程中，质量块 m 相对于箱子的运动 $x(t)$ 及箱子落地后传到地面上的最大力 F_{max}。

1-25　求单自由度系统在如图 1.13-20 所示激励作用下的响应，不考虑阻尼。

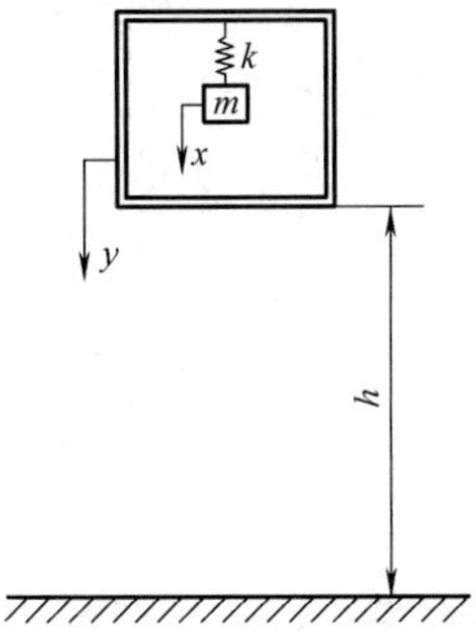

图 1.13-19　题 1-24 图

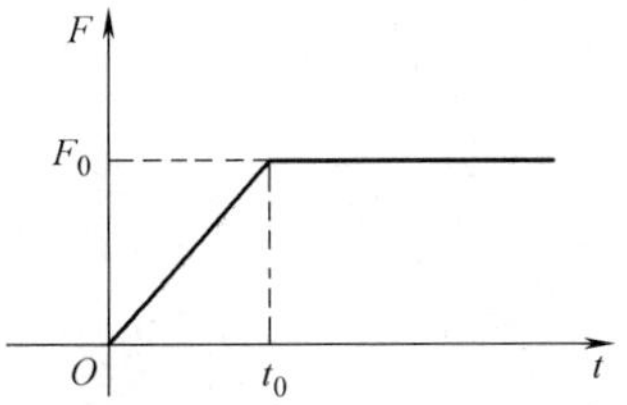

图 1.13-20　题 1-25 图

第2章 多自由度系统振动的模态分析法

实际工程系统都是具有无穷多个自由度的连续系统，可采用抽象简化的方法，将实际工程系统离散为有限自由度系统。简化方法是将质量大而变形很小的元件简化为集中质量，将变形较大而质量小的元件简化为无质量的弹簧。许多工程问题如果简化为单自由度系统，误差较大，往往需要简化成多自由度系统才能达到所要求的精度。

一个具有 n 个自由度的系统，它在任一瞬时的运动形态需要用 n 个独立的广义坐标来描述，因而系统的运动微分方程一般是 n 个二阶常微分方程组成的方程组，且一般是多元联立的，即方程组中的变量及其导数存在着耦合。这种耦合使微分方程组的求解变得困难，寻求其解析解的常用方法是采用线性变换将方程组解耦的模态分析方法（又称振型叠加法）。模态分析法可使多自由度系统振动问题用求解单自由度系统振动问题的方法来求解。

对于 n 个自由度的无阻尼系统而言，它具有 n 个固有频率（有可能出现重值）和相应的振型（以某阶固有频率进行振动时各坐标振幅之比），这是多自由度振系与单自由度振系的一个重要区别。当系统按任意一个固有频率作自由振动时，对应的振动称为主振动。系统作主振动时的振动形态称为主振型（也称为模态）。在初始条件激励下，系统的自由振动是 n 个主振动的线性叠加。

模态分析法的原理是：首先通过坐标变换，将原有坐标系转化为可使系统运动微分方程不出现坐标之间耦合的广义坐标（这样的坐标称为主坐标），n 个自由度系统的振动可以当作 n 个单自由度系统的振动来考虑，求得解耦后的主坐标的响应；然后将得到的主坐标响应再通过坐标变换转化为原坐标，从而得到多自由度系统振动响应。多自由度系统的阻尼经常假定为比例阻尼或振型阻尼，对这些类型的阻尼系统，模态分析法也十分有效。而一般的黏性阻尼系统则需借助复模态方法来分析。

2.1 多自由度系统的振动方程

建立多自由度系统振动方程的一般方法有：牛顿第二定律或达朗贝尔原理法；拉格朗日方程法；影响系数法三种。

2.1.1 应用牛顿第二定律建立系统振动微分方程

在工程中有许多实际系统都可以简化为如图 2.1-1a 所示的二自由度的力学模型。质体 m_1 和 m_2 用弹簧 k_2 联系，而它们与基础分别用弹簧 k_1 和 k_3 联系。假定两质体只沿铅垂方向往复直线运动，质体 m_1 和 m_2 的任一瞬时位置只要用 x_1 和 x_2 两个独立坐标就可以确定，因此，系统具有两个自由度。

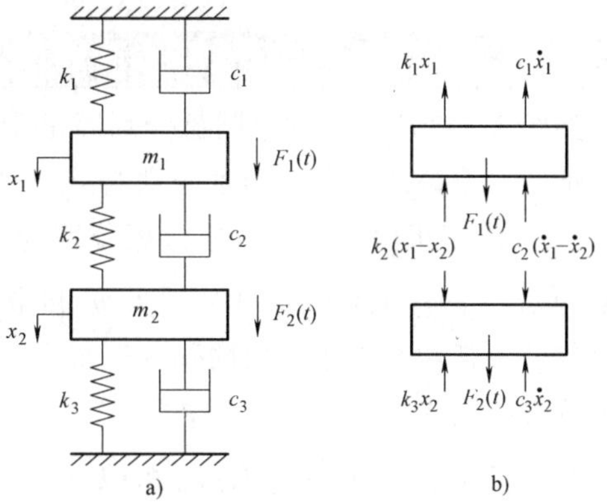

图 2.1-1 双质体弹簧系统

a）力学模型 b）分离体受力分析

以 m_1 和 m_2 的静平衡位置为坐标原点。在振动的任意瞬时 t，m_1 和 m_2 的位移分别为 x_1 和 x_2，为了导出振动微分方程，取 m_1 和 m_2 为分离体，作用于质体 m_1 和 m_2 上的力如图 2.1-1b 所示。根据牛顿第二定律可分别得

到质体 m_1 和 m_2 的振动微分方程式为

$$F_1(t)-k_1x_1-k_2(x_1-x_2)-c_1\dot{x}_1-c_2(\dot{x}_1-\dot{x}_2)=m_1\ddot{x}_1$$

$$F_2(t)+k_2(x_1-x_2)-k_3x_2+c_2(\dot{x}_1-\dot{x}_2)-c_3\dot{x}_2=m_2\ddot{x}_2$$

整理后得出

$$\begin{cases}m_1\ddot{x}_1+(c_1+c_2)\dot{x}_1-c_2\dot{x}_2+(k_1+k_2)x_1-k_2x_2=F_1(t)\\ m_2\ddot{x}_2-c_2\dot{x}_1+(c_2+c_3)\dot{x}_2-k_2x_1+(k_2+k_3)x_2=F_2(t)\end{cases} \tag{2.1-1}$$

方程式（2.1-1）为双质体系统有阻尼的纵向受迫振动微分方程组。

注意到方程式（2.1-1）中两式是相互关联的，因为第一式中，包含 x_2 和 $\dot{x}_2$ 两项，而第二式中，包含 x_1 和 $\dot{x}_1$ 两项。这种方程组就称为耦合方程组，可以预料到 m_1 的运动和 m_2 的运动将相互影响。

假设质体 m_1 和 m_2 在振动过程中不考虑阻尼影响，则方程式（2.1-1）可写为

$$\begin{cases}m_1\ddot{x}_1+(k_1+k_2)x_1-k_2x_2=F_1(t)\\ m_2\ddot{x}_2-k_2x_1+(k_2+k_3)x_2=F_2(t)\end{cases} \tag{2.1-2}$$

方程式（2.1-2）为双质体系统无阻尼受迫振动的微分方程组。

若质体 m_1 和 m_2 上没有作用激振力 $F_1(t)$ 和 $F_2(t)$，则方程式（2.1-1）可写为

$$\begin{cases}m_1\ddot{x}_1+(c_1+c_2)\dot{x}_1-c_2\dot{x}_2+(k_1+k_2)x_1-k_2x_2=0\\ m_2\ddot{x}_2-c_2\dot{x}_1+(c_2+c_3)\dot{x}_2-k_2x_1+(k_2+k_3)x_2=0\end{cases} \tag{2.1-3}$$

方程式（2.1-3）为双质体系统有阻尼纵向自由振动微分方程组。

若质体 m_1 和 m_2 在振动过程中既不考虑阻尼的影响，也没有作用激振力，则方程式（2.1-1）可写为

$$\begin{cases}m_1\ddot{x}_1+(k_1+k_2)x_1-k_2x_2=0\\ m_2\ddot{x}_2-k_2x_1+(k_2+k_3)x_2=0\end{cases} \tag{2.1-4}$$

方程式（2.1-4）为双质体系统无阻尼自由振动的微分方程组。

2.1.2 应用达朗贝尔原理（动静法）建立系统振动微分方程

如图 2.1-2 所示。两个圆盘分别固定于轴上的 C 点和 D 点，而两轴端 A 和 B 为刚性固定。轴的三个区段的扭转刚度分别为 $k_{\theta1}$、$k_{\theta2}$ 和 $k_{\theta3}$，两个圆盘对其轴线的转动惯量分别为 J_1 和 J_2，作用于圆盘上的激振力矩分别为 $M_1(t)$ 和 $M_2(t)$，在某瞬时圆盘的位置用转角 θ_1 和 θ_2 表示，相应的角加速度分别为 $\ddot{\theta}_1$ 和 $\ddot{\theta}_2$。分别以圆盘 1 和圆盘 2 为分离体，根据达朗贝尔原理，包括惯性力矩在内的作用于每个分离体上的所有力矩之和等于零，则圆盘的扭转振动微分方程式为

对圆盘 1 $\quad -J_1\ddot{\theta}_1-k_{\theta1}\theta_1-k_{\theta2}(\theta_1-\theta_2)+M_1(t)=0$

对圆盘 2 $\quad -J_2\ddot{\theta}_2-k_{\theta3}\theta_2+k_{\theta2}(\theta_1-\theta_2)+M_2(t)=0$

将上式整理后，可得

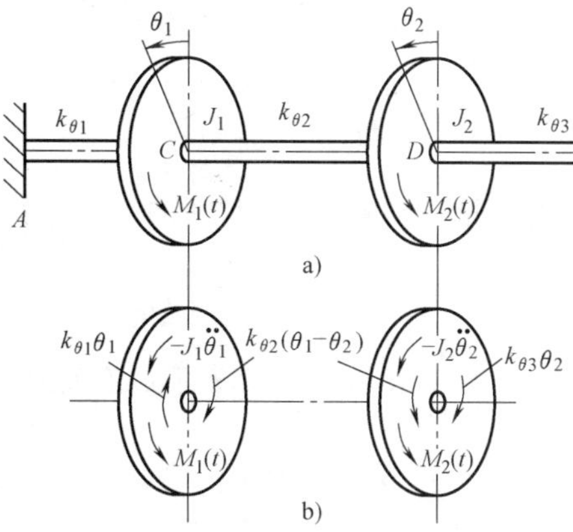

图 2.1-2 两个圆盘的扭转振动

a）力学模型图 b）分离体及作用图

$$\begin{cases} J_1\ddot{\theta}_1+(k_{\theta1}+k_{\theta2})\theta_1-k_{\theta2}\theta_2=M_1(t) \\ J_2\ddot{\theta}_2-k_{\theta2}\theta_1+(k_{\theta2}+k_{\theta3})\theta_2=M_2(t) \end{cases} \tag{2.1-5}$$

式（2.1-5）为两个圆盘无阻尼扭转的受迫振动微分方程组。

当系统存在阻尼力矩时，振动微分方程可写为以下形式

$$\begin{cases} J_1\ddot{\theta}_1+(c_{\theta1}+c_{\theta2})\dot{\theta}_1-c_{\theta2}\dot{\theta}_2+(k_{\theta1}+k_{\theta2})\theta_1-k_{\theta2}\theta_2=M_1(t) \\ J_2\ddot{\theta}_2-c_{\theta2}\dot{\theta}_1+(c_{\theta2}+c_{\theta3})\dot{\theta}_2-k_{\theta2}\theta_1+(k_{\theta2}+k_{\theta3})\theta_2=M_2(t) \end{cases} \tag{2.1-6}$$

式中，$c_{\theta1}$，$c_{\theta2}$，$c_{\theta3}$ 为当量黏性阻尼系数；$\dot{\theta}_1$，$\dot{\theta}_2$为圆盘 1、圆盘 2 的角速度。

方程式（2.1-6）为有阻尼扭转的受迫振动微分方程组。该方程组从形式上看，与前面导出的纵向振动微分方程式（2.1-1）并无区别。

2.1.3 应用拉格朗日方程建立系统振动微分方程

对于简单的振动系统（如二自由度系统），应用牛顿第二定律或动静法建立系统的振动微分方程较为简便。而对于复杂的系统，应用拉格朗日方程建立系统的振动微分方程更加方便。

按照拉格朗日方程法，系统的振动微分方程可通过动能 T、势能 U、能量散失函数 D 加以表示，即

$$\frac{\mathrm{d}}{\mathrm{d}t}\left(\frac{\partial T}{\partial \dot{q}_j}\right)-\frac{\partial T}{\partial q_j}+\frac{\partial U}{\partial q_j}+\frac{\partial D}{\partial \dot{q}_j}=F_j(t) \quad (j=1,2,3,\cdots) \tag{2.1-7}$$

式中，q_j，$\dot{q}_j$ 为系统的广义坐标和广义速度；T、U 为系统的动能与势能；D 为能量散失函数；$F_j(t)$ 为广义激振力。

首先说明拉格朗日方程中每一项的意义。

广义坐标 q_j 是指振动系统中第 j 个独立坐标。如图 2.1-1 所示的二自由度系统，广义坐标有两个，即用来表示振动质体 1 和质体 2 运动状态的位移 x_1 和 x_2；广义速度 $\dot{q}_j$ 即相应坐标上物体的运动速度，对于如图 2.1-1 所示的振动系统，广义速度即是 $\dot{x}_1$ 和 $\dot{x}_2$。广义坐标的数目与自由度的数目相同。n 个自由度的振动系统就有 n 个广义坐标，同时有 n 个相对应

的广义速度。

式（2.1-7）中，等号左侧第一项中的$\frac{\partial T}{\partial \dot{q}_j}$是动能$T$对其广义速度的偏导数，它表示振动系统在第$j$个坐标方向上所具有的动量，动量$\frac{\partial T}{\partial \dot{q}_j}$对时间的导数$\frac{\mathrm{d}}{\mathrm{d}t}\left(\frac{\partial T}{\partial \dot{q}_j}\right)$即为第$j$个坐标方向上惯性力的负值。

式（2.1-7）中，等号左侧第二项$\frac{\partial T}{\partial q_j}$表示与广义坐标$q_j$有直接联系的惯性力或惯性力矩的负值。对于振动质量（或动能T）与广义坐标无关的振动系统，第二项$\frac{\partial T}{\partial q_j}$显然为零。

式（2.1-7）中，等号左侧第三项$\frac{\partial U}{\partial q_j}$一般表示振动系统中与坐标$q_j$相关的弹性力的负值及重力。很明显，振动系统中势能$U$对第$j$个坐标的偏导数就是第$j$个坐标方向上弹性力的负值或重力。

式（2.1-7）中，等号左侧第四项$\frac{\partial D}{\partial \dot{q}_j}$表示第$j$个坐标方向上阻尼力的值，它是能量散失函数$D$对广义速度的偏导数。能量散失函数的定义是各坐标上速度的平方与相应的阻尼系数的乘积之和再除以2。

方程式（2.1-7）等号右边的广义激振力$F_j(t)$是指某坐标q_j方向上的激振作用力。必须引起注意的是，如果某些激振力所做的功已经表示为振动系统的动能和势能形式，或能量散失函数形式，则在等号右边不再重复考虑这些激振力。

由于拉格朗日方程法是采用系统能量的形式来建立系统的振动微分方程，因此特别适用于工程中的机电液气耦合系统。

下面以三自由度振动系统为例，介绍如何利用拉格朗日方程法来建立系统振动微分方程。

如图2.1-3所示的三自由度振动系统，三个质量块m_1、m_2、m_3分别通过弹簧k_1、k_2、k_3和阻尼c_1、c_2、c_3支承，质量块位移分别为x_1、x_2和x_3（以各自的静平衡位置质心为坐标原点）。采用拉格朗日方程建立三自由度振动系统的振动微分方程。

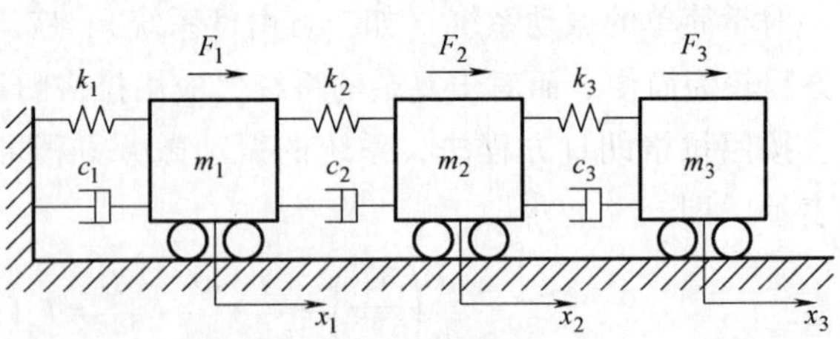

图2.1-3　三自由度振动系统

系统动能

$$T=\frac{1}{2}(m_1\dot{x}_1^2+m_2\dot{x}_2^2+m_3\dot{x}_3^2) \tag{2.1-8}$$

系统势能

$$U=\frac{1}{2}[k_1x_1^2+k_2(x_2-x_1)^2+k_3(x_3-x_2)^2] \tag{2.1-9}$$

系统的能量散失函数

$$D=\frac{1}{2}\left[c_1\dot{x}_1^2+c_2(\dot{x}_2-\dot{x}_1)^2+c_3(\dot{x}_3-\dot{x}_2)^2\right] \tag{2.1-10}$$

将以上各量代入拉格朗日方程

$$\frac{\mathrm{d}}{\mathrm{d}t}\frac{\partial T}{\partial \dot{x}_j}-\frac{\partial T}{\partial x_j}+\frac{\partial U}{\partial x_j}+\frac{\partial D}{\partial \dot{x}_j}=F_j \quad (j=1,2,3) \tag{2.1-11}$$

得系统振动微分方程

$$\begin{cases} m_1\ddot{x}_1+(c_1+c_2)\dot{x}_1-c_2\dot{x}_2+(k_1+k_2)x_1-k_2x_2=F_1 \\ m_2\ddot{x}_2-c_2\dot{x}_1+(c_2+c_3)\dot{x}_2-c_3\dot{x}_3-k_2x_1+(k_2+k_3)x_2-k_3x_3=F_2 \\ m_3\ddot{x}_3-c_3\dot{x}_2+c_3\dot{x}_3-k_3x_2+k_3x_3=F_3 \end{cases} \tag{2.1-12}$$

写为矩阵形式（作用力方程）

$$\boldsymbol{M}\ddot{\boldsymbol{X}}+\boldsymbol{C}\dot{\boldsymbol{X}}+\boldsymbol{K}\boldsymbol{X}=\boldsymbol{F} \tag{2.1-13}$$

式中，质量矩阵 $\boldsymbol{M}=\begin{bmatrix} m_1 & 0 & 0 \\ 0 & m_2 & 0 \\ 0 & 0 & m_3 \end{bmatrix}$；$\boldsymbol{C}$ 为阻尼矩阵；$\boldsymbol{K}$ 为刚度矩阵。

无阻尼自由振动的作用力方程

$$\boldsymbol{M}\ddot{\boldsymbol{X}}+\boldsymbol{K}\boldsymbol{X}=\boldsymbol{0} \tag{2.1-14}$$

实际应用中，对于特定的振动系统，需根据振动系统复杂程度选定适合的方法建立方程。

2.1.4 用影响系数法建立系统的运动方程

1. 刚度矩阵与刚度影响系数

由振动系统的作用力方程式（2.1-13）可知，不考虑阻尼影响时，只要设法求出系统的质量矩阵 $\boldsymbol{M}$ 和刚度矩阵 $\boldsymbol{K}$，就可直接按式（2.1-14）写出振动系统的作用力方程。

式（2.1-13）中的刚度矩阵为

$$\boldsymbol{K}=\begin{bmatrix} K_{11} & K_{12} & K_{13} \\ K_{21} & K_{22} & K_{23} \\ K_{31} & K_{32} & K_{33} \end{bmatrix}=\begin{bmatrix} k_1+k_2 & -k_2 & 0 \\ -k_2 & k_2+k_3 & -k_3 \\ 0 & -k_3 & k_3 \end{bmatrix} \tag{2.1-15}$$

式中，K_{ij} 为刚度影响系数，使 j 坐标具有单位位移而作用在 i 坐标的力。

刚度影响系数 K_{ij} 的计算方法：设 $x_j=1$，其余各坐标位移为 0，求出维持这种状态需作用于第 i 坐标的力即为 K_{ij}。

例 2.1-1 计算如图 2.1-3 所示系统的刚度影响系数。

解：计算刚度影响系数时不考虑阻尼。

1）给 m_1 以单位位移，m_2 与 m_3 保持不动，则系统变为如图 2.1-4a 所示，即 $x_1=1$ 而 $x_2=x_3=0$。要保持这种位移状态，各坐标所需施加的静作用力就是 K_{11}、K_{21} 及 K_{31}（在作用力矢量上面有斜线，表示它们是作为保持位置的作用力）。K_{11}、K_{21}、K_{31} 分别代表在坐标 x_1 有单位位移（其余坐标位移为零）的状态下，为保持该状态而要分别在坐标 x_1、x_2、x_3 上

施加的作用力为

$$K_{11}=k_1+k_2,K_{21}=-k_2,K_{31}=0$$

它们组成刚度矩阵的第一列。

2）设 $x_2=1$，$x_1=x_3=0$（图 2.1-4b），则

$$K_{12}=-k_2,K_{22}=k_2+k_3,K_{32}=-k_3$$

组成刚度矩阵第二列。

3）设 $x_3=1$，$x_1=x_2=0$（图 2.1-4c），则

$$K_{13}=0,K_{23}=-k_3,K_{33}=k_3$$

组成刚度矩阵第三列。

则如图 2.1-3 所示系统的刚度矩阵为

$$\boldsymbol{K}=\begin{bmatrix}K_{11} & K_{12} & K_{13}\\ K_{21} & K_{22} & K_{23}\\ K_{31} & K_{32} & K_{33}\end{bmatrix}=\begin{bmatrix}k_1+k_2 & -k_2 & 0\\ -k_2 & k_2+k_3 & -k_3\\ 0 & -k_3 & k_3\end{bmatrix} \tag{2.1-16}$$

显然，式（2.1-16）中，有

$$K_{ij}=K_{ji} \tag{2.1-17}$$

即刚度矩阵具有对称性。

若将式（2.1-16）代入方程式（2.1-13）（不考虑阻尼影响），并考虑到质量矩阵为主对角线矩阵，则得系统的振动微分方程为

$$\begin{bmatrix}m_1 & 0 & 0\\ 0 & m_2 & 0\\ 0 & 0 & m_3\end{bmatrix}\begin{bmatrix}\ddot{x}_1\\ \ddot{x}_2\\ \ddot{x}_3\end{bmatrix}+\begin{bmatrix}k_1+k_2 & -k_2 & 0\\ -k_2 & k_2+k_3 & -k_3\\ 0 & -k_3 & k_3\end{bmatrix}\begin{bmatrix}x_1\\ x_2\\ x_3\end{bmatrix}=\begin{bmatrix}F_1(t)\\ F_2(t)\\ F_3(t)\end{bmatrix} \tag{2.1-18}$$

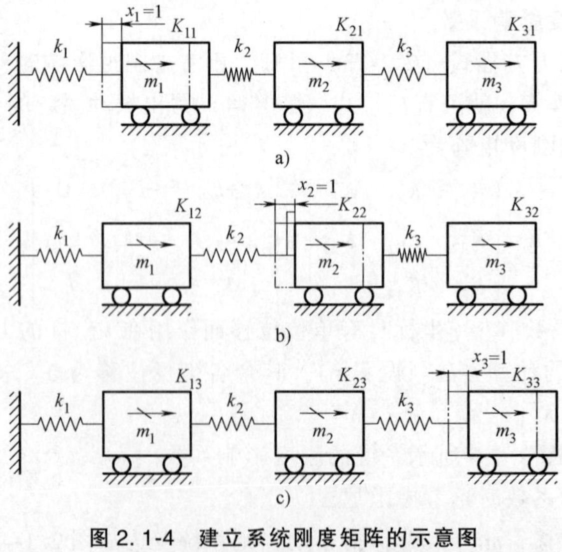

图 2.1-4　建立系统刚度矩阵的示意图

a) $x_1=1$，$x_2=x_3=0$　b) $x_2=1$，$x_1=x_3=0$　c) $x_3=1$，$x_1=x_2=0$

例 2.1-2　图 2.1-5a 所示为用刚度分别为 k_1 与 k_2 的两只弹簧连接的三联摆系统。当该系统在 F_1、F_2 及 F_3 作用下作微幅振动时，试求其刚度矩阵。

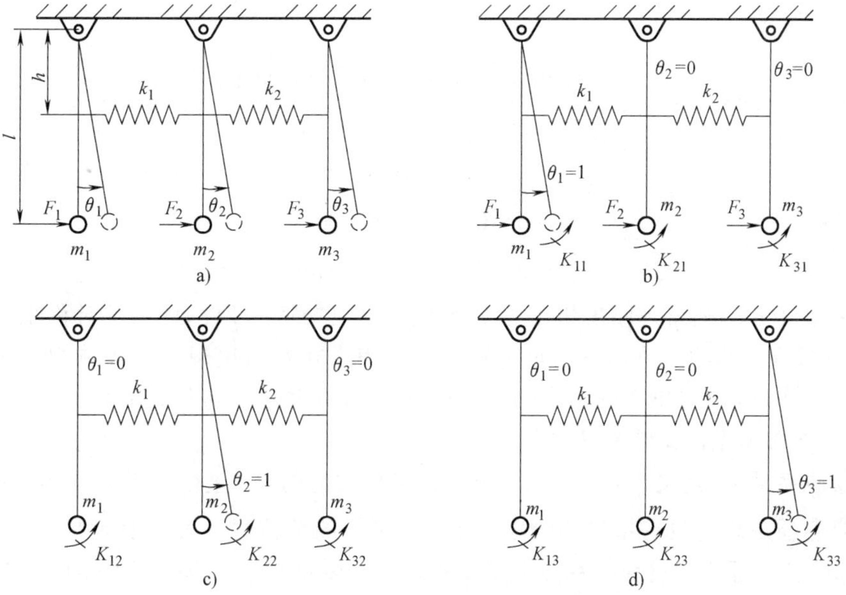

图 2.1-5　三联摆振动系统

a）振动系统　b）建立 K_{i1} 的示意图　c）建立 K_{i2} 的示意图　d）建立 K_{i3} 的示意图

解： 单摆 m_1、m_2 及 m_3 的摆角分别以 θ_1、θ_2 及 θ_3 表示，根据求刚度影响系数的规则，当 $\theta_1=1$ 而 $\theta_2=\theta_3=0$ 时，如图 2.1-5b 所示，系统保持这种位置状态所需施加的力矩 K_{11}、K_{21} 及 K_{31} 的值分别为

$$K_{11}=k_1h^2+m_1gl,\ K_{21}=-k_1h^2,K_{31}=0$$

组成系统刚度矩阵的第一列。

当 $\theta_2=1$ 而 $\theta_1=\theta_3=0$ 时，如图 2.1-5c 所示，系统保持这种位置状态所需施加的力矩 K_{12}、K_{22} 及 K_{32} 的值分别为

$$K_{12}=-k_1h^2+m_1gl,\ K_{22}=(k_1+k_2)h^2+m_2gl,\ K_{32}=-k_2h^2$$

组成系统刚度矩阵的第二列。

当 $\theta_3=1$ 而 $\theta_1=\theta_2=0$ 时，如图 2.1-5d 所示，系统保持这种位置状态所需施加的力矩 K_{13}、K_{23} 及 K_{33} 的值分别为

$$K_{13}=0,\ K_{23}=-k_2h^2,\ K_{33}=k_2h^2+m_3gl$$

组成系统刚度矩阵的第三列。

所求刚度矩阵 $\boldsymbol{K}_g$ 为

$$\boldsymbol{K}_g=\begin{bmatrix}K_{11} & K_{12} & K_{13}\\ K_{21} & K_{22} & K_{23}\\ K_{31} & K_{32} & K_{33}\end{bmatrix}=\begin{bmatrix}k_1h^2+m_1gl & -k_1h^2 & 0\\ -k_1h^2 & (k_1+k_2)h^2+m_2gl & -k_2h^2\\ 0 & -k_2h^2 & k_2h^2+m_3gl\end{bmatrix}$$

可见，使单摆恢复原位的弹簧弹性恢复力与单摆重力恢复力耦联在一起。将这两种恢复力的影响系数分成两个矩阵，则得

$$\boldsymbol{K}_g=\boldsymbol{K}+\boldsymbol{G} \tag{2.1-19}$$

式中

$$K=\begin{bmatrix} k_1h^2 & -k_1h^2 & 0 \\ -k_1h^2 & (k_1+k_2)h^2 & -k_2h^2 \\ 0 & -k_2h^2 & k_2h^2 \end{bmatrix}$$

$$G=\begin{bmatrix} m_1gl & 0 & 0 \\ 0 & m_2gl & 0 \\ 0 & 0 & m_3gl \end{bmatrix}$$

前一种矩阵 $\boldsymbol{K}$ 与通常由刚度影响系数组成的刚度矩阵一致，且也是对称矩阵。后一种矩阵 $\boldsymbol{G}$ 仅包括重力影响系数，称为重力矩阵。它表示在重力出现时，各单摆分别具有单位位移时，为保持位移形态所需施加的作用力。在没有重力时，重力矩阵 $\boldsymbol{G}$ 中诸项均为零。

2. 柔度矩阵与柔度影响系数

柔度影响系数 a_{ij} 定义为：由于在 j 坐标作用单位力而在 i 坐标产生的位移。对于多自由系统，如果各质量块均没有零位移约束，那么 j 坐标的单位力会使所有坐标产生位移响应。其中 i 坐标的位移即为柔度影响系数 a_{ij}，n 坐标的位移为 a_{nj}；在 m 坐标施加单位力引起的 i 坐标的位移为 a_{im}。

系统柔度影响系数的计算方法：设 $F_j=1$，其他各坐标处的力为 0，求 i 坐标的位移 a_{ij}。

如图 2.1-3 所示系统，假设 F_1、F_2、F_3 是静力，则在静平衡状态，有

$$\begin{cases} x_1=a_{11}F_1+a_{12}F_2+a_{13}F_3 \\ x_2=a_{21}F_1+a_{22}F_2+a_{23}F_3 \\ x_3=a_{31}F_1+a_{32}F_2+a_{33}F_3 \end{cases} \tag{2.1-20}$$

写为矩阵形式

$$\begin{bmatrix} x_1 \\ x_2 \\ x_3 \end{bmatrix}=\begin{bmatrix} a_{11} & a_{12} & a_{13} \\ a_{21} & a_{22} & a_{23} \\ a_{31} & a_{32} & a_{33} \end{bmatrix}\begin{bmatrix} F_1 \\ F_2 \\ F_3 \end{bmatrix} \tag{2.1-21}$$

或

$$\boldsymbol{X}=\boldsymbol{aF} \tag{2.1-22}$$

式中，$\boldsymbol{a}$ 为柔度矩阵。

如果系统处于运动状态，则必须计入惯性力 $-m_1\ddot{x}_1$、$-m_2\ddot{x}_2$、$-m_3\ddot{x}_3$，式（2.1-21）改写为

$$\begin{bmatrix} x_1 \\ x_2 \\ x_3 \end{bmatrix}=\begin{bmatrix} a_{11} & a_{12} & a_{13} \\ a_{21} & a_{22} & a_{23} \\ a_{31} & a_{32} & a_{33} \end{bmatrix}\begin{bmatrix} F_1(t)-m_1\ddot{x}_1 \\ F_2(t)-m_2\ddot{x}_2 \\ F_3(t)-m_3\ddot{x}_3 \end{bmatrix}$$

$$=\begin{bmatrix} a_{11} & a_{12} & a_{13} \\ a_{21} & a_{22} & a_{23} \\ a_{31} & a_{32} & a_{33} \end{bmatrix}\left[\begin{bmatrix} F_1(t) \\ F_2(t) \\ F_3(t) \end{bmatrix}-\begin{bmatrix} m_1 & 0 & 0 \\ 0 & m_2 & 0 \\ 0 & 0 & m_3 \end{bmatrix}\begin{bmatrix} \ddot{x}_1 \\ \ddot{x}_2 \\ \ddot{x}_3 \end{bmatrix}\right] \tag{2.1-23}$$

简写为

$$X = a(F(t) - M\ddot{X}) \tag{2.1-24}$$

式（2.1-24）表明，动力位移等于系统的柔度矩阵与作用力矢量的乘积。移项后可改写为

$$aM\ddot{X} + X = aF(t) \tag{2.1-25}$$

这就是系统振动的位移方程。

系统自由振动的位移方程为

$$aM\ddot{X} + X = 0 \tag{2.1-26}$$

例 2.1-3 求如图 2.1-6a 所示系统的柔度矩阵。

解： 1）在质量块 m_1 上施加单位力 $F_1=1$，而在质量块 m_2 和 m_3 上不施加力，即设 $F_1=1$，$F_2=F_3=0$。此时系统如图 2.1-6 b 所示，弹簧 k_1 承受单位拉力，质量块 m_1 的位移 a_{11} 为 $1/k_1$。弹簧 k_2，k_3 没有伸长，所以质量块 m_2 和 m_3 的位移 a_{21}、a_{31} 也等于 $1/k_1$，故

$$a_{11} = a_{21} = a_{31} = 1/k_1$$

它们组成柔度矩阵的第一列。

2）同理设 $F_2=1$，$F_1=F_3=0$（图 2.1-6c），弹簧 k_1、k_2 受到单位力，其变形分别为 $1/k_1$、$1/k_2$，m_1 的位移为 $1/k_1$，m_2、m_3 的位移都是 $1/k_1+1/k_2$，于是

$$a_{12} = \frac{1}{k_1}, a_{22} = a_{32} = \frac{1}{k_1} + \frac{1}{k_2}$$

组成系统柔度矩阵的第二列。

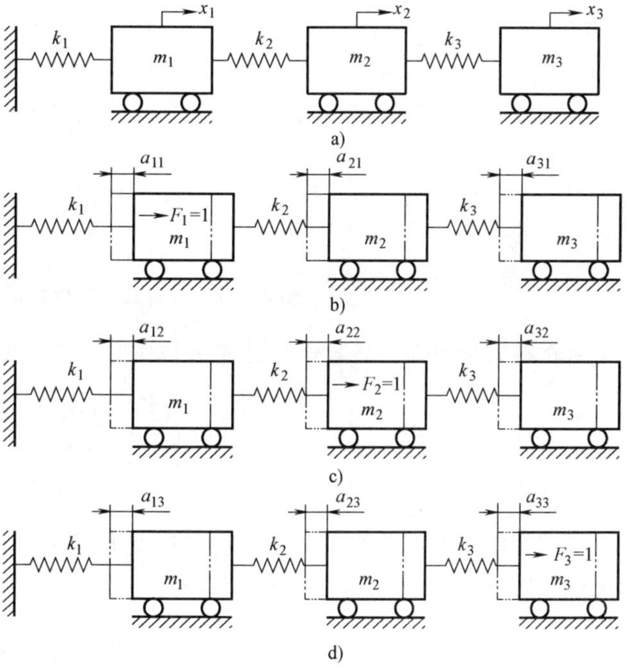

图 2.1-6 无阻尼三质体三自由度振动系统

a）系统模型 b）$F_1=1$ c）$F_2=1$ d）$F_3=1$

3）设 $F_3=1$，$F_1=F_2=0$（图 2.1-6 d），弹簧 k_1、k_2、k_3 都受到单位力，其变形分别为 $1/k_1$、$1/k_2$、$1/k_3$，于是

$$a_{13} = \frac{1}{k_1}, a_{23} = \frac{1}{k_1} + \frac{1}{k_2}, a_{33} = \frac{1}{k_1} + \frac{1}{k_2} + \frac{1}{k_3}$$

组成系统柔度矩阵的第三列。

系统的柔度矩阵为

$$a = \begin{bmatrix} a_{11} & a_{12} & a_{13} \\ a_{21} & a_{22} & a_{23} \\ a_{31} & a_{32} & a_{33} \end{bmatrix} = \begin{bmatrix} \frac{1}{k_1} & \frac{1}{k_1} & \frac{1}{k_1} \\ \frac{1}{k_1} & \frac{1}{k_1}+\frac{1}{k_2} & \frac{1}{k_1}+\frac{1}{k_2} \\ \frac{1}{k_1} & \frac{1}{k_1}+\frac{1}{k_2} & \frac{1}{k_1}+\frac{1}{k_2}+\frac{1}{k_3} \end{bmatrix} \tag{2.1-27}$$

可以看出柔度矩阵也是对称矩阵，即

$$a_{ij}=a_{ji} \tag{2.1-28}$$

例 2.1-4 图 2.1-7 所示为一等截面悬臂梁，梁上等距离分布有集中质量 m_1、m_2、m_3，梁的弯曲刚度为 EI，试求系统的柔度矩阵。

解：以三个集中质量 m_1、m_2、m_3 离开其静平衡位置的垂直位移 y_1、y_2、y_3 为系统的广义坐标（图 2.1-7a）。

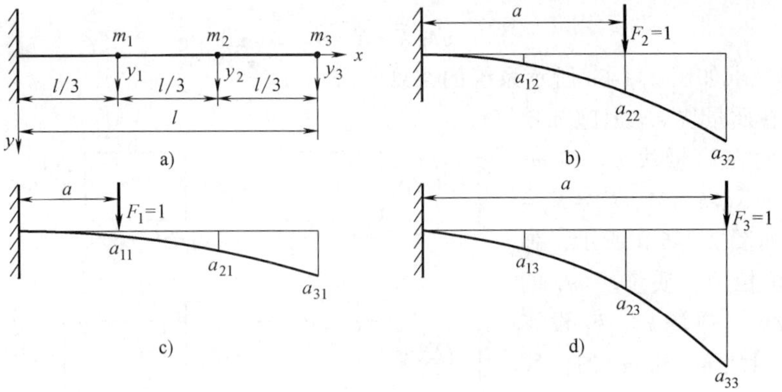

图 2.1-7 具有三个集中质量的悬臂梁

由材料力学得知，当悬臂梁受 F 力作用时，其挠度计算公式为

$$y=\frac{Fx^2}{6EI}(3a-x)\ (0\leqslant x\leqslant a) \tag{2.1-29a}$$

$$y=\frac{Fa^2}{6EI}(3x-a)\ (a\leqslant x\leqslant l) \tag{2.1-29b}$$

根据柔度影响系数的定义，在坐标 y_1 处作用一单位力，则在坐标 y_1、y_2、y_3 处所产生的挠度分别为 a_{11}、a_{21}、a_{31}（图 2.1-7c）。

$$a_{11}=\frac{l^3}{81EI},a_{21}=\frac{2.5l^3}{81EI},a_{31}=\frac{4l^3}{81EI}$$

组成柔度矩阵的第一列。

再在坐标 y_2 处作用一单位力，则在坐标 y_1、y_2、y_3 处所产生的挠度分别为 a_{21}、a_{22}、a_{32}（图 2.1-7b）

$$a_{12}=\frac{2.5l^3}{81EI},\ a_{22}=\frac{8l^3}{81EI},\ a_{32}=\frac{14l^3}{81EI}$$

组成柔度矩阵的第二列。

最后，在坐标 y_3 处作用一单位力，则在坐标 y_1、y_2、y_3 处所产生的挠度分别为 a_{13}、a_{23}、a_{33}（图 2.1-7d）

$$a_{13}=\frac{4l^3}{81EI},\ a_{23}=\frac{14l^3}{81EI},a_{33}=\frac{27l^3}{81EI}$$

组成柔度矩阵的第三列。

所以系统的柔度矩阵为

$$\boldsymbol{a}=\begin{bmatrix}a_{11} & a_{12} & a_{13}\\ a_{21} & a_{22} & a_{23}\\ a_{31} & a_{32} & a_{33}\end{bmatrix}=\frac{l^3}{81EI}\begin{bmatrix}1 & 2.5 & 4\\ 2.5 & 8 & 14\\ 4 & 14 & 27\end{bmatrix}$$

3. 柔度矩阵与刚度矩阵的关系

无阻尼系统自由振动的位移方程

$$a M\ddot{X} + X = 0 \tag{2.1-30}$$

式（2.1-30）两边左乘 a^{-1}，得

$$M\ddot{X} + a^{-1}X = 0 \tag{2.1-31}$$

而无阻尼系统自由振动的作用力方程为

$$M\ddot{X} + KX = 0 \tag{2.1-32}$$

比较式（2.1-31）和式（2.1-32），得

$$a^{-1} = K, a = K^{-1} \tag{2.1-33}$$

可知柔度矩阵与刚度矩阵互逆。

在求解实际工程振动问题时，如建立刚度矩阵比较方便，则由刚度矩阵建立系统振动的作用力方程；若建立柔度矩阵比较方便，则由柔度矩阵建立系统振动的位移方程。两者是等效的。

4. 阻尼矩阵与阻尼影响系数

阻尼矩阵 C 中的元素 C_{ij} 为阻尼影响系数，即 j 坐标具有单位速度而作用在 i 坐标的力。

阻尼影响系数 C_{ij} 的计算方法：设 $\dot{x}_j = 1$，其余坐标的速度为 0，求出作用在 i 坐标的力 $C_{ij} = F_i$。

5. 质量矩阵与惯性影响系数

质量矩阵 M 中的元素 M_{ij} 为惯性影响系数，即 j 坐标具有单位加速度而作用在 i 坐标的力。

惯性影响系数 M_{ij} 的计算方法：设 $\ddot{x}_j = 1$，其余坐标的加速度为 0，求出作用在 i 坐标的力 $M_{ij} = F_i$。

当各坐标原点选在各质量块质心的静平衡位置时，系统的质量矩阵就成为主对角线矩阵，其主对角线元素分别为各质量块的质量，非对角线元素全部为零。

例 2.1-5 如图 2.1-8 a 所示为双混合摆系统。它是用铰链 B 相连而由铰链 A 悬挂的两个刚体组成的。这两个刚体的质量分别为 m_1 和 m_2，质心分别在 C_1 及 C_2 点处，两刚体绕 z 轴的转动惯量分别为 J_1 和 J_2。该系统可以在 x-y 平面内摆动，选取微小转角 θ_1 和 θ_2 为位移坐标。试求系统的质量矩阵。

解： 根据图 2.1-8b、图 2.1-8c 所示求出惯性影响系数。如图 2.1-8b 所示，当 $\ddot{\theta}_1 = 1$ 而 $\ddot{\theta}_2 = 0$ 时，由动力平衡条件，得出质量矩阵中第一列惯性影响系数为

$$M_{21} = m_2 l h_2$$

$$M_{11} = J_1 + m_1 h_1{}^2 + m_2 l(l + h_2) - M_{21} = J_1 + m_1 h_1{}^2 + m_2 l^2$$

如图 2.1-8c 所示，当 $\ddot{\theta}_2 = 1$ 而 $\ddot{\theta}_1 = 0$ 时，由动力平衡条件，可得出质量矩阵中第二列各影响系数为

$$M_{22} = J_2 + m_2 h_2^2$$

$$M_{12} = J_2 + m_2 h_2(l + h_2) - M_{22} = m_2 l h_2$$

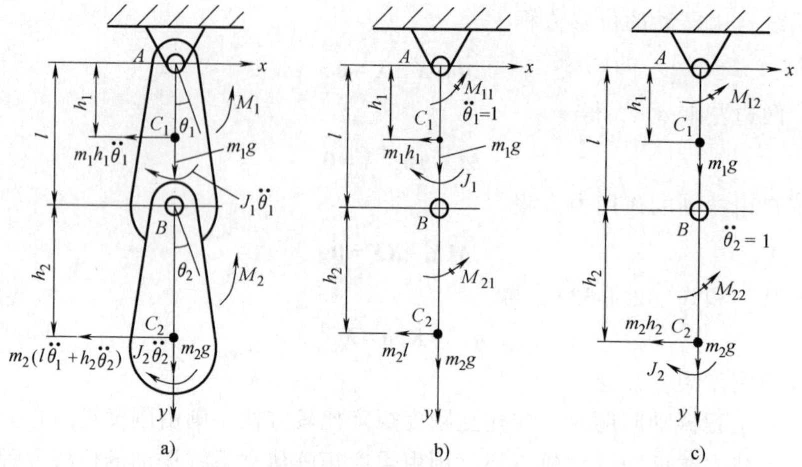

图 2.1-8　双混合摆系统

所以系统的质量矩阵为

$$M=\begin{bmatrix} J_1+m_1h_1^2+m_2l^2 & m_2lh_2 \\ m_2lh_2 & J_2+m_2{h_2}^2 \end{bmatrix}$$

2.2　固有频率和主振型

2.2.1　由作用力方程计算固有频率和主振型

无阻尼系统自由振动作用力方程

$$M\ddot{X}+KX=0 \tag{2.2-1}$$

设在固有振型中，所有质量作简谐振动

$$X_i=\phi_i\sin(\omega_i t+\psi_i) \tag{2.2-2}$$

式中，ω_i 为系统第 i 阶固有频率；X_i 为系统第 i 阶振型的位移矢量；ϕ_i 为系统第 i 阶主振动的振幅矢量，即第 i 阶主振型或第 i 阶模态；ψ_i 为系统第 i 阶主振动的相位角。

将式（2.2-2）代入式（2.2-1），得

$$(K-\omega_i^2M)\phi_i=0 \tag{2.2-3}$$

令

$$B_i=K-\omega_i^2M$$

为特征矩阵。

式（2.2-3）具有非平凡解的充要条件是特征矩阵的行列式为零，即特征方程（或频率方程）为

$$|K-\omega_i^2M|=0 \text{ 或 } |B_i|=0 \tag{2.2-4}$$

由此可解出 n 个特征值 ω_1^2、ω_2^2、…、ω_n^2（从小到大排列），开平方后即可得到各阶固有频

率 ω_1、ω_2、…、ω_n。若 $\boldsymbol{M}$ 是正定的，$\boldsymbol{K}$ 是正定或半正定的，则特征值全是实数，且是正数或零。

特征矢量（主振型）的两种计算方法：

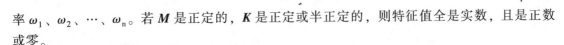

1）将特征值 ω_i^2 代入式（2.2-3），即可求出对应于 ω_i^2 的 n 个振幅的比值 $\boldsymbol{\phi}_i$，称为特征矢量，又称为第 i 阶主振型或固有振型。需解 $n-1$ 个代数联立方程。

2）通过特征矩阵的伴随矩阵求特征矢量。因

$$\boldsymbol{B}_i^{-1}=\frac{\boldsymbol{B}_i^a}{|\boldsymbol{B}_i|} \tag{2.2-5}$$

即

$$|\boldsymbol{B}_i|\boldsymbol{B}_i^{-1}=\boldsymbol{B}_i^a$$

式中，$\boldsymbol{B}_i^a$ 为特征矩阵 $\boldsymbol{B}_i$ 的伴随矩阵。上式两边左乘 $\boldsymbol{B}_i$，且因 $|\boldsymbol{B}_i|=0$，所以有

$$|\boldsymbol{B}_i|\boldsymbol{I}=\boldsymbol{B}_i\boldsymbol{B}_i^a=\boldsymbol{0} \tag{2.2-6}$$

即

$$(\boldsymbol{K}-\omega_i^2\boldsymbol{M})\boldsymbol{B}_i^a=\boldsymbol{0} \tag{2.2-7}$$

式（2.2-7）与式（2.2-3）比较，可知特征矩阵 $\boldsymbol{B}_i$ 的伴随矩阵 $\boldsymbol{B}_i^a$ 的任一列就是特征矢量。

振型归一化：由于求出的主振型是各阶主振动的振幅之比，因此有无穷多个写法，但一般采用以下两种归一化方法。

1）相对于某一指定坐标幅值归一化。

2）相对于最大坐标幅值归一化。

为避免主振型中某元素数值过大而使计算机溢出，大都采用相对于最大坐标幅值归一化的方法。

求出的各阶主振型组成振型矩阵或称模态矩阵

$$\boldsymbol{\Phi}=[\boldsymbol{\phi}_1,\boldsymbol{\phi}_2,\cdots,\boldsymbol{\phi}_n]=\begin{bmatrix}\phi_{11} & \phi_{11}\cdots & \phi_{1n}\\ \phi_{21} & \phi_{22}\cdots & \phi_{2n}\\ \phi_{n1} & \phi_{n2}\cdots & \phi_{nn}\end{bmatrix} \tag{2.2-8}$$

例 2.2-1 采用作用力方程求解如图 2.2-1 所示振动系统的固有频率和主振型。

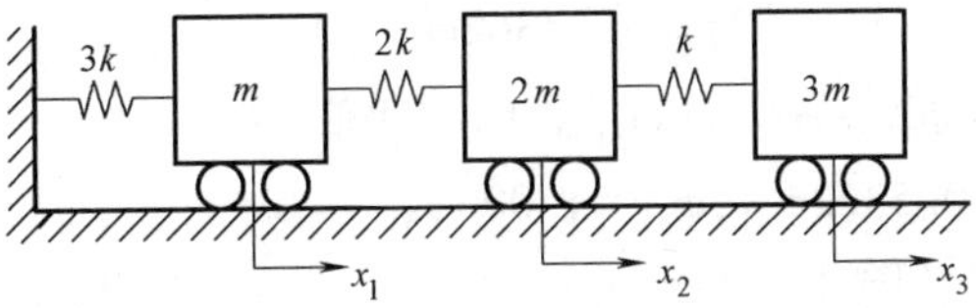

图 2.2-1 无阻尼三自由度振动系统

解： 系统的自由振动作用力方程为

$$\begin{bmatrix}m & 0 & 0\\ 0 & 2m & 0\\ 0 & 0 & 3m\end{bmatrix}\begin{bmatrix}\ddot{x}_1\\ \ddot{x}_2\\ \ddot{x}_3\end{bmatrix}+\begin{bmatrix}5k & -2k & 0\\ -2k & 3k & -k\\ 0 & -k & k\end{bmatrix}\begin{bmatrix}x_1\\ x_2\\ x_3\end{bmatrix}=\begin{bmatrix}0\\ 0\\ 0\end{bmatrix}$$

其频率方程

$$|\boldsymbol{B}_i| = |\boldsymbol{K}-\omega_i^{\ 2}\boldsymbol{M}| = \begin{vmatrix} 5k-\omega_i^2 m & -2k & 0 \\ -2k & 3k-2\omega_i^2 m & -k \\ 0 & -k & k-3\omega_i^2 m \end{vmatrix} = 0$$

展开为

$$(\omega_i^2)^3+6.8333\frac{k}{m}(\omega_i^2)^2+7.5000\frac{k^2}{m^2}\omega_i^{\ 2}-\frac{k^3}{m^3}=0$$

解得三个特征值为:

$$\omega_1^{\ 2}=0.1546\frac{k}{m}, \omega_2^2=1.1751\frac{k}{m}, \omega_3^2=5.5036\frac{k}{m}$$

对应三个固有频率为

$$\omega_1=0.3932\sqrt{\frac{k}{m}}, \omega_2=1.0840\sqrt{\frac{k}{m}}, \omega_3=2.3460\sqrt{\frac{k}{m}}$$

下面采用两种方法来计算主振型。

1）将特征值 ω_1^2，ω_2^2，ω_3^2 分别代入式（2.2-3），求各阶主振型

将 $\omega_1^{\ 2}=0.1546k/m$ 代入式（2.2-3）

$$(\boldsymbol{K}-\omega_i^2\boldsymbol{M})\boldsymbol{\phi}_1=\begin{bmatrix} 5k-\omega_i^2 m & -2k & 0 \\ -2k & 3k-2\omega_i^2 m & -k \\ 0 & -k & k-3\omega_i^2 m \end{bmatrix}\begin{bmatrix}\phi_{11}\\ \phi_{21}\\ \phi_{31}\end{bmatrix}=\begin{bmatrix}0\\0\\0\end{bmatrix}$$

即

$$k\begin{bmatrix} 5-0.1546 & -2 & 0 \\ -2 & 3-2\times 0.1546 & -1 \\ 0 & -1 & 1-3\times 0.1546 \end{bmatrix}\begin{bmatrix}\phi_{11}\\ \phi_{21}\\ \phi_{31}\end{bmatrix}=\begin{bmatrix}0\\0\\0\end{bmatrix}$$

展开为

$$\begin{cases} 4.8454\phi_{11}-2\phi_{21}=0 \\ -2\phi_{11}+2.6908\phi_{21}-\phi_{31}=0 \\ -2\phi_{21}+0.5362\phi_{31}=0 \end{cases}$$

解任意两方程，可计算出 ϕ_{11}、ϕ_{21} 与 ϕ_{31} 之间的比值

$$\phi_{11}=0.2213\phi_{31}, \phi_{21}=0.5362\phi_{31}, \phi_{31}=1.000\phi_{31}$$

归一化后得第一阶主振型（图 2.2-2）

$$\boldsymbol{\phi}_1=\begin{bmatrix}0.2213\\0.5362\\1.000\end{bmatrix}$$

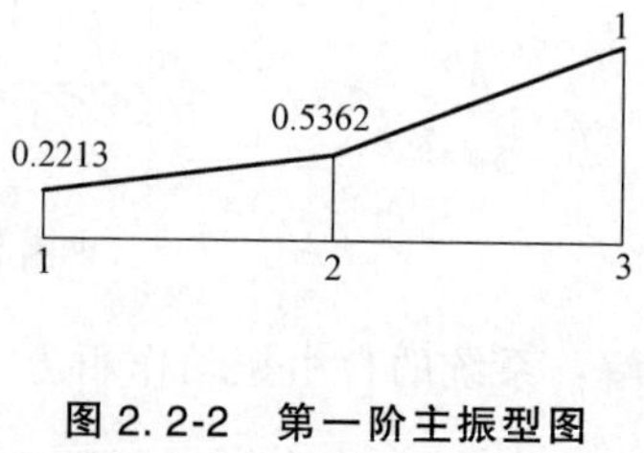

图 2.2-2　第一阶主振型图

将 $\omega_2^2=1.1751k/m$ 代入式（2.2-3），得第二阶主振型（图 2.2-3）

$$\boldsymbol{\phi}_2=\begin{bmatrix}0.5229\\1.000\\-0.3960\end{bmatrix}$$

将 $\omega_2^2=5.5036k/m$ 代入式（2.2-3），得第三阶主振型（图 2.2-4）

$$\boldsymbol{\phi}_3=\begin{bmatrix}1.000\\-0.2518\\0.0162\end{bmatrix}$$

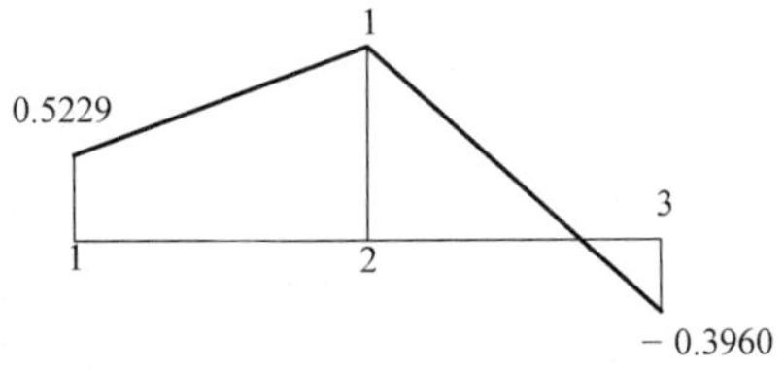

图 2.2-3　第二阶主振型图

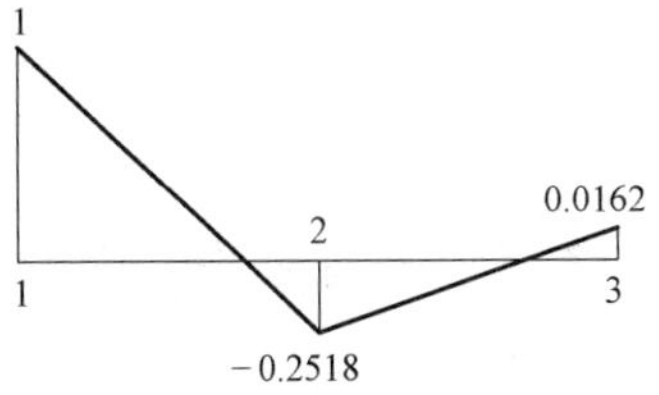

图 2.2-4　第三阶主振型图

振型矩阵为

$$\boldsymbol{\Phi}=[\boldsymbol{\phi}_1,\boldsymbol{\phi}_2,\boldsymbol{\phi}_3]=\begin{bmatrix}0.2213 & 0.5229 & 1.0000\\0.5362 & 1.0000 & -0.2518\\1.0000 & -0.3960 & 0.0162\end{bmatrix}$$

这种方法要解 $n-1$ 个代数联立方程，计算较繁琐。

2）用特征矩阵的伴随矩阵 $\boldsymbol{B}_i^a$ 计算主振型

$$\boldsymbol{B}_i^a=\begin{bmatrix}(3k-2\omega_i^2m)(k-3\omega_i^2m)-k^2 & 2k(k-3\omega_i^2m) & 2k^2\\2k(k-3\omega_i^2m) & (5k-\omega_i^2m)(k-3\omega_i^2m) & k(5k-\omega_i^2m)\\2k^2 & k(5k-\omega_i^2m) & (5k-\omega_i^2m)(3k-2\omega_i^2m)-4k^2\end{bmatrix}$$

将 $\omega_1^2=0.1546k/m$ 代入其中任一列，如代入第一列，得

$$\begin{bmatrix}0.4426k^2\\0.0724k^2\\2k^2\end{bmatrix}$$

归一化（对最大的元素归一化），得第一阶主振型

$$\boldsymbol{\phi}_1=\begin{bmatrix}0.2213\\0.5362\\1.000\end{bmatrix}$$

结果与前面相同。

将 ω_2^2，ω_3^2 代入 $\boldsymbol{B}_i^a$ 任一列，可得第二阶，第三阶主振型。

2.2.2　由位移方程计算固有频率和主振型

无阻尼系统自由振动的位移方程

$$\boldsymbol{aM\ddot{X}}+\boldsymbol{X}=\boldsymbol{0}\tag{2.2-9}$$

设

$$X_i=\boldsymbol{\phi}_i\sin(\omega_i t+\psi_i) \tag{2.2-10}$$

代入式（2.3-9），得

$$-\omega_i^2\boldsymbol{aM\phi}_i+\boldsymbol{\phi}_i=\mathbf{0}$$

两边同除以$-\omega_i^2$，并令

$$\lambda_i=\frac{1}{\omega_i^2} \tag{2.2-11}$$

则

$$(\boldsymbol{aM}-\lambda_i\boldsymbol{I})\boldsymbol{\phi}_i=\mathbf{0} \tag{2.2-12}$$

特征矩阵为

$$\boldsymbol{D}_i=\boldsymbol{aM}-\lambda_i\boldsymbol{I} \tag{2.2-13}$$

使式（2.2-12）具有非平凡解的充要条件是其特征矩阵 $\boldsymbol{D}_i$ 的行列式为零，由此得特征方程

$$|\boldsymbol{D}_i|=|\boldsymbol{aM}-\lambda_i\boldsymbol{I}|=0 \tag{2.2-14}$$

展开后解出 n 个特征值 λ_1、λ_2、…、λ_n（从大到小排列），从而求出各阶固有频率。

同样地可用两种方法求系统的特征矢量（主振型）。

1）将 λ_1、λ_2、…、λ_n 分别代入式（2.2-12），解（$n-1$）个代数联立方程，求出各阶主振型。

2）由特征矩阵 $\boldsymbol{D}_i$ 的伴随矩阵 $\boldsymbol{D}_i^a$ 来计算各阶主振型。由于

$$\boldsymbol{D}_i^{-1}=\frac{\boldsymbol{D}_i^a}{|\boldsymbol{D}_i|}$$

即

$$|\boldsymbol{D}_i|\boldsymbol{D}_i^{-1}=\boldsymbol{D}_i^a$$

两边左乘 $\boldsymbol{D}_i$，得

$$|\boldsymbol{D}_i|\boldsymbol{I}=\boldsymbol{D}_i\boldsymbol{D}_i^a=\mathbf{0}$$

即

$$(\boldsymbol{aM}-\lambda_i\boldsymbol{I})\boldsymbol{D}_i^a=\mathbf{0} \tag{2.2-15}$$

式（2.2-15）与式（2.2-12）相比较，可知 $\boldsymbol{D}_i^a$ 的任一列就是特征矢量 $\boldsymbol{\phi}_i$。

例 2.2-2 用位移方程求如图 2.2-5 所示系统的固有频率和主振型，梁的抗弯刚度为 EI。

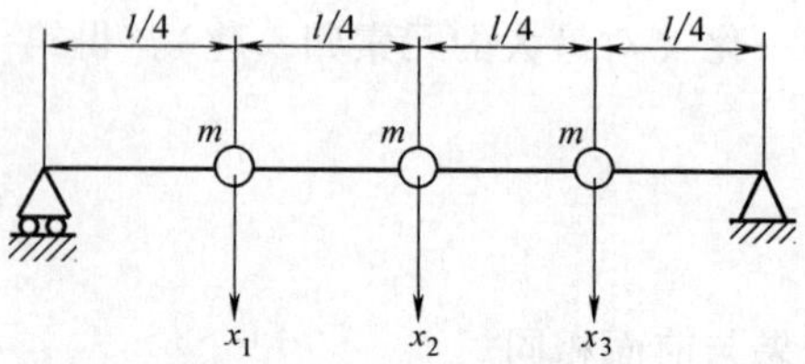

图 2.2-5 简支梁系统

解： 系统质量矩阵

$$\boldsymbol{M}=\begin{bmatrix} m & 0 & 0 \\ 0 & m & 0 \\ 0 & 0 & m \end{bmatrix}$$

系统柔度矩阵

$$\boldsymbol{a}=\frac{l^3}{768EI}\begin{bmatrix} 9 & 11 & 7 \\ 11 & 16 & 11 \\ 7 & 11 & 9 \end{bmatrix}$$

特征矩阵为

$$D_i = aM - \lambda_i I = \begin{bmatrix} 9\delta-\lambda_i & 11\delta & 7\delta \\ 11\delta & 16\delta-\lambda_i & 11\delta \\ 7\delta & 11\delta & 9\delta-\lambda_i \end{bmatrix} = \delta \begin{bmatrix} 9-\alpha_i & 11 & 7 \\ 11 & 16-\alpha_i & 11 \\ 7 & 11 & 9-\alpha_i \end{bmatrix}$$

式中，$\delta = \dfrac{ml^3}{768EI}$，$\alpha_i = \dfrac{\lambda_i}{\delta}$。

由 $|D_i| = 0$ 展开得特征方程

$$\alpha_i^3 - 34\alpha_i^2 - 78\alpha_i - 28 = 0$$

可分解为

$$(\alpha_i - 2)(\alpha_i^2 - 32\alpha_i + 14) = 0$$

解得三个根为（由大到小排列）

$$\alpha_1 = 16 + 11\sqrt{2}\ ,\ \alpha_2 = 2,\ \alpha_3 = 16 - 11\sqrt{2}$$

各阶固有频率为

$$\omega_1 = \sqrt{\frac{1}{\lambda_1}} = \sqrt{\frac{1}{\alpha_1\delta}} = 0.7121\sqrt{\frac{48EI}{ml^3}}$$

$$\omega_2 = \sqrt{\frac{1}{\lambda_2}} = \sqrt{\frac{1}{\alpha_2\delta}} = 2.8284\sqrt{\frac{48EI}{ml^3}}$$

$$\omega_3 = \sqrt{\frac{1}{\lambda_3}} = \sqrt{\frac{1}{\alpha_3\delta}} = 6.0044\sqrt{\frac{48EI}{ml^3}}$$

特征矩阵 D_i 的伴随矩阵 D_i^a 的第一列（可任取一列）为

$$D_i^a = \begin{bmatrix} (16-\alpha_i)(9-\alpha_i) - 11^2 \\ 11\times7 - 11(9-\alpha_i) \\ 11^2 - 7(16-\alpha_i) \end{bmatrix}$$

将 $\alpha_1 = 16 + 11\sqrt{2}$ 代入 D_i^a，得

$$D_1^a = (11^2 + 11\times7\sqrt{2}) \begin{bmatrix} 1 \\ \sqrt{2} \\ 1 \end{bmatrix}$$

归一化得第一阶主振型（图 2.2-6）

$$\phi_1 = \begin{bmatrix} 1 \\ \sqrt{2} \\ 1 \end{bmatrix}$$

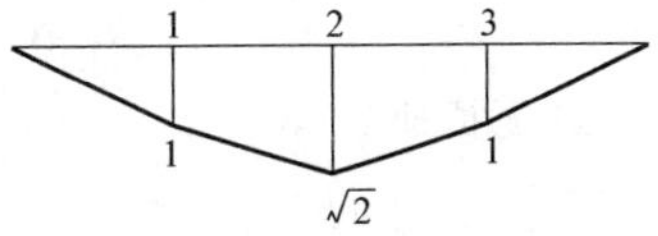

图 2.2-6　第一阶主振型图

将 $\alpha_2 = 2$ 代入 D_i^a，得

$$D_2^a = (11^2 + 2\times7\times7) \begin{bmatrix} -1 \\ 0 \\ 1 \end{bmatrix}$$

归一化得第二阶主振型（图 2.2-7）

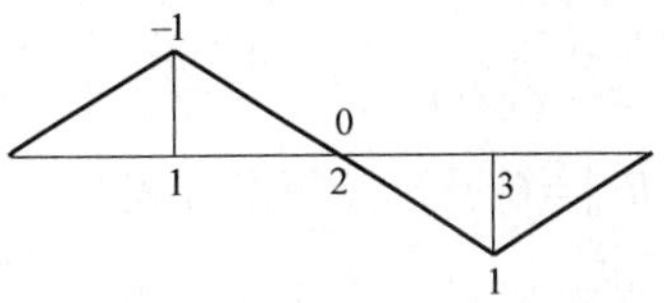

图 2.2-7　第二阶主振型图

$$\boldsymbol{\phi}_2=\begin{bmatrix}-1\\0\\1\end{bmatrix}$$

将 $\alpha_3=16-11\sqrt{2}$ 代入 $\boldsymbol{D}_i^a$，得

$$\boldsymbol{D}_3{}^a=\left(11^2+11\times7\sqrt{2}\right)\begin{bmatrix}1\\-\sqrt{2}\\1\end{bmatrix}$$

归一化得第三阶主振型（图 2.2-8）

$$\boldsymbol{\phi}_3=\begin{bmatrix}1\\-\sqrt{2}\\1\end{bmatrix}$$

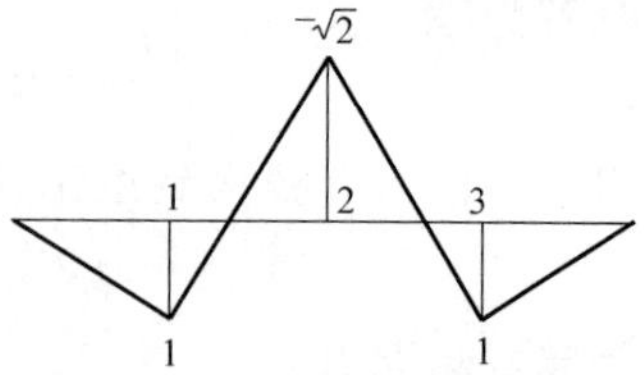

图 2.2-8　第三阶主振型图

系统的振型矩阵

$$\boldsymbol{\Phi}=[\boldsymbol{\phi}_1,\boldsymbol{\phi}_2,\boldsymbol{\phi}_3]=\begin{bmatrix}1&-1&1\\\sqrt{2}&0&-\sqrt{2}\\1&1&1\end{bmatrix}$$

当遇到 $\boldsymbol{D}_i^a$ 的某一列全为零时的特殊情况，可另选一列代入计算。

2.2.3　固有频率值为零的情况（半正定系统）

正定系统 ω_i 恒为正，不会出现零根。但半正定系统一定会出现 $\omega_i=0$ 的情况，零根对应着刚体运动，对应的振型称为刚体振型。

例 2.2-3　计算如图 2.2-9 所示半正定系统的固有频率和主振型。

解：系统质量矩阵

$$\boldsymbol{M}=\begin{bmatrix}J&0&0\\0&J&0\\0&0&J\end{bmatrix}$$

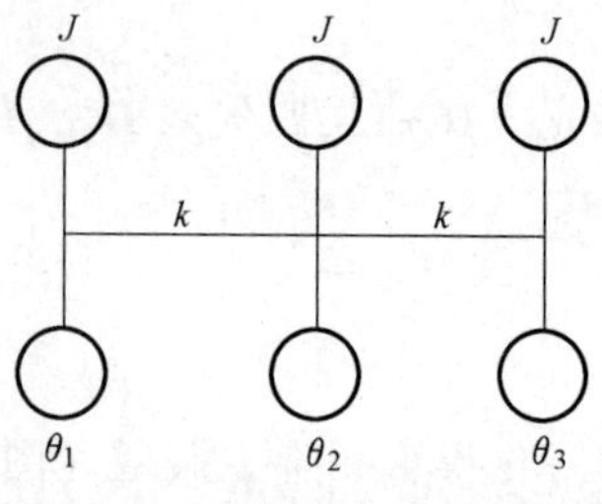

图 2.2-9　三自由度半正定系统

刚度矩阵

$$\boldsymbol{K}=\begin{bmatrix}k&-k&0\\-k&2k&-k\\0&-k&k\end{bmatrix}$$

系统特征矩阵

$$\boldsymbol{B}_i=\begin{bmatrix}k-\omega_i^2J&-k&0\\-k&2k-\omega_i^2J&-k\\0&-k&k-\omega_i^2J\end{bmatrix}$$

由 $|\boldsymbol{B}_i|=0$ 展开得频率方程

$$\omega_i{}^2\left(\omega_i^2-\frac{k}{J}\right)\left(\omega_i^2-\frac{3k}{J}\right)=0$$

解得：$\omega_1^2=0$ 、$\omega_2^2=k/J$、$\omega_3^2=3k/J$。

系统各阶固有频率为：$\omega_1=0$、$\omega_2=\sqrt{k/J}$、$\omega_3=\sqrt{3k/J}$。

特征矩阵的伴随矩阵第一列（可取任一列）

$$\boldsymbol{B}_i^a=\begin{bmatrix}(2k-\omega_i^2J)(k-\omega_i^2J)-k^2\\ k(k-\omega_i^2J)\\ k^2\end{bmatrix}$$

分别将 $\omega_1^2=0$、$\omega_2^2=k/J$、$\omega_3^2=3k/J$ 代入 $\boldsymbol{B}_i^a$，得各阶主振型（图 2.2-10）

$$\boldsymbol{\phi}_1=\begin{bmatrix}1\\1\\1\end{bmatrix},\boldsymbol{\phi}_2=\begin{bmatrix}-1\\0\\1\end{bmatrix},\boldsymbol{\phi}_3=\begin{bmatrix}1\\-2\\1\end{bmatrix}$$

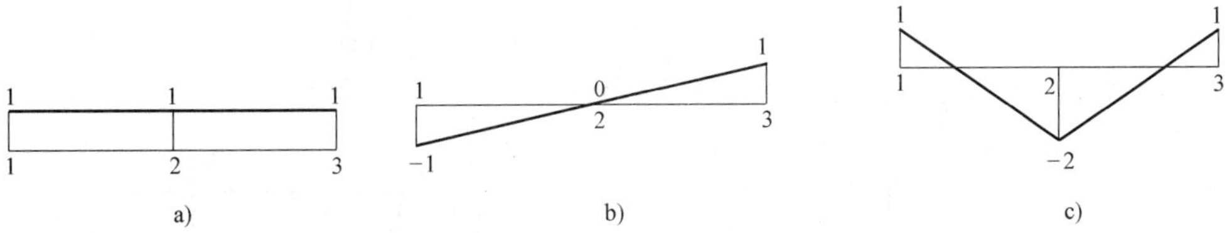

图 2.2-10　主振型图

a）第一阶主振型图（代表刚体运动）　b）第二阶主振型图　c）第三阶主振型图

此例中，$\omega_1=0$ 所对应的第一阶主振型 $\boldsymbol{\phi}_1=[1,\ 1,\ 1]^{\mathrm{T}}$ 代表整个系统的刚体转动。

可以得出结论：半正定系统必有零固有频率，零固有频率对应于刚体运动，其振型必为 $[1,\ 1,\ \cdots,\ 1]^{\mathrm{T}}$。因此，只要系统有零固有频率，其相应振型就是 $[1,\ 1,\ \cdots,\ 1]^{\mathrm{T}}$，所对应的不是振动，而是刚体运动，刚体运动中系统没有弹性变形。

2.2.4　固有频率相等的情况

当正定系统的两个或多个固有频率相等时，则相应的主振型就不是唯一的。设 $\boldsymbol{\phi}_1$ 和 $\boldsymbol{\phi}_2$ 是相应于固有频率 ω_0 的特征矢量，则

$$\boldsymbol{B}_0\boldsymbol{\phi}_1=\boldsymbol{0},\boldsymbol{B}_0\boldsymbol{\phi}_2=\boldsymbol{0}$$

式中，$\boldsymbol{B}_0$ 为将特征矩阵 $\boldsymbol{B}_i$ 中的 ω_i 取为 ω_0 时。则

$$\boldsymbol{B}_0(a\boldsymbol{\phi}_1+b\boldsymbol{\phi}_2)=\boldsymbol{0}$$

式中，a、b 为常数。因此，$\boldsymbol{\phi}_1$ 和 $\boldsymbol{\phi}_2$ 的线性组合 $a\boldsymbol{\phi}_1+b\boldsymbol{\phi}_2$ 也是对应于固有频率 ω_0 的特征矢量。

应该选择相对于 $\boldsymbol{M}$ 和 $\boldsymbol{K}$ 与其他振型（及其相互间）具有正交性的独立振型作为主振型。

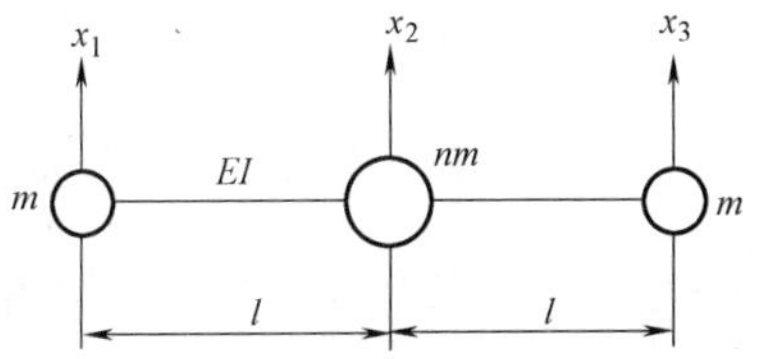

图 2.2-11　飞机振动系统的简化模型

例 2.2-4　飞机可简化为如图 2.2-11 所示系统，求其固有频率和主振型。

解： 系统质量矩阵为

$$\boldsymbol{M}=\begin{bmatrix}m&0&0\\0&nm&0\\0&0&m\end{bmatrix}$$

由材料力学可算得系统刚度矩阵为

$$\boldsymbol{K}=\begin{bmatrix}\dfrac{a}{2} & -a & \dfrac{a}{2}\\ -a & 2a & -a\\ \dfrac{a}{2} & -a & \dfrac{a}{2}\end{bmatrix}$$

其中 $a=3EI/l^3$。

系统特征矩阵

$$\boldsymbol{B}_i=\boldsymbol{K}-\omega_i^2\boldsymbol{M}=\begin{bmatrix}\dfrac{a}{2}-m\omega_i^2 & -a & \dfrac{a}{2}\\ -a & 2a-m\omega_i^2 & -a\\ \dfrac{a}{2} & -a & \dfrac{a}{2}-m\omega_i^2\end{bmatrix}$$

由 $|\boldsymbol{B}_i|=0$，展开得特征方程

$$\omega_i^4\left[\omega_i^2\ \frac{a}{m}\left(1+\frac{2}{n}\right)\right]=0$$

解得 $\qquad \omega_1^2=0,\omega_2^2=0,\omega_3^2=\dfrac{a}{m}\left(1+\dfrac{2}{n}\right)$

将 $\omega_1^2=0$、$\omega_2^2=0$ 代入 $\boldsymbol{B}_i\boldsymbol{\phi}_i=\boldsymbol{0}$，得

$$\phi_1-2\phi_2+\phi_3=0$$

若令 $\phi_1=1$、$\phi_2=1$，则得 $\phi_3=1$，于是 $\boldsymbol{\phi}_1=[1,\ 1,\ 1]^{\mathrm{T}}$，代表刚体平动。

若令 $\phi_1=1$、$\phi_2=0$，则得 $\phi_3=-1$，于是 $\boldsymbol{\phi}_2=[1,\ 0,\ -1]^{\mathrm{T}}$，代表刚体转动。

$\boldsymbol{B}_i^a$ 的第一列为

$$\begin{bmatrix}(2a-nm\omega_i^2)\left(\dfrac{a}{2}-m\omega_i^2\right)-a^2\\ a\left(\dfrac{a}{2}-m\omega_i^2\right)-\dfrac{a^2}{2}\\ a^2-\dfrac{a}{2}(2a-nm\omega_i^2)\end{bmatrix}$$

将 $\omega_3^2=\dfrac{a}{m}\left(1+\dfrac{2}{n}\right)$ 代入，得 $\boldsymbol{\phi}_3=\left[1,\ -\dfrac{2}{n},\ 1\right]^{\mathrm{T}}$，这即是代表振动的主振型。各阶振型图如下（图 2.2-12）。

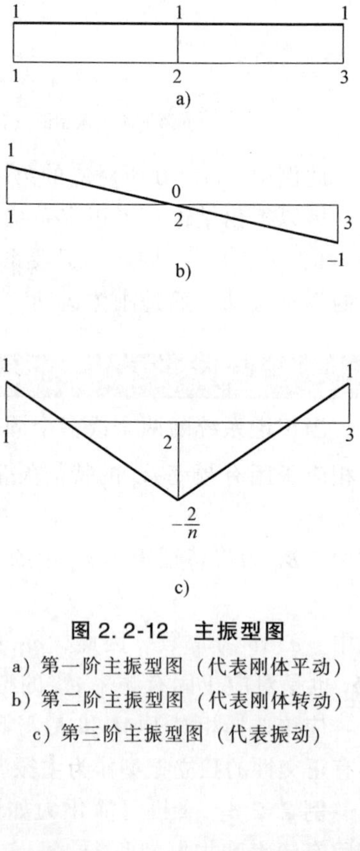

图 2.2-12 主振型图

a）第一阶主振型图（代表刚体平动）
b）第二阶主振型图（代表刚体转动）
c）第三阶主振型图（代表振动）

2.2.5 计算固有频率的逐次平方法

在计算多自由度系统的固有频率时，往往要涉及求解高次代数方程。本节介绍一种求解高次代数方程的简单方法——逐次平方法，又称 Graeffe 法。以如下三次代数方程为例说明此方法。

$$x^3+ax^2+bx+c=0$$

方程中 x 各次幂的系数分别为 1、a、b、c。进行第一次运算，令 x^3 的系数仍为 1，x^2 的系数

$$a_1=a^2-2b$$

x 的系数

$$b_1=b^2-2ac$$

x 零次幂的系数

$$c_1=c^2$$

此时令 $k=1$，继续按表 2.2-1 进行运算，运算次数为 k。

表 2.2-1

$k=1$	1	a	b	c
	1	a^2 $-2b$	b^2 $-2ac$	c^2
	1	a_1	b_1	c_1
	1	a_1^2 $-2b_1$	b_1^2 $-2a_1c_1$	c_1^2
$k=2$	1	a_2	b_2	c_2

一直运算下去，直至 $a_k \approx a_{k-1}^2$ 为止。设 $m=2^k$，则

$$x_1=\sqrt[m]{a_k}, \quad x_3=\sqrt[m]{b_k/a_k}, \quad x_3=\sqrt[m]{c_k/b_k}$$

例 2.2-5 解代数方程

$$x^3-36x^2+32.75x-3.25=0$$

解： 将代数方程的各次幂的系数列出，并进行运算，见表 2.2-2。

表 2.2-2

$k=1$	1	−36	32.75	−3.25
	1	$(-36)^2$ -2×32.75	32.75^2 $-2(-36)(-3.25)$	$(-32.5)^2$
	1	1230.5	838.56	10.56
	1	1516592.3 −1677.1	703182.9 −26009.3	111.5
	1	1514915.2	677173.6	111.5
$k=2$	1	2.295×10^{12} -1.35×10^{6}	4.586×10^{11} -3.378×10^{8}	12432.25
$k=3$	1	2.295×10^{12}	4.583×10^{11}	12432.25

至此 a_3 与 a_2^2 已很接近，设 $m=2^k=2^3=8$，可得方程的三个解为

$$x_1=\sqrt[8]{2.295\times 10^{12}}=35.08, x_2=\sqrt[8]{\frac{4.583\times 10^{11}}{2.295\times 10^{12}}}=0.818, x_3=\sqrt[8]{\frac{12432.25}{4.583\times 10^{11}}}=0.113$$

2.3 主坐标和正则坐标

2.3.1 主振型的正交性

由作用力方程知，对于第 i 阶主振型，有

$$(\boldsymbol{K}-\omega_i^2\boldsymbol{M})\boldsymbol{\phi}_i=\boldsymbol{0} \tag{2.3-1}$$

展开得

$$\boldsymbol{K}\boldsymbol{\phi}_i=\omega_i^2\boldsymbol{M}\boldsymbol{\phi}_i \tag{2.3-2}$$

式（2.3-2）两边左乘 $\boldsymbol{\phi}_j^{\mathrm{T}}$，得

$$\boldsymbol{\phi}_j^{\mathrm{T}}\boldsymbol{K}\boldsymbol{\phi}_i=\omega_i^2\boldsymbol{\phi}_j^{\mathrm{T}}\boldsymbol{M}\boldsymbol{\phi}_i \tag{2.3-3}$$

同理，对于第 j 阶主振型，有

$$(\boldsymbol{K}-\omega_j^2\boldsymbol{M})\boldsymbol{\phi}_j=\boldsymbol{0} \tag{2.3-4}$$

展开式（2.3-4）得

$$\boldsymbol{K}\boldsymbol{\phi}_j=\omega_j^2\boldsymbol{M}\boldsymbol{\phi}_j \tag{2.3-5}$$

式（2.3-5）两边转置，$\boldsymbol{K}$ 和 $\boldsymbol{M}$ 是对称矩阵，且$(\boldsymbol{AB})^{\mathrm{T}}=\boldsymbol{B}^{\mathrm{T}}\boldsymbol{A}^{\mathrm{T}}$，故有

$$\boldsymbol{\phi}_j^{\mathrm{T}}\boldsymbol{K}=\omega_j^2\boldsymbol{\phi}_j^{\mathrm{T}}\boldsymbol{M} \tag{2.3-6}$$

式（2.3-6）两边右乘 $\boldsymbol{\phi}_i$，得

$$\boldsymbol{\phi}_j^{\mathrm{T}}\boldsymbol{K}\boldsymbol{\phi}_i=\omega_j^2\boldsymbol{\phi}_j^{\mathrm{T}}\boldsymbol{M}\boldsymbol{\phi}_i \tag{2.3-7}$$

由式（2.3-3）减去式（2.3-7）得

$$(\omega_i^2-\omega_j^2)\boldsymbol{\phi}_j^{\mathrm{T}}\boldsymbol{M}\boldsymbol{\phi}_i=0 \tag{2.3-8}$$

式（2.3-3）两边分别除以 ω_i^2 减去式（2.3-7）后，再两边分别除以 ω_j^2 得

$$\left(\frac{1}{\omega_i^2}-\frac{1}{\omega_j^2}\right)\boldsymbol{\phi}_{\mathrm{j}}^{\mathrm{T}}\boldsymbol{K}\boldsymbol{\phi}_{\mathrm{i}}=0 \tag{2.3-9}$$

由式（2.3-8）及式（2.3-9）可知

1）当 $i\neq j$ 且 $\omega_i\neq\omega_j$ 时，必有

$$\boldsymbol{\phi}_j^{\mathrm{T}}\boldsymbol{M}\boldsymbol{\phi}_i=0 \quad \text{主振型关于质量矩阵正交} \tag{2.3-10}$$

$$\boldsymbol{\phi}_j^{\mathrm{T}}\boldsymbol{K}\boldsymbol{\phi}_i=0 \quad \text{主振型关于刚度矩阵正交} \tag{2.3-11}$$

2）当 $i=j$ 时

$$\boldsymbol{\phi}_i^{\mathrm{T}}\boldsymbol{M}\boldsymbol{\phi}_i=M_i \quad \text{第 } i \text{ 阶广义质量} \tag{2.3-12}$$

$$\boldsymbol{\phi}_i^{\mathrm{T}}\boldsymbol{K}\boldsymbol{\phi}_i=K_i \quad \text{第 } i \text{ 阶广义刚度} \tag{2.3-13}$$

则

$$\boldsymbol{\Phi}^{\mathrm{T}}\boldsymbol{M}\boldsymbol{\Phi}=\boldsymbol{M}_z=\begin{bmatrix} M_1 & 0 & \cdots & 0 \\ 0 & M_2 & \cdots & 0 \\ \vdots & \vdots & & \vdots \\ 0 & 0 & \cdots & M_n \end{bmatrix} \tag{2.3-14}$$

式中，$\boldsymbol{M}_z$ 为系统的广义质量矩阵，非对角线元素全为 0，解除了惯性耦合。

$$\boldsymbol{\Phi}^{\mathrm{T}}\boldsymbol{M}\boldsymbol{\Phi}=\boldsymbol{K}_z=\begin{bmatrix} K_1 & 0 & \cdots & 0 \\ 0 & K_2 & \cdots & 0 \\ \vdots & \vdots & & \vdots \\ 0 & 0 & \cdots & K_n \end{bmatrix} \tag{2.3-15}$$

式中，$\boldsymbol{K}_z$ 为广义刚度矩阵，非对角线元素全为 0，解除了弹性耦合。

以三自由度为例

$$\boldsymbol{\Phi}^{\mathrm{T}}\boldsymbol{K}\boldsymbol{\Phi}=\begin{bmatrix} \boldsymbol{\phi}_1^{\mathrm{T}} \\ \boldsymbol{\phi}_2^{\mathrm{T}} \\ \boldsymbol{\phi}_3^{\mathrm{T}} \end{bmatrix}\boldsymbol{K}[\boldsymbol{\phi}_1,\boldsymbol{\phi}_2,\boldsymbol{\phi}_3]$$

$$=\begin{bmatrix} \boldsymbol{\phi}_1^{\mathrm{T}}K\phi_1 & \boldsymbol{\phi}_1^{\mathrm{T}}K\phi_2 & \boldsymbol{\phi}_1^{\mathrm{T}}K\phi_3 \\ \boldsymbol{\phi}_2^{\mathrm{T}}K\phi_1 & \boldsymbol{\phi}_2^{\mathrm{T}}K\phi_2 & \boldsymbol{\phi}_2^{\mathrm{T}}K\phi_3 \\ \boldsymbol{\phi}_3^{\mathrm{T}}K\phi_1 & \boldsymbol{\phi}_3^{\mathrm{T}}K\phi_2 & \boldsymbol{\phi}_3^{\mathrm{T}}K\phi_3 \end{bmatrix}$$

上式中，非对角线元素全为零，于是系统的广义刚度矩阵为

$$\boldsymbol{\Phi}^{\mathrm{T}}\boldsymbol{K}\boldsymbol{\Phi}=\begin{bmatrix} K_1 & 0 & 0 \\ 0 & K_2 & 0 \\ 0 & 0 & K_3 \end{bmatrix}=\boldsymbol{K}_z$$

2.3.2 广义质量矩阵 M_z 与广义刚度矩阵 K_z 的关系

由于

$$\boldsymbol{K}\boldsymbol{\phi}_i=\omega_j^2\boldsymbol{M}\boldsymbol{\phi}_i$$

将振型矢量 $\boldsymbol{\phi}_i$ 扩展为振型矩阵 $\boldsymbol{\Phi}$，上式成为

$$\boldsymbol{K}\boldsymbol{\Phi}=\boldsymbol{M}\boldsymbol{\Phi}\boldsymbol{\lambda} \tag{2.3-16}$$

式中，$\boldsymbol{\lambda}$ 为特征值矩阵，且

$$\boldsymbol{\lambda}=\begin{bmatrix} \omega_1^2 & 0 & \cdots & 0 \\ 0 & \omega_2^2 & \cdots & 0 \\ \vdots & \vdots & & \vdots \\ 0 & 0 & \cdots & \omega_n^2 \end{bmatrix} \tag{2.3-17}$$

式（2.3-16）两边左乘 $\boldsymbol{\Phi}^{\mathrm{T}}$

$$\boldsymbol{\Phi}^{\mathrm{T}}\boldsymbol{K}\boldsymbol{\Phi}=\boldsymbol{\Phi}^{\mathrm{T}}\boldsymbol{M}\boldsymbol{\Phi}\boldsymbol{\lambda}$$

将式（2.3-14）与式（2.3-15）代入上式，有

$$\boldsymbol{K}_z=\boldsymbol{M}_z\boldsymbol{\lambda} \tag{2.3-18}$$

对于第 i 阶主振型，有

$$K_i=M_i\omega_j^2$$

或

$$\omega_i^2=\frac{K_i}{M_i} \tag{2.3-19}$$

式（2.3-19）表明：第 i 阶固有频率的平方等于第 i 阶广义刚度除以第 i 阶广义质量。

2.3.3 正则化振型矩阵

使系统广义质量矩阵归一化的振型矩阵称为正则化振型矩阵或正则振型矩阵。各阶广义质量 M_i 的平方根称为正则化因子 μ_i，即

$$\mu_i = \sqrt{M_i} = \sqrt{\boldsymbol{\phi}_i^{\mathrm{T}} \boldsymbol{M} \boldsymbol{\phi}_i} = \sqrt{\sum_{s=1}^{n} \phi_{si}\Big(\sum_{r=1}^{n} M_{sr}\phi_{ri}\Big)} \tag{2.3-20}$$

式中，ϕ_{si} 为振型矩阵 $\boldsymbol{\Phi}$ 的第 s 行第 i 列元素；M_{sr} 为质量矩阵 $\boldsymbol{M}$ 的第 s 行第 r 列元素。若 $\boldsymbol{M}$ 是主对角线矩阵，且 $s \neq r$ 时 $M_{\mathrm{sr}} = 0$，则

$$\sum_{r=1}^{n} M_{ss}\phi_{ri} = M_{ss}\phi_{si}$$

因此

$$\mu_i = \sqrt{M_i} = \sqrt{\sum_{s=1}^{n} (M_{ss}\phi_{si}^2)} \tag{2.3-21}$$

用正则化因子 μ_i 去除振型矩阵中对应列 $\boldsymbol{\phi}_i$，得到新的振型矩阵 $\boldsymbol{\Phi}_{\mathrm{N}}$

$$\boldsymbol{\Phi}_{\mathrm{N}} = [\boldsymbol{\phi}_{\mathrm{N}1}, \boldsymbol{\phi}_{\mathrm{N}2}, \cdots, \boldsymbol{\phi}_{\mathrm{N}n}] = \left[\frac{\boldsymbol{\phi}_1}{\mu_1}, \frac{\boldsymbol{\phi}_2}{\mu_2}, \cdots, \frac{\boldsymbol{\phi}_n}{\mu_n}\right] \tag{2.3-22}$$

各阶广义质量成为

$$M_{\mathrm{N}i} = \boldsymbol{\phi}_{\mathrm{N}i}^{\mathrm{T}} \boldsymbol{M} \boldsymbol{\phi}_{\mathrm{N}i} = \frac{1}{\mu_i^2} \boldsymbol{\phi}_i^{\mathrm{T}} \boldsymbol{M} \boldsymbol{\phi}_i = \frac{M_i}{M_i} = 1 \tag{2.3-23}$$

由式（2.3-23）可知采用 $\boldsymbol{\Phi}_{\mathrm{N}}$ 后，各阶广义质量都等于 1，广义质量矩阵成为

$$\boldsymbol{M}_{\mathrm{N}} = \boldsymbol{\Phi}_{\mathrm{N}}^{\mathrm{T}} \boldsymbol{M} \boldsymbol{\Phi}_{\mathrm{N}} = \boldsymbol{I} \tag{2.3-24}$$

式（2.3-24）表明 $\boldsymbol{\Phi}_{\mathrm{N}}$ 使广义质量矩阵成为单位矩阵，故 $\boldsymbol{\Phi}_{\mathrm{N}}$ 就是正则振型矩阵。

由于 $\boldsymbol{K}_{\mathrm{Z}} = \boldsymbol{M}_{\mathrm{Z}} \boldsymbol{\lambda}$，采用正则振型后，广义刚度矩阵变为

$$\boldsymbol{K}_{\mathrm{N}} = \boldsymbol{M}_{\mathrm{N}} \boldsymbol{\lambda} = \boldsymbol{I}\boldsymbol{\lambda} = \boldsymbol{\lambda} \tag{2.3-25}$$

即

$$\boldsymbol{K}_{\mathrm{N}} = \boldsymbol{\Phi}_{\mathrm{N}}^{\mathrm{T}} \boldsymbol{K} \boldsymbol{\Phi}_{\mathrm{N}} = \boldsymbol{\lambda} = \begin{bmatrix} \omega_1^2 & 0 & \cdots & 0 \\ 0 & \omega_2^2 & \cdots & 0 \\ \vdots & \vdots & & \vdots \\ 0 & 0 & \cdots & \omega_n^2 \end{bmatrix} \tag{2.3-26}$$

式（2.3-26）表明：采用正则振型矩阵后，广义刚度矩阵变为特征值矩阵或谱矩阵。正则化为求解多自由度系统振动奠定了基础。

2.3.4 计算正则矩阵的逆阵 Φ_{N}^{-1}

振动计算中常用到正则振型矩阵的逆阵 $\boldsymbol{\Phi}_{\mathrm{N}}^{-1}$，若对 $\boldsymbol{\Phi}_{\mathrm{N}}$ 进行求逆运算，很繁琐。可用以下简单方法。

由式（2.3-24）

$$\boldsymbol{\Phi}_N^T \boldsymbol{M} \boldsymbol{\Phi}_N = \boldsymbol{I}$$

两边左乘$(\boldsymbol{\Phi}_N^{-1})^T$

$$(\boldsymbol{\Phi}_N^{-1})^T \boldsymbol{\Phi}_N^T \boldsymbol{M} \boldsymbol{\Phi}_N = (\boldsymbol{\Phi}_N^{-1})^T$$

两边转置，注意到 $\boldsymbol{M}^T = \boldsymbol{M}$，有

$$\boldsymbol{\Phi}_N^{-1} = \boldsymbol{\Phi}_N^T \boldsymbol{M} \tag{2.3-27}$$

这样不需进行繁琐的矩阵求逆运算就可得到 $\boldsymbol{\Phi}_N^{-1}$。

2.3.5 主坐标

无阻尼系统自由振动的微分方程

$$\boldsymbol{M}\ddot{\boldsymbol{X}} + \boldsymbol{K}\boldsymbol{X} = \boldsymbol{0} \tag{2.3-28}$$

插入单位矩阵 $\boldsymbol{I} = \boldsymbol{\Phi}\boldsymbol{\Phi}^{-1}$

$$\boldsymbol{M}\boldsymbol{\Phi}\boldsymbol{\Phi}^{-1}\ddot{\boldsymbol{X}} + \boldsymbol{K}\boldsymbol{\Phi}\boldsymbol{\Phi}^{-1}\boldsymbol{X} = \boldsymbol{0}$$

并左乘 $\boldsymbol{\Phi}^T$

$$\boldsymbol{\Phi}^T\boldsymbol{M}\boldsymbol{\Phi}\boldsymbol{\Phi}^{-1}\ddot{\boldsymbol{X}} + \boldsymbol{\Phi}^T\boldsymbol{K}\boldsymbol{\Phi}\boldsymbol{\Phi}^{-1}\boldsymbol{X} = \boldsymbol{0}$$

令

$$\boldsymbol{q}_z = \boldsymbol{\Phi}^{-1}\boldsymbol{X} \tag{2.3-29}$$

式中，$\boldsymbol{q}_z$ 为主坐标。

利用式（2.3-24）和式（2.3-26），于是式（2.3-29）成为

$$\boldsymbol{M}_z\ddot{\boldsymbol{q}}_z + \boldsymbol{K}_z\boldsymbol{q}_z = \boldsymbol{0} \tag{2.3-30}$$

$\boldsymbol{M}_z$ 和 $\boldsymbol{K}_z$ 都是主对角线矩阵，式（2.3-30）是用主坐标 $\boldsymbol{q}_z$ 表示的自由振动方程，既无惯性耦合，又无弹性耦合。方程是由 n 个独立方程组成，每个独立方程可用类似于求解单自由度系统的方法分别求解，则得到各阶主坐标的响应 q_{iz}。求出主坐标响应矢量 $\boldsymbol{q}_z$ 后，通过坐标变换求出原坐标位移响应矢量 $\boldsymbol{X}$。

$$\boldsymbol{X} = \boldsymbol{\Phi}\boldsymbol{q}_z \tag{2.3-31}$$

展开为

$$\begin{bmatrix} x_1 \\ x_2 \\ \vdots \\ x_n \end{bmatrix} = [\boldsymbol{\phi}_1, \boldsymbol{\phi}_2, \cdots, \boldsymbol{\phi}_n] \begin{bmatrix} q_{z1} \\ q_{z2} \\ \vdots \\ q_{zn} \end{bmatrix} = q_{z1}\boldsymbol{\phi}_1 + q_{z2}\boldsymbol{\phi}_2 + \cdots + q_{zn}\boldsymbol{\phi}_n$$

上式表明：原坐标响应矢量 $\boldsymbol{X}$ 等于各主坐标响应与对应的主振型乘积之和，即每一主坐标响应的值等于各阶主振型分量在系统原坐标响应值中占有成分的大小。

2.3.6 正则坐标

若式（2.3-31）中振型矩阵 $\boldsymbol{\Phi}$ 采用正则振型矩阵 $\boldsymbol{\Phi}_N$，则可写为

$$\boldsymbol{X} = \boldsymbol{\Phi}_N\boldsymbol{q} \tag{2.3-32}$$

式中，$\boldsymbol{q}$ 即为正则坐标，且

$$q=\boldsymbol{\Phi}_{\mathrm{N}}^{-1}\boldsymbol{X} \tag{2.3-33}$$

类似地，对无阻尼系统自由振动方程（2.3-28）进行以下运算

$$\boldsymbol{\Phi}_{\mathrm{N}}^{\mathrm{T}}\boldsymbol{M}\boldsymbol{\Phi}_{\mathrm{N}}\boldsymbol{\Phi}_{\mathrm{N}}^{-1}\ddot{\boldsymbol{X}}+\boldsymbol{\Phi}_{\mathrm{N}}^{\mathrm{T}}\boldsymbol{K}\boldsymbol{\Phi}_{\mathrm{N}}\boldsymbol{\Phi}_{\mathrm{N}}^{-1}\boldsymbol{X}=\boldsymbol{0}$$

即

$$\boldsymbol{I}\ddot{\boldsymbol{q}}+\boldsymbol{\lambda}\boldsymbol{q}=\boldsymbol{0} \tag{2.3-34}$$

或

$$\ddot{q}_i+\omega_i^2 q_i=0 \quad (i=1,2,\cdots,n) \tag{2.3-35}$$

这就是用正则坐标表示的系统自由振动微分方程，它是 n 个独立的方程。

2.3.7 振型截断法

对于自由度数 n 值很大的系统，为了减少计算工作量，往往只求出它的较低的 r（$r<n$）阶固有频率和主振型，用它们来近似地分析系统的自由振动与强迫振动的运动规律。这种方法就称为振型截断法。

由较低的 r 阶主振型组成截断振型矩阵 $\boldsymbol{\Phi}^*$，其阶数为 $n\times r$。

$$\boldsymbol{\Phi}^*=\begin{bmatrix}\phi_{11} & \phi_{12} & \cdots & \phi_{1r}\\ \phi_{21} & \phi_{22} & \cdots & \phi_{2r}\\ \vdots & \vdots & & \vdots\\ \phi_{n1} & \phi_{n2} & \cdots & \phi_{nr}\end{bmatrix} \tag{2.3-36}$$

也可以将主振型正则化，把 r 阶正则振型阵列 $\boldsymbol{\phi}_{\mathrm{N}i}(i=1,2,\cdots,r)$ 依序排列，组成 $n\times r$ 阶的截断正则振型矩阵 $\boldsymbol{\Phi}_{\mathrm{N}}^*$

$$\boldsymbol{\Phi}_{\mathrm{N}}^*=[\boldsymbol{\phi}_{\mathrm{N}1},\boldsymbol{\phi}_{\mathrm{N}2},\cdots,\boldsymbol{\phi}_{\mathrm{N}r}] \tag{2.3-37}$$

截断正则质量矩阵为

$$\underset{r\times r}{\boldsymbol{M}_{\mathrm{N}}^*}=\underset{r\times n}{\boldsymbol{\Phi}_{\mathrm{N}}^{*\,\mathrm{T}}}\underset{n\times n}{\boldsymbol{M}}\underset{n\times r}{\boldsymbol{\Phi}_{\mathrm{N}}^*}=\boldsymbol{I}_{r\times r}^* \tag{2.3-38}$$

截断正则刚度矩阵为

$$\boldsymbol{K}_{\mathrm{N}}^*=\boldsymbol{\Phi}_{\mathrm{N}}^{*\,\mathrm{T}}\boldsymbol{K}\boldsymbol{\Phi}_{\mathrm{N}}^*=\boldsymbol{\lambda}^*=\begin{bmatrix}\omega_1^2 & 0 & \cdots & 0\\ 0 & \omega_2^2 & \cdots & 0\\ \vdots & \vdots & & \vdots\\ 0 & 0 & \cdots & \omega_r^2\end{bmatrix} \tag{2.3-39}$$

利用截断振型矩阵 $\boldsymbol{\Phi}^*$ 或截断正则振型矩阵 $\boldsymbol{\Phi}_{\mathrm{N}}^*$，可将 n 个自由度系统原有的 n 个坐标 $\boldsymbol{X}$ 变换成较少的 r 个坐标 $\boldsymbol{q}_z^*$ 或 $\boldsymbol{q}^*$。下面介绍如何利用截断正则振型矩阵 $\boldsymbol{\Phi}_{\mathrm{N}}^*$ 来进行坐标变换。

$$\underset{n\times 1}{\boldsymbol{X}}=\underset{n\times r}{\boldsymbol{\Phi}_{\mathrm{N}}^*}\underset{r\times 1}{\boldsymbol{q}^*} \tag{2.3-40}$$

则

$$\underset{r\times 1}{\boldsymbol{q}^*}=\underset{r\times n}{\boldsymbol{\Phi}_{\mathrm{N}}^{*\,-1}}\underset{n\times 1}{\boldsymbol{X}}$$

由式（2.3-27）知 $\boldsymbol{\Phi}_{\mathrm{N}}^{*\,-1}=\boldsymbol{\Phi}_{\mathrm{N}}^{*\,\mathrm{T}}\boldsymbol{M}$，于是

$$\underset{r\times 1}{\boldsymbol{q}^*}=\underset{r\times n}{\boldsymbol{\Phi}_{\mathrm{N}}^{*\mathrm{T}}}\underset{n\times n}{\boldsymbol{M}}\underset{n\times 1}{\boldsymbol{X}}=\begin{bmatrix}q_1\\q_2\\\vdots\\q_r\end{bmatrix} \tag{2.3-41}$$

式（2.3-41）中的 $\boldsymbol{q}^*$ 是 r 阶矢量，由前面 n 阶的正则坐标矢量 $\boldsymbol{q}$ 的前 r 个元素组成。由于正则坐标的个数由 n 个截断减少为 r 个，相应地，经过这样截断了的坐标变换后，系统的振动微分方程的个数也被截断减少为 r 个，即

$$\boldsymbol{I}^*\ddot{\boldsymbol{q}}^*+\boldsymbol{\lambda}^*\boldsymbol{q}^*=\boldsymbol{0} \tag{2.3-42}$$

或

$$\ddot{q}_i+\omega_i^2q_i=0\quad(i=1,2,\cdots,r) \tag{2.3-43}$$

振型截断法略去了系统运动过程中次要的，有时很不可靠的高频振动分量，仅仅保留由较低阶频率的振动成分组成的运动特性。适用于外激励随时间变化较慢及系统初始条件中包含高阶主振动分量较少的情况，特别适用于自由度数很多的系统。这样既可以对系统运动进行满足工程精度要求的分析，又节省了分析计算的工作量。

2.4 多自由度系统的自由振动

2.4.1 多自由度系统自由振动微分方程求解

用正则坐标表示的系统自由振动第 i 阶微分方程是

$$\ddot{q}_i+\omega_i^2q_i=0\quad(i=1,2,\cdots,n) \tag{2.4-1}$$

可类似于单自由度系统求解

$$q_i=q_{0i}\cos\omega_it+\frac{\dot{q}_{0i}}{\omega_i}\sin\omega_it \tag{2.4-2}$$

式中，q_{0i} 为第 i 阶正则坐标的初位移；$\dot{q}_{0i}$ 为第 i 阶正则坐标的初速度。

求出各 q_i 后组成正则坐标矢量 $\boldsymbol{q}$，经坐标变换

$$\boldsymbol{X}=\boldsymbol{\Phi}_{\mathrm{N}}\boldsymbol{q} \tag{2.4-3}$$

便得原坐标的位移矢量。

2.4.2 用正则坐标表示的初始条件

由式（2.3-33）和式（2.3-27）可得

$$\boldsymbol{q}=\boldsymbol{\Phi}_{\mathrm{N}}^{-1}\boldsymbol{X}=\boldsymbol{\Phi}_{\mathrm{N}}^{\mathrm{T}}\boldsymbol{M}\boldsymbol{X} \tag{2.4-4}$$

可知用正则坐标表示的初位移矢量是

$$\boldsymbol{q}_0=\boldsymbol{\Phi}_{\mathrm{N}}^{\mathrm{T}}\boldsymbol{M}\boldsymbol{X}_0 \tag{2.4-5}$$

式中，$\boldsymbol{X}_0$ 为原坐标的初位移矢量。

同理，用正则坐标表示的初速度矢量

$$\dot{\boldsymbol{q}}_0=\boldsymbol{\Phi}_{\mathrm{N}}^{\mathrm{T}}\boldsymbol{M}\dot{\boldsymbol{X}}_0 \tag{2.4-6}$$

式中，$\dot{\boldsymbol{X}}_0$ 为原坐标的初速度矢量。

例 2.4-1 已知：初始条件 $x_{01}=x_{02}=x_{03}=1$，$\dot{x}_{01}=\dot{x}_{02}=\dot{x}_{03}=0$，求如图 2.2-1 所示无阻尼三自由度振动系统的自由振动位移表达式。

解：在 2.2 节例 2.2-1 中已求出系统的各阶固有频率为

$$\omega_1=0.3932\sqrt{\frac{k}{m}},\ \omega_2=1.0840\sqrt{\frac{k}{m}},\ \omega_3=2.3460\sqrt{\frac{k}{m}}$$

振型矩阵为

$$\boldsymbol{\Phi}=\begin{bmatrix}0.2213 & 0.5229 & 1.0000\\ 0.5362 & 1.0000 & -0.2518\\ 1.0000 & -0.3960 & 0.0162\end{bmatrix}$$

1）计算正则振型矩阵 $\boldsymbol{\Phi}_{\mathrm{N}}$。

正则化因子 μ_i

$$\mu_1=\sqrt{\sum_{s=1}^{3}(M_{ss}\Phi_{s1}^2)}=\sqrt{0.2213^2m+0.5362^2+3m\times1^2}=1.9037\sqrt{m}$$

$$\mu_2=\sqrt{\sum_{s=1}^{3}(M_{ss}\Phi_{s2}^2)}=\sqrt{0.5229^2m+2m\times1^2+3m\times(-0.3960)^2}=1.6565\sqrt{m}$$

$$\mu_3=\sqrt{\sum_{s=1}^{3}(M_{ss}\Phi_{s3}^2)}=\sqrt{1^2\times m+2m\times(-0.25189)^2+3m\times(0.0162)^2}=1.062\sqrt{m}$$

$$\boldsymbol{\Phi}_{\mathrm{N}}=\left[\frac{\boldsymbol{\phi}_1}{\mu_1},\frac{\boldsymbol{\phi}_2}{\mu_2},\frac{\boldsymbol{\phi}_3}{\mu_3}\right]=\frac{1}{\sqrt{m}}\begin{bmatrix}0.1163 & 0.3157 & 0.9416\\ 0.2817 & 0.6038 & -0.2371\\ 0.5253 & -0.2391 & 0.0153\end{bmatrix}$$

2）计算正则坐标表示的初始条件。

$$\boldsymbol{q}_0=\begin{bmatrix}q_{01}\\ q_{02}\\ q_{03}\end{bmatrix}=\boldsymbol{\Phi}_{\mathrm{N}}^{\mathrm{T}}\boldsymbol{M}\boldsymbol{X}_0$$

$$=\frac{1}{\sqrt{m}}\begin{bmatrix}0.1163 & 0.2817 & 0.5253\\ 0.3157 & 0.6038 & -0.2391\\ 0.9416 & -0.2371 & 0.0153\end{bmatrix}\begin{bmatrix}m & 0 & 0\\ 0 & 2m & 0\\ 0 & 0 & 3m\end{bmatrix}\begin{bmatrix}1\\ 1\\ 1\end{bmatrix}=\sqrt{m}\begin{bmatrix}2.2556\\ 0.7541\\ 0.5133\end{bmatrix}$$

$$\dot{\boldsymbol{q}}_0=\begin{bmatrix}\dot{q}_{01}\\ \dot{q}_{02}\\ \dot{q}_{03}\end{bmatrix}=\boldsymbol{\Phi}_{\mathrm{N}}^{\mathrm{T}}\boldsymbol{M}\dot{\boldsymbol{X}}_0=\begin{bmatrix}0\\ 0\\ 0\end{bmatrix}$$

3）计算正则坐标响应。

$$q_i=q_{0i}\cos\omega_i t+\frac{\dot{q}_{0i}}{\omega_i}\sin\omega_i t$$

$$q_1=q_{01}\cos\omega_i t=2.2556\sqrt{m}\cos\omega_1 t$$

$$q_2=q_{02}\cos\omega_i t=0.7541\sqrt{m}\cos\omega_2 t$$

$$q_3=q_{03}\cos\omega_i t=0.5133\sqrt{m}\cos\omega_3 t$$

4）计算原坐标响应。

$$\begin{bmatrix}x_1\\x_2\\x_3\end{bmatrix}=\boldsymbol{X}=\boldsymbol{\Phi}_{\mathrm{N}}\boldsymbol{q}=\frac{1}{\sqrt{m}}\begin{bmatrix}0.1163 & 0.3157 & 0.9416\\0.2817 & 0.6038 & -0.2371\\0.5253 & -0.2391 & 0.0153\end{bmatrix}\begin{bmatrix}2.2556\sqrt{m}\cos\omega_1 t\\0.7541\sqrt{m}\cos\omega_2 t\\0.5133\sqrt{m}\cos\omega_3 t\end{bmatrix}$$

$$=\begin{bmatrix}0.2623\cos\omega_1 t+0.2381\cos\omega_2 t+0.4833\cos\omega_3 t\\0.6354\cos\omega_1 t+0.4553\cos\omega_2 t+0.1217\cos\omega_3 t\\1.1849\cos\omega_1 t-0.1803\cos\omega_2 t+0.0078\cos\omega_3 t\end{bmatrix}$$

可知自由振动由各阶振型组成。

例 2.4-2 如图 2.2-9 所示三自由度半正定系统，其初始条件为

$$\theta_{01}=\theta_{02}=\theta_{03}=0,\ \dot{\theta}_{01}=\Omega,\ \dot{\theta}_{02}=\dot{\theta}_{03}=0$$

求系统的响应（Ω 为一个常量）。

解： 在 2.2 节例 2.2-3 中已求出系统的各阶固有频率和振型矩阵

$$\omega_1=0,\omega_2=\sqrt{\frac{k}{J}},\omega_1=\sqrt{\frac{3k}{J}}$$

$$\boldsymbol{\Phi}=\begin{bmatrix}1 & -1 & 1\\1 & 0 & -2\\1 & 1 & 1\end{bmatrix}$$

各阶正则化因子为

$$\mu_1=\sqrt{3J},\mu_2=\sqrt{2J},\mu_3=\sqrt{6J}$$

可算出正则振型矩阵

$$\boldsymbol{\Phi}_{\mathrm{N}}=\frac{1}{\sqrt{6J}}\begin{bmatrix}\sqrt{2} & -\sqrt{3} & 1\\\sqrt{2} & 0 & -2\\\sqrt{2} & \sqrt{3} & 1\end{bmatrix}$$

计算用正则坐标表示的初始条件

$$\begin{bmatrix}q_{01}\\q_{02}\\q_{03}\end{bmatrix}=\boldsymbol{\Phi}_{\mathrm{N}}^{\mathrm{T}}\boldsymbol{M}\boldsymbol{\theta}_0=\frac{1}{\sqrt{6J}}\begin{bmatrix}\sqrt{2} & \sqrt{2} & \sqrt{2}\\-\sqrt{3} & 0 & \sqrt{3}\\1 & -2 & 1\end{bmatrix}\begin{bmatrix}J & 0 & 0\\0 & J & 0\\0 & 0 & J\end{bmatrix}\begin{bmatrix}0\\0\\0\end{bmatrix}=\begin{bmatrix}0\\0\\0\end{bmatrix}$$

$$\begin{bmatrix}\dot{q}_{01}\\\dot{q}_{02}\\\dot{q}_{03}\end{bmatrix}=\boldsymbol{\Phi}_{\mathrm{N}}^{\mathrm{T}}\boldsymbol{M}\dot{\boldsymbol{\theta}}_0=\frac{1}{\sqrt{6\mathrm{J}}}\begin{bmatrix}\sqrt{2} & \sqrt{2} & \sqrt{2}\\-\sqrt{3} & 0 & \sqrt{3}\\1 & -2 & 1\end{bmatrix}\begin{bmatrix}\mathrm{J} & 0 & 0\\0 & \mathrm{J} & 0\\0 & 0 & \mathrm{J}\end{bmatrix}\begin{bmatrix}\Omega\\0\\0\end{bmatrix}=\sqrt{\frac{\mathrm{J}}{6}}\begin{bmatrix}\sqrt{2}\\-\sqrt{3}\\1\end{bmatrix}\Omega$$

计算正则坐标响应。$\omega_1=0$ 对应的振型是刚体运动，所以

$$q_1=\dot{q}_{01}t=\sqrt{\frac{J}{6}}\sqrt{2}\,\Omega t$$

ω_2、ω_3 对应的振型才是振动

$$q_2=-\sqrt{\frac{J}{6}}\sqrt{3}\,\Omega\frac{\sin\omega_2 t}{\omega_2}$$

$$q_3=\sqrt{\frac{J}{6}}\,\Omega\frac{\sin\omega_3 t}{\omega_3}$$

计算原坐标的响应

$$\begin{bmatrix}\theta_1\\\theta_2\\\theta_3\end{bmatrix}=\boldsymbol{\Phi}_{\mathrm{N}}\boldsymbol{q}=\frac{1}{\sqrt{6J}}\begin{bmatrix}\sqrt{2}&-\sqrt{3}&1\\\sqrt{2}&0&-2\\\sqrt{2}&\sqrt{3}&1\end{bmatrix}\sqrt{\frac{J}{6}}\Omega\begin{bmatrix}\sqrt{2}t\\-\dfrac{\sqrt{3}}{\omega_2}\sin\omega_2 t\\\dfrac{1}{\omega_3}\sin\omega_3 t\end{bmatrix}$$

$$=\frac{\Omega}{6}\begin{bmatrix}2t+\dfrac{1}{\omega_2}\sin\omega_2 t+\dfrac{1}{\omega_3}\sin\omega_3 t\\2t-\dfrac{2}{\omega_3}\sin\omega_3 t\\2t-\dfrac{3}{\omega_2}\sin\omega_2 t+\dfrac{1}{\omega_3}\sin\omega_3 t\end{bmatrix}$$

2.4.3 多自由度系统自由振动的主要求解步骤

求解多自由度系统自由振动的主要步骤：

1）建立系统力学模型。

2）建立系统振动微分方程，对于一般机械系统可采用刚度影响系数或柔度影响系数的方法，对于机电液气耦合系统则建议采用拉格朗日方程的方法。

3）求系统的固有频率和振型矩阵，并计算正则振型矩阵 $\boldsymbol{\Phi}_{\mathrm{N}}$。

4）将原坐标的初始条件转化为用正则坐标表示

$$\boldsymbol{q}_0=\boldsymbol{\Phi}_{\mathrm{N}}^{\mathrm{T}}\boldsymbol{M}\boldsymbol{X}_0,\ \dot{\boldsymbol{q}}_0=\boldsymbol{\Phi}_{\mathrm{N}}^{\mathrm{T}}\boldsymbol{M}\dot{\boldsymbol{X}}_0$$

5）解 n 个独立的正则坐标方程

$$\ddot{q}_i+\omega_i^2 q_i=0$$

$$q_i=q_{0i}\cos\omega_i t+\frac{\dot{q}_{0i}}{\omega_i}\sin\omega_i t\quad(i=1,2,\cdots,n)$$

6）通过坐标变换求原坐标的位移响应

$$\boldsymbol{X}=\boldsymbol{\Phi}_{\mathrm{N}}\boldsymbol{q}$$

2.5 多自由度系统的阻尼

各种实际工程系统总是受到各种阻尼力的作用，如介质黏性阻尼，结构阻尼，材料阻尼等。有阻尼的多自由度系统振动微分方程为

$$\begin{bmatrix}M_{11}&M_{12}&\cdots&M_{1n}\\M_{21}&M_{22}&\cdots&M_{2n}\\\vdots&\vdots&&\vdots\\M_{n1}&M_{n2}&\cdots&M_{nn}\end{bmatrix}\begin{bmatrix}\ddot{x}_1\\\ddot{x}_2\\\vdots\\\ddot{x}_n\end{bmatrix}+\begin{bmatrix}C_{11}&C_{12}&\cdots&C_{1n}\\C_{21}&C_{22}&\cdots&C_{2n}\\\vdots&\vdots&&\vdots\\C_{n1}&C_{n2}&\cdots&C_{nn}\end{bmatrix}\begin{bmatrix}\dot{x}_1\\\dot{x}_2\\\vdots\\\dot{x}_n\end{bmatrix}+\begin{bmatrix}K_{11}&K_{12}&\cdots&K_{1n}\\K_{21}&K_{22}&\cdots&K_{2n}\\\vdots&\vdots&&\vdots\\K_{n1}&K_{n2}&\cdots&K_{nn}\end{bmatrix}\begin{bmatrix}x_1\\x_2\\\vdots\\x_n\end{bmatrix}=\begin{bmatrix}F_1(t)\\F_2(t)\\\vdots\\F_n(t)\end{bmatrix}$$

简写为

$$M\ddot{X}+C\dot{X}+KX=F(t) \tag{2.5-1}$$

式中，C 为系统的阻尼矩阵，它一般也是正定或半正定的对称矩阵；$F(t)$ 为激振力矢量。

在式（2.5-1）中，引入坐标变换 $X=\Phi_N q$，并左乘 Φ_N^T，得

$$\Phi_N^T M\Phi_N\ddot{q}+\Phi_N^T C\Phi_N\dot{q}+\Phi_N^T K\Phi_N q=\Phi_N^T F(t)$$

所以

$$I\ddot{q}+C_N\dot{q}+\lambda q=f(t) \tag{2.5-2}$$

式中，$f(t)$ 为正则激振力矢量，且

$$f(t)=\Phi_N^T F(t) \tag{2.5-3}$$

C_N 为正则阻尼矩阵，是由原先坐标中的阻尼矩阵 C 转换而来，且

$$C_N=\Phi_N^T C\Phi_N \tag{2.5-4}$$

由于正则阻尼矩阵 C_N 一般不是对角线矩阵，因此式（2.5-2）没有解耦，即式（2.5-2）是一组速度项相互耦合的微分方程。为了使方程组解耦，也就是使 C_N 对角化，工程上常采用比例阻尼和振型阻尼。

2.5.1 比例阻尼

若原坐标的阻尼矩阵 C 恰好与质量矩阵 M 或刚度矩阵 K 成正比，或者 C 是 M 与 K 的某种线性组合，即阻尼矩阵 C 为

$$C=\alpha M+\beta K \tag{2.5-5}$$

式中，α 和 β 是常数。

这时

$$\begin{aligned}C_N&=\Phi_N^T C\Phi_N\\&=\alpha\Phi_N^T M\Phi_N+\beta\Phi_N^T K\Phi_N\\&=\alpha I+\beta\lambda\end{aligned} \tag{2.5-6}$$

由式（2.5-6）知阻尼矩阵已被解耦。式（2.5-2）可以写为 n 个独立方程

$$\ddot{q}_i+(\alpha+\beta\omega_i^2)\dot{q}_i+\omega_i^2 q_i=f_i(t)\quad(i=1,2,\cdots,n) \tag{2.5-7}$$

比例阻尼只是使 C_N 成为对角矩阵的一组特殊情况，还可以找到其他一些条件，只要当 C 满足这些条件时，同样可以得到 C_N 为对角矩阵。但是工程上大多数实际阻尼难以满足上述条件，因此一般 C_N 总不是对角矩阵。

2.5.2 振型阻尼

大多数实际工程系统阻尼一般都比较小，机理复杂，并难以精确测定。为简化计算，使用近似替代法处理是可行的，即用一个对角矩阵形式的阻尼矩阵近似地替代 C_N。

适用条件：①比例阻尼；②欠阻尼；③各阶固有频率不等且不十分接近。

方法如下：由于在以上条件下，C_N 中的非对角线元素比主对角线元素小得多，因此作为近似处理，可令 C_N 中的非对角线元素全部为零，即

$$C_N \approx \overline{C}_N = \begin{bmatrix} C_{N11} & 0 & \cdots & 0 \\ 0 & C_{N12} & \cdots & 0 \\ \vdots & \vdots & & \vdots \\ 0 & 0 & \cdots & C_{Nnn} \end{bmatrix} \tag{2.5-8}$$

大量的工程实例表明，这种假设带来的误差一般不大，可获得很好的近似解，称这种阻尼为模态阻尼。这样，式（2.5-2）可写为 n 个独立方程

$$\ddot{q}_i+C_{Nii}\dot{q}_i+\omega_i^2 q_i=f_i(t) \quad (i=1,2,\cdots,n) \tag{2.5-9}$$

令

$$C_{Nii}=2\zeta_i\omega_i \tag{2.5-10}$$

式中，ζ_i 为第 i 阶正则振型的阻尼比。则式（2.5-9）可写为

$$\ddot{q}_i+2\zeta_i\omega_i\dot{q}_i+\omega_i^2 q_i=f_i(t) \quad (i=1,2,\cdots,n) \tag{2.5-11}$$

正则振型阻尼比 ζ_i 可通过实测得到

$$\zeta_i=\frac{\Delta\omega_i}{2\omega_i} \tag{2.5-12}$$

式中，$\Delta\omega_i$ 为系统半功率带宽，可用实测方法得到；ω_i 为第 i 阶固有频率。

各阶阻尼比 ζ_i 大致差不多（高阶略大），因此一般假定各阶阻尼比相同，取 $\zeta_i=\zeta$，于是式（2.5-11）可写为

$$\ddot{q}_i+2\zeta\omega_i\dot{q}_i+\omega_i^2 q_i=f_i(t) \quad (i=1,2,\cdots,n) \tag{2.5-13}$$

2.6 多自由度系统的强迫振动

2.6.1 简谐激振

如各坐标的激励力是同频率，同相位的简谐力，则作用力方程可写为

$$\boldsymbol{M}\ddot{\boldsymbol{x}}+\boldsymbol{C}\dot{\boldsymbol{x}}+\boldsymbol{K}\boldsymbol{x}=\boldsymbol{F}(t)=\begin{bmatrix} F_1 \\ F_2 \\ \vdots \\ F_n \end{bmatrix}\cos\omega t \tag{2.6-1}$$

其正则激振力矢量为

$$\boldsymbol{f}(t)=\boldsymbol{\Phi}_N^T\boldsymbol{F}(t)=\begin{bmatrix} f_1 \\ f_2 \\ \vdots \\ f_n \end{bmatrix}\cos\omega t \tag{2.6-2}$$

用正则坐标表示的作用力方程为

$$\ddot{q}_i+2\zeta_i\omega_i\dot{q}_i+\omega_i^2 q_i=f_i\cos\omega t \quad (i=1,2,\cdots,n) \tag{2.6-3}$$

按单自由度有阻尼系统受迫振动求稳态解

$$q_i=\frac{f_i}{\omega_i^2}\beta_i\cos(\omega t-\psi_i) \quad (i=1,2,\cdots,n) \tag{2.6-4}$$

式中，相位差

$$\psi_i=\tan^{-1}\left[\frac{2\zeta_i\omega/\omega_i}{1-(\omega/\omega_i)^2}\right] \tag{2.6-5}$$

放大因子

$$\beta_i=\frac{1}{\sqrt{(1-\omega^2/\omega_i^2)^2+(2\zeta_i\omega/\omega_i)^2}} \tag{2.6-6}$$

变换回原坐标响应

$$\boldsymbol{X}=\boldsymbol{\Phi}_{\mathrm{N}}\boldsymbol{q}=q_1\boldsymbol{\phi}_{\mathrm{N}1}+q_2\boldsymbol{\phi}_{\mathrm{N}2}+\cdots+q_n\boldsymbol{\phi}_{\mathrm{N}n} \tag{2.6-7}$$

即

$$\begin{bmatrix}x_1\\x_2\\\vdots\\x_n\end{bmatrix}=q_1\begin{bmatrix}\phi_{\mathrm{N}11}\\\phi_{\mathrm{N}21}\\\vdots\\\phi_{\mathrm{N}n1}\end{bmatrix}+q_2\begin{bmatrix}\phi_{\mathrm{N}12}\\\phi_{\mathrm{N}22}\\\vdots\\\phi_{\mathrm{N}n2}\end{bmatrix}+\cdots+q_n\begin{bmatrix}\phi_{\mathrm{N}1n}\\\phi_{\mathrm{N}2n}\\\vdots\\\phi_{\mathrm{N}nn}\end{bmatrix} \tag{2.6-8}$$

式（2.6-8）表明：受迫振动位移矢量 X 按正则振型展开为 n 项时，正则坐标表示的位移 q_i 是正则振型阵列 $\boldsymbol{\phi}_{ni}$ 的系数。

工程上，一般只计入激振频率值±20%范围内的主振型项，精度已能满足。

由上述推导可见：

1）由式（2.6-6）看出，若 $\omega\approx\omega_i$，则 β_i 很大，q_i 也就很大，出现共振，n 个自由度系统可出现 n 阶共振。

2）当发生第 i 阶共振时，由于 q_i 的幅值远大于其他各正则坐标的幅值，式（2.6-8）中第 i 项在全式中就占有主要成分，其他各阶可略去，故可近似写成

$$x_i\approx\frac{\phi_{\mathrm{N}j}^{i}f_i}{\omega_i^2}\beta_i\cos(\omega t-\psi_i)$$

即各 x_i 的幅值不仅很大且比值趋近第 i 阶振型 $\boldsymbol{\phi}_i$，故可用共振法近似地测量系统的各阶固有频率和振型。

例 2.6-1 在图 2.2-1 所示系统中，对质量块 m_2（即图 2.2-1 中质量为 $2m$ 的质量块）作用简谐激振力 $F_2\sin\omega t$，试计算其稳态响应。

解：在例 2.2-1 及例 2.4-1 中已求出系统各阶固有频率和正则矩阵分别为

$$\boldsymbol{\Phi}_{\mathrm{N}}=\left[\frac{\boldsymbol{\phi}_1}{\mu_1},\frac{\boldsymbol{\phi}_2}{\mu_2},\frac{\boldsymbol{\phi}_3}{\mu_3}\right]=\frac{1}{\sqrt{m}}\begin{bmatrix}0.1163&0.3157&0.9416\\0.2817&0.6308&-0.2371\\0.5253&-0.2391&0.0153\end{bmatrix}$$

$$\omega_1=0.5928\sqrt{\frac{k}{m}},\omega_2=1.2675\sqrt{\frac{k}{m}},\omega_3=1.8820\sqrt{\frac{k}{m}}$$

由正则坐标表示的激振力矢量为

$$\boldsymbol{f}_{\mathrm{N}}=\boldsymbol{\phi}_{\mathrm{N}}^{\mathrm{T}}\boldsymbol{F}=\frac{1}{\sqrt{m}}\begin{bmatrix}0.2242&0.4816&0.7427\\-0.4318&-0.3857&0.6355\\0.5132&0.6358&0.2107\end{bmatrix}\begin{bmatrix}0\\F_2\sin\omega t\\0\end{bmatrix}$$

$$=\frac{F_2}{\sqrt{m}}\begin{bmatrix}0.4816\\-0.3857\\0.5348\end{bmatrix}\sin\omega t$$

由于系统无阻尼，其第 i 阶稳态受迫振动的正则坐标响应为

$$q_i=\frac{f_i}{\omega_i^2}\beta_i\sin\omega t=\frac{f_i}{\omega_i^2-\omega^2}\sin\omega t$$

正则坐标的稳态响应矢量为

$$\boldsymbol{q}=\begin{bmatrix}q_1\\q_2\\q_3\end{bmatrix}=\frac{F_2}{\sqrt{m}}\begin{bmatrix}\dfrac{0.4817}{\omega_1^2-\omega^2}\\-\dfrac{0.3857}{\omega_2^2-\omega^2}\\\dfrac{0.5348}{\omega_3^2-\omega^2}\end{bmatrix}\sin\omega t$$

坐标变换，求出原坐标的响应

$$\boldsymbol{x}=\boldsymbol{\phi}_{\mathrm{N}}\boldsymbol{q}=\frac{1}{\sqrt{m}}\begin{bmatrix}0.22417&-0.431677&-0.513228\\-0.481637&-0.38566&0.534751\\0.742654&0.653775&-0.210371\end{bmatrix}\cdot\frac{F_2}{\sqrt{m}}\begin{bmatrix}\dfrac{0.4816}{\omega_1^2-\omega^2}\\-\dfrac{0.3857}{\omega_2^2-\omega^2}\\\dfrac{0.5348}{\omega_3^2-\omega^2}\end{bmatrix}\sin\omega t$$

$$=\frac{F_2}{m}\begin{bmatrix}\dfrac{0.4816}{\omega_1^2-\omega^2}+\dfrac{-0.3857}{\omega_2^2-\omega^2}+\dfrac{0.5348}{\omega_3^2-\omega^2}\\\dfrac{0.4816}{\omega_1^2-\omega^2}+\dfrac{-0.3857}{\omega_2^2-\omega^2}+\dfrac{0.5348}{\omega_3^2-\omega^2}\\\dfrac{0.4816}{\omega_1^2-\omega^2}+\dfrac{-0.3857}{\omega_2^2-\omega^2}+\dfrac{0.5348}{\omega_3^2-\omega^2}\end{bmatrix}\sin\omega t$$

2.6.2 一般周期激振

激振力与周期函数 $f(t)$ 成比例时，激振力矢量可写为

$$\boldsymbol{F}(t)=\begin{bmatrix}P_1\\P_1\\\vdots\\P_1\end{bmatrix}f(t)=\boldsymbol{P}f(t) \tag{2.6-9}$$

周期函数 $f(t)$ 可展成傅里叶级数

$$f(t)=a_0+\sum_{j=1}^{m}(a_j\cos j\omega t+b_j\sin j\omega t) \tag{2.6-10}$$

将 $\boldsymbol{P}$ 转变为正则坐标表示

$$\boldsymbol{p}=\boldsymbol{\Phi}_{\mathrm{N}}^{\mathrm{T}}\boldsymbol{P} \tag{2.6-11}$$

用正则坐标表示的振动方程为

$$\ddot{q}_i+2\zeta_i\omega_i\dot{q}_i+\omega_i^2q_i=p_if(t)\quad(i=1,2,\cdots,n)\tag{2.6-12}$$

式中，p_i 为一常量。分别求出各简谐激振的响应，然后叠加

$$q_i=\frac{p_i}{\omega_i^2}\left\{a_0+\sum_{j=1}^{m}\beta_{ij}\left[a_j\cos(j\omega t-\psi_{ij})+b_j\sin(j\omega t-\psi_{ij})\right]\right\}\tag{2.6-13}$$

式中，放大因子

$$\beta_{ij}=\frac{1}{\sqrt{(1-j^2\omega^2/\omega_i^2)+(2\zeta_ij\omega/\omega_i)^2}}\tag{2.6-14}$$

相位角差

$$\psi_{ij}=\tan^{-1}\left(\frac{2\zeta_ij\omega/\omega_i}{1-j^2\omega^2/\omega_i^2}\right)\tag{2.6-15}$$

然后变换回原坐标

$$\boldsymbol{X}=\boldsymbol{\Phi}_{\mathrm{N}}\boldsymbol{q}\tag{2.6-16}$$

若激振频率中 ω，2ω，…，$j\omega$，…，$m\omega$ 频率成分很多，则产生共振的可能性更大。

2.6.3 非周期激振

激振力矢量 $\boldsymbol{F}(t)$ 是非周期的，用正则坐标表示的激振力矢量

$$\boldsymbol{f}(t)=\boldsymbol{\Phi}_{\mathrm{N}}^{\mathrm{T}}\boldsymbol{F}(t)\tag{2.6-17}$$

也是非周期函数。

用正则坐标表示的振动方程是

$$\ddot{q}_i+2\zeta_i\omega_i\dot{q}_i+\omega_i^2q_i=f_i(t)\quad(i=1,2,\cdots,n)\tag{2.6-18}$$

用杜哈梅积分求解，若初始条件是系统静止处于平衡位置，则

$$q_i=\frac{\mathrm{e}^{-\zeta_i\omega_it}}{\omega_i\sqrt{1-\zeta_i^2}}\int_0^t\mathrm{e}^{\zeta_i\omega_i\tau}f_i(\tau)\sin\omega_i\sqrt{1-\zeta_i^2}\,(t-\tau)\,\mathrm{d}\tau\tag{2.6-19}$$

再由式（2.6-7）就可求出原坐标的位移响应矢量 $\boldsymbol{X}$。

2.6.4 多自由度系统强迫振动的求解步骤

求解多自由度系统强迫振动的步骤：

1）计算系统各阶固有频率和主振型，按无阻尼系统自由振动计算。

2）计算正则振型矩阵。

3）用正则振型矩阵进行坐标变换，使振动方程解耦。同时对原坐标表示的初始条件和激振函数进行相应的坐标变换。

4）按类似单自由度系统求解的方法来求解正则坐标的响应，若有刚体振型，如 $\omega_1=0$ 则

$$\ddot{q}_1=f_1,\,q_1=\int_0^t\int_0^{t'}f_1\,\mathrm{d}t''\mathrm{d}t'\tag{2.6-20}$$

5）将正则坐标响应进行坐标变换，求出原坐标的响应。

2.7 计算固有频率和主振型的一些近似方法

求解固有频率和振型就是求解数学特征值问题，它在振动分析中具有重要地位。数学上已经建立了多种基于变换的求解特征值的方法，如 QR、雅可比变换等，本节介绍适用于振动分析的瑞利法、邓克列公式、瑞利-里兹法。

2.7.1 瑞利法

本书在第 1 章中介绍了能量法，即对于无阻尼自由振动系统其最大动能等于最大势能，根据这一原理以及简谐运动特性可以直接计算单自由度系统的固有频率，而不必建立运动微分方程。多自由度系统具有多阶固有频率，但有时知道最低阶固有频率已经足够，并且求出第一阶固有频率对于研究其他阶固有频率也具有重要的价值。因而瑞利法（Rayleigh method）对于多自由度系统依然适用，只是使用该方法需要预先假定一合理的振型，且估算出的基频值比真实值稍大。

1. 瑞利法的基本原理

1）选取变形曲线，一般选静变形曲线作为振型曲线。

2）计及弹性元件的质量，按机械能守恒 $T_{\max}=U_{\max}$ 选取变形曲线的位移振幅矢量为 $\boldsymbol{X}$，则速度幅值矢量为

$$\dot{\boldsymbol{X}}=\omega\boldsymbol{X} \tag{2.7-1}$$

系统最大动能

$$T_{\max}=\frac{1}{2}\dot{\boldsymbol{X}}^{\mathrm{T}}\boldsymbol{M}\dot{\boldsymbol{X}}=\frac{1}{2}\omega^2\boldsymbol{X}^{\mathrm{T}}\boldsymbol{M}\boldsymbol{X} \tag{2.7-2}$$

系统最大势能

$$U_{\max}=\frac{1}{2}\boldsymbol{X}^{\mathrm{T}}\boldsymbol{K}\boldsymbol{X} \tag{2.7-3}$$

由机械能守恒

$$T_{\max}=U_{\max} \tag{2.7-4}$$

得

$$\omega^2=\frac{\boldsymbol{X}^{\mathrm{T}}\boldsymbol{K}\boldsymbol{X}}{\boldsymbol{X}^{\mathrm{T}}\boldsymbol{M}\boldsymbol{X}} \tag{2.7-5}$$

由式（2.7-5）求出的频率 ω，从上限接近系统的基频，且对假设振型 $\boldsymbol{X}$ 的误差不敏感。

将假设曲线按正则振型分解

$$\boldsymbol{X}=\boldsymbol{\phi}_{1\mathrm{N}}+C_2\boldsymbol{\phi}_{2\mathrm{N}}+C_3\boldsymbol{\phi}_{3\mathrm{N}}+\cdots \tag{2.7-6}$$

则由主振型的正交性，得

$$\begin{aligned}\boldsymbol{X}^{\mathrm{T}}\boldsymbol{K}\boldsymbol{X}&=\boldsymbol{\phi}_{1\mathrm{N}}^{\mathrm{T}}\boldsymbol{K}\boldsymbol{\phi}_{1\mathrm{N}}+C_2^2\boldsymbol{\phi}_{2\mathrm{N}}^{\mathrm{T}}\boldsymbol{K}\boldsymbol{\phi}_{2\mathrm{N}}+C_3^2\boldsymbol{\phi}_{3\mathrm{N}}^{\mathrm{T}}\boldsymbol{K}\boldsymbol{\phi}_{3\mathrm{N}}+\cdots\\&=\omega_1^2+C_2^2\omega_2^2+C_3^2\omega_3^2+\cdots\\\boldsymbol{X}^{\mathrm{T}}\boldsymbol{M}\boldsymbol{X}&=\boldsymbol{\phi}_{1\mathrm{N}}^{\mathrm{T}}\boldsymbol{M}\boldsymbol{\phi}_{1\mathrm{N}}+C_2^2\boldsymbol{\phi}_{2\mathrm{N}}^{\mathrm{T}}\boldsymbol{M}\boldsymbol{\phi}_{2\mathrm{N}}+C_3^2\boldsymbol{\phi}_{3\mathrm{N}}^{\mathrm{T}}\boldsymbol{M}\boldsymbol{\phi}_{3\mathrm{N}}+\cdots\\&=1+C_2^2+C_3^2+\cdots\end{aligned}$$

于是式（2.7-5）成为

$$\omega^2=\omega_1{}^2\frac{1+C_2^2\dfrac{\omega_2^2}{\omega_1^2}+C_3^2\dfrac{\omega_3^2}{\omega_1{}^2}+\cdots}{1+C_2^2+C_3^2+\cdots}$$

$$=\omega_1^2\left\{1+\frac{C_2^2\left(\dfrac{\omega_2^2}{\omega_1^2}-1\right)+C_3^2\left(\dfrac{\omega_3^2}{\omega_1^2}-1\right)+\cdots}{1+C_2^2+C_3^2+\cdots}\right\} \tag{2.7-7}$$

当所假定的曲线接近于 $\boldsymbol{\phi}_1$ 时，C_2、C_3、…都很小

$$1+C_2^2+C_3^2+\cdots\approx 1$$

所以

$$\omega^2\approx\omega_1^2\left\{1+C_2^2\left(\frac{\omega_2^2}{\omega_1^2}-1\right)C_3^2\left(\frac{\omega_3^2}{\omega_1^2}-1\right)+\cdots\right\} \tag{2.7-8}$$

因为 $\omega_2^2/\omega_1^2>1$，所以 $\omega^2>\omega_1^2$，但由于 C_2^2、C_3^2、…很小，所以 $\omega\approx\omega_1$，且对假设变形曲线的误差 C_2、C_3、…等不敏感。

第一阶振型与振系的静位移曲线比较接近，所以瑞利法一般用于求解第一阶固有频率，相应的近似振型就假定为系统的静位移矢量。虽然原则上可用瑞利法计算任意阶固有频率，但实际上很难做到，因为对高阶振型做出合理估计并非易事。

2. 计算梁的基频

已知梁的抗弯刚度为 EI，受弯矩为 M，取 $\mathrm{d}x$ 段梁来研究（图 2.7-1），$\mathrm{d}x$ 段梁的变形能为

$$\mathrm{d}U=\frac{1}{2}M\mathrm{d}\theta \tag{2.7-9}$$

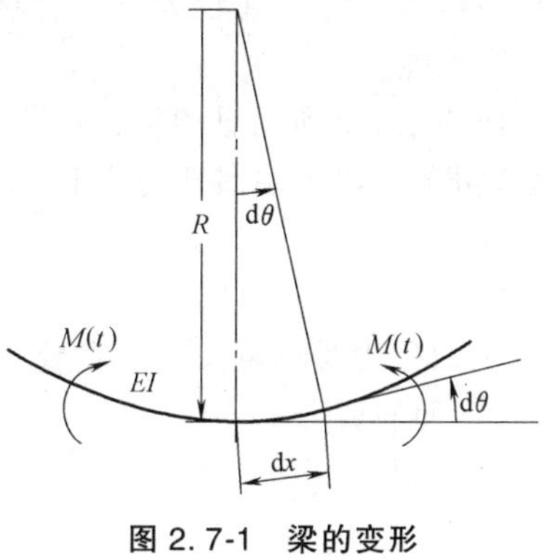

图 2.7-1　梁的变形

由材料力学知

$$\theta=\frac{\mathrm{d}y}{\mathrm{d}x}$$

式中，y 为梁的挠度。且

$$\mathrm{d}x=R\mathrm{d}\theta$$

故有

$$\frac{1}{R}=\frac{\mathrm{d}\ \theta}{\mathrm{d}x}=\frac{\mathrm{d}^2y}{\mathrm{d}x^2}$$

$$\frac{1}{R}=\frac{M}{EI}$$

$$M=EI\frac{\mathrm{d}^2y}{\mathrm{d}x^2}$$

所以

$$\mathrm{d}\theta=\frac{1}{R}\mathrm{d}x=\frac{M}{EI}\mathrm{d}x=\frac{\mathrm{d}^2y}{\mathrm{d}x^2}\mathrm{d}x \tag{2.7-10}$$

将式（2.7-10）代入式（2.7-9），得

$$dU=\frac{1}{2}\frac{M^2}{EI}dx=\frac{1}{2}EI\left(\frac{d^2y}{dx^2}\right)dx \tag{2.7-11}$$

整根梁的最大势能（变形能）为 dU 沿梁的全长积分

$$U_{\max}=\frac{1}{2}\int\frac{M^2}{EI}dx=\frac{1}{2}\int EI\left(\frac{d^2y}{dx^2}\right)^2dx \tag{2.7-12}$$

整根梁的最大动能

$$T_{\max}=\frac{1}{2}\int\dot{y}^2dm=\frac{1}{2}\omega^2\int y^2dm \tag{2.7-13}$$

将式（2.7-12）、式（2.7-13）代入式（2.7-4），得梁横向振动的基频的平方

$$\omega^2=\frac{\int EI\left(\frac{d^2y}{dx^2}\right)^2dx}{\int y^2dm} \tag{2.7-14}$$

3. 避开求导的积分方法

由于假设的变形曲线与真实的振型曲线有差异，对它求导后再积分会引起较大误差，可采用另一种方法来计算梁的变形能。

如图 2.7-2 所示悬臂梁，x 截面处的剪力是从自由端到 x 截面处的一段梁的惯性力之和（自由振动），ds 段梁的惯性力为

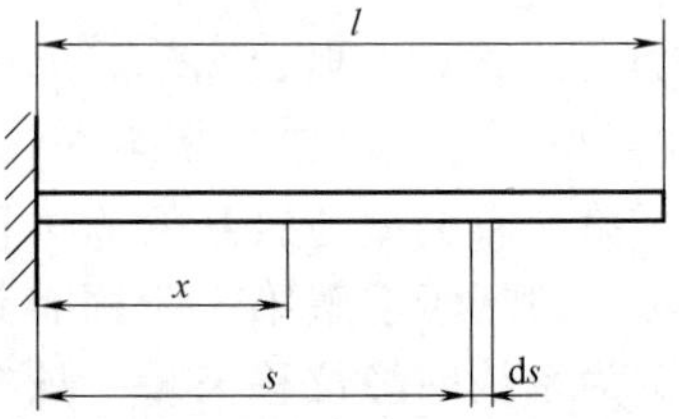

图 2.7-2 悬臂梁

$$F_s=m(s)\omega^2y(s)ds \tag{2.7-15}$$

式中，$m(s)$ 为梁单位长度的质量。

s 截面的剪力

$$V(s)=\omega^2\int_s^l m(s)\,y(s)\,ds \tag{2.7-16}$$

由材料力学知

$$\frac{dM}{dx}=V$$

x 截面处的弯矩

$$M(x)=\int_x^l V(s)ds \tag{2.7-17}$$

且

$$U=\frac{1}{2}\int_0^l\frac{M^2(x)}{EI}dx \tag{2.7-18}$$

将式（2.7-16）代入式（2.7-17），再将式（2.7-17）代入式（2.7-18）即可求出梁的变形能，且避免了对假设变形曲线 $y(x)$ 的求导。

例 2.7-1 求悬臂梁的基频，假设振型曲线为 $y=cx^2$，m 为梁单位长度质量。

解：1）采用式（2.7-15）计算。

$$\frac{d^2y}{dx^2}=2c$$

且

$$dm = m dx$$

代入式（2.7-15），得

$$\omega^2 = \frac{\int_0^l EI\left(\frac{d^2y}{dx^2}\right)^2 dx}{\int_0^l y^2 dm} = \frac{\int_0^l EI(2c)^2 dx}{\int_0^l c^2x^4 m dx} = 20\frac{EI}{mL^4}$$

$$\omega = 4.47\sqrt{EI/mL^4}$$

而精确解是

$$\omega_1 = 3.52\sqrt{EI/ml^4}$$

由于自由端的边界条件是无弯矩，即 $M=0$，而按 $y=cx^2$，则有

$$M = EI\frac{d^2y}{dx^2} = 2cEI \neq 0$$

假设振型曲线不满足自由端的边界条件，所以误差大。

2）采用避开求导的积分方法。

将 $y=cx^2$ 代入式（2.7-17）

$$V(s) = \omega^2\int_s^l m(s)\,y(s)\,ds = \omega^2\int_s^l mcs^2 ds = \frac{\omega^2 mc}{3}(l^3 - s^3)$$

将上式代入式（2.10-18）

$$M(x) = \int_x^l V(s)\,ds = \frac{\omega^2 mc}{3}\int_x^l (l^3 - s^3)\,ds = \frac{\omega^2 mc}{12}(3l^4 - 4l^3x + x^4)$$

再将上式代入式（2.7-19）

$$U_{\max} = \frac{1}{2}\int_0^l \frac{M^2(x)}{EI}dx = \frac{1}{2EI}\left(\frac{\omega^2 mc}{12}\right)^2\int_0^l (3l^4 - 4l^3x + x^4)^2 dx$$

$$= \frac{\omega^4}{2EI}\cdot\frac{m^2c^2}{144}\cdot\frac{312}{135}l^9$$

由式（2.7-14）

$$T_{\max} = \frac{1}{2}\int_0^l \dot{y}^2 m dx = \frac{1}{2}c^2\omega^2 m\int_0^l x^4 dx = \frac{1}{2}c^2\omega^2 m\frac{l^5}{5}$$

由 $U_{\max} = T_{\max}$，得

$$\omega = \sqrt{12.47EI/ml^4} = 3.53\sqrt{EI/ml^4} \approx \omega_1$$

由第5章表5.4-1知等截面悬臂梁的第一阶固有频率精确值为 $\omega_1 = 3.52\sqrt{EI/ml^4}$，用此方法计算出的频率 ω 已经非常接近于系统的一阶固有频率精确值。这是由于没有对 $y=cx^2$ 进行求导计算，因此精度高。

4. 具有集中质量的梁

图2.7-3所示为具有集中质量的梁，可用瑞利法求其横向振动的基频。

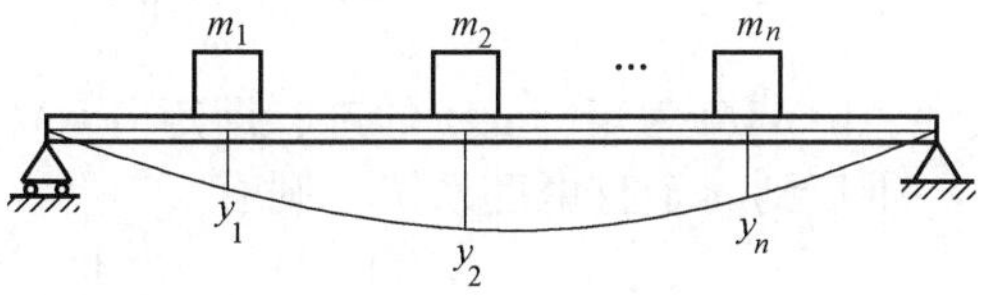

图2.7-3 具有集中质量的梁

以静变形曲线作为假设曲线，梁的最大势

能等于集中质量的重力所做的功，即

$$U_{\max}=\frac{1}{2}g(m_1y_1+m_2y_2+\cdots+m_ny_n) \tag{2.7-19}$$

式中，g 为重力加速度。

梁的最大动能

$$T_{\max}=\frac{1}{2}\omega^2(m_1y_1^2+m_2y_2^2+\cdots+M_ny_n^2) \tag{2.7-20}$$

将式（2.7-19）和式（2.7-20）代入式（2.7-4），可得梁横向振动的基频的平方

$$\omega_1{}^2\approx\frac{g\sum\limits_i m_iy_i}{\sum\limits_i m_iy_i{}^2} \tag{2.7-21}$$

5. 动载荷法

如果要求更高的精度，则用动载荷 $m\omega^2y$ 代替静载荷，能更好地趋近于动力曲线。由于动载荷 $m\omega^2y$ 正比于挠度 y，可将修改后的载荷 $\omega^2m_1y_1$，$\omega^2m_2y_2$，…，$\omega^2m_ny_n$ 施加在梁上代替静载荷。由于是线性系统，可以提取出动载荷中的公因子 ω^2y_1/g，即按施加动载荷 gm_1，$gm_2(y_2/y_1)$，…，$gm_n(y_n/y_1)$，重新计算梁的挠度，得到动载荷产生的动力挠度曲线，再将动力挠度曲线中各集中质量质心对应的挠度 y'_1、y'_2、…、y'_n 代入式（2.7-21），可得梁横向振动相当精确的基频值。

2.7.2 邓克列公式

邓克列公式法（Dunkerley's Equation）最早是由邓克列通过实验确定多圆盘轴的横向振动固有频率时提出的。该方法实现起来简单，便于作为系统基频的估计公式。其实现原理如下：

位移方程的特征方程

$$|\boldsymbol{aM}-\boldsymbol{\lambda}|=0 \tag{2.7-22}$$

以三自由度系统为例，即

$$\begin{vmatrix} a_{11}m_1-\dfrac{1}{\omega^2} & a_{12}m_2 & a_{13}m_3 \\ a_{21}m_1 & a_{22}m_2-\dfrac{1}{\omega^2} & a_{23}m_3 \\ a_{31}m_1 & a_{32}m_2 & a_{33}m_3-\dfrac{1}{\omega^2} \end{vmatrix}=0 \tag{2.7-23}$$

展开为

$$\left(\frac{1}{\omega^2}\right)^3-(a_{11}m_1+a_{22}m_2+a_{33}m_3)\left(\frac{1}{\omega^2}\right)^2+\cdots=0 \tag{2.7-24}$$

根据高次代数方程根的性质，各根之和等于次高项系数的相反数，即

$$\frac{1}{\omega_1^2}+\frac{1}{\omega_2^2}+\frac{1}{\omega_3^2}=a_{11}m_1+a_{22}m_2+a_{33}m_3=\mathrm{tr}(\boldsymbol{aM}) \tag{2.7-25}$$

式中，$\mathrm{tr}(\boldsymbol{aM})$ 为矩阵 $\boldsymbol{aM}$ 的迹，即矩阵 $\boldsymbol{aM}$ 主对角线元素之和。

推广到 n 个自由度系统，则有

$$\frac{1}{\omega_1^2}+\frac{1}{\omega_2^2}+\cdots+\frac{1}{\omega_n^2}=a_{11}m_1+a_{22}m_2+\cdots+a_{nn}m_n \tag{2.7-26}$$

又因为$\frac{1}{\omega_2^2}$、$\frac{1}{\omega_3^2}$、…比$\frac{1}{\omega_1^2}$小得多，因此

$$\frac{1}{\omega_1^2}<\frac{1}{\omega_{11}^2}+\frac{1}{\omega_{22}^2}+\cdots+\frac{1}{\omega_{nn}^2}=a_{11}m_1+a_{22}m_2+\cdots+a_{nn}m_n \tag{2.7-27}$$

式（2.7-27）即为邓克列公式，它给出了基频的下限，而瑞利法给出了基频上限，系统基频的真实值就在这两个值之间。式中 ω_{ii} 是质量 m_i 和柔度为 a_{ii} 的弹簧组成的单自由度系统的固有频率。

例 2.7-2 图 2.7-4a 所示为某结构固有频率测试示意图，在结构上安装一个传感器，通过测试装上传感器后耦合系统的固有频率 ω_1 来实测结构的固有频率。其力学模型如图 2.7-4b 所示。传感器相当于一个由 m_2、k_2、c_2 组成的附加系统，耦合在由 m_1、k_1、c_1 组成的结构上。传感器本身的固有频率为 ω_{22}，即($\omega_{22}^2=k_2/m_2$)。结构本身的一阶固有频率 ω_{11} 可以由下式求出

$$\frac{1}{\omega_1^2}=\frac{1}{\omega_{11}^2}+\frac{1}{\omega_{22}^2}$$

或

$$\frac{1}{\omega_{11}^2}=\frac{1}{\omega_1^2}-\frac{1}{\omega_{22}^2}$$

由于一般传感器的固有频率 ω_{22} 比结构本身的一阶固有频率 ω_{11} 高得多，因此测出的频率 ω_1 就可认为是结构本身的一阶固有频率 ω_{11}。

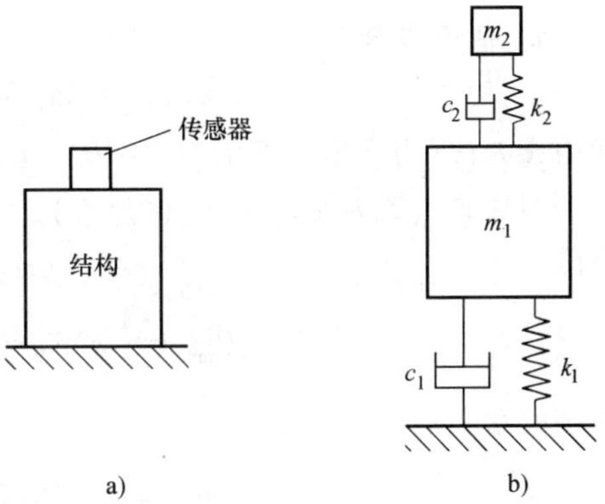

图 2.7-4 结构固有频率测试示意图及力学模型

a）结构固有频率测试示意图 b）力学模型

例 2.7-3 已知长为 l，质量为 M 的均质简支梁的基频为 $\pi^2\sqrt{EI/Ml^3}$，求如图 2.7-5 所示在 $x=l/3$ 处加上集中质量 m_0 的均质简支梁的基频。

解：对于该两自由度系统，利用邓克列公式(2.7-27)，式中的 ω_{11} 即为均质简支梁的基频，ω_1 即为梁上 $x=l/3$ 处加上质量 m_0 后的基频。

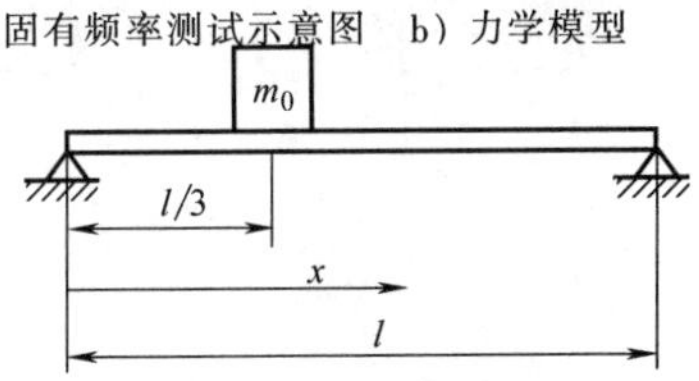

图 2.7-5 有集中质量的梁

$$\frac{1}{\omega_1^2}=\frac{1}{\omega_{11}^2}+\frac{1}{\omega_{22}^2}=\frac{1}{\omega_{11}^2}+a_{22}m_2 \tag{a}$$

即

$$\left(\frac{\omega_1}{\omega_{11}}\right)^2=\frac{1}{1+a_{22}m_0\omega_{11}^2} \tag{b}$$

式中，a_{22} 为在 $x=l/3$ 处的柔度影响系数，即在 $x=l/3$ 处作用单位力而在该处产生的柔度，由材料力学公式可算出

$$a_{22}=\frac{8}{6\times81}\frac{l^3}{EI} \tag{c}$$

将 $\omega_{11}^2=\pi^4EI/Ml^3$ 和式（c）代入式（b），可得

$$\left(\frac{\omega_1}{\omega_{11}}\right)^2=\frac{1}{1+\frac{8\pi^4}{6\times81}\frac{m_0}{M}}=\frac{1}{1+1.6\frac{m_0}{M}} \tag{d}$$

在 $x=l/3$ 处加上集中质量 m_0 的均质简支梁的基频为

$$\omega_1=\pi^2\sqrt{EI/Ml^3}\sqrt{\frac{1}{1+1.6\dfrac{m_0}{M}}} \tag{e}$$

2.7.3 瑞利-里兹法

瑞利能量法可以用来估计基频，但是对复杂系统来说，不能仅满足于基频。理论上，若能估计出高阶振型，那么瑞利法也可以用来估计高阶频率，然而高阶振型很难直接估计。瑞利-里兹法（Rayleigh-Ritz Method）是在瑞利法基础上的进一步改进，适用于连续系统。

对于自由度为 n 的振动系统，若要获得较准确的前 $m(m<n)$ 阶固有频率和振型，可选取 m 个独立的给定量 $\phi_i(x)$，$(i=1, 2, \cdots, m)$，则可以用这些量的线性组合作为假设挠度。

1. 假设挠度

$$y(x)=C_1\phi_1(x)+C_2\phi_2(x)+\cdots+C_m\phi_m(x) \tag{2.7-28}$$

式中，$\phi_i(x)$ 为满足边界条件的函数，C_i 为常数，$(i=1, 2, \cdots, m)$。

对比式（2.7-28）与式（2.6-7），可知系数 C_i 相当于正则坐标 q_i。于是系统的最大势能

$$U_{\max}=\frac{1}{2}\boldsymbol{q}^{\mathrm{T}}\boldsymbol{K}\boldsymbol{q}=\frac{1}{2}\boldsymbol{C}^{\mathrm{T}}\boldsymbol{K}\boldsymbol{C}=\frac{1}{2}\sum_i\sum_j K_{ij}C_iC_j \tag{2.7-29}$$

系统的最大动能

$$T_{\max}=\frac{1}{2}\dot{\boldsymbol{q}}^{\mathrm{T}}\boldsymbol{M}\dot{\boldsymbol{q}}=\frac{1}{2}\omega^2\boldsymbol{q}^{\mathrm{T}}\boldsymbol{M}\boldsymbol{q}=\omega^2\frac{1}{2}\boldsymbol{C}^{\mathrm{T}}\boldsymbol{M}\boldsymbol{C}$$

$$=\omega^2\cdot\frac{1}{2}\sum_i\sum_j M_{ij}C_iC_j \tag{2.7-30}$$

令

$$T_{\max}^*=\frac{1}{2}\sum_i\sum_j M_{ij}C_iC_j \tag{2.7-31}$$

则

$$T_{\max}=\omega^2T_{\max}^*$$

又

$$T_{\max}=U_{\max}$$

故

$$\omega^2=\frac{T_{\max}}{T_{\max}^*}=\frac{U_{\max}}{T_{\max}^*} \tag{2.7-32}$$

2. 求各 C_i

由于系统实际是无限多自由度的，假设的挠度由有限项组成，相当于给系统添加了约束，增加了系统的刚度，由此算出的频率高于系统的实际频率。为了使算出的频率值尽可能接近于真实值，应选择使 ω^2 值为最小的 C_i，故令

$$\frac{\partial\omega^2}{\partial C_i}=0$$

而

$$\frac{\partial \omega^2}{\partial C_i}=\frac{\partial}{\partial C_i}\left(\frac{U_{\max}}{T^*_{\max}}\right)=\frac{T^*_{\max}\dfrac{\partial U_{\max}}{\partial C_i}-U_{\max}\dfrac{\partial T^*_{\max}}{\partial C_i}}{T^{*2}_{\max}}$$

故有

$$\frac{\partial U_{\max}}{\partial C_i}-\frac{U_{\max}}{T^*_{\max}}\cdot\frac{\partial T^*_{\max}}{\partial C_i}=0$$

将式（2.7-32）代入上式

$$\frac{\partial U_{\max}}{\partial C_i}-\omega^2\frac{\partial T^*_{\max}}{\partial C_i}=0 \tag{2.7-33}$$

由于

$$\frac{\partial U_{\max}}{\partial C_i}=\sum_{j=1}^{m}K_{ij}C_j,\quad \frac{\partial T^*_{\max}}{\partial C_i}=\sum_{j=1}^{m}M_{ij}C_j$$

式（2.7-33）可写为

$$\sum_{j=1}^{m}K_{ij}C_j-\omega^2\sum_{j=1}^{m}M_{ij}C_j=\sum_{j=1}^{m}C_j(K_{ij}-\omega^2M_{ij})=0\quad(i=1,2,\cdots,m) \tag{2.7-34}$$

式中，第 i 个方程为

$$C_1(K_{i1}-\omega^2M_{i1})+C_2(K_{i2}-\omega^2M_{i2})+\cdots+C_m(K_{im}-\omega^2M_{im})=0 \tag{2.7-35}$$

将这 m 个方程写为矩阵形式

$$\begin{bmatrix}K_{11}-\omega^2M_{11} & K_{12}-\omega^2M_{12} & \cdots & K_{1m}-\omega^2M_{1m}\\ K_{21}-\omega^2M_{21} & K_{22}-\omega^2M_{22} & \cdots & K_{2m}-\omega^2M_{2m}\\ \vdots & \vdots & & \vdots\\ K_{m1}-\omega^2M_{m1} & K_{m2}-\omega^2M_{m2} & \cdots & K_{mm}-\omega^2M_{mm}\end{bmatrix}\begin{bmatrix}C_1\\ C_2\\ \vdots\\ C_m\end{bmatrix}=\mathbf{0} \tag{2.7-36}$$

C_i 具有非平凡解的充要条件是其系数行列式为零，由此可得到频率方程，解出 m 个 ω^2 值，这就是系统的前 m 阶固有频率平方的近似值，对连续系统，其 K_{ij} 和 M_{ij} 见第 5 章。

将解出的 ω_i^2 代入式（2.7-36）可得 $\boldsymbol{C}_i$，将 $\boldsymbol{C}_i$ 代入式（2.7-28）求出 y_i，这就是第 i 阶振型函数（连续系统的）。

2.8 轧钢机主传动系统扭转振动分析

2.8.1 轧钢机主传动系统振动及其破坏

工程中经常发生因振动而产生的设备事故，造成巨大的经济损失甚至人员伤亡。轧钢机主传动系统就是经常发生严重扭转振动的设备之一。图 2.8-1 所示是某轧钢机主传动系统力矩记录曲线，从图中可看出钢坯咬入瞬间产生剧烈的扭转振动，造成巨大的动载荷。

图 2.8-2 所示是某轧钢机主传动系统万向联轴器十字轴因扭转振动发生疲劳断裂的断口照片。图 2.8-3 所示是某轧钢机主传动系统滑块式万向联轴器扁头因扭转振动发生断裂的断口照片。

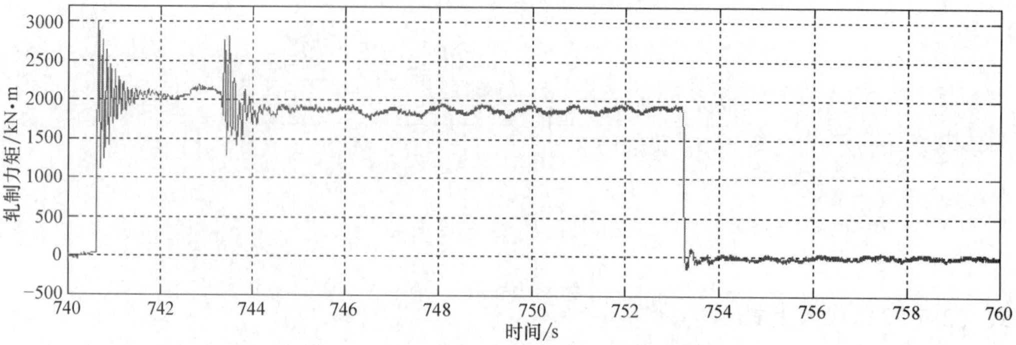

图 2.8-1　轧钢机主传动系统力矩记录曲线

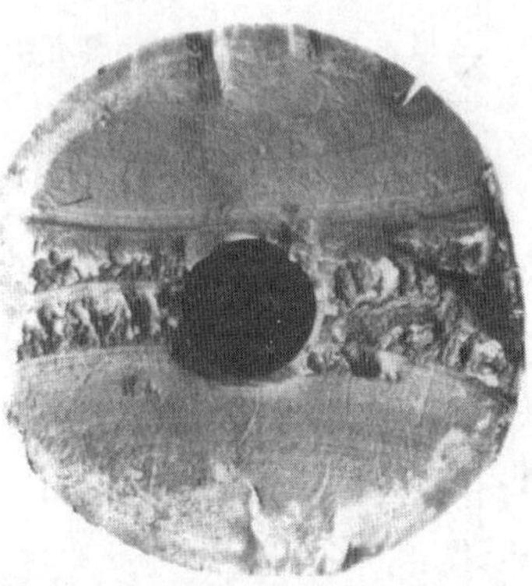

图 2.8-2　轧钢机主传动系统万向联轴器十字轴疲劳断口

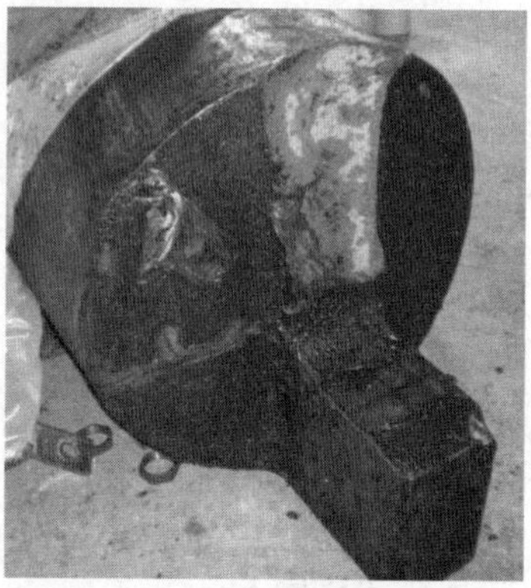

图 2.8-3　轧钢机主传动系统万向联轴器扁头断口

下面通过建立理论模型来对轧钢机主传动系统的扭转振动进行分析。

2.8.2　轧钢机主传动系统扭转振动的理论模型

1. 轧钢机主传动系统扭转振动的力学模型

图 2.8-4 所示是某轧钢机主传动系统的示意图。这是一个非常复杂的工程系统，在处理这类工程问题时，往往采用抽象简化的方法，将复杂的工程系统简化为具有集中转动惯量的多自由度扭转系统。简化的原则是：抓住主要因素，忽略次要因素。具体方法是

1）将质量（或转动惯量）大而变形很小的元件简化为集中质量。

2）将质量较小而变形较大的元件简化为无质量的弹簧。

3）根据能量保持不变的原则，将系统转化为速比为 1∶1 的等效系统。

根据以上原则和方法，将图 2.8-4 所示轧钢机主传动系统简化为如图 2.8-5 所示五自由度扭转振

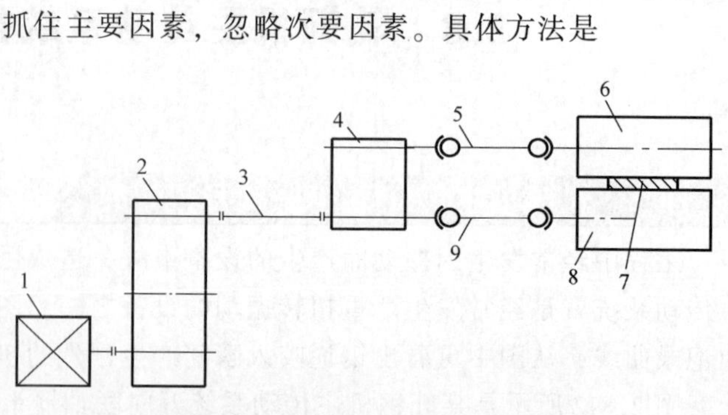

图 2.8-4　轧钢机主传动系统示意图

1—主电动机　2—减速器　3—传动轴　4—齿轮座　5—上万向联轴器　6—上轧辊　7—轧件　8—下轧辊　9—下万向联轴器

动力学模型，其参数见表 2. 8-1。

如图 2. 8-5 所示，各参数均为按速比 1 ∶ 1 转化后的参数，其中 J_1 为电动机的转动惯量；J_2 为减速器的转动惯量；J_3 为齿轮座的转动惯量；J_4 为上轧辊的转动惯量；J_5 为下轧辊的转动惯量；k_1 为电动机和减速器之间轴的等效扭转刚度；k_2 为减速器和齿轮座之间轴的等效扭转刚度；k_3 为上万向联轴器的等效扭转刚度；k_4 为下万向联轴器的等效扭转刚度。

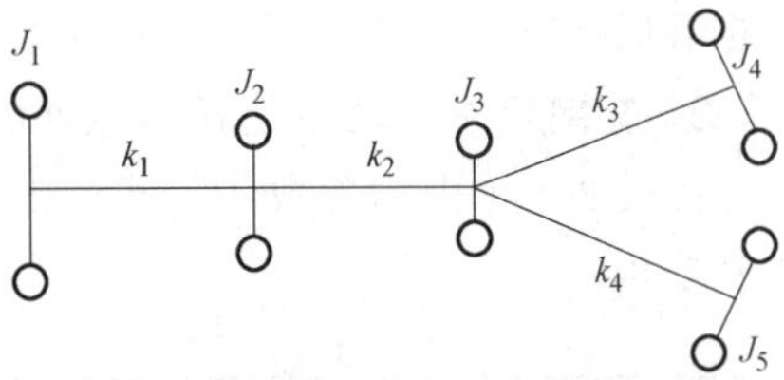

图 2. 8-5　轧钢机主传动系统五自由度扭转振动系统力学模型

表 2. 8-1　某轧钢机主传动系统扭转振动模型参数表

转动惯量/kg · m²	扭转刚度/(N · m/rad)
$J_1=626343$	$k_1=9.25\times10^9$
$J_2=114580$	$k_2=1.74\times10^8$
$J_3=13325$	$k_3=1.95\times10^8$
$J_4=8987$	$k_4=1.95\times10^8$
$J_5=8987$	

2. 轧钢机主传动系统扭转振动的数学模型

由图 2. 8-5 所示力学模型，采用影响系数法可以建立轧钢机主传动系统扭转振动的数学模型如下

$$\boldsymbol{J}\ddot{\boldsymbol{\theta}}+\boldsymbol{C}\dot{\boldsymbol{\theta}}+\boldsymbol{K}\boldsymbol{\theta}=\boldsymbol{T}(t) \tag{2.8-1}$$

式中，$\boldsymbol{J}$ 为系统的质量矩阵，且

$$\boldsymbol{J}=\begin{bmatrix} J_1 & 0 & 0 & 0 & 0 \\ 0 & J_2 & 0 & 0 & 0 \\ 0 & 0 & J_3 & 0 & 0 \\ 0 & 0 & 0 & J_4 & 0 \\ 0 & 0 & 0 & 0 & J_5 \end{bmatrix}$$

$\boldsymbol{K}$ 为系统的刚度矩阵，且

$$\boldsymbol{K}=\begin{bmatrix} k_1 & -k_1 & 0 & 0 & 0 \\ -k_1 & (k_1+k_2) & -k_2 & 0 & 0 \\ 0 & -k_2 & (k_2+k_3+k_4) & -k_3 & -k_4 \\ 0 & 0 & -k_3 & k_3 & 0 \\ 0 & 0 & -k_4 & 0 & k_4 \end{bmatrix}$$

$\boldsymbol{\theta}$、$\boldsymbol{T}(t)$ 分别为系统的角位移矢量和外激励力矩矢量，且

$$\boldsymbol{\theta}=\begin{bmatrix} \theta_1 \\ \theta_2 \\ \theta_3 \\ \theta_4 \\ \theta_5 \end{bmatrix} \qquad \boldsymbol{T}(t)=\begin{bmatrix} -2T(t) \\ 0 \\ 0 \\ T(t) \\ T(t) \end{bmatrix}$$

上、下轧辊的轧制力矩转化到电动机轴上为 $T(t)$，主电动机的电磁力矩为 $-2T(t)$。$\boldsymbol{C}$ 为系统的阻尼矩阵，由于采用振型阻尼比，故在此不需详细列出。

3. 轧钢机主传动系统扭转振动的固有频率和主振型

将表 2.8-1 中的参数代入式（2.8-1），可以算出该轧钢机主传动系统的各阶固有频率，见表 2.8-2。

表 2.8-2　主传动系统的各阶固有频率计算值　（单位：Hz）

阶数	f_0	f_1	f_2	f_3	f_4
固有频率	0	11.17	23.44	38.65	49.61

表中 $f_0=0$ 代表主传动系统为刚体转动。实测得系统扭转振动第一阶固有频率为 $f_1=11.13\text{Hz}$，理论计算值与实测值的误差仅为 0.36%。

系统的振型矩阵为

$$\boldsymbol{\Phi}=\begin{bmatrix} -0.0403 & 0.0000 & -0.0101 & -0.1793 \\ -0.0268 & 0.0000 & 0.0302 & 1.0000 \\ 0.7731 & 0.0000 & 1.0000 & -0.2814 \\ 1.0000 & -1.0000 & -0.5821 & 0.0809 \\ 1.0000 & 1.0000 & -0.5821 & 0.0809 \end{bmatrix} \tag{2.8-2}$$

转化为正则振型矩阵为

$$\boldsymbol{\Phi}_{\mathrm{N}}=10^{-3}\times\begin{bmatrix} -0.25 & 0.00 & -0.07 & -0.49 \\ -0.16 & 0.00 & 0.22 & 2.71 \\ 4.70 & 0.00 & 0.71 & -0.76 \\ 6.08 & -7.46 & -0.42 & 0.22 \\ 6.08 & 7.46 & -0.42 & 0.22 \end{bmatrix} \tag{2.8-3}$$

4. 咬入钢坯阶段的轧机主传动系统扭转振动响应

轧钢机咬入钢坯时受到冲击激励，由于钢坯头部从接触轧辊到完全咬入有个过程，这个过程的时间为

$$t_1=\frac{30}{\pi n}\arccos\left(1-\frac{\Delta h}{2R}\right) \tag{2.8-4}$$

式中，n 为轧辊转速（r/min）；R 为轧辊半径（mm）；Δh 为压下量（mm）。

因此钢坯咬入时对轧机主传动的激励可以似近看作如图 2.8-6 所示的斜坡函数，即轧制力矩可表示为

$$T(t)=\begin{cases} \dfrac{t}{t_1}T_0 & t\leqslant t_1 \\ T_0 & t>t_1 \end{cases} \tag{2.8-5}$$

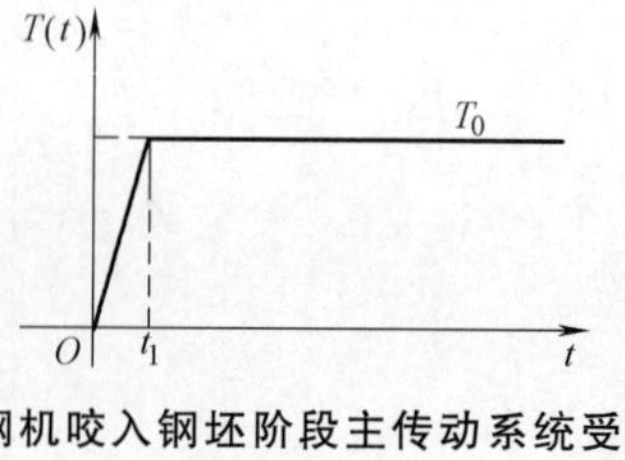

图 2.8-6　轧钢机咬入钢坯阶段主传动系统受到的激励函数

T_0 为稳态轧制力矩。

用正则坐标表示的激励力矩矢量为

$$\boldsymbol{T}(t)_{\mathrm{N}}=\boldsymbol{\Phi}_{\mathrm{N}}^{\mathrm{T}}\boldsymbol{T}(t) \tag{2.8-6}$$

即

$$\begin{aligned}
T_{1\mathrm{N}}&=12.66\times10^{-3}T(t)\\
T_{2\mathrm{N}}&=0\\
T_{3\mathrm{N}}&=-0.7\times10^{-3}T(t)\\
T_{4\mathrm{N}}&=1.42\times10^{-3}T(t)
\end{aligned} \tag{2.8-7}$$

不计主传动系统的刚体转动，系统的初始条件为 $\boldsymbol{\theta}_0=\mathbf{0}$、$\dot{\boldsymbol{\theta}}_0=\mathbf{0}$。对于式（2.8-5）表示的激励力矩，系统的响应在各阶段有不同的表达式，但系统的最大响应发生在 $t>t_1$ 时，求出系统在此阶段的正则坐标响应 $\boldsymbol{q}$。

$$q_{i\mathrm{N}}=\frac{T_{i\mathrm{N}}}{\omega_i^{\ 2}t_1}\left[t_1-\frac{\mathrm{e}^{-\zeta\omega_i t}}{\omega_i}\sin\omega_i t+\frac{\mathrm{e}^{-\zeta\omega_i(t-t_1)}}{\omega_i}\sin\omega_i(t-t_1)\right]\quad(i=1,2,3,4) \tag{2.8-8}$$

式中，ζ 为系统的振型阻尼比，可由系统的扭转振动实测曲线计算出 $\zeta=0.06$。再通过坐标变换

$$\boldsymbol{\theta}=\boldsymbol{\Phi}_{\mathrm{N}}\boldsymbol{q} \tag{2.8-9}$$

求出系统原坐标的响应

$$\begin{aligned}
\theta_1&=(-0.25q_{1\mathrm{N}}-0.072q_{3\mathrm{N}}-0.49q_{4\mathrm{N}})\times10^{-3}\\
\theta_2&=(-0.16q_{1\mathrm{N}}+0.22q_{3\mathrm{N}}+2.71q_{4\mathrm{N}})\times10^{-3}\\
\theta_3&=(4.70q_{1\mathrm{N}}+0.71q_{3\mathrm{N}}-0.76q_{4\mathrm{N}})\times10^{-3}\\
\theta_4&=(6.08q_{1\mathrm{N}}-0.42q_{3\mathrm{N}}+0.22q_{4\mathrm{N}})\times10^{-3}\\
\theta_5&=(6.08q_{1\mathrm{N}}-0.42q_{3\mathrm{N}}+0.22q_{4\mathrm{N}})\times10^{-3}
\end{aligned} \tag{2.8-10}$$

由于 $T_{2\mathrm{N}}=0$，故第二阶振型在响应中不出现。从式（2.8-2）所示各阶振型看出，代表上、下轧辊的 J_4、J_5 除在第二阶振型中不同外，在其余各阶振型中完全相同，所以式（2.8-10）中的 θ_4 与 θ_5 完全相同。

5. 轧机主传动系统的力矩放大系数 TAF

轧钢机主传动系统最薄弱的部件是如图 2.8-4 中的上、下万向联轴器，也就是如图 2.8-5 所示扭转振动模型中的扭转弹簧 k_3、k_4，其所受力矩相同，为

$$T_3=T_4=k_3(\theta_4-\theta_3) \tag{2.8-11}$$

将式（2.8-10）中的 θ_3、θ_4 代入式（2.8-11），得

$$T_3=T_4=(1.38q_{1\mathrm{N}}-1.13q_{3\mathrm{N}}+0.98q_{4\mathrm{N}})k_3\times10^{-3} \tag{2.8-12}$$

将式（2.8-8）代入式（2.8-12）

$$\begin{aligned}
&T_3=T_4\\
&=\frac{10^{-6}T_0k_3}{t_1}[3.5488\times10^{-3}\times\Omega(1)+3.6455\times10^{-5}\times\Omega(3)+1.4325\times10^{-5}\Omega(4)]
\end{aligned} \tag{2.8-13}$$

式中

$$\Omega(i)=t_1-\frac{e^{-\xi\omega_i t}}{\omega_i}\sin\omega_i t+\frac{e^{-\xi\omega_i(t-t_1)}}{\omega_i}\sin\omega_i(t-t_1)\quad(i=1,3,4) \tag{2.8-14}$$

从式（2.8-13）可看出，第三阶振型在 T_3、T_4 中仅为第一阶振型的 1.03%；第四阶振型仅为第一阶振型的 0.41%。因此可略去 T_3、T_4 中的第二、三、四阶振型项。将表 2.8-1 中 k_3 的值代入后得

$$T_3=T_4=0.692T_0\left[1-\frac{e^{-\zeta\omega_1 t}}{\omega_1 t_1}\sin\omega_1 t+\frac{e^{-\zeta\omega_1(t-t_1)}}{\omega_1 t_1}\sin\omega_1(t-t_1)\right] \tag{2.8-15}$$

万向联轴器的力矩放大系数 TAF 是 T_3、T_4 的最大值与稳态轧制力矩 T_0 的比值

$$\begin{aligned}\mathrm{TAF}&=\frac{T_{3\max}}{T_0}=\frac{T_{4\max}}{T_0}\\&=0.692\left[1-\frac{e^{-\zeta\omega_1 t}}{\omega_1 t_1}\sin\omega_1 t+\frac{e^{-\zeta\omega_1(t-t_1)}}{\omega_1 t_1}\sin\omega_1(t-t_1)\right]\end{aligned} \tag{2.8-16}$$

很显然，力矩放大系数 TAF 与 t_1 密切相关。图 2.8-7 所示为 TAF 随咬入时间 t_1 变化的曲线，当咬入时间 t_1 大于系统基频的周期（约 0.08s），TAF 就趋于 1.00 了。该轧机的钢坯咬入时间一般为 t_1 = 0.02s 左右，其力矩放大系数 TAF 为 1.75 左右。

可以通过调整系统参数来改变系统的动态特性，例如，可以改变轴的长度来改变轴段的扭转刚度，从而改变系统动态特性，达到降低力矩放大系数 TAF，即动载荷的目的。

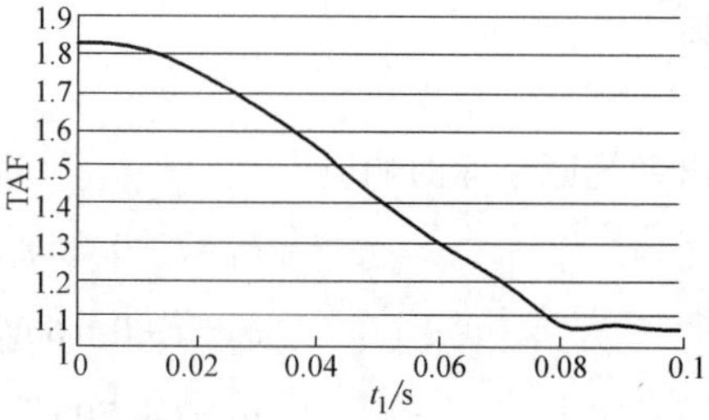

图 2.8-7　万向联轴器力矩放大系数 TAF 随 t_1 的变化曲线

2.9　调谐减振器

大多数情况下，振动是有害的。特别是当振动量超出允许的范围后，振动将会使机器的零部件产生附加的动载荷，从而影响机器的工作性能，并缩短使用寿命；同时强烈的机器振动还会影响周围的设备、仪器仪表正常工作，严重影响其度量的精确度，甚至给生产造成重大损失；振动往往还会产生巨大的噪声，污染环境，损害人们的健康。为了减小或消除这些危害，必须对振动进行抑制与控制。振动控制方法主要有：隔振、吸振、阻尼减振和结构动力修改等。本节将介绍无阻尼调谐减振器和有阻尼调谐减振器，调谐减振器也称为动力吸振器。

2.9.1　无阻尼调谐减振器

无阻尼调谐减振器的工作原理可描述为：在主结构上添加额外的附加系统，适当选择附加结构的质量（一般取主结构质量的 2%左右）和刚度，使附加结构的固有频率与主结构的相同，从而可使系统的受迫振动仅反应在附加结构上，而主结构可基本保持不动。

如图 2.9-1a 所示的梁上有一固定转速的电动机，运转时由于偏心而产生受迫振动。这可简化为如图 2.9-1b 所示的质量为 m_1、弹簧刚度为 k_1 的单自由度系统，受到激振力 $F_1\sin(\omega t)$ 而引起受迫振动。当 ω 接近系统固有频率 $\sqrt{k_1/m_1}$ 时，将产生强烈振动。在梁上附加一质量为 m_2、弹簧刚度为 k_2 的弹簧-质量系统（附加结构），就成为二自由度系统。若使选择的附加质量 m_2 和弹簧刚度 k_2 满足条件 $\sqrt{k_2/m_2}=\sqrt{k_1/m_1}$，则主系统（梁和电动机）的振动急剧减小，而附加系统则振动较大，即附加系统将主系统的振动能量吸收了。这种附加的弹簧-质量系统就是调谐减振器。在生产实践中，消除激励频率范围变化较小的机器（如电动机）的过大振动时可采用这一方法。

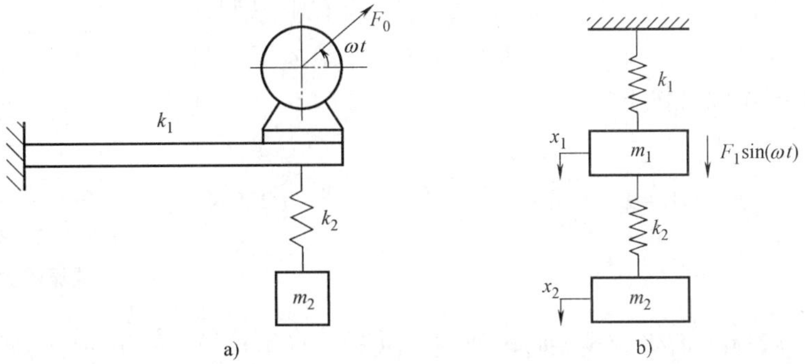

图 2.9-1　无阻尼调谐减振器系统

a）实际系统　b）力学模型

在如图 2.9-1b 所示的力学模型中，m_1 表示梁及其上的电动机的等效质量，系统的振动微分方程为

$$\begin{aligned} m_1\ddot{x}+(k_1+k_2)x_1-k_2x_2=F_1\sin(\omega t) \\ m_2\ddot{x}_2-k_2x_1+k_2x_2=0 \end{aligned} \tag{2.9-1}$$

其受迫振动的振幅分别为

$$\begin{aligned} B_1=\frac{\begin{vmatrix} F_1 & -k_2 \\ 0 & k_2-m_2\omega^2 \end{vmatrix}}{\begin{vmatrix} k_1+k_2-m_1\omega^2 & -k_2 \\ -k_2 & k_2-m_2\omega^2 \end{vmatrix}}=\frac{F_1(k_2-m_2\omega^2)}{(k_1+k_2-m_1\omega^2)(k_2-m_2\omega^2)-k_2^2} \\ B_2=\frac{\begin{vmatrix} k_1+k_2-m_1\omega^2 & F_1 \\ -k_2 & 0 \end{vmatrix}}{\begin{vmatrix} k_1+k_2-m_1\omega^2 & -k_2 \\ -k_2 & k_2-m_2\omega^2 \end{vmatrix}}=\frac{F_1k_2}{(k_1+k_2-m_1\omega^2)(k_2-m_2\omega^2)-k_2^2} \end{aligned} \tag{2.9-2}$$

可见，选择调谐减振器的固有频率 $\omega=\sqrt{k_2/m_2}=\sqrt{k_1/m_1}$ 时，主系统基本保持不动，而调谐减振器则以频率 ω 做 $x_2=B_2\sin(\omega t)$ 的受迫振动。减振器弹簧在下端受到的作用力为

$$k_2x_2=-F_1\sin(\omega t) \tag{2.9-3}$$

它在任何瞬时，都恰好与上端的激振力 $F_1\sin(\omega t)$ 相平衡，因此使主系统的振动转移到减振器上来。

2.9.2 有阻尼调谐减振器

在如图 2.9-2 所示的系统中，由质量为 m_1 和弹簧 k_1 组成的系统为主系统。为了在相当宽的工作速度范围内使主系统的振动能够小于允许的烈度，设计了由质量 m_2、弹簧 k_2 和黏性阻尼 c_2 组成的系统，且 $\sqrt{k_2/m_2}=\sqrt{k_1/m_1}$，称之为有阻尼调谐减振器，其减振效果更好。显然，主系统和减振器组成了二自由度系统。主系统振幅可按下式求出

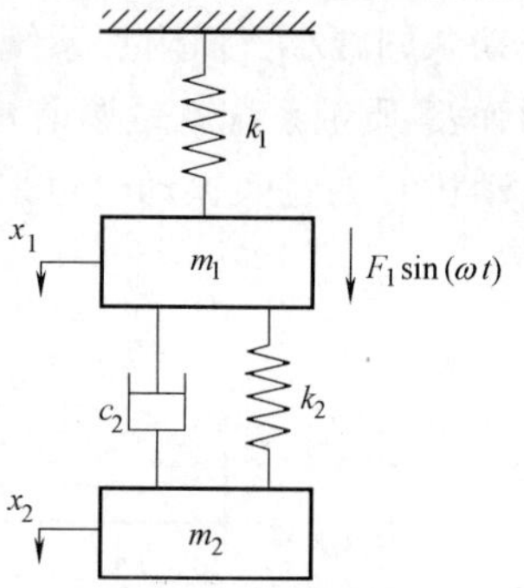

图 2.9-2 有阻尼调谐减振器力学模型

$$B_1=F_1\sqrt{\frac{c_2^2+d^2}{a^2+b^2}} \tag{2.9-4}$$

其中

$$a=(k_1+k_2-m_1\omega^2)(k_2-m_2\omega^2)-k_2^2=[(1-z^2)(\alpha^2-z^2)-z^2\alpha^2\mu]m_1m_2\omega_{01}^4$$

$$b=(k_1-m_1\omega^2-m_2\omega^2)c_2\omega=(2\zeta\alpha z)(1-z^2-z^2\mu)m_1m_2\omega_{01}^4$$

$$c=k_2-m_2\omega^2=(\alpha^2-z^2)m_2\omega_{01}^2$$

$$d=c_2\omega=(2\zeta\alpha z)m_2\omega_{01}^2$$

引进符号

$$\mu=\frac{m_2}{m_1},\omega_{01}^2=\frac{k_1}{m_1},\omega_{02}^2=\frac{k_2}{m_2},\alpha=\frac{\omega_{02}}{\omega_{01}},z=\frac{\omega}{\omega_{01}},\delta_{st}=\frac{F_1}{k_1},\zeta=\frac{c_2}{2m_2\omega_{02}}$$

则式 (2.9-4) 可改写为无量纲形式

$$\frac{B_1}{\delta_{st}}=\sqrt{\frac{(z^2-\alpha^2)^2+(2\zeta\alpha z)^2}{[\mu z^2\alpha^2-(1-z^2)(\alpha^2-z^2)]^2+(2\zeta\alpha z)^2(1-z^2-z^2\mu)^2}} \tag{2.9-5}$$

根据式 (2.9-5)，以 ζ 为参变量，令 $\alpha=1$，$\mu=1/20$，可得到 $B_1/\delta_{\rm st}$ 与 z 的关系曲线，如图 2.9-3 所示。

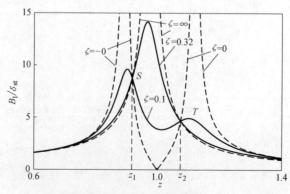

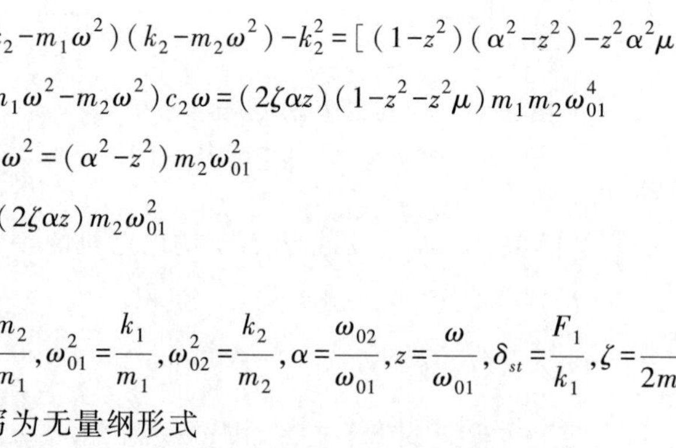

图 2.9-3 有阻尼调谐质量阻尼器的 $B_1/\delta_{\rm st}$-z 关系曲线

从图 2.9-3 所示可以看出，无论阻尼比 ζ 为何值，幅频响应曲线均经过 S、T 两点，也就是说，当位于 S 点和 T 点相应的频率比为 z_1 和 z_2 时，主系统受迫振动的振幅与阻尼比 ζ 的大小无关。当 S、T 两点对应纵坐标相等时，具有最佳减振效果，对应最优调谐设计。进一步，通过优化附加阻尼，使得通过 S、T 两点的峰值尽量平缓，可得最优附加阻尼。上述原理可指导有阻尼动力减振器设计，以降低主系统的振动。

有阻尼调谐减振器中，施加阻尼的方式很多，其中两种新型方式分别是使用电涡流减振和碰撞减振。

1. 电涡流调谐减振器

电涡流调谐减振器的机械结构与无阻尼调谐减振器基本相同，但在无阻尼调谐减振器的附加系统上加上了电涡流发生器，利用电涡流将振动的机械能转化为电涡流的热能，从而达到减振的效果。

其原理可简化为如图 2.9-4 所示的双悬臂梁结构。主梁作为被减振的主结构，小悬臂梁作为附加结构，附加结构上的磁铁与铜板形成电涡流发生器。

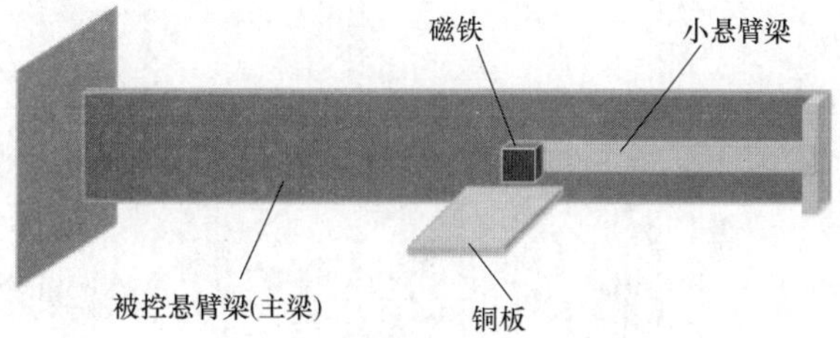

图 2.9-4 双悬臂梁结构电涡流调谐减振器

整个电涡流调谐减振器系统可简化为如图 2.9-5 所示的二自由度的振动系统。如图 2.9-5 所示，m_1 为主结构的等效质量，k_1 为主结构等效刚度，c_1 为主结构等效阻尼系数，m_2 为附加结构的等效质量，k_2 为附加结构的等效刚度，c_2 为电涡流发生器的等效阻尼系数。

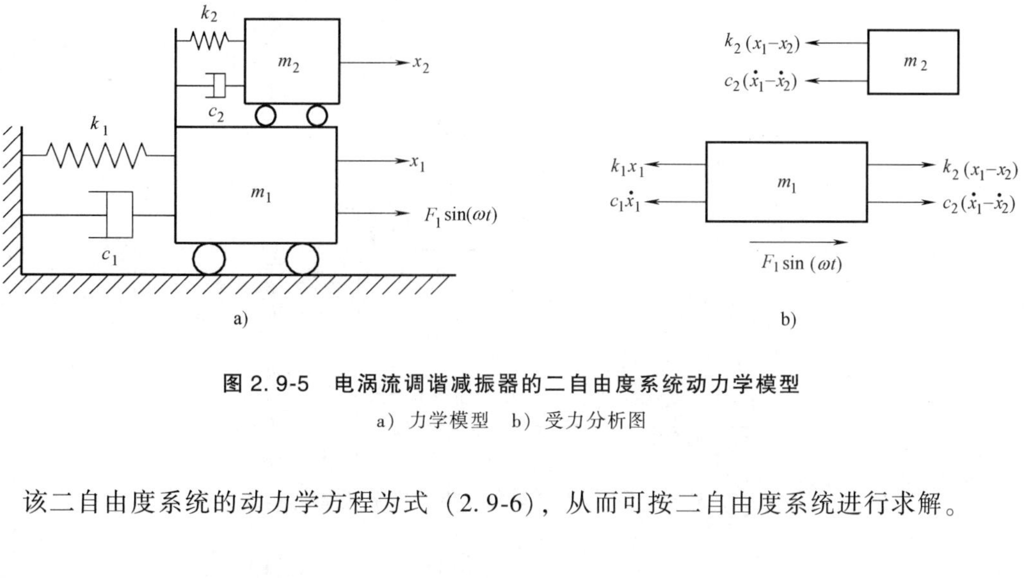

图 2.9-5 电涡流调谐减振器的二自由度系统动力学模型

a）力学模型 b）受力分析图

该二自由度系统的动力学方程为式（2.9-6），从而可按二自由度系统进行求解。

$$\begin{bmatrix} m_1 & 0 \\ 0 & m_2 \end{bmatrix}\begin{Bmatrix} \ddot{x}_1 \\ \ddot{x}_2 \end{Bmatrix}+\begin{bmatrix} c_1+c_2 & c_2 \\ -c_2 & c_2 \end{bmatrix}\begin{Bmatrix} \dot{x}_1 \\ \dot{x}_2 \end{Bmatrix}+\begin{bmatrix} k_1+k_2 & -k_2 \\ -k_2 & k_2 \end{bmatrix}\begin{Bmatrix} x_1 \\ x_2 \end{Bmatrix}=\begin{Bmatrix} F_1\sin\omega t \\ 0 \end{Bmatrix} \tag{2.9-6}$$

2. 碰撞式调谐减振器

图 2.9-6 所示是碰撞式调谐减振器的实验装置。主结构为十字形的金属结构，其上装有带偏心质量的电动机进行激励。在主结构上安装一悬臂梁作为附加系统，并使附加系统的固有频率与主结构相同。在附加结构（悬臂梁端部）与主结构之间装有由黏弹性材料组成的碰撞装置。其力学模型如图 2.9-7 所示，在附加系统质量块 m_2 的两侧加装黏弹性材料，利用质量块 m_2 碰撞黏弹性材料消耗振动能量，从而达到减振的效果。其减振效果如图 2.9-8 所示。若将碰撞作用等效为阻尼作用，则其受力分析也如图 2.9-5b 所示，动力学方程式如式（2.9-6）。

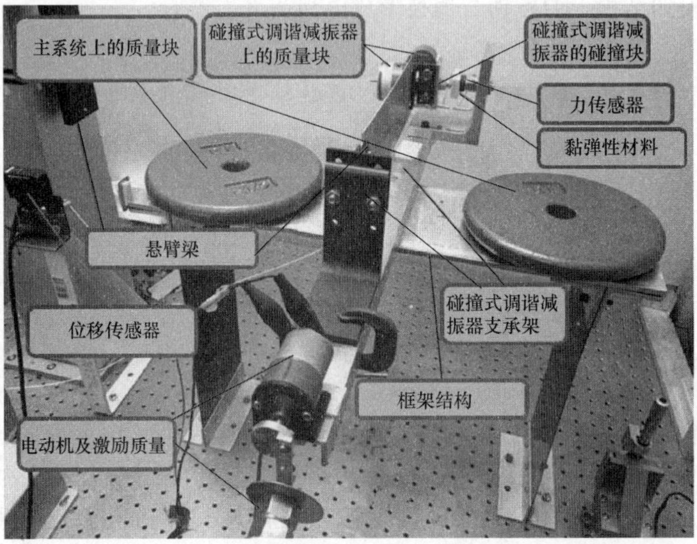

图 2.9-6 碰撞式调谐减振器实验装置

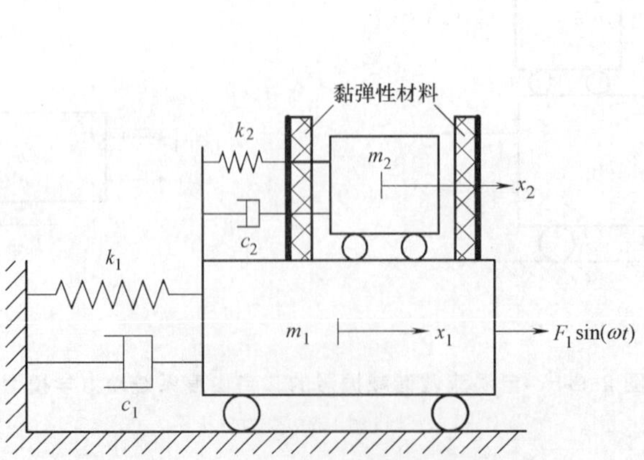

图 2.9-7 碰撞式调谐减振器力学模型

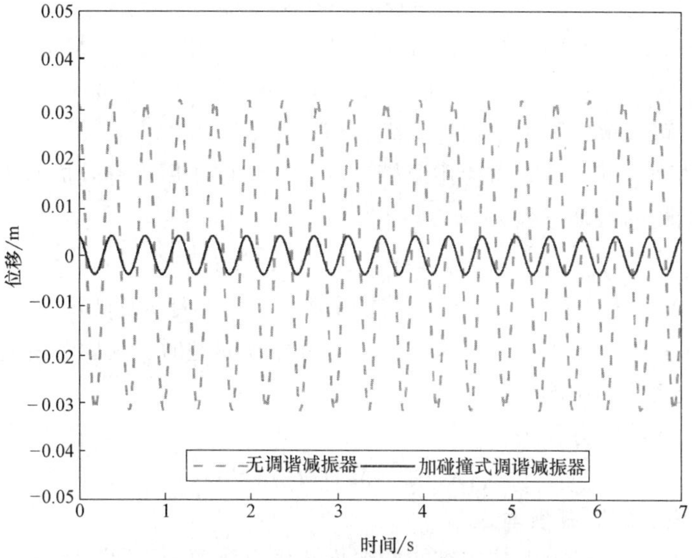

图 2.9-8 碰撞式调谐减振器减振效果

2.10 流体中的振动系统

当固体全部或部分浸没于液体中，且固体与液体之间存在相对运动时，液体与固体间会产生耦合作用（即流固耦合问题），结构的振动在很大程度上受液体直接影响。例如，海底管道、水坝、海洋钻井平台的振动问题。

结构在液体中振动时，对结构产生作用的力不仅要为增加结构的动能做功，还要为增加周围流体的动能做功。因而，全部或部分浸没于液体中，且有一定质量的结构，要获得加速度，其所受合力必然大于物体质量与加速度的乘积，增加的这部分质量称为附加质量，它与物体本身的形状、运动方向及流体密度有关。

在求解多自由度系统的振动问题时，通常采用振型分析法（模态分析法）。先用固有模态矩阵进行坐标变换，将系统运动微分方程组转化成 n（n 表示系统自由度数）个用主坐标描述的一元微分方程求解，再通过坐标变换得到多自由度系统的解。该方法对流体中结构的振动问题同样适用，但此时求解固有模态，应计及周围流体的影响。这种计及周围流体影响的固有模态称为湿模态，而不考虑流体作用时的固有模态，称为干模态。

2.10.1 基于干、湿模态的分析方法

若结构中存在未接触液体部分，则可对该部分采用干模态法。处于空气中的多自由度振动系统，其无阻尼自由动力学平衡方程为

$$\boldsymbol{M}_{\mathrm{d}}\ddot{\boldsymbol{x}}_{\mathrm{d}}+\boldsymbol{K}_{\mathrm{d}}\boldsymbol{x}_{\mathrm{d}}=\boldsymbol{0} \tag{2.10-1}$$

式中，$\boldsymbol{M}_{\mathrm{d}}$ 为空气中部分结构的质量矩阵；$\boldsymbol{K}_{\mathrm{d}}$ 为该部分结构的刚度矩阵；$\boldsymbol{x}_{\mathrm{d}}$ 为该部分的位移矢量。结构的自由振动为简谐振动，可设位移为

$$\boldsymbol{x}_{d(i)}=\boldsymbol{\phi}_{d(i)}\sin(\omega_{d(i)}t)$$

式中，$\boldsymbol{\phi}_{d(i)}$ 为系统在空气中的第 i 阶主振型，即第 i 阶干模态，代入式（2.10-1）得

$$\boldsymbol{K}_d-\omega_{d(i)}^2\boldsymbol{M}_d=\boldsymbol{0} \tag{2.10-2}$$

根据式（2.10-2）可求解空气中结构各阶固有频率 $\omega_{d(i)}$。

而浸没于液体中的部分，则需使用湿模态法，将液体作用力等效成对固体作用的附加质量矩阵。该部分结构的振动方程为

$$(\boldsymbol{M}_d+\boldsymbol{M}_a)\ddot{\boldsymbol{x}}_w+\boldsymbol{K}_d\boldsymbol{x}_w=\boldsymbol{0} \tag{2.10-3}$$

式中，$\boldsymbol{M}_a$ 为液体附加质量矩阵，其大小与液固耦合区域的大小及液体密度有关；$\boldsymbol{x}_w$ 为系统浸入液体部分的位移矢量。因此，当考虑液固耦合振动问题时，无阻尼的自由振动方程中的惯性项增加了附加质量的影响。

式（2.10-3）的特征方程为

$$|\boldsymbol{K}_d-\omega_w^2(\boldsymbol{M}_d+\boldsymbol{M}_a)|=0 \tag{2.10-4}$$

式中，ω_w 表示湿模态的固有频率。

根据式（2.10-4）可求得液体中结构的湿模态固有频率 ω_w 及振型 $\boldsymbol{\phi}_w$。令

$$\boldsymbol{\phi}=\begin{bmatrix}\boldsymbol{\phi}_d\\ \boldsymbol{\phi}_w\end{bmatrix},\boldsymbol{x}=\begin{bmatrix}\boldsymbol{x}_d\\ \boldsymbol{x}_w\end{bmatrix},\boldsymbol{x}=\boldsymbol{\Phi}\cdot\boldsymbol{q} \tag{2.10-5}$$

式中，$\boldsymbol{\phi}$、$\boldsymbol{\Phi}$ 为液固耦合系统的模态矢量及模态矩阵；$\boldsymbol{\phi}_d$ 为干模态；$\boldsymbol{\phi}_w$ 为模态湿；$\boldsymbol{q}$ 为系统的正则坐标矢量。

则式（2.10-3）基于湿模态的结构液固耦合振动方程可写为

$$\begin{bmatrix}\boldsymbol{M}_d & \boldsymbol{M}_{dw}\\ \boldsymbol{M}_{wd} & (\boldsymbol{M}_w+\boldsymbol{M}_a)\end{bmatrix}\begin{bmatrix}\ddot{\boldsymbol{x}}_d\\ \ddot{\boldsymbol{x}}_w\end{bmatrix}+\begin{bmatrix}\boldsymbol{K}_d & \boldsymbol{K}_{dw}\\ \boldsymbol{K}_{wd} & \boldsymbol{K}_w\end{bmatrix}\begin{bmatrix}\boldsymbol{x}_d\\ \boldsymbol{x}_w\end{bmatrix}=\boldsymbol{0} \tag{2.10-6}$$

将式（2.10-5）代入式（2.10-6）并利用主振型对质量矩阵和刚度矩阵的正交性，可得

$$\begin{bmatrix}\boldsymbol{\phi}_d\\ \boldsymbol{\phi}_w\end{bmatrix}^{\mathrm{T}}\begin{bmatrix}\boldsymbol{M}_d & \boldsymbol{M}_{dw}\\ \boldsymbol{M}_{wd} & (\boldsymbol{M}_w+\boldsymbol{M}_a)\end{bmatrix}\begin{bmatrix}\boldsymbol{\phi}_d\\ \boldsymbol{\phi}_w\end{bmatrix}\cdot\ddot{\boldsymbol{q}}+\begin{bmatrix}\boldsymbol{\phi}_d\\ \boldsymbol{\phi}_w\end{bmatrix}^{\mathrm{T}}\begin{bmatrix}\boldsymbol{K}_d & \boldsymbol{K}_{dw}\\ \boldsymbol{K}_{wd} & \boldsymbol{K}_w\end{bmatrix}\begin{bmatrix}\boldsymbol{\phi}_d\\ \boldsymbol{\phi}_w\end{bmatrix}\cdot\boldsymbol{q}=\boldsymbol{0}$$

$$\boldsymbol{I}=\begin{bmatrix}\boldsymbol{\phi}_d\\ \boldsymbol{\phi}_w\end{bmatrix}^{\mathrm{T}}\begin{bmatrix}\boldsymbol{M}_d & \boldsymbol{M}_{dw}\\ \boldsymbol{M}_{wd} & (\boldsymbol{M}_w+\boldsymbol{M}_a)\end{bmatrix}\begin{bmatrix}\boldsymbol{\phi}_d\\ \boldsymbol{\phi}_w\end{bmatrix} \tag{2.10-7}$$

$$\boldsymbol{\lambda}=\begin{bmatrix}\boldsymbol{\phi}_d\\ \boldsymbol{\phi}_w\end{bmatrix}^{\mathrm{T}}\begin{bmatrix}\boldsymbol{K}_d & \boldsymbol{K}_{dw}\\ \boldsymbol{K}_{wd} & \boldsymbol{K}_w\end{bmatrix}\begin{bmatrix}\boldsymbol{\phi}_d\\ \boldsymbol{\phi}_w\end{bmatrix}$$

$$\boldsymbol{\lambda}=\begin{bmatrix}\omega_1^2 & 0 & \cdots & 0\\ 0 & \omega_2^2 & \cdots & 0\\ \vdots & \vdots & & \vdots\\ 0 & 0 & \cdots & \omega_n^2\end{bmatrix} \tag{2.10-8}$$

式中，$\boldsymbol{\lambda}$ 为液固耦合系统的特征值矩阵。

2.10.2 广义附加质量、附加密度的分析方法

假设结构全部或部分浸没液体中（未浸没的部分裸露在空气中），与整个系统完全裸露

在空气中相比，总能量保持不变，即

$$(E_{总})_{air}=(E_{总})_{air+fluid} \tag{2.10-9}$$

式中，$(E_{总})$ 是振动系统动能和势能的总和。

假设液体具有不可压缩性，由于振动系统为小变形系统，无论在液体中或是在空气中，振动系统的最大势能就是结构的最大势能，且振动系统的最大动能不变。结构在液体中振动时，将结构失去的部分动能通过对液体做功的形式传递，增加了液体的附加动能。

基于上述假设，结构在空气和液体中振动频率的平方可表达为

$$\omega_d^2=\frac{U_S}{T'_S} \tag{2.10-10}$$

$$\omega_w^2=\frac{U_S}{T'_S+T'_F} \tag{2.10-11}$$

式中，下标 S、F 分别表示结构与液体；下标 d、w 分别表示结构在空气中和液体中；U_S 表示结构的最大势能；T'_S、T'_F 分别表示结构与附加液体的参考动能，参考动能 T' 可描述为

$$T'=M\int_V W^2(x,y,z)\,\mathrm{d}V \tag{2.10-12}$$

式中，M 为模态质量；$W(x,y,z)$ 为位移函数；V 为结构浸在液体中的体积。

将式（2.10-11）比式（2.10-10）可得

$$\frac{\omega_w}{\omega_d}=\frac{1}{\sqrt{1+\dfrac{T'_F}{T'_S}}}=\frac{1}{\sqrt{1+\chi}} \tag{2.10-13}$$

式中 χ 为虚拟质量因数，$\chi=T'_F/T'_S$。

$$M_{a(i)}=\frac{\omega_{d(i)}^2-\omega_{w(i)}^2}{\omega_{w(i)}^2}M \tag{2.10-14}$$

式中，M 为振动系统的广义质量；$M_{a(i)}$ 为第 i 阶的广义液体附加质量；$\omega_{d(i)}$ 为结构在空气干环境中第 i 阶的固有频率；$\omega_{w(i)}$ 为结构浸没于液体湿环境中第 i 阶的固有频率。

若以附加密度的形式表示，则为

$$\rho_{c(i)}=\left(\frac{\omega_{d(i)}^2}{\omega_{w(i)}^2}-1\right)\frac{M}{V_c} \tag{2.10-15}$$

式中，$\rho_{c(i)}$ 为结构液面以下部分的附加第 i 阶密度；V_c 为结构液面以下部分体积。

因此，浸没或部分浸没于液体中的结构的第 i 阶液体广义附加质量因数为

$$\chi_{(i)}=\frac{\omega_{d(i)}^2}{\omega_{w(i)}^2}-1=\frac{M_{a(i)}}{M}=\frac{\rho_{c(i)}V_c}{M} \tag{2.10-16}$$

根据式（2.10-14），为计算液固耦合系统的各阶液体附加质量，需对液固耦合系统进行干、湿模态分析，使用数值计算方法求解液固耦合系统分别在空气和液体中的各阶固有频率 $\omega_{d(i)}$、$\omega_{w(i)}$，并代入式（2.10-14）可计算得到附加质量 $M_{a(i)}$。

将附加质量 $\boldsymbol{M}_a$ 代入系统的振动微分方程

$$(\boldsymbol{M}+\boldsymbol{M}_{\mathrm{a}})\ddot{\boldsymbol{x}}+\boldsymbol{C}\dot{\boldsymbol{x}}+\boldsymbol{K}\boldsymbol{x}=\boldsymbol{F}(t)$$

从而计算分析结构的瞬态响应。

2.10.3 沉没辊振动现象

图 2.10-1 所示为冷连轧带钢热浸镀锌的工艺流程及液固耦合示意图。带钢经过均热炉、张力辊后，以一定角度进入锌锅中，分别绕过由悬臂支撑的沉没辊、矫正辊和稳定辊装置后，竖直上升通过塔顶辊，完成带钢镀锌工艺。在此过程中，带钢、沉没辊受张力、流体力作用，产生明显的振动。

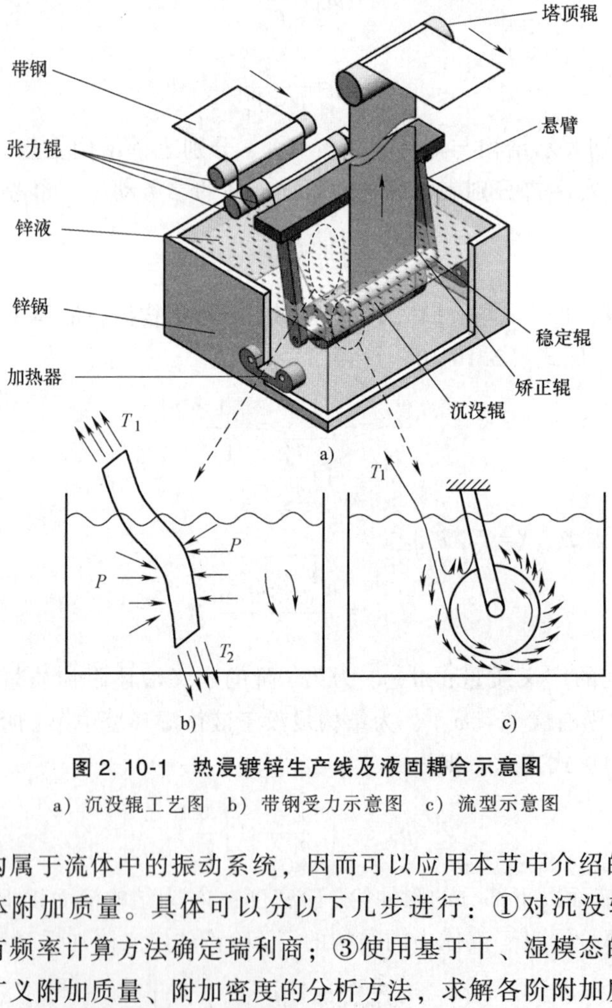

图 2.10-1 热浸镀锌生产线及液固耦合示意图

a）沉没辊工艺图 b）带钢受力示意图 c）流型示意图

该系统中的结构属于流体中的振动系统，因而可以应用本节中介绍的方法求解该系统的振动问题，得到流体附加质量。具体可以分以下几步进行：①对沉没辊振动作现场实测；②基于瑞利法的固有频率计算方法确定瑞利商；③使用基于干、湿模态的分析方法研究液固耦合行为；④根据广义附加质量、附加密度的分析方法，求解各阶附加质量。

其中，沉没辊装置振动现场实测方式如下：

为避开锌液对沉没辊装置的腐蚀及两侧滑动轴承的磨损等引起的干扰，在全新沉没辊装置刚投入生产线使用时进行振动测量。沉没辊浸没在 460℃ 锌液中并运动，且锌液对钢材有较强的腐蚀作用，一般振动传感器无法直接对其进行实时测量。考虑到沉没辊与悬臂及支撑架相互关联连接，支撑架上的振动信号能间接反映整个系统的振动特性，最终选择悬臂与支撑架的连接处为测量点，测量点位置如图 2.10-2 所示。

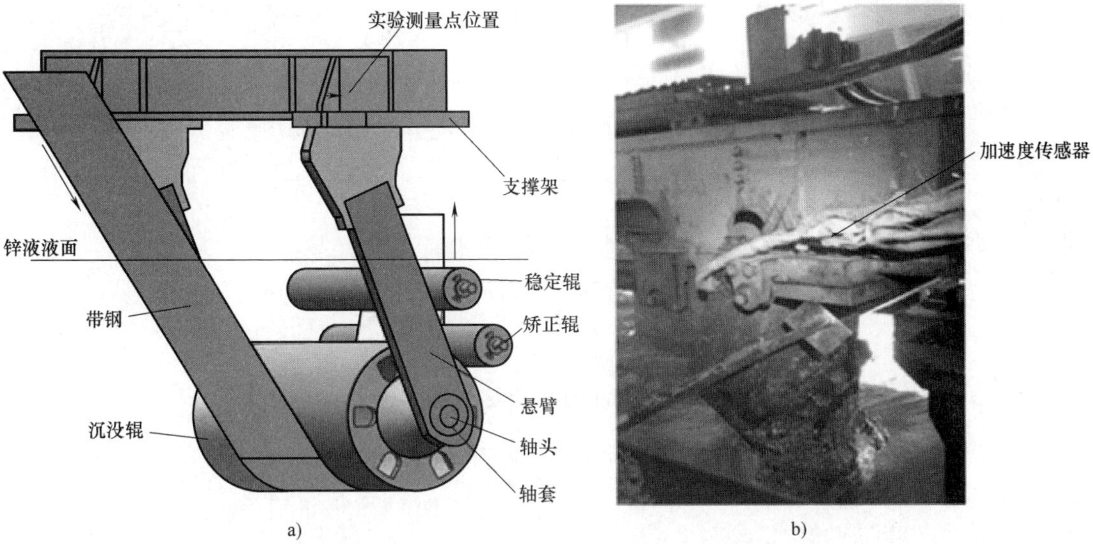

图 2.10-2　沉没辊装置的测量点位置与现场实验图

a）沉没辊装置测量点位置图　b）现场实验图

现场工艺监测系统的数据显示：带钢张力的范围为（42±2.1）kN，其波的传播频率约为0.5Hz，带钢速度范围为（1.6±0.08）m/s，波动频率约为0.6Hz。采样频率为1000Hz，采集时间为60s。提取测量点的振动加速度信号，去除原有信号中的直流分量，采用无限脉冲响应滤波器对信号进行低通滤波，得到时域图如图 2.10-3a 所示，经过傅里叶变换得到频域图如图 2.10-3b 所示。

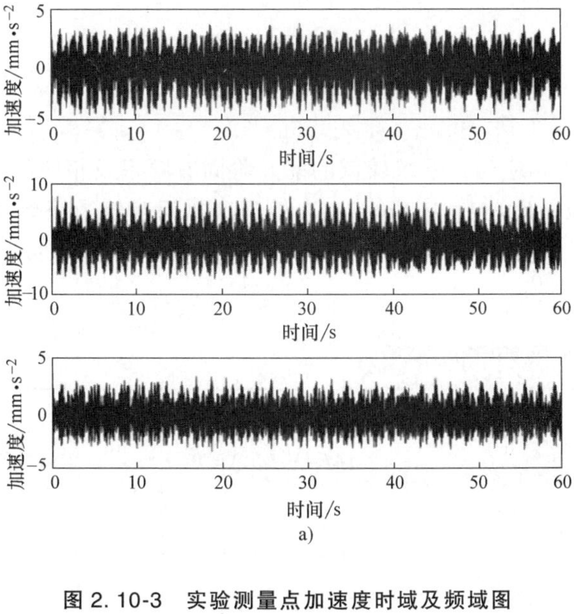

图 2.10-3　实验测量点加速度时域及频域图

a）时域图

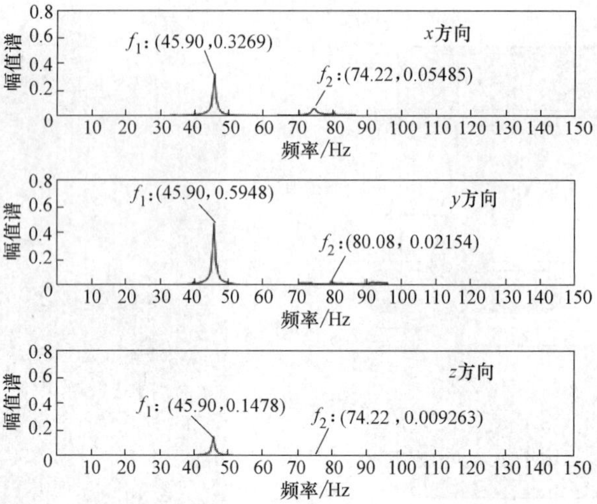

b)

图 2.10-3 实验测量点加速度时域及频域图（续）

b）频域图

根据基于瑞利法的固有频率计算方法，假设第 i 阶模态为 A，令下式中 $A=\phi^{(i)}$，则第 i 阶固有频率的平方应等于瑞利商 $R(A)$

$$R(\boldsymbol{\phi}^{(i)})=\frac{\boldsymbol{\phi}^{(i)\mathrm{T}}\boldsymbol{K}\boldsymbol{\phi}^{(i)}}{\boldsymbol{\phi}^{(i)\mathrm{T}}\boldsymbol{M}\boldsymbol{\phi}^{(i)}}=\frac{K_i}{M_i}=\omega_i^2 \tag{2.10-17}$$

式中，K_i 为第 i 阶广义刚度；M_i 为第 i 阶广义质量；ω_i 为第 i 阶固有频率；$\boldsymbol{\phi}^{(i)}$ 表示第 i 阶主振型。

2.11 矩阵迭代法

在求解系统的动力响应时，系统较低的前几阶固有频率及相应的主振型占有较重要的地位，矩阵迭代法（Method of Matrix Iteration）处理这类问题较为简单实用，并且可同时计算出前几阶固有频率和相应的振型，具有自动纠正功能和程序简单的优点，但计算效率较低，收敛较慢。

2.11.1 特征值问题的标准形式

1. 由位移方程

$$(\boldsymbol{aM}-\lambda_i\boldsymbol{I}\boldsymbol{\phi}_i)=\boldsymbol{0} \tag{2.11-1}$$

即

$$\boldsymbol{aM}\boldsymbol{\phi}_i=\lambda_i\boldsymbol{\phi}_i \tag{2.11-2}$$

式中，$\lambda_i=1/\omega_i^2$，令

$$\boldsymbol{A}=\boldsymbol{aM} \tag{2.11-3}$$

代入式（2.11-2）

$$A\boldsymbol{\phi}_i=\lambda_i\boldsymbol{\phi}_i \tag{2.11-4}$$

这就是特征值问题的标准形式。

2. 由作用力方程

$$(\boldsymbol{K}-\omega_i^2\boldsymbol{M}\boldsymbol{\phi}_i)=\boldsymbol{0} \tag{2.11-5}$$

展开为

$$\boldsymbol{K}\boldsymbol{\phi}_i=\omega_i^2\boldsymbol{M}\boldsymbol{\phi}_i \tag{2.11-6}$$

式（2.11-6）两边左乘 $\boldsymbol{M}^{-1}$

$$\boldsymbol{M}^{-1}\boldsymbol{K}\boldsymbol{\phi}_i=\omega_i^2\boldsymbol{\phi}_i$$

令

$$\boldsymbol{A}=\boldsymbol{M}^{-1}\boldsymbol{K}$$

及

$$\lambda_i=\omega_i^2$$

上式成为

$$\boldsymbol{A}\boldsymbol{\phi}_i=\lambda_i\boldsymbol{\phi}_i$$

与式（2.11-4）具有相同形式，也是特征值问题的标准形式。

2.11.2 计算一阶（或最高阶）固有频率和振型

迭代法收敛于最大的特征值。对位移方程，收敛于基频的平方；对于作用力方程，收敛于最高频的平方。具体做法如下：

1）任给一数列作为原始矢量代入式（2.11-4）的 $\boldsymbol{\phi}_i$，记作 $\boldsymbol{\phi}^0$，通常可设 $\boldsymbol{\phi}^0=[1,1,\cdots,1]^{\mathrm{T}}$。

2）设 $\boldsymbol{\phi}^{1'}=\boldsymbol{A}\boldsymbol{\phi}^0$，并进行归一化，令 $\boldsymbol{\phi}^{1'}$ 中的最大元素为 b_1，则以 $\boldsymbol{\phi}^1=\dfrac{1}{b_1}\boldsymbol{\phi}^{1'}$ 作为第二次迭代的给定矢量。

3）设 $\boldsymbol{\phi}^{2'}=\boldsymbol{A}\boldsymbol{\phi}^1$，且以 $\boldsymbol{\phi}^2=\dfrac{1}{b_2}\boldsymbol{\phi}^{2'}$ 作为第三次迭代的给定矢量（b_2 是 $\boldsymbol{\phi}^{2'}$ 中的最大元素）。

4）一直迭代下去，对于第 m 次迭代，有

$$\boldsymbol{\phi}^{m'}=\boldsymbol{A}\boldsymbol{\phi}^{m-1}$$

5）当 m 足够大时，$\boldsymbol{\phi}^{m'}$ 与 $\boldsymbol{\phi}^{m-1}$ 成比例，比例系数就是特征值 $\boldsymbol{\lambda}_1$，归一化矢量就是一阶主振型（对位移方程）

$$\boldsymbol{\phi}_1=\boldsymbol{\phi}^{m-1}=\frac{1}{b_m}\boldsymbol{\phi}^{m'}$$

式中，b_m 为 $\boldsymbol{\phi}^{m'}$ 中的最大元素。

例 2.11-1　如图 2.11-1 所示悬臂梁系统，集中质量 $m_1=m_2=m_3=m$，抗弯模量 EI，用迭代法计算该悬臂梁系统的基频和一阶主振型。

解：系统的柔度矩阵，由柔度影响系数法可直接求出：

$$\boldsymbol{a}=\frac{l^3}{3EI}\begin{bmatrix}27 & 14 & 4\\ 14 & 8 & 2.5\\ 4 & 2.5 & 1\end{bmatrix}$$

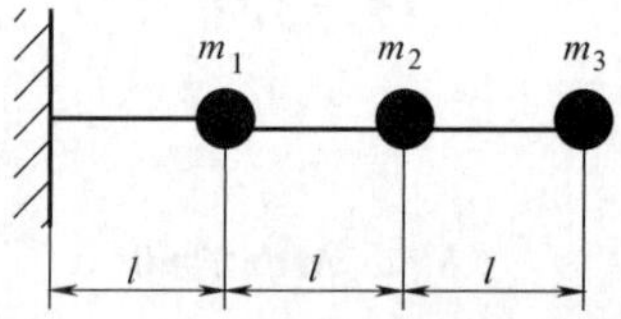

图 2.11-1　具有集中质量的悬臂梁

系统的质量矩阵

$$M = m\begin{bmatrix}1 & 0 & 0\\0 & 1 & 0\\0 & 0 & 1\end{bmatrix}$$

将 $\boldsymbol{a}$ 和 $\boldsymbol{M}$ 代入式（2.11-3），得

$$\boldsymbol{A} = \boldsymbol{aM} = \alpha\begin{bmatrix}27 & 14 & 4\\14 & 8 & 2.5\\4 & 2.5 & 1\end{bmatrix}$$

式中 $\alpha = \dfrac{ml^3}{3EI}$。设 $\boldsymbol{\phi}^0 = [1,1,1]^T$，代入式（2.11-4），得

$$\boldsymbol{\phi}_1^1 = \begin{bmatrix}\phi_1\\\phi_2\\\phi_3\end{bmatrix}^1 = \boldsymbol{A\phi}^0 = \alpha\begin{bmatrix}27 & 14 & 4\\14 & 8 & 2.5\\4 & 2.5 & 1\end{bmatrix}\begin{bmatrix}1\\1\\1\end{bmatrix} = \alpha\begin{bmatrix}45.000\\24.500\\7.500\end{bmatrix}$$

归一化，$b_1 = 45\alpha$，则

$$\boldsymbol{\phi}_1^1 = \begin{bmatrix}\phi_1\\\phi_2\\\phi_3\end{bmatrix}^1 = 45\alpha\begin{bmatrix}1.000\\0.544\\0.167\end{bmatrix}$$

再以 $\boldsymbol{\phi}_1{}^1 = [1.000, 0.544, 0.167]^T$ 代入式（2.11-4）进行第二次迭代。求第一阶特征值和特征矢量计算表见表 2.11-1。可按表 2.11-1 进行迭代计算。

表 2.11-1　求第一阶特征值和特征矢量计算表

试用矢量 $\boldsymbol{\phi}^{k-1}$	$\boldsymbol{\phi}^0$	$\boldsymbol{\phi}^1$	$\boldsymbol{\phi}^2$	$\boldsymbol{\phi}^3$	$\boldsymbol{\phi}^4$
$\boldsymbol{A} = \alpha\begin{bmatrix}27 & 14 & 4\\14 & 8 & 2.5\\4 & 2.5 & 1\end{bmatrix}$	1 1 1	1.000 0.544 0.167	1.000 0.532 0.156	1.000 0.532 0.156	1.000 0.532 0.156
特征值 λ_1	45α	35.284α	35.076α	35.072α	

可以看出 $\boldsymbol{\phi}^3$ 与 $\boldsymbol{\phi}^4$ 很接近，取 $\boldsymbol{\phi}_1 = \boldsymbol{\phi}^4 = [1.000, 0.532, 0.156]^T$，于是可得

$$\lambda_1 = 35.072\alpha，基频\ \omega_1 = \sqrt{\frac{1}{\lambda_1}} = 0.292\sqrt{\frac{EI}{ml^3}}$$

从以上迭代过程中可以发现：

1）原始数列可任意给定，并不影响最后结果，只影响迭代次数。

2）迭代次数并不很多就能满足工程要求的精度。

3）按柔度法（位移方程）$\boldsymbol{A}=\boldsymbol{aM}$，则得基频和一阶主振型；若按刚度法（作用力方程）$\boldsymbol{A}=\boldsymbol{M}^{-1}\boldsymbol{K}$，则得最高阶频率和振型。

一般来说，实际工程中感兴趣的是最低几阶固有频率和振型，若已知刚度矩阵，则应先对刚度矩阵求逆得出柔度矩阵，再进行迭代计算。

2.11.3 计算二阶固有频率和振型

如果用柔度法，且在所设的迭代矢量中消除了一阶振型，则迭代将收敛于第二阶主振型。迭代矢量 $\boldsymbol{\phi}$ 可表示为各阶主振型的代数和。

$$\boldsymbol{\phi}=C_1\boldsymbol{\phi}_1+C_2\boldsymbol{\phi}_2+\cdots+C_n\boldsymbol{\phi}_n \tag{2.11-7}$$

式（2.11-7）两边左乘 $\boldsymbol{\phi}_1^{\mathrm{T}}\boldsymbol{M}$，根据正交条件，得

$$\boldsymbol{\phi}_1^{\mathrm{T}}\boldsymbol{M}\boldsymbol{\phi}=C_1\boldsymbol{\phi}_1^{\mathrm{T}}\boldsymbol{M}\boldsymbol{\phi}_1 \tag{2.11-8}$$

当 $C_1=0$ 时，所设迭代矢量 $\boldsymbol{\phi}$ 中就不含一阶主振型。要使 $C_1=0$，则必有

$$\boldsymbol{\phi}_1^{\mathrm{T}}\boldsymbol{M}\boldsymbol{\phi}=[\phi_{11},\phi_{21},\cdots,\phi_{n1}]\begin{bmatrix} M_{11} & 0 & \cdots & 0 \\ 0 & M_{22} & \cdots & 0 \\ \vdots & \vdots & & \vdots \\ 0 & 0 & 0 & M_{nn} \end{bmatrix}\begin{bmatrix} \phi_1 \\ \phi_2 \\ \vdots \\ \phi_n \end{bmatrix}=0$$

展开为

$$\sum_{i=1}^{n}\phi_{i1}M_{ii}\phi_i=0$$

即

$$\phi_{11}M_{11}\phi_1+\phi_{21}M_{22}\phi_2+\cdots+\phi_{n1}M_{nn}\phi_n=0$$

由此得

$$\phi_1=\alpha_{12}\phi_2+\alpha_{13}\phi_3+\cdots+\alpha_{1n}\phi_n \tag{2.11-9}$$

式中

$$\alpha_{12}=-\frac{M_{22}\phi_{21}}{M_{11}\phi_{11}},\alpha_{13}=-\frac{M_{33}\phi_{31}}{M_{11}\phi_{11}},\ \ldots\ ,\alpha_{1n}=-\frac{M_{nn}\phi_{n1}}{M_{11}\phi_{11}} \tag{2.11-10}$$

将式（2.11-10）连同 $\phi_2=\phi_2$，$\phi_3=\phi_3$，…，$\phi_n=\phi_n$ 一起写为矩阵形式

$$\begin{bmatrix} \phi_1 \\ \phi_2 \\ \phi_3 \\ \vdots \\ \phi_n \end{bmatrix}=\begin{bmatrix} 0 & \alpha_{12} & \alpha_{13} & \cdots\alpha_{1n} \\ 0 & 1 & 0 & \cdots 0 \\ 0 & 0 & 1 & \cdots 0 \\ \vdots & \vdots & \vdots & \vdots \\ 0 & 0 & 0 & \cdots 1 \end{bmatrix}\begin{bmatrix} \phi_1 \\ \phi_2 \\ \phi_3 \\ \vdots \\ \phi_n \end{bmatrix} \tag{2.11-11}$$

式中，左边矢量用 $\boldsymbol{\phi}$ 表示，右边矢量用 $\boldsymbol{\phi}'$ 表示，右边第一个矩阵为一阶清除矩阵 $\boldsymbol{S}_1$，于是式（2.11-11）可写为

$$\boldsymbol{\phi}=\boldsymbol{S}_1\boldsymbol{\phi}' \tag{2.11-12}$$

特征值问题 $\boldsymbol{A}\boldsymbol{\phi}_i=\lambda_i\boldsymbol{\phi}_i$ 成为

$$\boldsymbol{A}\boldsymbol{S}_1\boldsymbol{\phi}_i'=\lambda_i\boldsymbol{\phi}_i \tag{2.11-13}$$

令

$$A_1 = AS_1 \tag{2.11-14}$$

则式（2.11-13）成为

$$A_1\boldsymbol{\phi}_i' = \lambda_i\boldsymbol{\phi}_i \tag{2.11-15}$$

由于迭代矢量 $\boldsymbol{\phi}_i = S_1\boldsymbol{\phi}_i'$ 中没有第一阶主振型 $\boldsymbol{\phi}_1$ 的分量，因此用式（2.11-15）进行迭代可收敛于第二阶主振型。

例 2.11-2 用迭代法计算如图 2.11-1 所示系统的第二阶固有频率和主振型。

解：由例 2.11-1 迭代出的第一阶主振型和式（2.11-10）可算出

$$\alpha_{12} = -\frac{M_{22}\phi_{21}}{M_{11}\phi_{11}} = -0.532$$

$$\alpha_{13} = -\frac{M_{33}\phi_{31}}{M_{11}\phi_{11}} = -0.156$$

组成一阶清除矩阵

$$S_1 = \begin{bmatrix} 0 & \alpha_{12} & \alpha_{13} \\ 0 & 1 & 0 \\ 0 & 0 & 1 \end{bmatrix}$$

由式（2.11-14）

$$A_1 = AS_1 = \alpha\begin{bmatrix} 0 & -0.364 & -0.212 \\ 0 & 0.552 & 0.316 \\ 0 & 0.372 & 0.376 \end{bmatrix}$$

按式（2.11-15）列表进行迭代，求第二阶特征值和特征矢量计算表见表 2.11-2。

表 2.11-2 求第二阶特征值和特征矢量计算表

试用矢量 $\boldsymbol{\phi}^{k-1}$	$\boldsymbol{\phi}^0$	$\boldsymbol{\phi}^1$	$\boldsymbol{\phi}^2$	$\boldsymbol{\phi}^3$	$\boldsymbol{\phi}^4$	$\boldsymbol{\phi}^5$	$\boldsymbol{\phi}^6$
$A_1 = \partial\begin{bmatrix} 0 & -0.364 & -0.212 \\ 0 & 0.552 & 0.316 \\ 0 & 0.372 & 0.376 \end{bmatrix}$	1 1 −1	−0.644 1.000 −0.017	−0.658 1.000 0.669	−0.663 1.000 0.818	−0.663 1.000 0.839	−0.663 1.000 0.841	−0.663 1.000 0.840
特征值 λ_2	0.236α	0.547α	0.763α	0.810α	0.817α	0.818α	

$\boldsymbol{\phi}^5$ 与 $\boldsymbol{\phi}^6$ 已很接近，取 $\boldsymbol{\phi}_2 = \boldsymbol{\phi}^6 = [-0.663,\ 1.000,\ 0.840]^{\mathrm{T}}$，于是可得第二阶特征值 $\lambda_2 = 0.818\alpha$，系统第二阶固有频率 $\omega_2 = \sqrt{\frac{1}{\lambda_2}} = 1.915\sqrt{\frac{EI}{ml^3}}$。

2.11.4 计算第三阶主振型

必须从迭代矢量 $\boldsymbol{\phi}$ 中同时清除掉第一阶主振型 $\boldsymbol{\phi}_1$ 和第二阶主振型 $\boldsymbol{\phi}_2$，才能使迭代收敛于第三阶特征值与特征矢量。即使式（2.11-7）中的 $C_1 = C_2 = 0$。

由 $C_1 = 0$，得

$$\sum_{i=1}^{n}\phi_{i1}M_{ii}\phi_i = 0$$

由 $C_2 = 0$，得

$$\sum_{i=1}^{n} \phi_{i2} M_{ii} \phi_i = 0$$

联立以上两式，可解出用 ϕ_3，ϕ_4，…，ϕ_n 来表达 ϕ_2 的表达式

$$\phi_2 = \beta_{23}\phi_3 + \beta_{24}\phi_4 + \cdots + \beta_{2n}\phi_n \tag{2.11-16}$$

式中，系数为

$$\beta_{23} = -\frac{M_{33}(\phi_{32}\phi_{11} - \phi_{31}\phi_{12})}{M_{22}(\phi_{11}\phi_{22} - \phi_{12}\phi_{21})}$$

$$\beta_{24} = -\frac{M_{44}(\phi_{42}\phi_{11} - \phi_{41}\phi_{12})}{M_{22}(\phi_{11}\phi_{22} - \phi_{12}\phi_{21})} \tag{2.11-17}$$

$$\vdots$$

$$\beta_{2n} = -\frac{M_{nn}(\phi_{n2}\phi_{11} - \phi_{n1}\phi_{12})}{M_{22}(\phi_{11}\phi_{22} - \phi_{12}\phi_{21})}$$

将式（2.11-16）连同恒等式 $\phi_1' = \phi_1'$，$\phi_3 = \phi_3$，…，$\phi_n = \phi_n$ 一起写为矩阵形式（ϕ_1'为因为已清除了第一阶主振型，但为组成 $n \times n$ 阶矩阵，补上的恒等式）

$$\begin{bmatrix} \phi_1' \\ \phi_2 \\ \phi_3 \\ \vdots \\ \phi_n \end{bmatrix} = \begin{bmatrix} 1 & 0 & 0 & \cdots & 0 \\ 0 & 0 & \beta_{23} & \cdots & \beta_n \\ 0 & 0 & 1 & \cdots & 0 \\ \vdots & \vdots & \vdots & & \vdots \\ 0 & 0 & 0 & \cdots & 1 \end{bmatrix} \begin{bmatrix} \phi_1' \\ \phi_2 \\ \phi_3 \\ \vdots \\ \phi_n \end{bmatrix} \tag{2.11-18}$$

式中，左边矢量用 $\boldsymbol{\phi}'$表示，右边矢量用 $\boldsymbol{\phi}''$表示，右边第一个矩阵为二阶清除矩阵 $\boldsymbol{S}_2$，于是式（2.11-18）可写为

$$\boldsymbol{\phi}' = \boldsymbol{S}_2 \boldsymbol{\phi}'' \tag{2.11-19}$$

将式（2.11-19）代入式（2.11 -15），得

$$\boldsymbol{A}_1 \boldsymbol{S}_2 \boldsymbol{\phi}_i'' = \lambda_i \boldsymbol{\phi}_i \tag{2.11-20}$$

令

$$\boldsymbol{A}_2 = \boldsymbol{A}_1 \boldsymbol{S}_2 = \boldsymbol{A}\boldsymbol{S}_1 \boldsymbol{S}_2 \tag{2.11-21}$$

则式（2.11-20）成为

$$\boldsymbol{A}_2 \boldsymbol{\phi}_i'' = \lambda_i \boldsymbol{\phi}_i \tag{2.11-22}$$

用式（2.11-22）迭代就可收敛于第三阶主振型和特征值。

按 $C_1 = C_2 = C_3 = 0$，可建立三阶清除矩阵，更高阶的主振型和特征值依此类似建立。

例 2.11-3 用迭代法求如图 2.11-1 所示系统的第三阶固有频率和主振型。

解： 由前两例求出的系统前两阶主振型和式（2.11-17）可算出

$$\beta_{23} = -0.697$$

组成二阶清除矩阵

$$S_2=\begin{bmatrix}1 & 0 & 0\\ 0 & 0 & 0.697\\ 0 & 0 & 1\end{bmatrix}$$

由式（2.11-21）算出

$$A_2=A_1S_2=\alpha\begin{bmatrix}0 & 0 & 0.042\\ 0 & 0 & -0.069\\ 0 & 0 & 0.117\end{bmatrix}=0.117\alpha\begin{bmatrix}0 & 0 & 0.359\\ 0 & 0 & -0.590\\ 0 & 0 & 1.000\end{bmatrix}$$

A_2 的第三列与第三阶特征矢量成比例。这是最后一阶振型，不需再迭代，归一化的第三列就是系统的第三阶主振型 $\phi_3=[0.359, -0.590, 1.000]^{\mathrm{T}}$，其比例系数就是第三阶特征值 $\lambda_3=0.117\alpha$，系统第三阶固有频率 $\omega_3=\sqrt{\dfrac{1}{\lambda_3}}=5.064\sqrt{\dfrac{EI}{ml^3}}$。

通过实际迭代可以发现：

1）如果质量矩阵 M 为非对角线矩阵，则应按类似过程重新建立各阶清除矩阵。

2）不要求 A 对称。

3）由于计算积累误差，较低阶振型精度较高，高阶振型精度较低。

4）使用计算机迭代极为方便。

2.12 习　　题

2-1　求如图 2.12-1 所示系统的刚度矩阵。

2-2　求如图 2.12-2 所示系统的刚度矩阵。

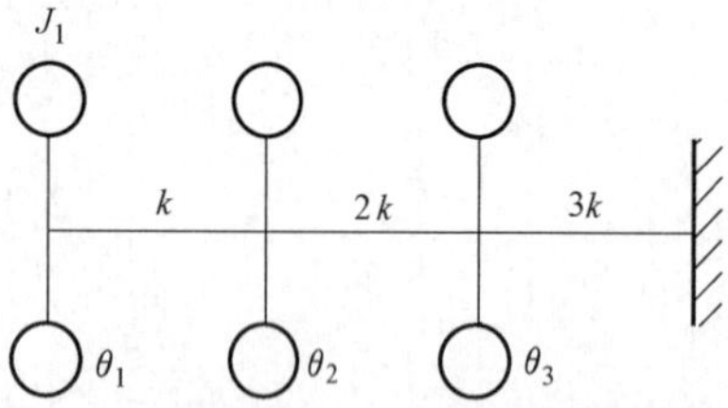

图 2.12-1　题 2-1 图

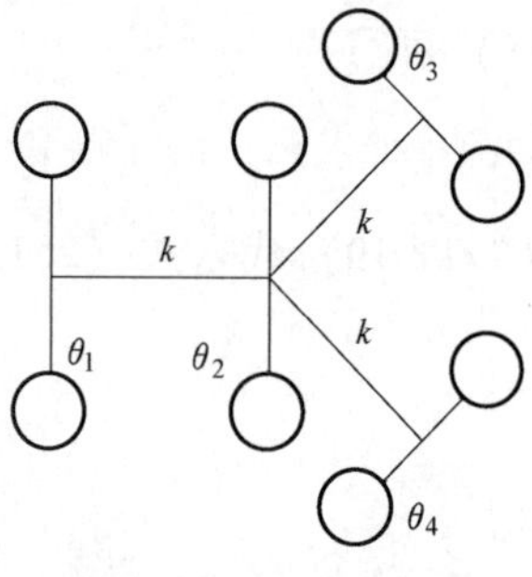

图 2.12-2　题 2-2 图

2-3　求如图 2.12-3 所示系统的刚度矩阵。

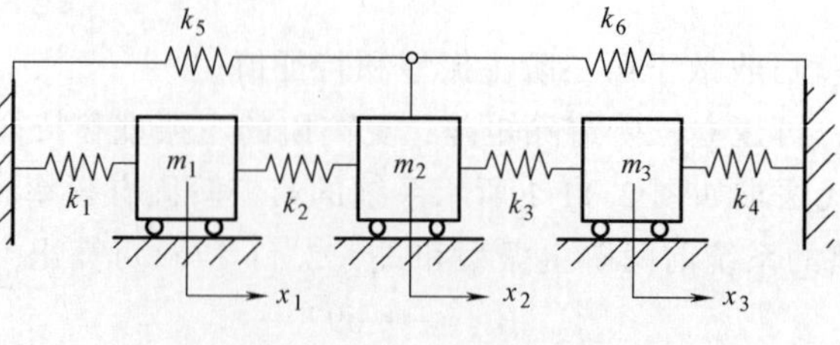

图 2.12-3　题 2-3 图

2-4　求如图 2.12-4 所示悬臂梁的柔度矩阵，悬臂梁的抗弯刚度为 EI。

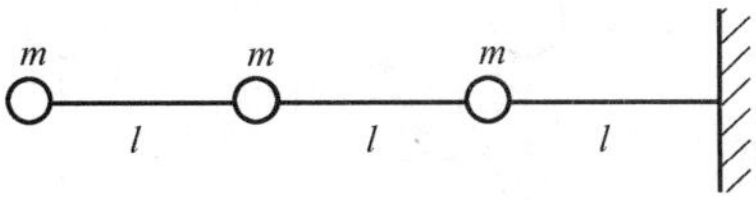

图 2.12-4　题 2-4 图

2-5　求如图 2.12-5 所示三重摆的柔度矩阵，试推导出其惯性影响系数和重力影响系数。如果 $m_1=m_2=m_3=m$，$l_1=l_2=l_3=l$，计算其特征值和特征矢量。

2-6　求如图 2.12-6 所示系统的刚度矩阵和柔度矩阵。

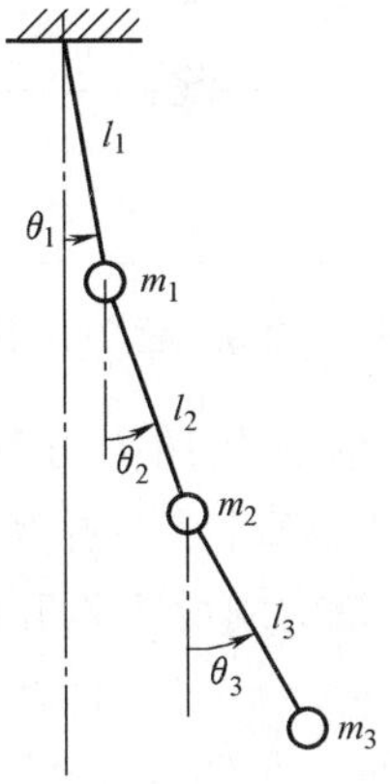

图 2.12-5　题 2-5 图

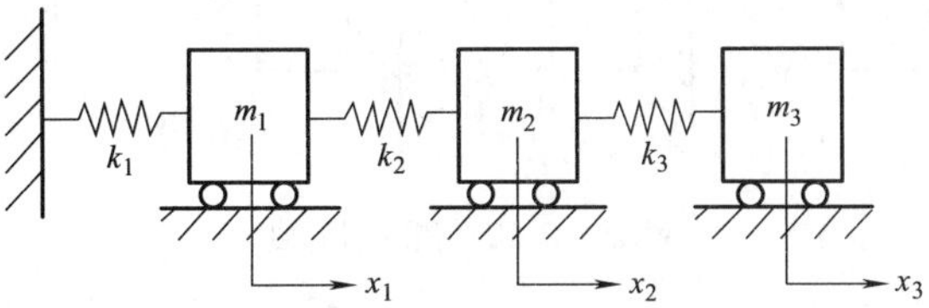

图 2.12-6　题 2-6 图

2-7　设如图 2.12-6 所示系统中 $k_1=3k$，$k_2=2k$，$k_3=k$，$m_1=3m$，$m_2=2m$，$m_3=m$，试求解该系统的各阶固有频率及主振型，并画出各阶振型图。

2-8　如图 2.12-7 所示为 n 个弹簧-质量串联系统，求证其刚度矩阵沿对角线成带状矩阵。

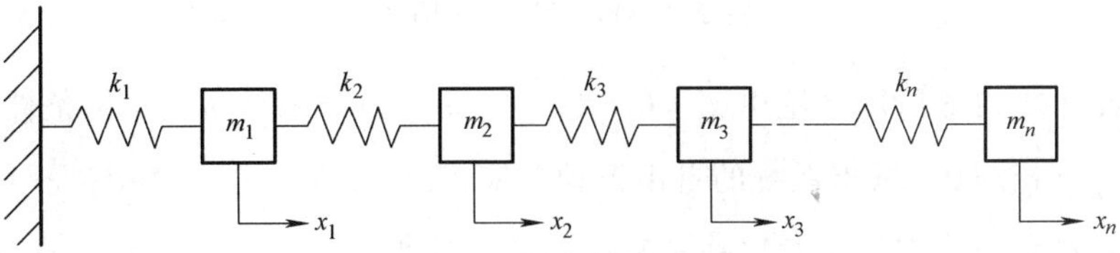

图 2.12-7　题 2-8 图

2-9　试建立如图 2.12-8 所示系统的扭转振动运动方程。设 $J_1=J_2=J_3=J_4=J$，$k_1=k_2=k_3=k$，计算系统的各阶固有频率和主振型，并画出各阶振型图。

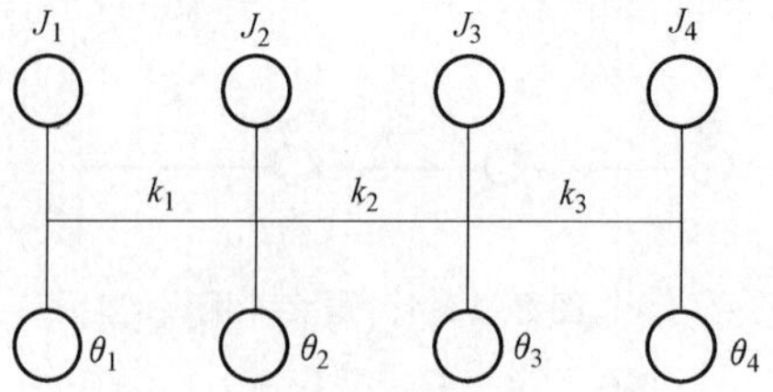

图 2.12-8　题 2-9 图

2-10　如图 2.12-9 所示简支梁，已知梁的抗弯刚度 EI 为常数，求系统的柔度矩阵。

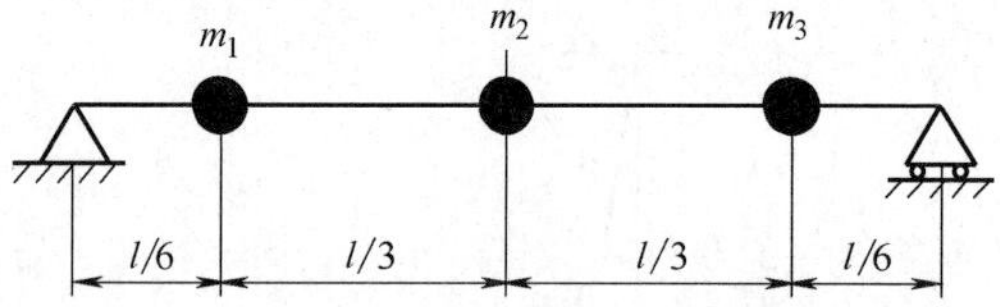

图 2.12-9　题 2-10 图

2-11　试建立如图 2.12-10 所示系统的作用力方程。当 $k_1=k_2=k_3=k$，$k_{12}=k_{23}=2k$ 及 $m_1=m_2=m_3=m$ 时，计算系统的各阶固有频率和主振型，并画出各阶振型图。

2-12　试写出如图 2.12-11 所示系统的刚度矩阵和质量矩阵，并写出其自由振动的运动方程。当 $k_1=k_2=k_3=k_4=k$，$m_1=m_2=m_3=m$ 时，计算系统的各阶固有频率和主振型，并画出各阶振型图。

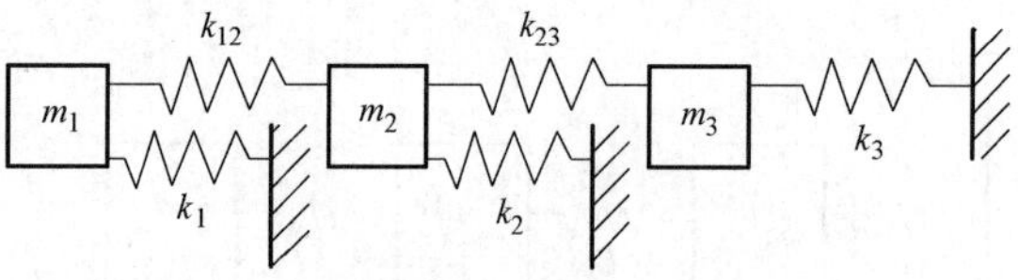

图 2.12-10　题 2-11 图

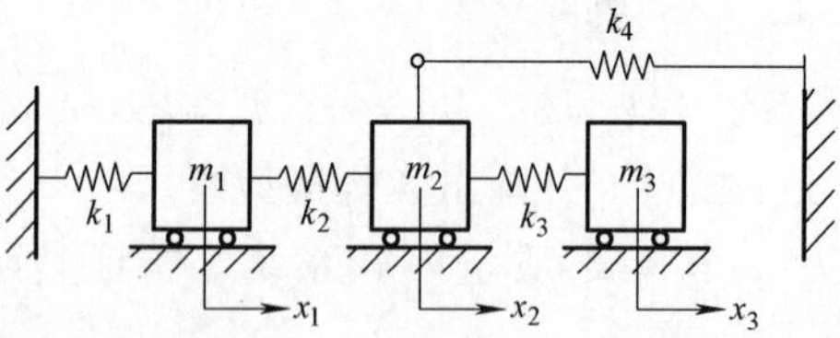

图 2.12-11　题 2-12 图

2-13　设如图 2.12-6 所示系统中 $k_1=k_2=k_3=k$，$m_1=m_2=m_3=m$，初始条件为 $x_{01}=x_{02}=x_{03}=1$，$\dot{x}_{01}=\dot{x}_{02}=\dot{x}_{03}=0$，试求系统的自由振动响应。

2-14　设如图 2.12-8 所示扭转振动系统的初始条件为 $\theta_{01}=1$，$\theta_{02}=\theta_{03}=\theta_{04}=0$，$\dot{\theta}_{01}=1$，$\dot{\theta}_{02}=\dot{\theta}_{03}=\dot{\theta}_{04}=0$，试求系统的自由振动响应。

2-15　试用矩阵迭代法求如图 2.12-10 所示系统的各阶固有频率和主振型，并画出各阶振型图。

2-16　设如图 2.12-3 所示系统中 $k_1=k_4=3k$，$k_2=k_3=k$，$k_5=k_6=2k$，$m_1=m_2=m_3=m$，试用逐次平方法与矩阵迭代法分别计算系统的各阶固有频率和主振型，并画出各阶振型图。

2-17　试用逐次平方法与矩阵迭代法分别计算如图 2.12-9 所示系统的各阶固有频率和主振型，并画出各阶振型图。

2-18　试建立如图 2.12-12 所示系统的振动微分方程，计算系统的各阶固有频率和主振型，并画出各阶振型图。

2-19　试列出如图 2.12-13 所示具有集中质量的梁（抗弯刚度为 EI）系统的柔度矩阵，计算系统的各阶固有频率和主振型，并画出各阶振型图。

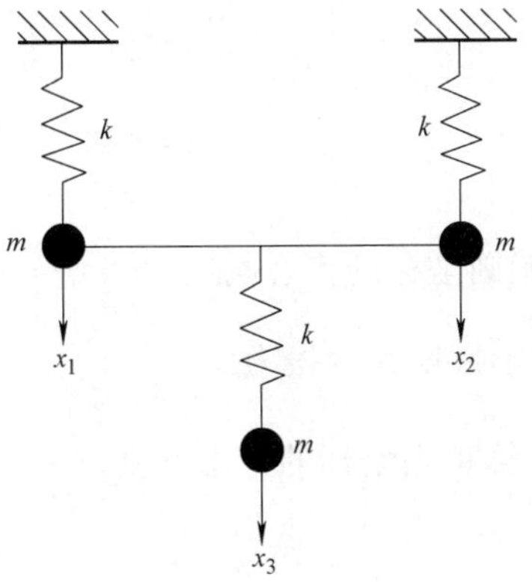

图 2.12-12　题 2-18 图

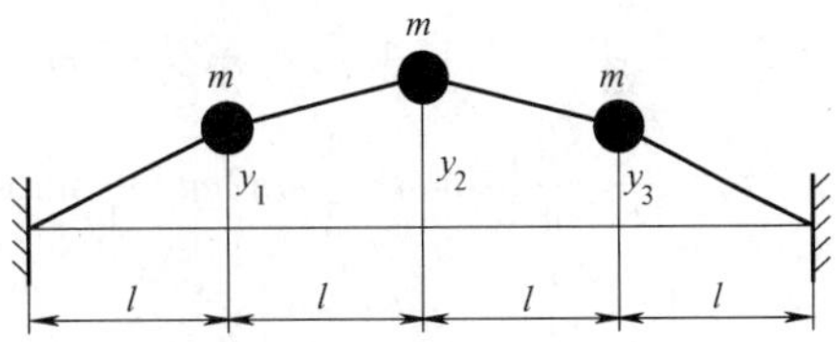

图 2.12-13　题 2-19 图

2-20　假如在如图 2.12-13 所示系统的中点处作用一静力 Q_0，当突然将 Q_0 移去后，试列出初位移矢量 X_0 与初速度矢量 $\dot{X}_0$，并计算自由振动响应。

2-21　若扭矩 $T(t)$ 作用在如图 2.12-1 所示系统的第一个圆盘上，求第三个圆盘的稳态受迫振动响应。$T(t)=T_0u(t)$，$u(t)$ 为单位阶跃函数。

2-22　若如图 2.12-8 所示系统的 J_1 圆盘上作用有扭矩 $T=T_0\sin\omega t$，求系统的稳态响应。

2-23　若如图 2.12-9 所示系统中只有质量块 m_2 受到激励力 Q_0t 作用，求系统的稳态响应。

2-24　如图 2.12-14 表示三层建筑结构，假设刚性梁质量 $m_1=m_2=m_3=m$，柔性柱的弯曲刚度 $EI_1=3EI$，$EI_2=2EI$，$EI_3=EI$，且 $h_1=h_2=h_3=h$，用水平微小位移 x_1、x_2 及 x_3 作为位移坐标，建立系统振动的位移方程，并求出各阶固有频率和主振型。

2-25　若如图 2.12-14 所示系统在每层处同时作用有水平力 $Q_1=Q_2=Q_3=Q(t)$，且 $Q(t)=\begin{cases}Q_0 & (0\leqslant t\leqslant t_1)\\ 0 & (t>t_1)\end{cases}$，试求系统的响应。

2-26　如图 2.12-15 所示为一半径为 r_0，转动惯量为 $2mr_0^2$ 的主导轮 D，两相等质量块 m 挂在主导轮两边的绳索上。绳索弹簧刚度分别为 k 和 $2k$，主导轮可自由转动，二质量块 m 只能上下运动，求此系统的固有频率及主振型。

2-27　如图 2.12-15 所示系统主导轮周边作用有 Q_0t 之激励力，试求系统的响应。

2-28　若如图 2.12-6 所示系统的 m_2 上作用有方波形周期性激振力

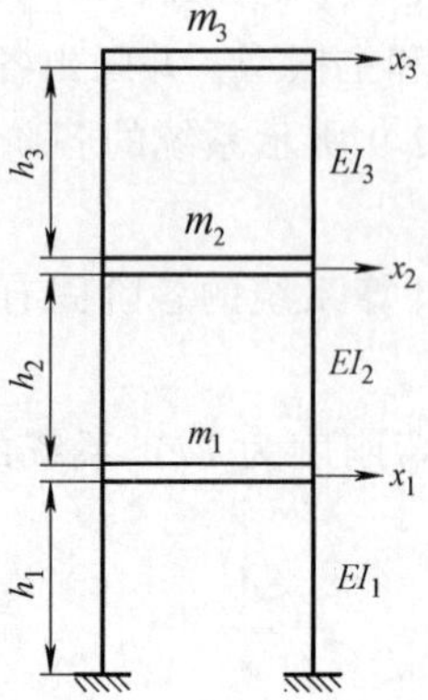

图 2.12-14 题 2-24 图

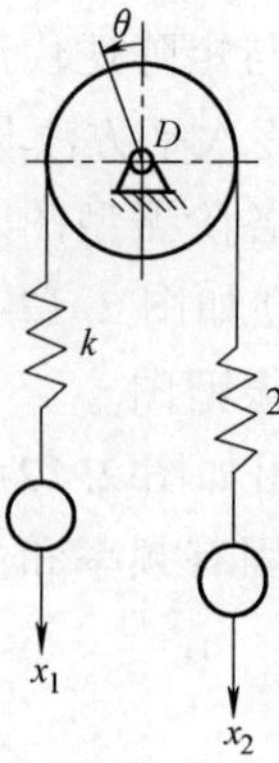

图 2.12-15 题 2-26 图

$Q(t)=Q_0f(t)=\frac{4Q_0}{\pi}\left(\sin\omega t+\frac{1}{3}\sin3\omega t+\cdots\right)$，试计算正则坐标的稳态响应。

2-29 若如图 2.12-6 所示系统的 m_2 上作用有锯齿形周期性激振力

$Q(t)=\frac{Q_0}{2}-\frac{Q_0}{\pi}\left(\sin\omega t+\frac{1}{2}\sin2\omega t+\frac{1}{3}\sin3\omega t+\cdots\right)$，试计算正则坐标的稳态响应。

第3章

子模型综合法

第 2 章介绍的振型分析法（模态分析法）的优点是通用性好，利用计算机对任意多自由度系统的振动特性都能计算；但其缺点是当自由度数较多时，计算量太大。

对于大型复杂结构振动特性的分析计算，子模型综合法是十分有效的处理方法。其基本原理是将一个复杂模型或结构分解为若干子模型或子结构（子模型一般也是多自由度系统），然后分别求解各子模型的振动特性，再根据各模型的连接界面的变形协调条件和力平衡条件进行综合，建立并求解完整模型的动力学方程，从而得到整体的振动特性。

3.1 传递矩阵法

对于由许多单元一环连一环地结合成的链状结构系统，如连续梁、转轴等，可以采用传递矩阵法，又称霍尔兹法（Holzer Method），可显著减少计算工作量。

3.1.1 弹簧-质量系统

本节先以弹簧-质量系统来说明传递矩阵法的基本概念与方法，后续小节将推广到其他振动系统。

图 3.1-1 所示为弹簧-质量链状系统。

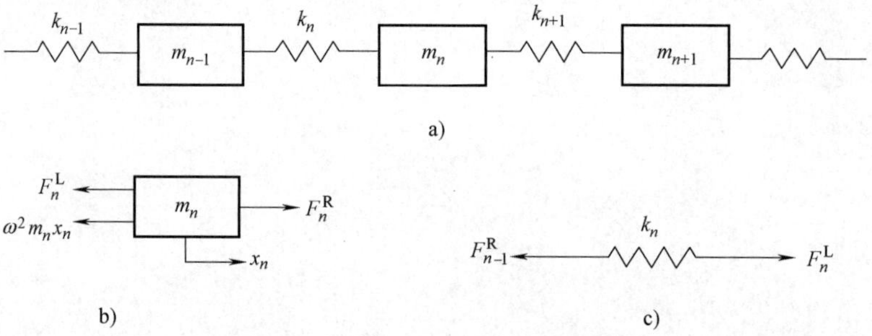

图 3.1-1 弹簧-质量链状系统

a）弹簧-质量链状系统模型 b）质量 m_n 受力分析图 c）弹簧 k_n 受力分析图

首先取其质量块 m_n 进行受力分析

$$F_n^{\mathrm{R}}=m_n\ddot{x}_n+F_n^{\mathrm{L}}=-\omega^2 m_n x_n+F_n^{\mathrm{L}}$$

$$x_n=x_n^{\mathrm{R}}=x_n^{\mathrm{L}}$$

将以上两式写为矩阵形式

$$\begin{bmatrix} x \\ F \end{bmatrix}_n^{\mathrm{R}}=\begin{bmatrix} 1 & 0 \\ -\omega^2 m & 1 \end{bmatrix}_n \begin{bmatrix} x \\ F \end{bmatrix}_n^{\mathrm{L}} \tag{3.1-1}$$

式中，$\begin{bmatrix} x \\ F \end{bmatrix}_n^{\mathrm{R}}$ 和 $\begin{bmatrix} x \\ F \end{bmatrix}_n^{\mathrm{L}}$ 分别表示质量块 m_n 右、左面的状态矢量；$\begin{bmatrix} 1 & 0 \\ -\omega^2 m & 1 \end{bmatrix}_n$ 为第 n 点的点传递矩阵，表示质量块 m_n 的动力特性。

再对弹簧 k_n 进行分析

$$x_n^{\mathrm{L}}-x_{n-1}^{\mathrm{R}}=\frac{F_{n-1}^{\mathrm{R}}}{k_n}$$

即

$$x_n^{\mathrm{L}}=x_{n-1}^{\mathrm{R}}+\frac{1}{k_n}F_{n-1}^{\mathrm{R}}$$

且

$$F_n^{\mathrm{L}}=F_{n-1}^{\mathrm{R}}$$

将以上两式写为矩阵形式

$$\begin{bmatrix}x\\F\end{bmatrix}_n^{\mathrm{L}}=\begin{bmatrix}1&\dfrac{1}{k}\\0&1\end{bmatrix}_n\begin{bmatrix}x\\F\end{bmatrix}_{n-1}^{\mathrm{R}} \tag{3.1-2}$$

式中，$\begin{bmatrix}1&\dfrac{1}{k}\\0&1\end{bmatrix}_n$ 为场传递矩阵，表示弹簧 k_n 的弹性特性。

式（3.1-2）体现了从第 n 段弹簧 k_n 左边到右边的传递关系。将式（3.1-2）代入式（3.1-1）得

$$\begin{bmatrix}x\\F\end{bmatrix}_n^{\mathrm{R}}=\begin{bmatrix}1&0\\-\omega^2m&1\end{bmatrix}_n\begin{bmatrix}1&\dfrac{1}{k}\\0&1\end{bmatrix}_n\begin{bmatrix}x\\F\end{bmatrix}_{n-1}^{\mathrm{R}}=\begin{bmatrix}1&\dfrac{1}{k}\\-\omega^2m&1-\dfrac{\omega^2m}{k}\end{bmatrix}_n\begin{bmatrix}x\\F\end{bmatrix}_{n-1}^{\mathrm{R}} \tag{3.1-3}$$

式中，$\begin{bmatrix}1&\dfrac{1}{k}\\-\omega^2m&1-\dfrac{\omega^2m}{k}\end{bmatrix}_n$ 为系统第 n 段（弹簧 k_n 和质量块 m_n）的传递矩阵。

式（3.1-3）的意义在于：第 n 段传递矩阵将第 $n-1$ 点的状态矢量“传递”给了第 n 点的状态矢量。

式（3.1-3）的用途：若知道位置 1 处状态矢量（通常设 $x_1=1$，F_1 由边界条件定），选定 ω^2 值后就能逐步地算出最后位置的状态矢量。画出 $F-\omega^2$ 曲线，满足边界条件的 ω 就是系统的固有频率，而对应的 $[x_1, x_2, \cdots]^{\mathrm{T}}$ 就是系统的主振型，有几个固有频率就有几个主振型。

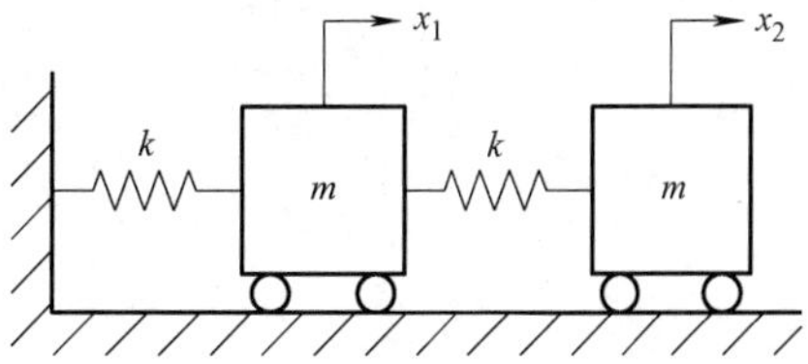

图 3.1-2　两自由度弹簧-质量系统

例 3.1-1　用传递矩阵法分析如图 3.1-2 所示的两自由度系统的固有频率和振型。

解：从第一个质量块的右边将系统切分为两个相同的子系统，每个子系统的传递矩阵为

$$\boldsymbol{T}_1=\boldsymbol{T}_2=\begin{bmatrix}1&\dfrac{1}{k}\\-m\omega^2&1-\dfrac{m\omega^2}{k}\end{bmatrix}$$

则整个系统的传递矩阵为

$$T=T_2T_1=\begin{bmatrix}1-\dfrac{m\omega^2}{k} & \dfrac{2}{k}-\dfrac{m\omega^2}{k^2}\\ -2m\omega^2+\dfrac{(m\omega^2)^2}{k} & -\dfrac{m\omega^2}{k}+\left(1-\dfrac{m\omega^2}{k}\right)^2\end{bmatrix}$$

这样固定端（0 端）状态与自由端（质量块 2 的右边）状态之间的关系为

$$\begin{bmatrix}x\\F\end{bmatrix}_2^{\mathrm{R}}=\begin{bmatrix}1-\dfrac{m\omega^2}{k} & \dfrac{2}{k}-\dfrac{m\omega^2}{k^2}\\ -2m\omega^2+\dfrac{(m\omega^2)^2}{k} & -\dfrac{m\omega^2}{k}+\left(1-\dfrac{m\omega^2}{k}\right)^2\end{bmatrix}\begin{bmatrix}x\\F\end{bmatrix}_0^{\mathrm{R}}$$

该系统固定端（0 端）的边界条件为 $x_0^{\mathrm{R}}\equiv 0$，而自由端（右端）的边界条件为 $F_2^{\mathrm{R}}\equiv 0$，因此上述传递关系变为

$$\begin{bmatrix}x\\0\end{bmatrix}_2^{\mathrm{R}}=\begin{bmatrix}1-\dfrac{m\omega^2}{k} & \dfrac{2}{k}-\dfrac{m\omega^2}{k^2}\\ -2m\omega^2+\dfrac{(m\omega^2)^2}{k} & -\dfrac{m\omega^2}{k}+\left(1-\dfrac{m\omega^2}{k}\right)^2\end{bmatrix}\begin{bmatrix}0\\F\end{bmatrix}_0^{\mathrm{R}}$$

即

$$\begin{cases}x_0^{\mathrm{R}}=\left(\dfrac{2}{k}-\dfrac{m\omega^2}{k^2}\right)F_0^{\mathrm{R}}\\ 0=\left[-\dfrac{m\omega^2}{k}+\left(1-\dfrac{m\omega^2}{k}\right)^2\right]F_0^{\mathrm{R}}\end{cases}$$

显然第二个方程中的 $F_0^{\mathrm{R}}\neq 0$，否则固定端（0 端）的状态矢量就是 $[0,\ 0]^{\mathrm{T}}$，该状态向右传递使得系统各处位移和受力都为 0，这当然不是振动，此时系统处于静止状态。因为 $F_0^{\mathrm{R}}\neq 0$，所以只能有

$$-\frac{m\omega^2}{k}+\left(1-\frac{m\omega^2}{k}\right)^2=0$$

可解出

$$\omega_{1,2}=\sqrt{\frac{3\pm\sqrt{5}}{2}\frac{k}{m}}$$

它们就是系统的两阶固有频率。

3.1.2 扭转振动系统

方向规定：正向扭转及正向角位移方向按右手螺旋法则规定，如图 3.1-3 所示。

传递矩阵法是分析扭转振动的高效方法。对于如图 3.1-4 所示的圆盘-转轴链状系统，忽略轴本身的质量，与分析如图 3.1-1 所示弹簧-质量链状系统相类似。首先取圆盘 J_n 进行分析（图 3.1-4b），与式（3.1-1）相类似，有

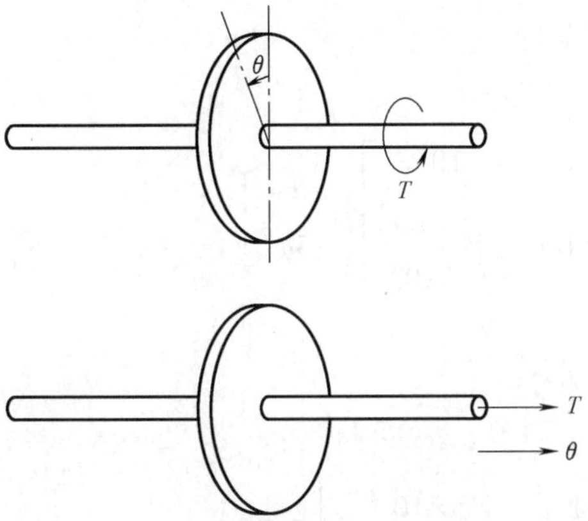

图 3.1-3 扭矩和角位移方向的右手螺旋法则

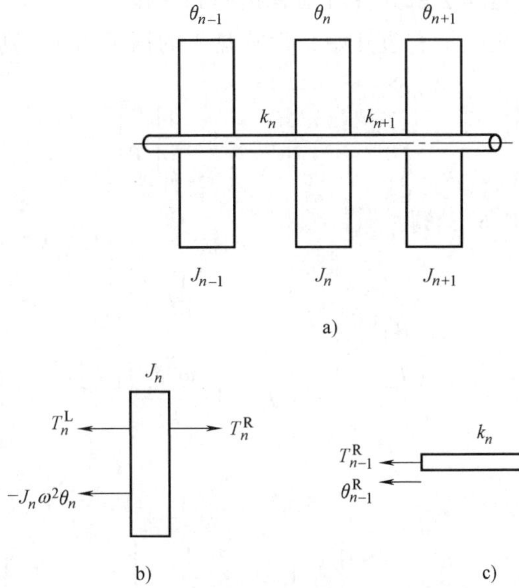

图 3.1-4 圆盘-转轴链状系统

a）圆盘-转轴链状系统模型 b）圆盘 J_n 受力分析图 c）转轴 k_n 受力分析图

$$\begin{bmatrix}\theta\\T\end{bmatrix}_n^{\mathrm{R}}=\begin{bmatrix}1&0\\-\omega^2J&1\end{bmatrix}_n\begin{bmatrix}\theta\\T\end{bmatrix}_n^{\mathrm{L}} \tag{3.1-4}$$

式中，$\begin{bmatrix}\theta\\T\end{bmatrix}_n^{\mathrm{R}}$ 及 $\begin{bmatrix}\theta\\T\end{bmatrix}_n^{\mathrm{L}}$ 为圆盘 J_n 右边及左边的状态矢量；$\begin{bmatrix}1&0\\-\omega^2J&1\end{bmatrix}_n$ 为第 n 点的点传递矩阵，表示圆盘 J_n 的动力特性。

对于第 n 段转轴（图 3.1-4c），有

$$T_n^{\mathrm{L}}=T_{n-1}^{\mathrm{R}}=(\theta_n^{\mathrm{L}}-\theta_{n-1}^{\mathrm{R}})k_n$$

可建立类似式（3.1-2）的状态方程

$$\begin{bmatrix}\theta\\T\end{bmatrix}_n^{\mathrm{L}}=\begin{bmatrix}1&\dfrac{1}{k}\\0&1\end{bmatrix}_n\begin{bmatrix}\theta\\T\end{bmatrix}_{n-1}^{\mathrm{R}} \tag{3.1-5}$$

将式（3.1-5）代入式（3.1-4）可得第 n 段（圆盘 J_n 和轴段 k_n）的传递关系

$$\begin{bmatrix}\theta\\T\end{bmatrix}_n^{\mathrm{R}}=\begin{bmatrix}1&\dfrac{1}{k}\\-\omega^2J&1-\dfrac{\omega^2J}{k}\end{bmatrix}_n\begin{bmatrix}\theta\\T\end{bmatrix}_{n-1}^{\mathrm{R}} \tag{3.1-6}$$

例 3.1-2 如图 3.1-5 所示三自由度圆盘-转轴系统，已知 $k_1=0.10\times10^6\mathrm{N\cdot m/rad}$，$k_2=0.20\times10^6\mathrm{N\cdot m/rad}$，$J_1=5\mathrm{kg\cdot m^2}$，$J_2=11\mathrm{kg\cdot m^2}$，$J_3=22\mathrm{kg\cdot m^2}$。

试用传递矩阵法求其各阶固有频率和主振型。

解：从盘 1 右边开始，设圆盘 1 的振幅为 1，则圆盘 1 的惯性力矩为 $-J_1\omega^2$，有

$$\begin{bmatrix}\theta\\T\end{bmatrix}_1^R=\begin{bmatrix}1\\-5\omega^2\end{bmatrix}$$

由式（3.1-6），得

$$\begin{bmatrix}\theta\\T\end{bmatrix}_2^R=\begin{bmatrix}1 & \dfrac{1}{k_1}\\-\omega^2J_2 & 1-\dfrac{\omega^2J_2}{k_1}\end{bmatrix}\begin{bmatrix}\theta\\T\end{bmatrix}_1^R=\begin{bmatrix}1 & 10^{-5}\\-11\omega^2 & 1-\dfrac{11\omega^2}{10^5}\end{bmatrix}\begin{bmatrix}1\\-5\omega^2\end{bmatrix}$$

且

$$\begin{bmatrix}\theta\\T\end{bmatrix}_3^R=\begin{bmatrix}1 & \dfrac{1}{k_2}\\-\omega^2J_3 & 1-\dfrac{\omega^2J_3}{k_2}\end{bmatrix}\begin{bmatrix}\theta\\T\end{bmatrix}_2^R=\begin{bmatrix}1 & 5\times10^{-6}\\-22\omega^2 & 1-\dfrac{22\omega^2}{0.2\times10^6}\end{bmatrix}\begin{bmatrix}\theta\\T\end{bmatrix}_2^R$$

边界条件是 $T_3^R=0$。

从 $\omega=0$ 出发，以一定步长 $\Delta\omega$ 取 $\omega_i=\omega_{i-1}+\Delta\omega$，画出 T_3^R-ω 曲线（图 3.1-6），使 $T_3^R=0$ 的 ω_i 就是系统的固有频率，相应的 $[\theta_1\quad\theta_2\quad\theta_3]^T$ 就是该阶主振型。

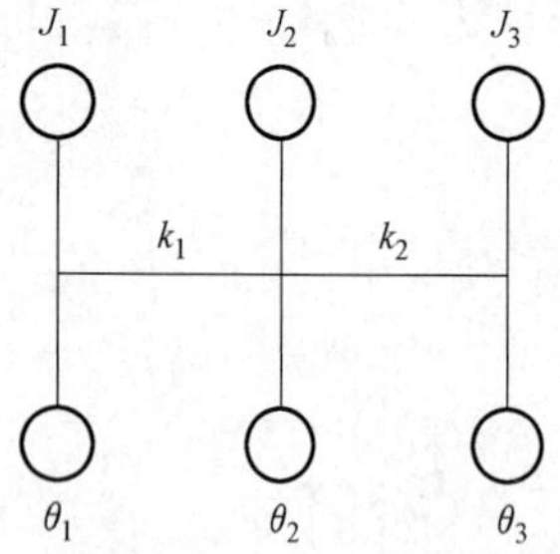

图 3.1-5　三自由度圆盘-转轴系统

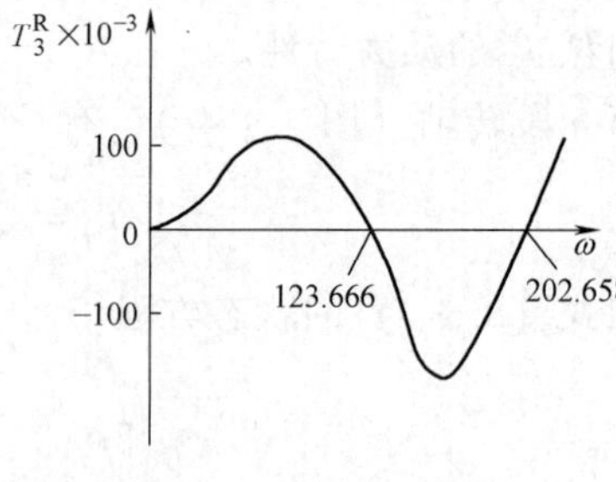

图 3.1-6　T_3^R-ω 曲线

传递矩阵法的优点如下：

1）对多自由度系统，只是一系列两阶矩阵相乘，避免高阶矩阵运算，减少了计算量。

2）对奇异矩阵（主对角线各元素值相差很大），不存在计算困难。

3.1.3　阻尼系统

考虑阻尼时，传递矩阵的形式是不变的。但质量和刚度的元素都变成复数。图 3.1-7 所示为所研究的有阻尼扭转系统。

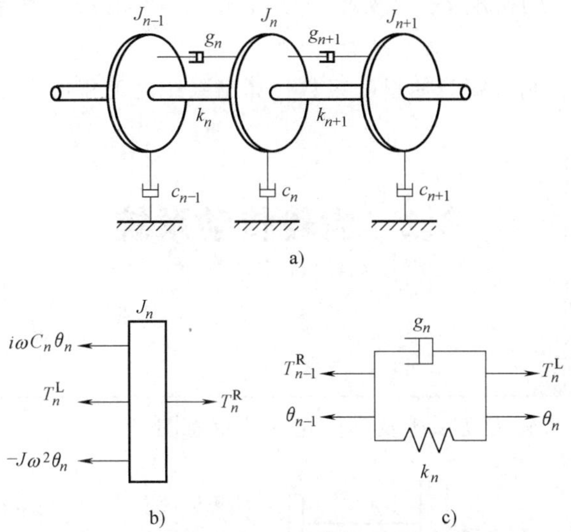

图 3.1-7　有阻尼的圆盘-转轴链状系统

a）有阻尼圆盘-转轴链状系统模型　b）圆盘 J_n 受力分析图　c）阻尼轴段 n 受力分析图

对第 n 个圆盘（图 3.1-7b），有

$$T_n^R=(i\omega C_n-J_n\omega^2)\theta_n+T_n^L$$

及

$$\theta_n^R=\theta_n^L$$

将以上两式写为矩阵形式

$$\begin{bmatrix}\theta\\T\end{bmatrix}_n^R=\begin{bmatrix}1 & 0\\ i\omega C-\omega^2 J & 1\end{bmatrix}_n\begin{bmatrix}\theta\\T\end{bmatrix}_n^L \tag{3.1-7}$$

式中的质量元素 $i\omega C-\omega^2 J$ 改写为复数。

对第 n 段轴（图 3.1-7c），有

$$T_n^L=T_{n-1}^R=i\omega g_n(\theta_n-\theta_{n-1})+k_n(\theta_n-\theta_{n-1})$$

写为矩阵形式

$$\begin{bmatrix}\theta\\T\end{bmatrix}_n^L=\begin{bmatrix}1 & \dfrac{1}{k+i\omega g}\\ 0 & 0\end{bmatrix}_n\begin{bmatrix}\theta\\T\end{bmatrix}_{n-1}^R \tag{3.1-8}$$

式中，刚度元素（$k+i\omega g$）变为复数。

将式（3.1-8）代入式（3.1-7）得

$$\begin{bmatrix}\theta\\T\end{bmatrix}_n^R=\begin{bmatrix}1 & 0\\ i\omega C-\omega^2 J & 1\end{bmatrix}_n\begin{bmatrix}1 & \dfrac{1}{k+i\omega g}\\ 0 & 1\end{bmatrix}_n\begin{bmatrix}\theta\\T\end{bmatrix}_{n-1}^R \tag{3.1-9}$$

式中，刚度元素和质量元素均变为复数，但传递矩阵的形式不变。

在对系统进行分析时，应注意到：

1）系统的固有频率和主振型按无阻尼系统计算（即只计实部）

2）若是简谐激励，则以激励频率 ω 代入式（3.1-7）、式（3.1-8）及式（3.1-9）。先

令 $\theta_1=1$，算到施加力处的扭矩 T，则实际的振幅 $\theta_{1实际}=T_{实际}/T$，其余各位移幅值均按此比例变化。

3）若是周期激励，则分解为傅里叶级数，算出系统对傅里叶级数中各项简谐激励的响应，然后叠加。

3.2 齿轮传动系统

3.2.1 齿轮系统

图 3.2-1 所示为某齿轮传动系统及其简化系统示意图。

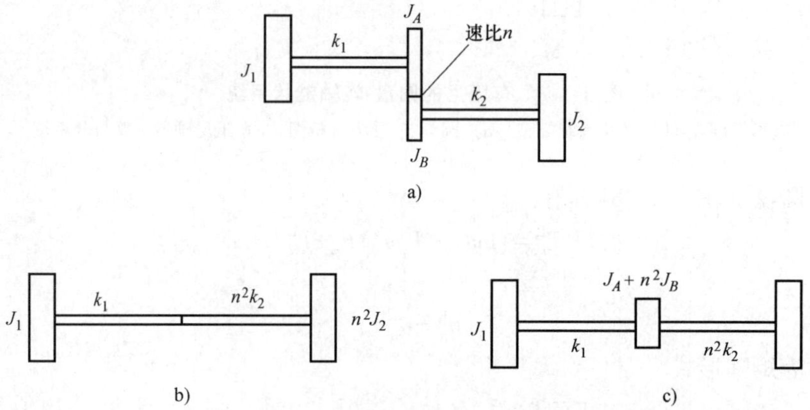

图 3.2-1　齿轮传动系统简化为等效单轴系统

a）齿轮传动系统　b）简化为等效单轴系统（不计齿轮惯量）　c）简化为等效单轴系统（计及齿轮惯量）

具体简化过程如下：

首先按系统机械能量守恒原则，将齿轮传动系统简化为等效的单轴系统。因转动惯量的动能为

$$T=\frac{1}{2}J\dot{\theta}^2$$

转轴的势能为

$$U=\frac{1}{2}k\theta^2$$

如图 3.2-1a 所示齿轮传动系统，轴 2 与轴 1 的速比为 n，则轴 2 的速度 $\dot{\theta}_2=n\dot{\theta}_1$，系统的动能为

$$T=\frac{1}{2}J_1\dot{\theta}_1^2+\frac{1}{2}J_2n^2\dot{\theta}_1^2$$

则齿轮 2 相对于轴 1 的等效惯性矩为 n^2J_2。

轴 2 的转角是轴 1 的 n 倍，即

$$\theta_2=n\theta_1$$

于是系统的势能则为

$$U=\frac{1}{2}k_1\theta_1^2+\frac{1}{2}k_2n^2\theta_1^2$$

轴 2 相对于轴 1 的等效刚度为 k_2n^2。

由此看出，齿轮系统转化为等效单轴系统时可按以下方法进行。

1）将高速轴简化到低速轴：将高速轴上的转动惯量和扭转刚度分别乘以速比的平方 n^2。

2）将低速轴简化到高速轴，则将低速轴上的转动惯量和扭转刚度分别除以速比的平方 n^2。n 为齿轮轴对参考轴的速比。

转化后的轴段按串联扭转弹簧处理（图 3.2-1b）。若齿轮本身的转动惯量很小，则可以忽略不计（图 3.2-1b）；若齿轮本身的转动惯量不太小，则需按图 3.2-1c 所示计入齿轮本身的转动惯量。

3.2.2 分叉系统

工程上经常存在如图 3.2-2 所示分叉系统，如汽车传动系统、轧钢机主传动系统等。

处理这类问题时，分叉系统 B 对主链系统 A 的影响，可由齿轮啮合的传动环节确定。基本步骤如下：

1）将速比为 n 的分叉系统（图 3.2-2a）变为速比为 1 的等效分叉系统（图 3.2-2b），并选择 A 轴为主链，B 轴为分支。

2）建立 $\begin{bmatrix}\theta_A\\T_A\end{bmatrix}_1^L$ 到 $\begin{bmatrix}\theta_A\\T_A\end{bmatrix}_1^R$ 的传递关系。

等效系统（图 3.2-2b）的齿轮副力矩传递关系如图 3.2-3 所示，齿轮 A 上的力矩平衡式为

$$T_{A1}^R=T_{A1}^L+T_{B1}^R \tag{3.2-1}$$

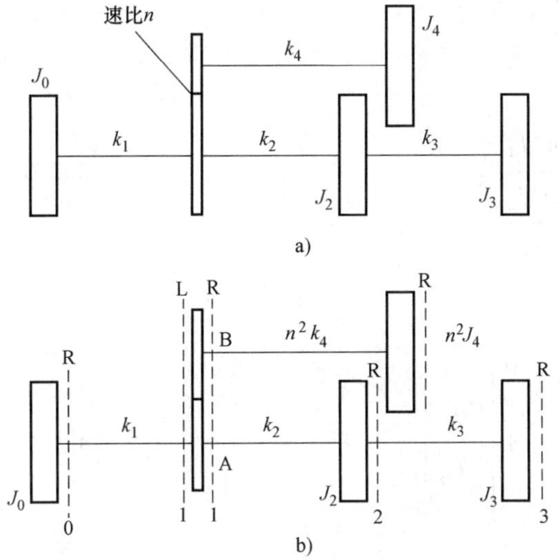

图 3.2-2 分叉系统及其等效系统

a）分叉系统 b）等效分叉系统

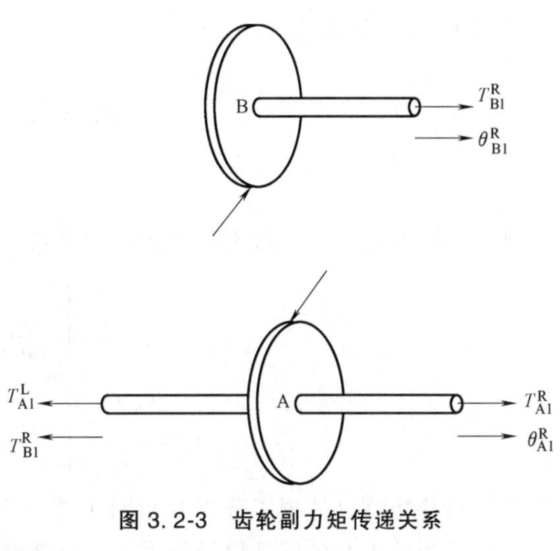

图 3.2-3 齿轮副力矩传递关系

B 轴上的传递关系根据式（3.1-6）有

$$\begin{bmatrix}\theta_B\\T_B\end{bmatrix}_4^R=\begin{bmatrix}1 & \dfrac{1}{n^2k_4}\\ -\omega^2n^2J_4 & 1-\dfrac{\omega^2J_4}{k_4}\end{bmatrix}\begin{bmatrix}\theta_B\\T_B\end{bmatrix}_1^R \tag{3.2-2}$$

两边左乘式（3.2-2）右边第一个矩阵的逆阵

$$\begin{bmatrix}\theta_B\\T_B\end{bmatrix}_1^R=\begin{bmatrix}1-\dfrac{\omega^2J_4}{k_4} & -\dfrac{1}{n^2k_4}\\ \omega^2n^2J_4 & 1\end{bmatrix}\begin{bmatrix}\theta_B\\T_B\end{bmatrix}_4^R \tag{3.2-3}$$

由边界条件知 $T_{B4}^R=0$。

由于外齿轮传动使转动反向，有

$$\theta_{B1}^R=-\theta_{A1}^L=-\theta_{A1}^R$$

于是，由式（3.2-3）及边界条件，有

$$\begin{cases}\theta_{B1}^R=\left(1-\dfrac{\omega^4J_4}{k_4}\right)\theta_{B4}^R=-\theta_{A1}^R\\ T_{B1}^R=\omega^2n^2J_4\theta_{B4}^R\end{cases} \tag{3.2-4}$$

消去 θ_{B4}^R 得

$$T_{B1}^R=\frac{-\omega^2n^2J_4}{1-\dfrac{\omega^2J_4}{k_4}}\theta_{A1}^L \tag{3.2-5}$$

将式（3.2-5）代入式（3.2-1）

$$T_{A1}^R=T_{A1}^L-\frac{\omega^2n^2J_4}{1-\dfrac{\omega^2J_4}{k_4}}\theta_{A1}^L \tag{3.2-6}$$

于是得齿轮左边到右边状态矢量的传递关系

$$\begin{bmatrix}\theta_A\\T_A\end{bmatrix}_1^R=\begin{bmatrix}1 & 0\\ -\dfrac{\omega^2n^2J_4}{1-\dfrac{\omega^2J_4}{k_4}} & 1\end{bmatrix}\begin{bmatrix}\theta_A\\T_A\end{bmatrix}_1^L \tag{3.2-7}$$

式中的传递矩阵已体现了分支 B 轴对主链 A 轴的影响。

如果齿轮本身的转动惯量较大，不能忽略不计，则式（3.2-1）可改为

$$T_{A1}^{R}=T_{A1}^{L}+T_{B1}^{R}-\omega^{2}(J_{A}+n^{2}J_{B})\theta_{A}^{L} \tag{3.2-8}$$

相应地式（3.2-6）改为

$$T_{A1}^{R}=T_{A1}^{L}-\frac{\omega^{2}n^{2}J_{4}}{1-\frac{\omega^{2}J_{4}}{k_{4}}}\theta_{A1}^{L}-\omega^{2}(J_{A}+n^{2}J_{B})\theta_{A}^{L} \tag{3.2-9}$$

式（3.2-7）成为

$$\begin{bmatrix}\theta_{A}\\T_{A}\end{bmatrix}_{1}^{R}=\begin{bmatrix}1 & 0\\ -\frac{\omega^{2}n^{2}J_{4}}{1-\frac{\omega^{2}J_{4}}{k_{4}}}-\omega^{2}(J_{A}+n^{2}J_{B})\theta_{A}^{L} & 1\end{bmatrix}\begin{bmatrix}\theta_{A}\\T_{A}\end{bmatrix}_{1}^{L} \tag{3.2-10}$$

3）计算主链 A 轴。将式（3.2-7）与 A 轴中其他各点传递矩阵及场传递矩阵联合起来，就可对 A 轴如同一般没有分支的系统一样进行扭转振动计算，从 $\begin{bmatrix}\theta_{A}\\T_{A}\end{bmatrix}_{0}^{L}$ 到 $\begin{bmatrix}\theta_{A}\\T_{A}\end{bmatrix}_{3}^{R}$ 进行运算。

在进行分析计算时应注意以下事项：

1）计算分叉系统的关键是首先推导分叉点的点传递矩阵。

2）分叉点处齿轮的转动惯量若较小，可不计。

3.3 梁的传递矩阵

把梁离散为若干集中质量并用无质量的梁连接起来，如图 3.3-1a 所示。将质量块 m_i 和 L_i 段梁分离出来，如图 3.3-1b 所示。

分析无质量的 l_i 段梁，将 l_i 段梁作为在 m_i 端固定，在 m_{i+1} 端自由的悬臂梁，由材料力学相关公式可得

$$V_{i+1}^{L}=V_{i}^{R} \tag{3.3-1}$$

$$M_{i+1}^{L}=M_{i}^{R}-V_{i}^{R}l_{i} \tag{3.3-2}$$

$$\theta_{i+1}^{L}=\theta_{i}^{R}+M_{i+1}^{L}\left(\frac{l}{EI}\right)_{i}+V_{i+1}^{L}\left(\frac{l^{2}}{2EI}\right)_{i} \tag{3.3-3}$$

$$y_{i+1}^{L}=y_{i}^{R}+\theta_{i}^{R}l_{i}+M_{i+1}^{L}\left(\frac{l^{2}}{2EI}\right)_{i}+V_{i+1}^{L}\left(\frac{l^{3}}{3EI}\right)_{i} \tag{3.3-4}$$

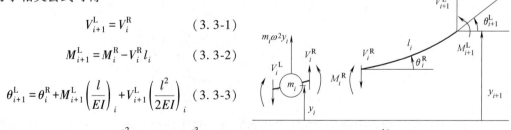

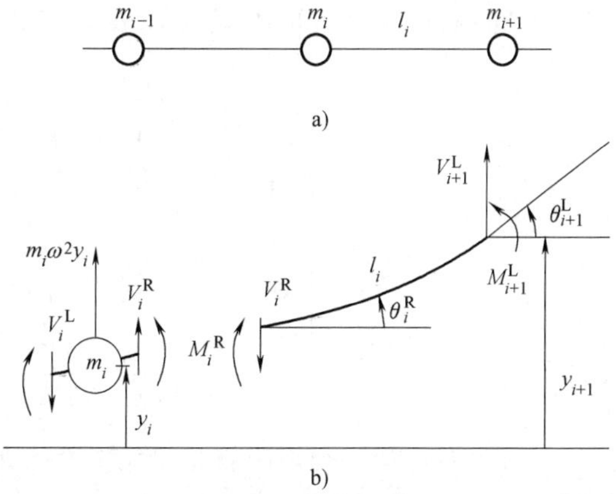

图 3.3-1 离散梁

a）梁的离散图 b）受力图

将式（3.3-1）和式（3.3-2）代入式（3.3-3）和式（3.3-4），得

$$\theta_{i+1}^{L}=\theta_{i}^{R}+M_{i}^{R}\left(\frac{l}{EI}\right)_{i}-V_{i}^{R}\left(\frac{l^{2}}{2EI}\right)_{i} \tag{3.3-5}$$

$$y_{i+1}^{\mathrm{L}}=y_i^{\mathrm{R}}+\theta_i^{\mathrm{R}}l_i+M_i^{\mathrm{L}}\left(\frac{l^2}{2EI}\right)_i-V_i^{\mathrm{R}}\left(\frac{l^3}{6EI}\right)_i \tag{3.3-6}$$

将式（3.3-3）~式（3.3-6）写为矩阵形式

$$\begin{bmatrix}-V\\M\\\theta\\y\end{bmatrix}_{i+1}^{\mathrm{L}}=\begin{bmatrix}1&0&0&0\\l&1&0&0\\\dfrac{l^2}{2EI}&\dfrac{l}{EI}&1&0\\\dfrac{l^3}{6EI}&\dfrac{l^2}{2EI}&l&1\end{bmatrix}_i\begin{bmatrix}-V\\M\\\theta\\y\end{bmatrix}_i^{\mathrm{R}} \tag{3.3-7}$$

式中，右边第一个矩阵就是 l_i 段梁的场传递矩阵。

分析 m_i 的分离体

$$V_i^{\mathrm{R}}=V_i^{\mathrm{L}}-m_i\omega^2y_i$$

$$M_i^{\mathrm{R}}=M_i^{\mathrm{L}}$$

$$\theta_i^{\mathrm{R}}=\theta_i^{\mathrm{L}}$$

$$y_i^{\mathrm{R}}=y_i^{\mathrm{L}}$$

将以上四式写为矩阵形式

$$\begin{bmatrix}-V\\M\\\theta\\y\end{bmatrix}_i^{\mathrm{R}}=\begin{bmatrix}1&0&0&m\omega^2\\0&1&0&0\\0&0&1&0\\0&0&0&1\end{bmatrix}_i\begin{bmatrix}-V\\M\\\theta\\y\end{bmatrix}_i^{\mathrm{L}} \tag{3.3-8}$$

式（3.3-8）右边第一个矩阵就是代表 m_i 动态特性的点传递矩阵，将式（3.3-8）代入式（3.3-7），得

$$\begin{bmatrix}-V\\M\\\theta\\y\end{bmatrix}_{i+1}^{\mathrm{L}}=\begin{bmatrix}1&0&0&m\omega^2\\l&1&0&m\omega^2l\\\dfrac{l^2}{2EI}&\dfrac{l}{EI}&1&m\omega^2\dfrac{l^2}{2EI}\\\dfrac{l^3}{6EI}&\dfrac{l^2}{2EI}&1&\left(1+\dfrac{m\omega^2l^3}{6EI}\right)\end{bmatrix}_i\begin{bmatrix}-V\\M\\\theta\\y\end{bmatrix}_i^{\mathrm{L}} \tag{3.3-9}$$

式（3.3-9）右边第一个矩阵就是梁第 i 段传递矩阵。对于任何频率 ω，式（3.3-9）都能够从梁最左边的边界 1 起运算到最右边的边界 n，即

$$\begin{bmatrix}-V\\M\\\theta\\y\end{bmatrix}_n=\begin{bmatrix}u_{11}&u_{12}&u_{13}&u_{14}\\u_{21}&u_{22}&u_{23}&u_{24}\\u_{31}&u_{32}&u_{33}&u_{34}\\u_{41}&u_{42}&u_{43}&u_{44}\end{bmatrix}_i\begin{bmatrix}-V\\M\\\theta\\y\end{bmatrix}_1 \tag{3.3-10}$$

式（3. 3-10）右边第一个矩阵是梁离散后各段传递矩阵的乘积。

一般梁两端的边界条件总是已知的，因此满足边界条件的频率 ω 就是梁的固有频率，如图 3. 3-2 所示悬臂梁，边界条件为

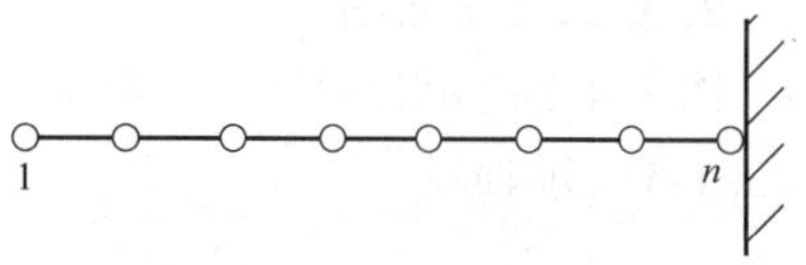

图 3. 3-2　悬臂梁

$$y_n=0,\ \theta_n=0;\ M_1=0,\ V_1=0$$

且设 $y_1=1$，式（3. 3-10）就成为

$$\begin{bmatrix}-V\\M\\\theta\\y\end{bmatrix}_n=\begin{bmatrix}- & - & - & -\\- & - & - & -\\- & - & u_{33} & u_{34}\\- & - & u_{43} & u_{44}\end{bmatrix}_i\begin{bmatrix}0\\0\\\theta\\1\end{bmatrix}_1 \tag{3. 3-11}$$

式中，u_{ij} 皆为频率 ω 的函数。

梁的固有频率必须满足方程

$$\begin{cases}0=u_{33}\theta+u_{34}\\0=u_{43}\theta+u_{44}\end{cases}$$

式中，$\theta=-\dfrac{u_{34}}{u_{43}}$。即该悬臂梁的边界行列式为

$$D(\omega)=\begin{vmatrix}u_{33} & u_{34}\\u_{43} & u_{44}\end{vmatrix}=0$$

也即

$$y_n=-\frac{u_{34}}{u_{33}}u_{43}+u_{44}=0$$

画出 y_n 相对于 ω 的曲线，$y_n=0$ 处的 ω 值就是该悬臂梁的固有频率。

3. 4　重复结构的传递矩阵

3. 4. 1　几种典型重复结构的传递矩阵

1. 第一类子系统

图 3. 4-1 所示为由弹簧-质量串联成的子系统。

由式（3. 1-3）可得其状态矢量的传递关系：

$$\begin{bmatrix}F\\x\end{bmatrix}_n=\begin{bmatrix}1-\dfrac{\omega^2m}{k} & -\omega^2m\\\dfrac{1}{k} & 1\end{bmatrix}\begin{bmatrix}F\\x\end{bmatrix}_{n-1} \tag{3. 4-1}$$

式中，右边第一个矩阵就是该子系统的传递矩阵。

2. 第二类子系统

图 3. 4-2 所示为弹簧 k 与阻尼 c 并联后再与质量块 m 串联的子系统，该子系统类似于如图 3. 1-5 所示轴段。

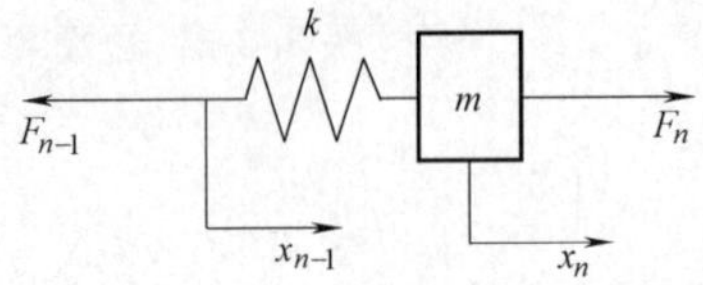

图 3. 4-1　第一类子系统

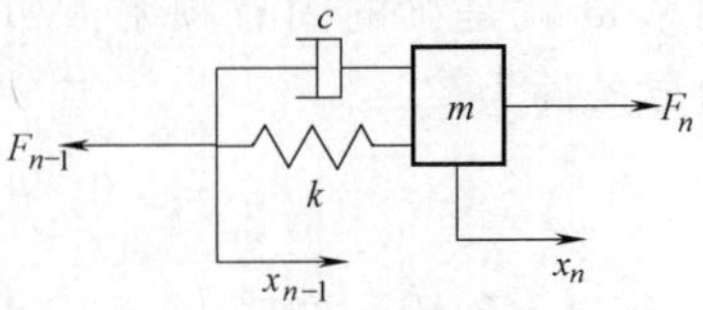

图 3. 4-2　第二类子系统

令式（3. 1-9）中的外阻尼 $c=0$，内阻尼 $g=c$，可得其状态矢量的传递关系

$$\begin{bmatrix} F \\ x \end{bmatrix}_n = \begin{bmatrix} 1-\dfrac{\omega^2 m}{k+\mathrm{i}\omega c} & -\omega^2 m \\ \dfrac{1}{k+\mathrm{i}\omega c} & 1 \end{bmatrix} \begin{bmatrix} F \\ x \end{bmatrix}_{n-1} \tag{3. 4-2}$$

3. 第三类子系统

如图 3. 4-3a 所示子系统中弹簧 k_1 与阻尼 c 串联再与弹簧 k 并联。质量块 m 的受力分析如图 3. 4-3c 所示，有

$$F_n = F_n^{\mathrm{R}} = F_n^{\mathrm{L}} - m\omega^2 x_n \tag{3. 4-3}$$

在弹簧 k_1 与阻尼 c 之间增设一个辅助坐标 x_i（图 3. 4-3b），弹簧 k_1 与阻尼 c 的受力相同，有

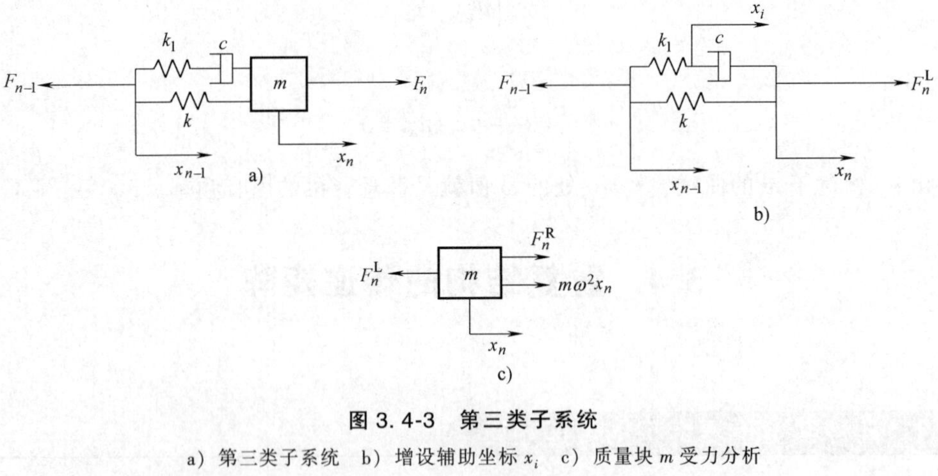

图 3. 4-3　第三类子系统

a）第三类子系统　b）增设辅助坐标 x_i　c）质量块 m 受力分析

$$F_{k1} = F_c$$

即

$$(x_i - x_{n-1})k_1 = c(\dot{x}_n - \dot{x}_i)$$

系统的各阶主振均为简谐振动，故可设

$$x = A\mathrm{e}^{\mathrm{i}\omega t}$$

于是

$$(x_i - x_{n-1})k_1 = c(\dot{x}_n - \dot{x}_i) = \mathrm{i}\omega c(x_n - x_i) \tag{3. 4-4}$$

可得

$$x_i = \frac{\mathrm{i}\omega c}{k_1+\mathrm{i}\omega c}x_n + \frac{k_1}{k_1+\mathrm{i}\omega c}x_{n-1} \tag{3.4-5}$$

由图 3.4-3b 所示可知

$$F_n^{\mathrm{L}} = k(x_n - x_{n-1}) + c(\dot{x}_n - \dot{x}_i) \tag{3.4-6}$$

将式（3.4-5）代入式（3.4-6），得

$$F_n^{\mathrm{L}} = \frac{kk_1+\mathrm{i}\omega c(k+k_1)}{k_1+\mathrm{i}\omega c}(x_n - x_{n-1}) \tag{3.4-7}$$

将式（3.4-3）写为矩阵形式

$$\begin{bmatrix} F \\ x \end{bmatrix}_n = \begin{bmatrix} 1 & -\omega^2 m \\ 0 & 1 \end{bmatrix}\begin{bmatrix} F \\ x \end{bmatrix}_n^{\mathrm{L}} \tag{3.4-8}$$

式中，右边第一个矩阵就是代表质量块 m 动态特性的点传递矩阵。

将式（3.4-7）写为矩阵形式

$$\begin{bmatrix} F \\ x \end{bmatrix}_n^{\mathrm{L}} = \begin{bmatrix} 1 & 0 \\ \dfrac{k_1+\mathrm{i}\omega c}{kk_1+\mathrm{i}\omega c(k+k_1)} & 1 \end{bmatrix}\begin{bmatrix} F \\ x \end{bmatrix}_{n-1} \tag{3.4-9}$$

式中，右边第一个矩阵就是代表弹簧 k_1 与阻尼 c 串联再与弹簧 k 并联后的弹性阻尼特性的场传递矩阵。将式（3.4-9）代入式（3.4-8），得

$$\begin{bmatrix} F \\ x \end{bmatrix}_n = \begin{bmatrix} 1-\dfrac{\omega^2 m(k_1+\mathrm{i}\omega c)}{kk_1+\mathrm{i}\omega c(k+k_1)} & -\omega^2 m \\ \dfrac{k_1+\mathrm{i}\omega c}{kk_1+\mathrm{i}\omega c(k+k_1)} & 1 \end{bmatrix}\begin{bmatrix} F \\ x \end{bmatrix}_{n-1} \tag{3.4-10}$$

式中，右边第一个矩阵就是该子系统的传递矩阵。

上述三类子系统的传递矩阵。可以统一为

$$\boldsymbol{T} = \begin{bmatrix} A & B \\ C & D \end{bmatrix} \tag{3.4-11}$$

且 $|\boldsymbol{T}|=1$，即

$$AD-BC=1 \tag{3.4-12}$$

3.4.2 求解重复结构

当系统有 n 个相同的分段（子系统）时，有

$$\begin{bmatrix} F \\ x \end{bmatrix}_n = \boldsymbol{T}^n\begin{bmatrix} F \\ x \end{bmatrix}_0 \tag{3.4-13}$$

设 μ 是传递矩阵 $\boldsymbol{T}$ 的特征值，$\boldsymbol{\xi}$ 是 $\boldsymbol{T}$ 的特征矢量，有

$$\boldsymbol{T\xi}-\mu\boldsymbol{\xi}=\boldsymbol{0} \tag{3.4-14}$$

其特征方程为

$$\begin{vmatrix} A-\mu & B \\ C & D-\mu \end{vmatrix}=0 \tag{3.4-15}$$

解得

$$\mu_{1,2}=\frac{1}{2}(A+D)\pm\sqrt{\frac{1}{4}(A+D)^2-1} \tag{3.4-16}$$

特征矢量

$$\begin{aligned} \left(\frac{\xi_1}{\xi_2}\right)_1 &= \frac{B}{\mu_1-A}=r_1 \\ \left(\frac{\xi_1}{\xi_2}\right)_2 &= \frac{B}{\mu_2-A}=r_2 \end{aligned} \tag{3.4-17}$$

两阶特征矢量组成的矩阵

$$\boldsymbol{P}=\begin{bmatrix} r_1 & r_2 \\ 1 & 1 \end{bmatrix} \tag{3.4-18}$$

因此有

$$\boldsymbol{TP}=\boldsymbol{P\Lambda} \tag{3.4-19}$$

式中，$\boldsymbol{\Lambda}$ 为特征值矩阵 $\begin{bmatrix} \mu_1 & 0 \\ 0 & \mu_2 \end{bmatrix}$。

式（3.4-19）两边右乘 $\boldsymbol{P}^{-1}$，得

$$\boldsymbol{T}=\boldsymbol{P\Lambda P}^{-1} \tag{3.4-20}$$

式（3.4-20）两边平方

$$\boldsymbol{T}^2=\boldsymbol{P\Lambda P}^{-1}\boldsymbol{P\Lambda P}^{-1}=\boldsymbol{P\Lambda}^2\boldsymbol{P}^{-1} \tag{3.4-21}$$

式中，$\boldsymbol{\Lambda}^2=\begin{bmatrix} \mu_1^2 & 0 \\ 0 & \mu_2^2 \end{bmatrix}$。

类推得

$$\boldsymbol{T}^n=\boldsymbol{P\Lambda}^n\boldsymbol{P}^{n-1}=\begin{bmatrix} t_{11} & t_{12} \\ t_{21} & t_{22} \end{bmatrix} \tag{3.4-22}$$

式中，$\boldsymbol{\Lambda}^n=\begin{bmatrix} \mu_1^n & 0 \\ 0 & \mu_2^n \end{bmatrix}$。

将式（3.4-22）代入式（3.4-13），得

$$\begin{bmatrix} F \\ x \end{bmatrix}_n=\boldsymbol{T}^n\begin{bmatrix} F \\ x \end{bmatrix}_0=\begin{bmatrix} t_{11} & t_{12} \\ t_{21} & t_{22} \end{bmatrix}\begin{bmatrix} F \\ x \end{bmatrix}_0 \tag{3.4-23}$$

只要求出子系统传递矩阵 $\boldsymbol{T}$ 的特征值 μ_1、μ_2 和特征矢量比值 r_1、r_2，就可组成 $\boldsymbol{P}$ 和特

征值矩阵 $\boldsymbol{\Lambda}$，即可按式（3.4-22）算出 t_{11}、t_{12}、t_{21}、t_{22} 诸元素，它们都是频率 ω 的函数，只要式（3.4-23）满足边界条件，就可求出系统的固有频率 ω。无论系统自由度数多大，都只研究二阶的传递矩阵 $\boldsymbol{T}$，大大减少了计算工作量。

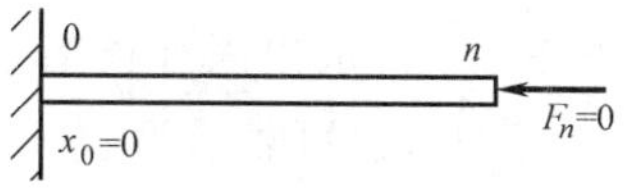

图 3.4-4 悬臂梁

例 3.4-1 求如图 3.4-4 所示悬臂梁纵向振动的固有频率。

解：系统边界条件：$x_0=0$，$F_n=0$。由式（3.4-23）及边界条件可得

$$F_n=t_{11}F_0=0$$

在振动状态下固定端轴向力不可能为零，即 $F_n\neq 0$，则必有

$$t_{11}=0$$

式中，t_{11} 是 ω 的函数，由此可求出系统固有频率 ω。

若设自由端位移 $x_n=1$，则由式（3.4-23）得

$$x_n=t_{21}F_0=1$$

即

$$F_0=\frac{1}{t_{21}}$$

这就是当 $x_n=1$ 时固定端轴向力 F_0 的值。

3.5 差分方程

差分方程（Difference Equation）是一种解决重复型结构振动的方法，例如，可以解决高层建筑振动、链条振动等问题。如图 3.5-1 所示高层建筑（N 层），每层质量为 m，侧向刚度为 k。

对第 n 层，有运动方程

$$m\ddot{x}_n=k(x_{n+1}-x_n)-k(x_n-x_{n-1}) \tag{3.5-1}$$

对于谐振 $\ddot{x}_n=-\omega^2x_n$，式（3.5-1）可表示为

$$-\omega^2mx_n=kx_{n+1}-2kx_n+kx_{n-1}$$

即

$$x_{n+1}-2\left(1-\frac{\omega^2m}{2k}\right)x_n+x_{n-1}=0 \tag{3.5-2}$$

这就是差分方程。

设 $x_n=\mathrm{e}^{\mathrm{i}\beta n}$，代入式（3.5-2）得

$$\mathrm{e}^{\mathrm{i}\beta(n+1)}-2\left(1-\frac{\omega^2m}{2k}\right)\mathrm{e}^{\mathrm{i}\beta n}+\mathrm{e}^{\mathrm{i}\beta(n-1)}=0$$

于是

$$1-\frac{\omega^2m}{2k}=\frac{\mathrm{e}^{\mathrm{i}\beta}+\mathrm{e}^{-\mathrm{i}\beta}}{2}=\cos\beta$$

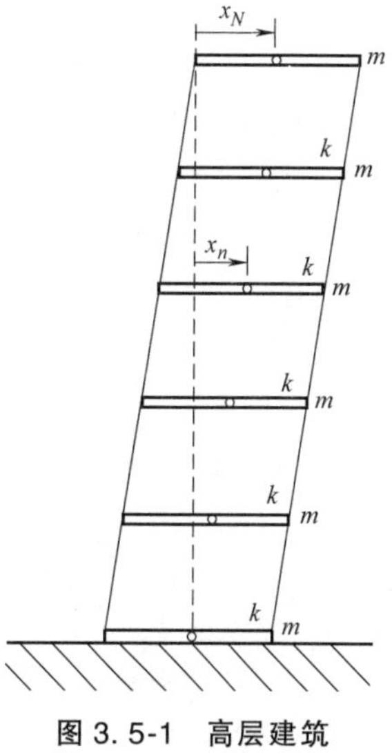

图 3.5-1 高层建筑

$$\frac{\omega^2 m}{k}=2(1-\cos\beta)=4\sin^2\frac{\beta}{2} \tag{3.5-3}$$

若知 β，则可求出固有频率 ω。下面介绍如何求 β。

x_0 的通解可表示为

$$x_n=A\cos\beta n+B\sin\beta n \tag{3.5-4}$$

式中，A、B 由边界条件给定，如在基础处有

$$n=0,\ x_0=0$$

因此

$$A=0$$

在顶层处 $n=N$，且

$$m\ddot{x}_N=-k(x_N-x_{N-1})$$

故

$$x_{N-1}=\left(1-\frac{\omega^2 m}{k}\right)x_N \tag{3.5-5}$$

将式（3.5-3）及（3.5-4）代入式（3.5-5）得

$$B\sin\beta(N-1)=[1-2(1-\cos\beta)]B\sin\beta N=2(\cos\beta-1)B\sin\beta N \tag{3.5-6}$$

且

$$\sin\beta(N-1)=\sin\beta N\cos\beta-\cos\beta N\sin\beta$$

式（3.5-6）移项合并后为

$$\sin\beta N\cos\beta+\cos\beta N\sin\beta-\sin\beta N=0 \tag{3.5-7}$$

且

$$\sin\beta N\cos\beta+\cos\beta N\sin\beta=\sin\beta(n+1)$$

于是式（3.5-7）成为

$$\sin\beta(N+1)-\sin\beta N=0$$

和差化积得

$$2\cos\beta\left(N+\frac{1}{2}\right)\sin\frac{\beta}{2}=0$$

由式（3.5-3）知

$$\sin\frac{\beta}{2}\neq 0$$

于是必有

$$\cos\beta\left(N+\frac{1}{2}\right)=0$$

即

$$\beta\left(N+\frac{1}{2}\right)=\frac{\pi}{2},\ \frac{3\pi}{2},\ \frac{5\pi}{2},\ \cdots$$

因此

$$\frac{\beta}{2}=\frac{\pi}{2(2N+1)},\ \frac{3\pi}{2(2N+1)},\ \frac{5\pi}{2(2N+1)} \tag{3.5-8}$$

由式（3.5-3）

$$\omega = 2\sqrt{\frac{k}{m}}\sin\frac{\beta}{2} \tag{3.5-9}$$

于是

$$\omega_1 = 2\sqrt{\frac{k}{m}}\sin\frac{\pi}{2(2N+1)}$$

$$\omega_2 = 2\sqrt{\frac{k}{m}}\sin\frac{3\pi}{2(2N+1)}$$

$$\vdots$$

$$\omega_N = 2\sqrt{\frac{k}{m}}\sin\frac{(2N-1)\pi}{2(2N+1)}$$

当 $N=4$ 时

$$\omega_1 = 2\sqrt{\frac{k}{m}}\sin\frac{\pi}{2(2\times4+1)} = 2\sqrt{\frac{k}{m}}\sin10^\circ$$

$$\omega_2 = 2\sqrt{\frac{k}{m}}\sin30^\circ$$

$$\omega_3 = 2\sqrt{\frac{k}{m}}\sin50^\circ$$

$$\omega_4 = 2\sqrt{\frac{k}{m}}\sin70^\circ$$

3.6 机电模拟

用来分析电路系统的一些定律和公式与用来分析振动的一些定律和公式有很多相似之处，因此可以把振动系统与电路系统联系起来，提出“机械网络”的概念，从而可以方便地移植电路理论中成熟的原理和方法来分析振动系统，或者以电路系统来模拟机械振动系统，非常方便地求解振动系统的特性和时间历程。

3.6.1 振动系统及其基本元件的阻抗与导纳

1. 机械阻抗与机械导纳的定义

1）机械阻抗：激励力的复数幅值与响应复数幅值之比。如图 3.6-1 所示为一单自由度振动系统，其作用外力为 $f(t)$，振动响应为 $x(t)$。

作用在系统上的激励力为

$$f(t) = |F|\mathrm{e}^{\mathrm{i}(\omega t+\alpha)} = \dot{F}\mathrm{e}^{\mathrm{i}\omega t}$$

式中，F 为力的复数幅值

$$F=|F|e^{i\alpha}$$

系统的位移

$$x(t)=|X|e^{i(\omega t+\beta)}=Xe^{i\omega t}$$

式中，X 为位移的复数幅值

$$X=|X|e^{i\beta}$$

于是位移阻抗

$$Z_D=\frac{|F|e^{i(\omega t+\alpha)}}{|X|e^{i(\omega t+\beta)}}=\frac{|F|}{|X|}e^{i(\alpha-\beta)}=\frac{F}{X} \tag{3.6-1}$$

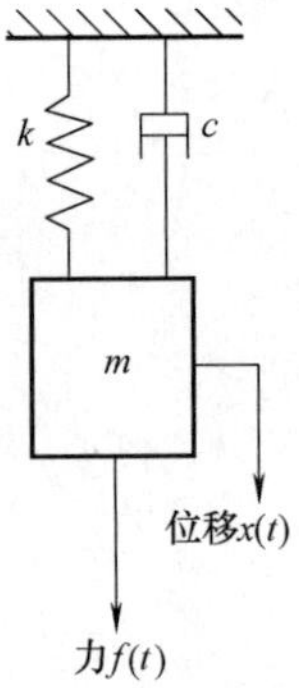

图 3.6-1 单自由度振动系统

位移阻抗反映了系统的刚度，又称为动刚度，一般为复数。

2）机械导纳：响应的复数幅值与激励力的复数幅值之比。如位移导纳为

$$H_D=\frac{1}{Z_D}=\frac{|F|}{|X|}e^{i(\beta-\alpha)}=\frac{X}{F} \tag{3.6-2}$$

位移导纳反映了系统的柔度，又称为动柔度，一般为复数。

3）响应也可用速度，加速度表示。相应地采用速度阻抗 Z_V，加速度阻抗 Z_A 和速度导纳 H_V，加速度导纳 H_A。

2. 振动系统基本元件的阻抗与导纳

质量元件的阻抗与导纳有：

① 质量元件的加速度阻抗及导纳。设

$$f_1(t)=F_1e^{i\omega t}$$

$$f_2(t)=F_2e^{i\omega t}$$

$$\ddot{x}(t)=\omega^2Xe^{i\omega t}$$

则质量元件的加速度阻抗（图 3.6-2）为

$$Z_A=\frac{F_1-F_2}{\omega^2X}=\frac{m\omega^2x}{\omega^2x}=m \tag{3.6-3}$$

质量元件的加速度导纳为

$$H_A=\frac{1}{m} \tag{3.6-4}$$

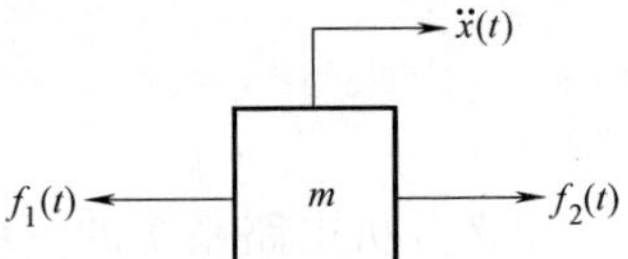

图 3.6-2 质量元件

② 质量元件的速度阻抗及导纳。由于

$$\dot{x}(t)=\frac{\ddot{x}(t)}{i\omega}$$

所以质量元件的速度阻抗为

$$Z_V=\frac{F_1-F_2}{\omega^2X/(i\omega)}=\frac{i\omega m\omega^2X}{\omega^2X}=i\omega m \tag{3.6-5}$$

质量元件的速度导纳为

$$H_V=1/(i\omega m)=-\frac{i}{\omega m} \tag{3.6-6}$$

③ 质量元件的位移阻抗及导纳。由于

$$x(t)=-\frac{\ddot{x}(t)}{\omega^2}$$

所以质量元件的位移阻抗为

$$Z_{\mathrm{D}}=\frac{F_1-F_2}{-\omega^2X/\omega^2}=-\frac{\omega^2m\omega^2x}{\omega^2x}=-\omega^2m \tag{3.6-7}$$

质量元件的位移导纳为

$$H_{\mathrm{D}}=-\frac{1}{\omega^2m} \tag{3.6-8}$$

弹簧元件和阻尼元件的机械阻抗及导纳可以由图 3.6-3 及图 3.6-4 所示按类似方法推导得出。机械振动系统弹簧、阻尼及质量三种基本元件的阻抗及导纳表达式见表 3.6-1。

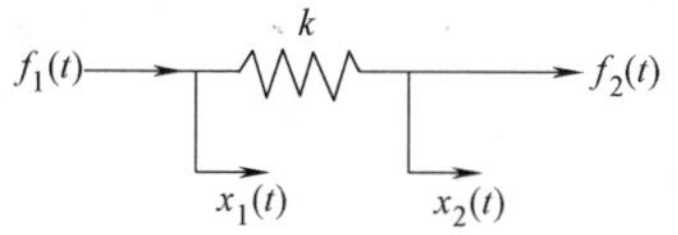

图 3.6-3 弹簧元件

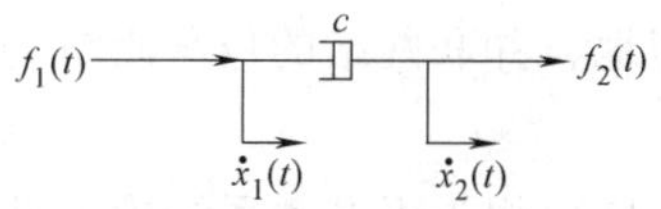

图 3.6-4 阻尼器元件

表 3.6-1 三种基本元件的阻抗及导纳

基本元件	阻抗			导纳		
	Z_{D}	Z_{V}	Z_{A}	H_{D}	H_{V}	H_{A}
弹簧	k	$k/\mathrm{i}\omega$	$-k/\omega^2$	$1/k$	$\mathrm{i}\omega/k$	$-\omega^2/k$
阻尼器	$\mathrm{i}\omega c$	c	$c/\mathrm{i}\omega$	$1/(\mathrm{i}\omega c)$	$1/c$	$\mathrm{i}\omega/c$
质量	$-\omega^2m$	$\mathrm{i}\omega m$	m	$-1/(\omega^2m)$	$1/(\mathrm{i}\omega m)$	$1/m$

3.6.2 机电类比与机械网络

1. 机电类比

振动系统可与电路系统相类比，因此，在谐波激励下的振动系统也可以像正弦电路一样，用网络理论来分析。

与电路网络相似，机械网络中也有两类元件：一类为有源元件，另一类为无源元件。有源元件又分力源和运动源，分别与电路中的电流源和电压源相对应。无源元件有弹簧、质量及阻尼器，分别与电路中的电感、电容及电导相当，而振动速度则与电压相对应，机械阻抗与机械导纳则分别与电导纳和电阻抗相对应。机电类比对应关系（导纳型机电模拟）见表 3.6-2。

表 3.6-2 机电类比对应关系（导纳型机电模拟）

振动系统	电路系统	振动系统	电路系统
激励力 $f(t)$	电流 $i(t)$	速度 $\dot{x}(t)$	电压 V
质量 m	电容 C	机械导纳 $\dot{X}/F$	电阻抗 V/I
弹簧柔度 $1/k$	电感 L	机械阻抗 $F/\dot{X}$	电导纳 I/V
阻尼 c	电导 $1/R$	冲量 I	电量 Q

2. 并联与串联

(1) 并联　如果网络中各子网络两端的速度相同(作用力可不相同)，则称为并联。并联网络如图 3.6-5 所示。

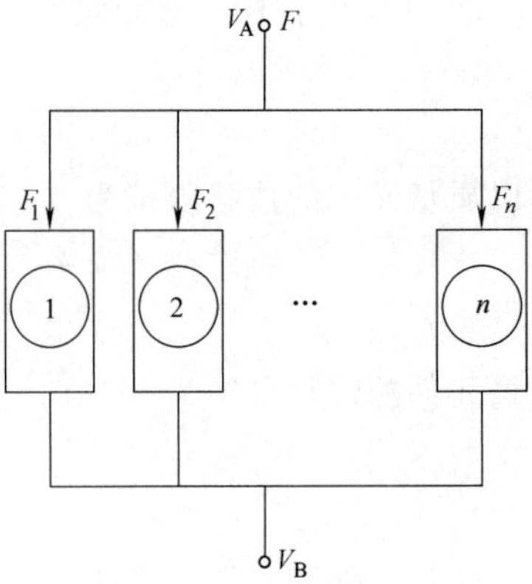

图 3.6-5　并联网络

整个网络的速度阻抗为

$$Z_V=\frac{F}{V_B-V_A}=\frac{F_1+F_2+\cdots+F_n}{V_B-V_A}=Z_{V1}+Z_{V2}+\cdots+Z_{Vn} \tag{3.6-9}$$

式中

$$Z_{Vi}=\frac{F_i}{V_B-V_A}\quad (i=1,2,\cdots,n) \tag{3.6-10}$$

即网络的总机械阻抗为各并联的子网络的阻抗之和。

类似地，并联网络的位移阻抗为

$$Z_D=Z_{D1}+Z_{D2}+\cdots+Z_{Dn} \tag{3.6-11}$$

式 (3.6-11) 相当于振动系统中的并联弹簧等效刚度公式

$$K_e=k_1+k_1+\cdots k_n$$

并联网络的加速度阻抗为

$$Z_A=Z_{A1}+Z_{A2}+\cdots+Z_{An} \tag{3.6-12}$$

(2) 串联　如果网络中各子网络所受的力相同（速度可不同），则称为串联。如图 3.6-6 所示串联系统中，整个网络的速度导纳为

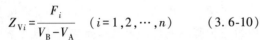

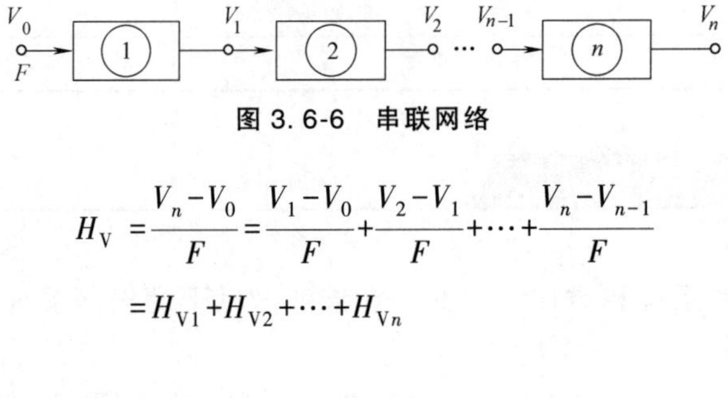

图 3.6-6　串联网络

$$H_V=\frac{V_n-V_0}{F}=\frac{V_1-V_0}{F}+\frac{V_2-V_1}{F}+\cdots+\frac{V_n-V_{n-1}}{F}$$
$$=H_{V1}+H_{V2}+\cdots+H_{Vn} \tag{3.6-13}$$

式中，

$$H_{Vi}=V_i-V_{i-1}/F_i\ (i=1,\ 2,\ \cdots,\ n) \tag{3.6-14}$$

即网络中的总的机械导纳为各串联的子网络的导纳之和。

类似地，串联网络的位移导纳为

$$H_D=H_{D1}+H_{D2}+\cdots+H_{Dn} \tag{3.6-15}$$

式 (3.6-15) 相当于振动系统中的串联弹簧等效刚度公式

$$\frac{1}{K_e}=\frac{1}{k_1}+\frac{1}{k_2}+\cdots+\frac{1}{k_n}$$

串联网络的加速度导纳为

$$H_A=H_{A1}+H_{A2}+\cdots+H_{An} \tag{3.6-16}$$

3. 机械网络图

① 力流。在机电类比中，将力类比为电流，即可将作用在振动系统中各处的力想象为

力在机械网络中流动。对一个并联系统而言，力相加相当于力流有分支；对串联系统，各处力相等，即力无分流。

② 质量接地。只讨论质量块相对于惯性空间的运动，而惯性空间可以是运动速度为零的接地点。

图 3. 6-7a 所示为一质量块在作用力 $f_1(t)$、$f_2(t)$ 作用下产生运动 $\dot{x}(t)$，可将网络中的质量块表示成如图 3. 6-7b 所示，即将其一端接地。根据表 3. 6-2 所示的对应关系，质量块所对应的电容及有关的电量如图 3. 6-7c 所示。

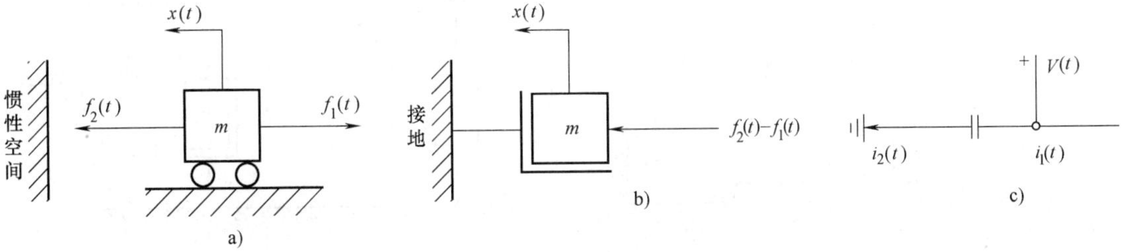

图 3. 6-7　质量接地

绘制机械网络图的一般规则如下：

1）将有源元件画在左边，无源元件画在右边，力源和速度源的符号与电流源和电压源的符号类似。

2）系统中遇到质量块时，将质量块拉出并接地，各接地点用一根“地线”连接。

3）同一节点上的速度（相当于电压）相同，同一回路中的力流（相当于电流）相同。

例 3. 6-1　画出如图 3. 6-8a 所示单自由振动系统的机械网络和模拟电路图。

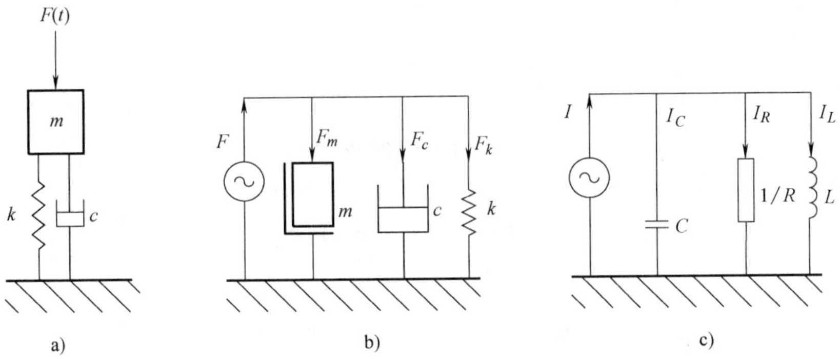

图 3. 6-8　单自由度振动系统的机械网络图和模拟电路图

a）力学模型图　b）机械网络图　c）模拟电路图

解：如图 3. 6-8a 所示为一单自由振动系统，图 3. 6-8b 所示为其机械网络图。因为作用在系统上的力由三个元件（质量、弹簧和阻尼器）同时分担，力流一分为三，三个元件的运动速度相等，质量按接地处理，因此得到一个并联系统。其相似电路图如图 3. 6-8c 所示。

例 3. 6-2　计算如图 3. 6-8a 所示系统的机械阻抗与导纳。

解：该系统是并联系统（m，c，k 三个元件并联），故可求得系统的位移阻抗为

$$Z_{\mathrm{D}}=Z_{\mathrm{D}k}+Z_{\mathrm{D}c}+Z_{\mathrm{D}m}=k+\mathrm{i}\omega c-\omega^2 m$$

系统的位移导纳

$$H_{\mathrm{D}}=\frac{1}{Z_{\mathrm{D}}}=\frac{1}{k+\mathrm{i}\omega c-\omega^2 m}$$

例 3.6-3 求如图 3.6-9a 所示系统的机械阻抗与导纳。

解：画出如图 3.6-9b 所示系统的机械网络图，如图 3.6-9b 所示，是一个串、并联系统。

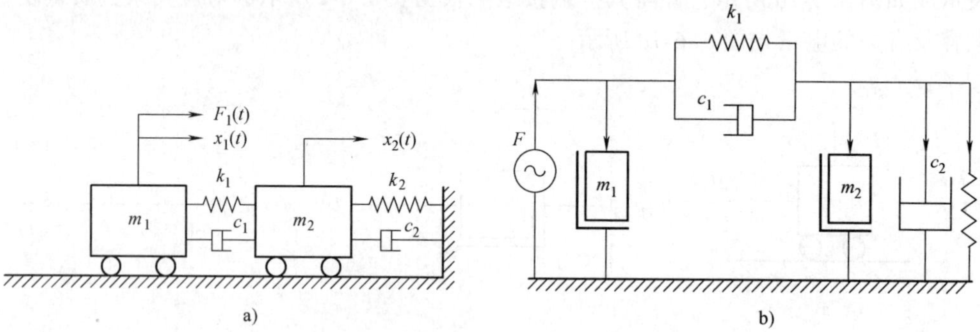

图 3.6-9 两自由度振动系统

a）力学模型 b）机械网络图

设 Z_1 为元件 k_1、c_1 并联的阻抗

$$Z_1=Z_{k1}+Z_{c1}=k_1+\mathrm{i}\omega c_1 \tag{a}$$

Z_2 为元件 m_2、k_2、c_2 并联的阻抗

$$Z_2=Z_{k2}+Z_{m2}+Z_{c2}=k_2-\omega^2 m_2+\mathrm{i}\omega c_2 \tag{b}$$

Z_3 为 Z_1 与 Z_2 串联的阻抗

$$\frac{1}{Z_3}=\frac{1}{Z_1}+\frac{1}{Z_2} \tag{c}$$

Z 为系统的总位移阻抗（m_1 与 Z_3 并联）

$$Z=Z_{m1}+Z_3=-\omega^2 m_1+Z_3 \tag{d}$$

将式（a）、式（b）代入式（c），再将式（c）代入式（d），得

$$Z=-\omega^2 m_1+\frac{(k_2-\omega^2 m_2+\mathrm{i}\omega c_2)(k_1+\mathrm{i}\omega c_1)}{k_1+k_2+\mathrm{i}\omega c_1+\mathrm{i}\omega c_2-\omega^2 m_2}$$

$$=\frac{(k_2-\omega^2 m_2+\mathrm{i}\omega c_2)(k_1+\mathrm{i}\omega c_1-\omega^2 m_1)-\omega^2 m_1(k_1+\mathrm{i}\omega c_1)}{k_1+k_2+\mathrm{i}\omega(c_1+c_2)-\omega^2 m_2}$$

系统的位移导纳为

$$H=\frac{1}{Z}=\frac{k_1+k_2+\mathrm{i}\omega(c_1+c_2)-\omega^2 m_2}{(k_2-\omega^2 m_2+\mathrm{i}\omega c_2)(k_1+\mathrm{i}\omega c_1-\omega^2 m_1)-\omega^2 m_1(k_1+\mathrm{i}\omega c_1)}$$

3.7 机械阻抗综合法

将整体系统分解成若干子系统，建立各子系统的机械阻抗或导纳形式的运动方程；确定

子系统之间结合的约束条件，根据结合的约束条件将各子系统的运动方程耦合起来，从而得到整体系统的运动方程与振动特性。

3.7.1 由一个坐标连接两个子系统组成的系统

图 3.7-1a 所示为一个坐标连接两个子系统 A、B 构成的系统，已知子系统 A、B 在连接点的阻抗 $Z^{(A)}$、$Z^{(B)}$，求整个系统在连接点的阻抗 Z。

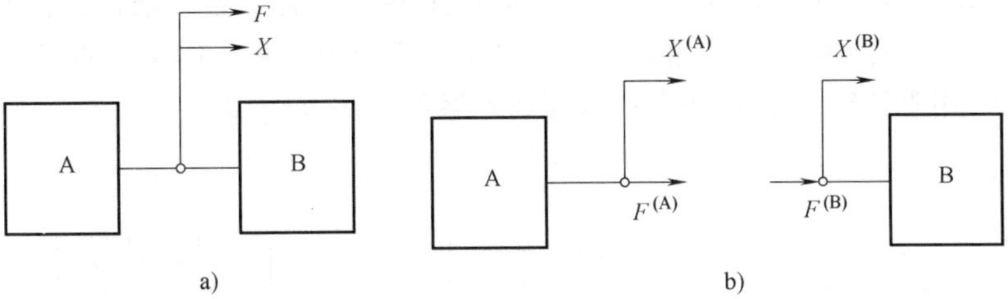

图 3.7-1 一个坐标连接两个子系统

a) 一个坐标连接两个子系统 A、B 构成的系统 b) A、B 两个系统

1) 分别写出 A、B 两个子系统阻抗形式表示的运动方程：

子系统 A：$F^{(A)}=Z^{(A)}X^{(A)}$

子系统 B：$F^{(B)}=Z^{(B)}X^{(B)}$

以上两式可写为矩阵形式

$$\begin{bmatrix}F^{(A)}\\F^{(B)}\end{bmatrix}=\begin{bmatrix}Z^{(A)}&0\\0&Z^{(B)}\end{bmatrix}\begin{bmatrix}X^{(A)}\\X^{(B)}\end{bmatrix}\tag{3.7-1}$$

2) 在连接点上的位移相容条件及力的平衡条件分别为

$$X=X^{(A)}=X^{(B)}$$
$$F=F^{(A)}+F^{(B)}$$

可分别写为矩阵形式

$$\begin{bmatrix}X^{(A)}\\X^{(B)}\end{bmatrix}=X\begin{bmatrix}1\\1\end{bmatrix}\tag{3.7-2}$$

$$F=[1\quad 1]\begin{bmatrix}F^{(A)}\\F^{(B)}\end{bmatrix}\tag{3.7-3}$$

将式（3.7-2）代入式（3.7-1），再将式（3.7-1）代入式（3.7-3），则可消去$\begin{bmatrix}X^{(A)}\\X^{(B)}\end{bmatrix}$、$\begin{bmatrix}F^{(A)}\\F^{(B)}\end{bmatrix}$，得系统阻抗形式的运动方程

$$F=[1\quad 1]\begin{bmatrix}Z^{(A)}&0\\0&Z^{(B)}\end{bmatrix}\begin{bmatrix}1\\1\end{bmatrix}X\tag{3.7-4}$$

或

$$F=(Z^{(A)}+Z^{(B)})X\tag{3.7-5}$$

由此可得系统在连接点的阻抗

$$Z=\frac{F}{X}=Z^{(A)}+Z^{(B)} \tag{3.7-6}$$

也可表示为

$$X=\frac{F}{Z^{(A)}+Z^{(B)}} \tag{3.7-7}$$

当 $Z^{(A)}+Z^{(B)}=0$ 时，系统的 $X\to\infty$，即产生共振，满足这一条件，称两个子系统的阻抗 $Z^{(A)}$ 与 $Z^{(B)}$ 是匹配的。利用这一点，可由子系统阻抗求整体系统的固有频率。

例 3.7-1 用阻抗综合法求如图 3.7-2a 所示系统的固有频率。

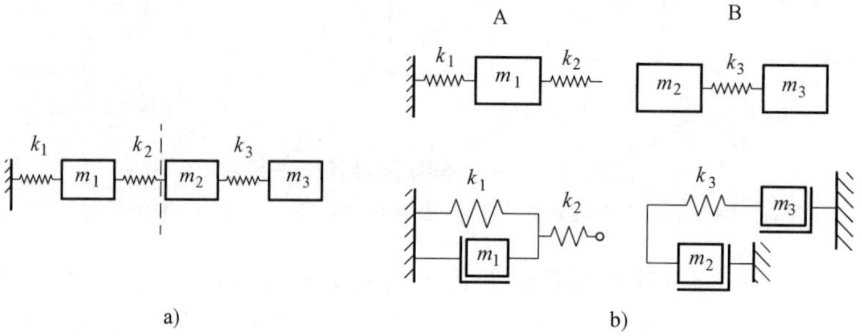

图 3.7-2 用阻抗综合法求解三自由度振动系统

a）三自由度振动系统 b）A、B 两个系统及其机械网络图

解： 从如图 3.7-2a 所示虚线处将系统切分为 A、B 两个子系统，如图 3.7-2b 所示。子系统 A 在连接点的阻抗为

$$Z^{(A)}=\frac{1}{H_{k2}+\dfrac{1}{Z_{k1}+Z_{m1}}}=\frac{1}{\dfrac{1}{k_2}+\dfrac{1}{k_1-\omega^2 m_1}}=\frac{k_2(k_1-\omega^2 m_1)}{k_1+k_2-\omega^2 m_1}$$

子系统 B 在连接点的阻抗为

$$Z^{(B)}=Z_{m2}+\frac{1}{H_{k3}+H_{m3}}=-\omega^2 m_2+\frac{1}{\dfrac{1}{k_3}-\dfrac{1}{\omega^2 m_3}}=\frac{-k_3 m_3\omega^2}{k_3-\omega^2 m_3}-\omega^2 m_2$$

令 $Z^{(A)}+Z^{(B)}=0$，得

$$\frac{-k_3 m_3\omega^2}{k_3-\omega^2 m_3}-\omega^2 m_2+\frac{k_2(k_1-\omega^2 m_1)}{k_1+k_2-\omega^2 m_3}=0$$

或

$$-k_3 m_3\omega^2(k_1+k_2-\omega^2 m_1)-m_2\omega^2(k_3-\omega^2 m_3)(k_1+k_2-\omega^2 m_1)$$

$$+k_2(k_1-\omega^2 m_1)(k_3-\omega^2 m_3)=0$$

由此可解出该三自由度系统的三阶固有频率 ω_1、ω_2 和 ω_3。

例 3.7-2 用阻抗综合法求如图 3.7-3a 所示扭转振动系统的固有频率。

解： 该扭转振动系统可切分为 A、B 两个子系统，如图 2.7-3b 所示。子系统 A 在连接

点的阻抗为

$$Z^{(A)}=Z_{I2}+\frac{1}{H_{k1}+H_{I1}}=-\omega^2 I_2+\frac{1}{\frac{1}{k_1}-\frac{1}{\omega^2 I_1}}$$

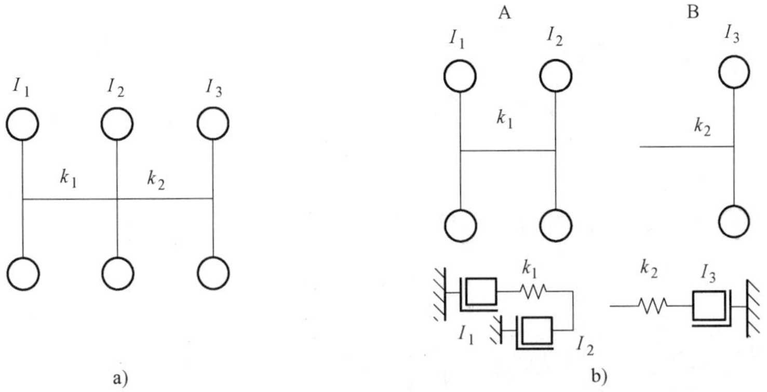

图 3.7-3　用阻抗综合法求解三自由度扭转振动系统

a）三自由度扭转振动系统　b）A、B 两个系统及其机械网络图

子系统 B 在连接点的阻抗为

$$Z^{(B)}=\frac{1}{H_{k2}+H_{I3}}=\frac{1}{\frac{1}{k_2}-\frac{1}{\omega^2 I_3}}=-\frac{\omega^2 I_3 k_2}{k_2-\omega^2 I_3}$$

令 $Z^{(A)}+Z^{(B)}=0$，得系统频率方程为

$$\frac{I_1 I_2 I_3}{k_1 k_2}\omega^4-\left(\frac{I_1 I_3+I_2 I_3}{k_2}+\frac{I_1 I_2+I_1 I_3}{k_1}\right)\omega^2+I_1+I_2+I_3=0$$

由此可解出系统的固有频率（未包括刚体振型 $\omega_1=0$）。

3.7.2 由两个坐标连接两个子系统组成的系统

图 3.7-4a 所示为由两个坐标连接两个子系统 A、B 构成的系统。

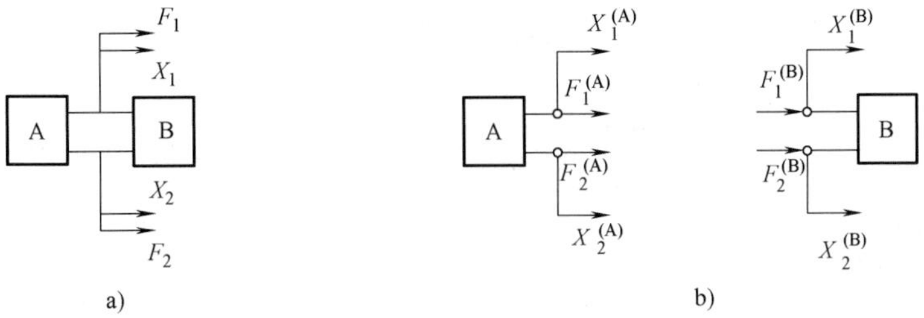

图 3.7-4　两个坐标连接两个子系统

a）两个坐标连接两个子系统 A、B 构成的系统　b）A、B 两个系统

1）分别写出子系统 A、B 用阻抗矩阵表示的运动方程。子系统 A 用阻抗矩阵表示的运动方程为

$$\boldsymbol{F}^{(\mathrm{A})}=\boldsymbol{Z}^{(\mathrm{A})}\boldsymbol{X}^{(\mathrm{A})} \tag{3.7-8}$$

式中，$\boldsymbol{Z}^{(\mathrm{A})}$ 为子系统 A 的阻抗矩阵。

子系统 B 用阻抗矩阵表示的运动方程为

$$\boldsymbol{F}^{(\mathrm{B})}=\boldsymbol{Z}^{(\mathrm{B})}\boldsymbol{X}^{(\mathrm{B})} \tag{3.7-9}$$

式（3.7-8）和式（3.7-9）可综合为

$$\begin{bmatrix}\boldsymbol{F}^{(\mathrm{A})}\\ \boldsymbol{F}^{(\mathrm{B})}\end{bmatrix}=\begin{bmatrix}\boldsymbol{Z}^{(\mathrm{A})} & 0\\ 0 & \boldsymbol{Z}^{(\mathrm{B})}\end{bmatrix}\begin{bmatrix}\boldsymbol{X}^{(\mathrm{A})}\\ \boldsymbol{X}^{(\mathrm{B})}\end{bmatrix} \tag{3.7-10}$$

2）子系统 A、B 在连接点的约束条件。位移相容条件

$$\boldsymbol{X}^{(\mathrm{A})}=\boldsymbol{X}^{(\mathrm{B})}=\boldsymbol{X} \tag{3.7-11}$$

式中，$\boldsymbol{X}=\begin{bmatrix}\boldsymbol{X}_1\\ \boldsymbol{X}_2\end{bmatrix}$。

力的平衡条件

$$\boldsymbol{F}^{(\mathrm{A})}+\boldsymbol{F}^{(\mathrm{B})}=\boldsymbol{F} \tag{3.7-12}$$

式中，$\boldsymbol{F}=\begin{bmatrix}\boldsymbol{F}_1\\ \boldsymbol{F}_2\end{bmatrix}$。

式（3.7-11）和式（3.7-12）可归纳为“约束方程”

$$\begin{bmatrix}\boldsymbol{X}^{(\mathrm{A})}\\ \boldsymbol{X}^{(\mathrm{B})}\end{bmatrix}=\begin{bmatrix}\boldsymbol{X}\\ \boldsymbol{X}\end{bmatrix} \tag{3.7-13}$$

$$[\mathbf{1}\cdots\mathbf{1}]\begin{bmatrix}\boldsymbol{F}^{(\mathrm{A})}\\ \boldsymbol{F}^{(\mathrm{B})}\end{bmatrix}=\boldsymbol{F} \tag{3.7-14}$$

式中，$\mathbf{1}$ 为 2×2 阶单位矩阵。

3）建立整体系统的运动方程。将式（3.7-13）代入式（3.7-10），再将式（3.7-10）代入（3.7-14），即可消去$\begin{bmatrix}\boldsymbol{F}^{(\mathrm{A})}\\ \boldsymbol{F}^{(\mathrm{B})}\end{bmatrix}$及$\begin{bmatrix}\boldsymbol{X}^{(\mathrm{A})}\\ \boldsymbol{X}^{(\mathrm{B})}\end{bmatrix}$，得到整体系统阻抗形式的运动方程

$$\boldsymbol{F}=[\mathbf{1}\cdots\mathbf{1}]\begin{bmatrix}\boldsymbol{Z}^{(\mathrm{A})} & 0\\ 0 & \boldsymbol{Z}^{(\mathrm{B})}\end{bmatrix}\begin{bmatrix}\boldsymbol{X}^{(\mathrm{A})}\\ \boldsymbol{X}^{(\mathrm{B})}\end{bmatrix}=(\boldsymbol{Z}^{(\mathrm{A})}+\boldsymbol{Z}^{(\mathrm{B})})\boldsymbol{X} \tag{3.7-15}$$

或

$$\boldsymbol{F}=\boldsymbol{Z}\boldsymbol{X} \tag{3.7-16}$$

式中

$$\boldsymbol{Z}=\boldsymbol{Z}^{(\mathrm{A})}+\boldsymbol{Z}^{(\mathrm{B})}$$

即为系统的阻抗矩阵。

4）动刚度综合法。在自由振动下，$\boldsymbol{F}=\mathbf{0}$，由式（3.7-16）得

$$\boldsymbol{ZX}=\boldsymbol{0} \tag{3.7-17}$$

由于 $\boldsymbol{X}$ 必须为非零矢量，因此得系统的固有频率方程为

$$\det\boldsymbol{Z}=0 \tag{3.7-18}$$

5）动柔度综合法。采用子系统的导纳矩阵表示运动方程。

子系统 A 的运动方程

$$\boldsymbol{X}^{(A)}=\boldsymbol{H}^{(A)}\boldsymbol{F}^{(A)} \tag{3.7-19}$$

子系统 B 的运动方程

$$\boldsymbol{X}^{(B)}=\boldsymbol{H}^{(B)}\boldsymbol{F}^{(B)} \tag{3.7-20}$$

式（3.7-19）和式（3.7-20）中，$\boldsymbol{H}^{(A)}$、$\boldsymbol{H}^{(B)}$ 分别为子系统 A、B 的导纳矩阵。类似上述推导，可得整体系统的运动方程为

$$\boldsymbol{X}=\boldsymbol{HF} \tag{3.7-21}$$

式中，$\boldsymbol{H}$ 为系统的导纳矩阵

$$\boldsymbol{H}=\begin{bmatrix} H_{11} & H_{12} \\ H_{21} & H_{22} \end{bmatrix} \tag{3.7-22}$$

其元素为

$$H_{11}=\{H_{11}^{(A)}[H_{11}^{(B)}H_{22}^{(B)}-(H_{12}^{(B)})^2]+H_{11}^{(B)}[H_{11}^{(A)}H_{22}^{(A)}-(H_{12}^{(A)})^2]\}/\Delta(\omega)$$

$$H_{12}=\{H_{12}^{(A)}[H_{11}^{(B)}H_{22}^{(A)}-H_{12}^{(A)}H_{12}^{(B)}]+H_{12}^{(B)}[H_{11}^{(A)}H_{22}^{(A)}-H_{12}^{(A)}H_{12}^{(B)}]\}/\Delta(\omega)$$

$$H_{22}=\{H_{22}^{(A)}[H_{11}^{(B)}H_{22}^{(B)}-(H_{12}^{(B)})^2]+H_{22}^{(B)}[H_{11}^{(A)}H_{22}^{(A)}-(H_{12}^{(A)})^2]\}/\Delta(\omega)$$

$$H_{12}=H_{21} \tag{3.7-23}$$

而

$$\Delta(\omega)=\det(\boldsymbol{H}^{(A)}+\boldsymbol{H}^{(B)})=\begin{vmatrix} H_{11}^{(A)}+H_{11}^{(B)} & H_{12}^{(A)}+H_{12}^{(B)} \\ H_{21}^{(A)}+H_{21}^{(B)} & H_{22}^{(A)}+H_{21}^{(B)} \end{vmatrix} \tag{3.7-24}$$

系统的频率方程为

$$\Delta(\omega)=0 \tag{3.7-25}$$

3.7.3 包含其他坐标的系统

各子系统除了相互连接的坐标外，还包括其他坐标也纳入考虑，如图 3.7-5a 所示系统由 A、B 两个子系统连接而成。子系统的阻抗形式的运动方程为

子系统 A

$$\begin{bmatrix} F_1^{(A)} \\ F_2^{(A)} \end{bmatrix}=\begin{bmatrix} Z_{11}^{(A)} & Z_{12}^{(A)} \\ Z_{21}^{(A)} & Z_{22}^{(A)} \end{bmatrix}\begin{bmatrix} X_1^{(A)} \\ X_2^{(A)} \end{bmatrix} \tag{3.7-26}$$

子系统 B

$$\begin{bmatrix} F_2^{(B)} \\ F_3^{(B)} \end{bmatrix}=\begin{bmatrix} Z_{22}^{(B)} & Z_{23}^{(B)} \\ Z_{32}^{(B)} & Z_{33}^{(B)} \end{bmatrix}\begin{bmatrix} X_2^{(B)} \\ X_3^{(B)} \end{bmatrix} \tag{3.7-27}$$

将式（3.7-26）和式（3.7-27）综合起来，得

$$\begin{bmatrix} F_1^{(A)} \\ F_2^{(A)} \\ F_2^{(B)} \\ F_3^{(B)} \end{bmatrix} = \begin{bmatrix} Z_{11}^{(A)} & Z_{12}^{(B)} & 0 & 0 \\ Z_{21}^{(A)} & Z_{22}^{(A)} & 0 & 0 \\ 0 & 0 & Z_{22}^{(B)} & Z_{23}^{(B)} \\ 0 & 0 & Z_{32}^{(B)} & Z_{33}^{(B)} \end{bmatrix} \begin{bmatrix} X_1^{(A)} \\ X_2^{(A)} \\ X_2^{(B)} \\ X_3^{(B)} \end{bmatrix} \tag{3.7-28}$$

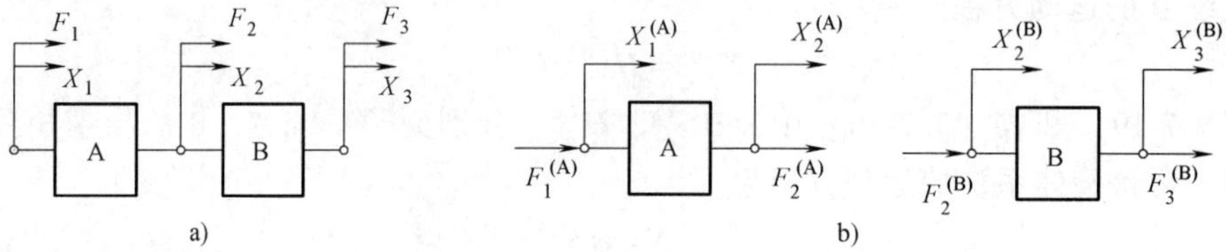

图 3.7-5　还有其他坐标的系统

a）还有其他坐标的系统　b）A、B 两个系统

在连接点 2 处，位移相容条件为

$$X_2^{(A)} = X_2^{(B)} = X_2 \tag{3.7-29}$$

力的平衡条件为

$$F_2 = F_2^{(A)} + F_2^{(B)} \tag{3.7-30}$$

在 1、3 端点，分别有

$$X_1^{(A)} = X_1, F_1^{(A)} = F_1 \tag{3.7-31}$$

$$X_3^{(B)} = X_3, F_3^{(B)} = F_3 \tag{3.7-32}$$

将式（3.7-29）~式（3.7-32）综合成矩阵形式

$$\begin{bmatrix} 1 & 0 & 0 \\ 0 & 1 & 0 \\ 0 & 1 & 0 \\ 0 & 0 & 1 \end{bmatrix} \begin{bmatrix} X_1 \\ X_2 \\ X_3 \end{bmatrix} = \begin{bmatrix} X_1^{(A)} \\ X_2^{(A)} \\ X_2^{(B)} \\ X_3^{(B)} \end{bmatrix} \tag{3.7-33}$$

$$\begin{bmatrix} 1 & 0 & 0 & 0 \\ 0 & 1 & 1 & 0 \\ 0 & 0 & 0 & 1 \end{bmatrix} \begin{bmatrix} F_1^{(A)} \\ F_2^{(A)} \\ F_2^{(B)} \\ F_3^{(B)} \end{bmatrix} = \begin{bmatrix} F_1 \\ F_2 \\ F_3 \end{bmatrix} \tag{3.7-34}$$

将式（3.7-33）和式（3.7-34）代入式（3.7-28），得到整体系统的方程

$$\begin{bmatrix} F_1 \\ F_2 \\ F_3 \end{bmatrix} = \begin{bmatrix} 1 & 0 & 0 & 0 \\ 0 & 1 & 1 & 0 \\ 0 & 0 & 0 & 1 \end{bmatrix} \begin{bmatrix} Z_{11}^{(A)} & Z_{12}^{(B)} & 0 & 0 \\ Z_{21}^{(A)} & Z_{22}^{(A)} & 0 & 0 \\ 0 & 0 & Z_{22}^{(B)} & Z_{23}^{(B)} \\ 0 & 0 & Z_{32}^{(B)} & Z_{33}^{(B)} \end{bmatrix} \begin{bmatrix} 1 & 0 & 0 \\ 0 & 1 & 0 \\ 0 & 1 & 0 \\ 0 & 0 & 1 \end{bmatrix} \begin{bmatrix} X_1 \\ X_2 \\ X_3 \end{bmatrix}$$

$$
=\begin{bmatrix} Z_{11}^{(A)} & Z_{12}^{(A)} & 0 \\ Z_{21}^{(A)} & Z_{22}^{(A)}+Z_{22}^{(B)} & Z_{23}^{(B)} \\ 0 & Z_{32}^{(B)} & Z_{33}^{(B)} \end{bmatrix}\begin{bmatrix} X_1 \\ X_2 \\ X_3 \end{bmatrix} \tag{3.7-35}
$$

式中，右边第一个矩阵就是整体系统的阻抗矩阵。

式（3.7-35）表明，整体系统的阻抗矩阵等于所有子系统的阻抗矩阵按结点相叠加的结果。这一结论具有普遍性，适用于：

1）多个结构互相连接的整体系统。

2）结合点由多个坐标连接的系统。

3）各子系统除了相互连接的坐标外还有多个其他坐标的系统。

例 3.7-3 图 3.7-6a 所示为自由端有集中质量块的悬臂梁。质量块为边长 $2a$ 的正方形，质量为 m，对其中心的转动惯量为 J；悬臂梁的抗弯刚度为 EI，不计梁的质量，导出系统的频率方程。

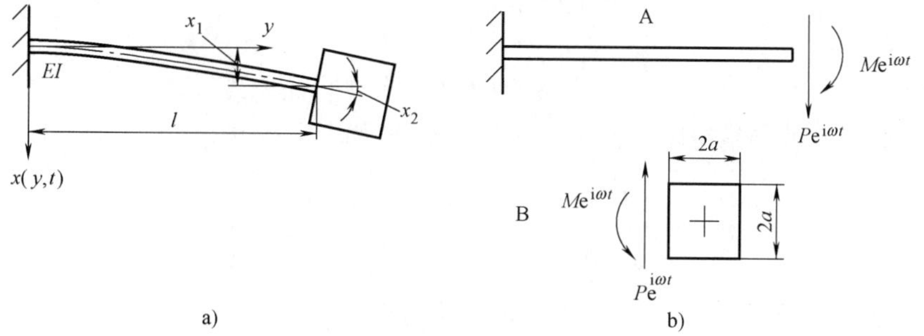

图 3.7-6 端部有集中质量的悬臂梁

解： 将系统分为 A、B 两个子系统，如图 3.7-6b 所示。它们由结合点处的位移（挠度）$x_1(t)$ 及转角 $x_2(t)$ 两个坐标相连接，分别对应于结合点的剪力 $P\mathrm{e}^{\mathrm{i}\omega t}$ 和弯矩 $M\mathrm{e}^{\mathrm{i}\omega t}$。首先求出各子系统的导纳矩阵。

1）求子系统 A 的导纳矩阵。子系统 A 为长 l 的悬臂梁，设 $x(y,\ t)$ 为悬臂梁在横坐标 y 处的挠度，由材料力学知

$$EI\frac{\partial^2 x(y,t)}{\partial y^2}=P(t)(l-y)+M(t)$$

即

$$\frac{\partial^2 x(y,t)}{\partial y^2}=\frac{P(t)}{EI}(l-y)+\frac{M(t)}{EI}$$

积分得

$$\frac{\partial x(y,t)}{\partial y}=\frac{P(t)}{EI}\left(ly-\frac{y^2}{2}\right)+\frac{M(t)}{EI}y+C_1 \tag{a}$$

由边界条件$\left.\frac{\partial x(y,t)}{\partial y}\right|_{y=0}=0$（即 $y=0$ 处转角为 0），可确定 $C_1=0$。

对式（a）再积分得

$$x(y,t)=\frac{P(t)}{EI}\left(\frac{ly^2}{2}-\frac{y^3}{6}\right)+\frac{M(t)}{2EI}y^2+C_2 \tag{b}$$

由边界条件 $x(y,t)\,|_{y=0}=0$ 可得 $C_2=0$。

根据式（a）、式（b）可求出子系统 A 在结合点的力与位移（广义）的关系

$$x_1(y,t)=x(y,t)\mid_{y=l}=\frac{l^3P(t)}{3EI}+\frac{l^2M(t)}{2EI}$$

$$x_1(y,t)=\frac{\partial x(y,t)}{\partial y}\mid_{y=l}=\frac{l^2P(t)}{2EI}+\frac{lM(t)}{EI}$$

对以上两式取傅里叶变换，可导出子系统 A 的导纳方程

$$\begin{bmatrix} X_1(\omega) \\ X_2(\omega) \end{bmatrix}=\begin{bmatrix} \dfrac{l^3}{3EI} & \dfrac{l^2}{2EI} \\ \dfrac{l^2}{2EI} & \dfrac{l}{EI} \end{bmatrix}\begin{bmatrix} P(\omega) \\ M(\omega) \end{bmatrix}$$

故子系统 A 的导纳矩阵为

$$\boldsymbol{H}^{(\mathrm{A})}=\begin{bmatrix} \dfrac{l^3}{3EI} & \dfrac{l^2}{2EI} \\ \dfrac{l^2}{2EI} & \dfrac{l}{EI} \end{bmatrix} \tag{c}$$

2）求子系统 B 的导纳矩阵。按牛顿定律可写出

$$P(t)=m[\ddot{x}_1(t)+a\ddot{x}_2(t)]$$

$$M(t)+aP(t)=J\ddot{x}_2(t)$$

对以上两式取傅里叶变换，可导出子系统 B 的导纳矩阵

$$\boldsymbol{H}^{(\mathrm{B})}=\begin{bmatrix} -\dfrac{J-ma^2}{mJ\omega^2} & -\dfrac{a}{J\omega^2} \\ \dfrac{a}{J\omega^2} & -\dfrac{1}{J\omega^2} \end{bmatrix} \tag{d}$$

3）求系统的频率方程。根据式（3.7-24），可写出系统的频率方程

$$\Delta(\omega)=\det(\boldsymbol{H}^{(\mathrm{A})}+\boldsymbol{H}^{(\mathrm{B})})=\begin{vmatrix} \dfrac{l^3}{3EI}-\dfrac{J-ma^2}{mJ\omega^2} & \dfrac{l^2}{2EI}-\dfrac{a}{J\omega^2} \\ \dfrac{l^2}{2EI}+\dfrac{a}{J\omega^2} & \dfrac{l}{EI}-\dfrac{1}{J\omega^2} \end{vmatrix}=0$$

展开得

$$4J^2ml^4\omega^4+(12EIJma^2l-12EIJ^2l-4EIJml^3-3J^2ml^4)\omega^2+12(EI)^2J=0$$

3.7.4 子系统引起主系统振动特性的变化

如图 3.7-7 所示，设附加子系统 B 可通过一个或多个坐标与原系统 A 相连接。将原系统的坐标分为与附加子系统相连接的坐标 X_j 和非连接的坐标 X_i，则用阻抗形式表示的原系统 A 的运动方程

$$\begin{bmatrix} \boldsymbol{F}_i^{(\mathrm{A})} \\ \boldsymbol{F}_j^{(\mathrm{A})} \end{bmatrix}=\begin{bmatrix} \boldsymbol{Z}_{ii}^{(\mathrm{A})} & \boldsymbol{Z}_{ij}^{(\mathrm{A})} \\ \boldsymbol{Z}_{ji}^{(\mathrm{A})} & \boldsymbol{Z}_{jj}^{(\mathrm{A})} \end{bmatrix}\begin{bmatrix} \boldsymbol{X}_i^{(\mathrm{A})} \\ \boldsymbol{X}_j^{(\mathrm{A})} \end{bmatrix} \tag{3.7-36}$$

附加子系统 B 的用阻抗形式表示的运动方程

$$\begin{bmatrix} \boldsymbol{F}_i^{(B)} \\ \boldsymbol{F}_k^{(B)} \end{bmatrix} = \begin{bmatrix} \boldsymbol{Z}_{jj}^{(B)} & \boldsymbol{Z}_{jk}^{(B)} \\ \boldsymbol{Z}_{kj}^{(B)} & \boldsymbol{Z}_{kk}^{(B)} \end{bmatrix} \begin{bmatrix} \boldsymbol{X}_j^{(B)} \\ \boldsymbol{X}_k^{(B)} \end{bmatrix} \tag{3.7-37}$$

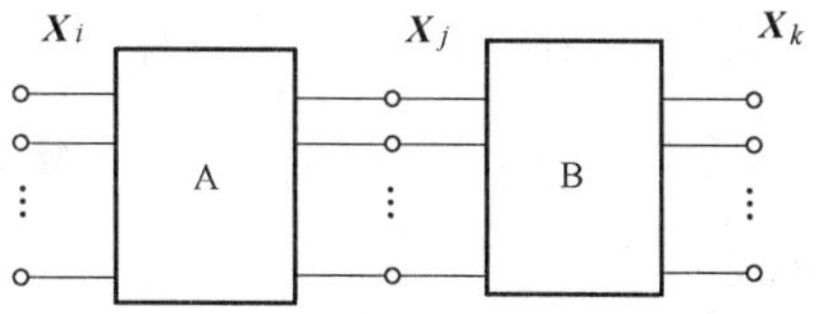

图 3.7-7　子系统 B 对主系统 A 的影响

按整体系统的阻抗矩阵是所有子系统阻抗矩阵按结点叠加的原则，可知整体系统的阻抗矩阵为

$$\boldsymbol{Z} = \begin{bmatrix} \boldsymbol{Z}_{ii}^{(A)} & \boldsymbol{Z}_{ij}^{(A)} & 0 \\ \boldsymbol{Z}_{ji}^{(A)} & \boldsymbol{Z}_{jj}^{(A)} + \boldsymbol{Z}_{jj}^{(B)} & \boldsymbol{Z}_{jk}^{(B)} \\ 0 & \boldsymbol{Z}_{kj}^{(B)} & \boldsymbol{Z}_{kk}^{(B)} \end{bmatrix} \tag{3.7-38}$$

令 $\det\boldsymbol{Z}=0$，即得整体系统的频率方程。

3.8　模态综合法

模态综合法的基本思想：将整体系统分解成若干个子系统，求得各子系统的模态参数，将各子系统的振动特性用其主坐标表达出来；然后根据各子系统连接界面的约束条件，建立总体系统以主坐标表示的运动方程，从而求出总体系统的模态参数。

3.8.1　模态综合法的基本步骤

1. 建立各子系统的运动方程，计算子系统的模态参数

根据具体情况将整体系统分解为若干个子系统，导出各子系统的运动方程。设第 r 个子系统的运动方程为

$$\boldsymbol{M}_r \ddot{\boldsymbol{x}}_r + \boldsymbol{K}_r \boldsymbol{x}_r = \boldsymbol{F}(t)_r \quad (r=1,2,\cdots,m) \tag{3.8-1}$$

其中 m 为分解成子系统的个数。本小节仅讨论无阻尼情况。求解式（3.8-1），算出其模态矩阵为 $\boldsymbol{\Phi}_r$。

2. 将子系统的运动方程从物理坐标变换为主坐标

即第一次坐标变换

$$\boldsymbol{X}(t)_r = \boldsymbol{\Phi}_r \boldsymbol{\eta}(t)_r \quad (r=1,2,\cdots,m) \tag{3.8-2}$$

则式（3.8-1）成为

$$\boldsymbol{M}_{zr} \ddot{\boldsymbol{\eta}}_r + \boldsymbol{K}_{zr} \boldsymbol{\eta}_r = \boldsymbol{f}(t)_r \quad (r=1,2,\cdots,m) \tag{3.8-3}$$

式中

$$\boldsymbol{M}_{zr} = \boldsymbol{\Phi}_r^{\mathrm{T}} \boldsymbol{M}_r \boldsymbol{\Phi}_r$$

$$\boldsymbol{K}_{zr} = \boldsymbol{\Phi}_r^{\mathrm{T}} \boldsymbol{K}_r \boldsymbol{\Phi}_r$$

$$\boldsymbol{f}(t)_r = \boldsymbol{\Phi}_r^{\mathrm{T}} \boldsymbol{F}(t)_r$$

3. 建立整体系统的运动方程

将各子系统的运动方程顺序组合在一起，得到尚未连接的整体系统的运动方程

$$\boldsymbol{M}_s\ddot{\boldsymbol{\eta}}(t)+\boldsymbol{K}_s\boldsymbol{\eta}(t)=\boldsymbol{N}(t) \tag{3.8-4}$$

式中

$$\boldsymbol{M}_s=\begin{bmatrix}\boldsymbol{M}_{z1} & 0 & \cdots & 0\\ 0 & \boldsymbol{M}_{z2} & \cdots & 0\\ \vdots & \vdots & & \vdots\\ 0 & 0 & \cdots & \boldsymbol{M}_{zm}\end{bmatrix},\ \boldsymbol{K}_s=\begin{bmatrix}\boldsymbol{K}_{z1} & 0 & \cdots & 0\\ 0 & \boldsymbol{K}_{z2} & \cdots & 0\\ \vdots & \vdots & & \vdots\\ 0 & 0 & \cdots & \boldsymbol{K}_{zm}\end{bmatrix}$$

$$\boldsymbol{\eta}(t)=[\boldsymbol{\eta}_1^{\mathrm{T}}\quad \boldsymbol{\eta}_2^{\mathrm{T}}\quad \cdots\quad \boldsymbol{\eta}_m^{\mathrm{T}}]^{\mathrm{T}}$$

$$\boldsymbol{N}(t)=[\boldsymbol{f}_1^{\mathrm{T}}\quad \boldsymbol{f}_2^{\mathrm{T}}\quad \cdots\quad \boldsymbol{f}_m^{\mathrm{T}}]^{\mathrm{T}}$$

其中，各组主坐标 $\boldsymbol{\eta}_r$ 之间不是独立的。

由于各子系统之间相互连接，因而在各个坐标之间形成一定的约束条件，即相容性条件，这里仅考虑各物理坐标之间存在线性相容条件的情况，包括两个坐标刚性连接的情况。

把各物理坐标之间的线性相容条件归纳起来，可得矩阵形式的相容方程（约束方程）为

$$\boldsymbol{JX}=\boldsymbol{0} \tag{3.8-5}$$

式中 $\boldsymbol{J}$ 表示相容条件矩阵，且

$$\boldsymbol{X}=[\boldsymbol{X}_1^{\mathrm{T}}\quad \boldsymbol{X}_2^{\mathrm{T}}\quad \cdots\quad \boldsymbol{X}_m^{\mathrm{T}}]^{\mathrm{T}}$$

将式（3.8-2）代入式（3.8-5），得

$$\boldsymbol{J\Phi\eta}(t)=\boldsymbol{0} \tag{3.8-6}$$

式中

$$\boldsymbol{\Phi}=\begin{bmatrix}\boldsymbol{\Phi}_1 & 0 & \cdots & 0\\ 0 & \boldsymbol{\Phi}_2 & \cdots & 0\\ \vdots & \vdots & & \vdots\\ 0 & 0 & \cdots & \boldsymbol{\Phi}_m\end{bmatrix}$$

或

$$\boldsymbol{S\eta}(t)=\boldsymbol{0} \tag{3.8-7}$$

这是关于主坐标的相容方程，式中

$$\boldsymbol{S}=\boldsymbol{J\Phi}=\boldsymbol{J}\begin{bmatrix}\boldsymbol{\Phi}_1 & 0 & \cdots & 0\\ 0 & \boldsymbol{\Phi}_2 & \cdots & 0\\ \vdots & \vdots & & \vdots\\ 0 & 0 & \cdots & \boldsymbol{\Phi}_m\end{bmatrix} \tag{3.8-8}$$

将式（3.8-4）与式（3.8-7）联立起来，消去式（3.8-4）中的非独立坐标，便得到子系统连接后整体系统的运动方程。

设 $\boldsymbol{\eta}(t)$ 分割为非独立坐标 $\boldsymbol{\alpha}(t)$ 和独立坐标 $\boldsymbol{q}(t)$，同时对 $\boldsymbol{S}$ 也作相应分割，则式（3.8-7）可写为分块矩阵的形式

$$[\boldsymbol{S}_\alpha \quad \cdots \quad \boldsymbol{S}_q]\begin{bmatrix}\boldsymbol{\alpha}(t)\\ \vdots \\ \boldsymbol{q}(t)\end{bmatrix}=\boldsymbol{0} \tag{3.8-9}$$

展开得

$$\boldsymbol{S}_\alpha\boldsymbol{\alpha}(t)=-\boldsymbol{S}_q\boldsymbol{q}(t)$$

$$\boldsymbol{\alpha}(t)=-\boldsymbol{S}_\alpha^{-1}\boldsymbol{S}_q\boldsymbol{q}(t) \tag{3.8-10}$$

从而有

$$\boldsymbol{\eta}(t)=\begin{bmatrix}\boldsymbol{\alpha}(t)\\ \boldsymbol{q}(t)\end{bmatrix}=\begin{bmatrix}-\boldsymbol{S}_\alpha^{-1}\boldsymbol{S}_q\\ \boldsymbol{I}\end{bmatrix}\boldsymbol{q}(t)$$

令变换矩阵

$$\boldsymbol{R}=\begin{bmatrix}-\boldsymbol{S}_\alpha^{-1}\boldsymbol{S}_q\\ \boldsymbol{I}\end{bmatrix} \tag{3.8-11}$$

则

$$\boldsymbol{\eta}(t)=\boldsymbol{R}\boldsymbol{q}(t) \tag{3.8-12}$$

如果由物理坐标 $\boldsymbol{X}(t)$ 变换到主坐标 $\boldsymbol{\eta}(t)$ 是第一次变换，则由式（3.8-12）消去非独立坐标称为第二次坐标变换，其变换矩阵为 $\boldsymbol{R}$。将式（3.8-12）代入式（3.8-4），并两边前乘 R^{T}，得到以独立主坐标 $\boldsymbol{q}(t)$ 表达的整体系统的运动方程

$$\boldsymbol{M}_z\ddot{\boldsymbol{q}}(t)+\boldsymbol{K}_z\boldsymbol{q}(t)=\boldsymbol{f}(t) \tag{3.8-13}$$

式中

$$\boldsymbol{M}_z=\boldsymbol{R}^{\mathrm{T}}\boldsymbol{M}_s\boldsymbol{R}$$

$$\boldsymbol{K}_z=\boldsymbol{R}^{\mathrm{T}}\boldsymbol{K}_s\boldsymbol{R}$$

$$\boldsymbol{f}(t)=\boldsymbol{R}^{\mathrm{T}}\boldsymbol{N}(t)$$

求解该方程可得整体系统的各阶固有频率 ω_i、模态矢量 $\boldsymbol{\phi}_i$（$i=1,\ 2,\ \cdots,\ n$），以及主坐标响应 $\boldsymbol{q}(t)$。

4. 求物理坐标响应

将 $\boldsymbol{q}(t)$ 代入式（3.8-12）求出 $\boldsymbol{\eta}(t)$（即各 $\boldsymbol{\eta}(t)_r$），然后由式（3.8-2）求出各子系统的物理坐标响应 $\boldsymbol{X}(t)_r$。

3.8.2 连接界面上的边界条件

一个振动系统按诸连接界面分解为若干个子系统后，连接界面就成了各子系统的边界。对于此边界有不同的处理方法，主要可分为固定界面法和自由界面法。

1. 固定界面法

固定界面法是将子系统之间的连接界面处理为固定，即将系统在连接界面上的自由度全部固定。如图 3.8-1a 所示的五自由度系统，将它按中间界面 *O-O* 划分为两个子系统 A 和 B，如图 3.8-1b 所示，在界面上两个子系统均视为固定边界。这样两个子系统均有两个主模态（主振型）。但实际的系统在界面处并未固定，为了反映这一事实，在子系统中，除了主模态以外，还必须将所谓“约束模态”也加以考虑。

约束模态即是将子系统连接界面上被约束（固定）的自由度逐一释放，而假设该自由

度上有单位强迫静位移后，所获得的该子系统的静位移矢量。

采用固定界面法的主要步骤为：

1）把子系统在连接界面上的自由度全部固定，求出各子系统的主模态（主振型）。

2）建立约束模态。

3）由界面固定的子系统主模态与其约束模态组成该子系统的模态矩阵。

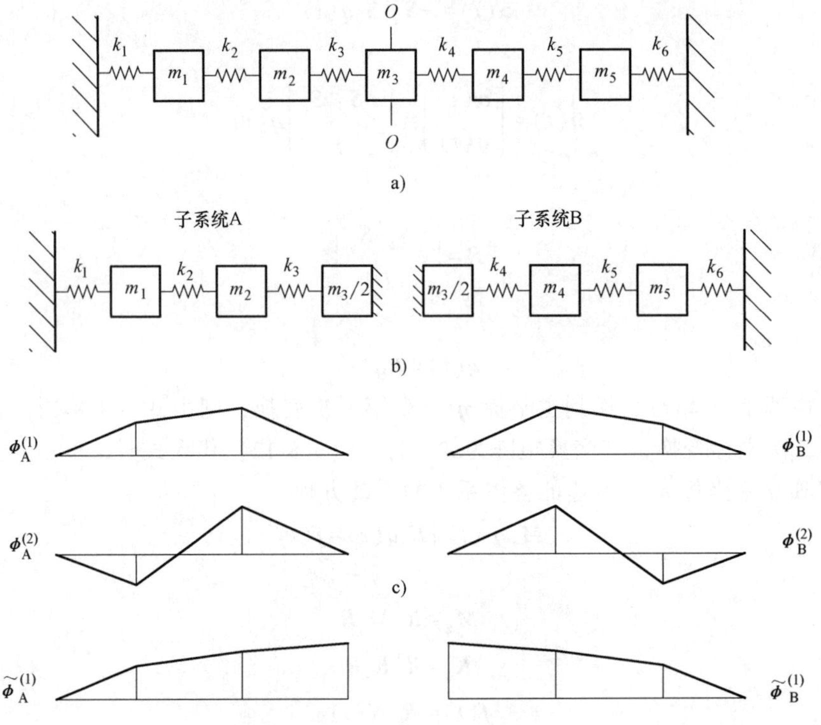

图 3.8-1　固定界面模态综合法

a）原系统　b）切分为两个子系统　c）子系统主模态　d）子系统约束模态

如图 3.8-1b 所示的两个子系统 A、B 的模态矩阵 $\boldsymbol{\Phi}_A$、$\boldsymbol{\Phi}_B$ 应该分别由其主模态矢量 $\boldsymbol{\phi}_A^{(1)}$、$\boldsymbol{\phi}_A^{(2)}$；$\boldsymbol{\phi}_B^{(1)}$、$\boldsymbol{\phi}_B^{(2)}$（图 3.8-1c）与约束模态矢量 $\widetilde{\boldsymbol{\phi}}_A^{(1)}$；$\widetilde{\boldsymbol{\phi}}_B^{(1)}$（图 3.8-1d）组成。在如图 3.8-1d 所示子系统约束模态中，A 子系统的约束模态矢量为

$$\widetilde{\boldsymbol{\phi}}_A^{(1)}=[\,y_1\quad y_2\quad 1\,]^{\mathrm{T}} \tag{3.8-14}$$

式中

$$y_1=\frac{1/k_1}{1/k_1+1/k_2+1/k_3}$$

$$y_2=\frac{1/k_1+1/k_2}{1/k_1+1/k_2+1/k_3}$$

子系统 B 的约束模态矢量为

$$\widetilde{\boldsymbol{\phi}}_B^{(1)}=[\,1\quad y_4\quad y_5\,]^{\mathrm{T}} \tag{3.8-15}$$

式中

$$y_4=\frac{1/k_5+1/k_6}{1/k_4+1/k_5+1/k_6}$$

$$y_5=\frac{1/k_6}{1/k_4+1/k_5+1/k_6}$$

即子系统 A 的模态矩阵

$$\boldsymbol{\Phi}_{\mathrm{A}}=[\boldsymbol{\phi}_{\mathrm{A}}^{(1)}\quad \boldsymbol{\phi}_{\mathrm{A}}^{(2)}\quad \widetilde{\boldsymbol{\phi}}_{\mathrm{A}}^{(1)}] \tag{3.8-16}$$

子系统 B 的模态矩阵

$$\boldsymbol{\Phi}_{\mathrm{B}}=[\boldsymbol{\phi}_{\mathrm{B}}^{(1)}\quad \boldsymbol{\phi}_{\mathrm{B}}^{(2)}\quad \widetilde{\boldsymbol{\phi}}_{\mathrm{B}}^{(1)}] \tag{3.8-17}$$

2. 自由界面法

自由界面法是将子系统之间的连接界面按自由端处理，这样，各子系统连接界面上的自由度完全自由。如果除子系统之间的连接界面外，子系统没有其他约束，则子系统的模态矩阵中除包括子系统的主模态外，对于半正定子系统，还应包括子系统的刚体运动模态。

对于如图 3. 8-2a 所示系统采用自由界面法时，可将整体系统划分为如图 3. 8-2b 所示的两个子系统 A 与 B。由于子系统 A 具有整体系统原有的固定端约束，故其模态矩阵 $\boldsymbol{\Phi}_{\mathrm{A}}$ 仅含

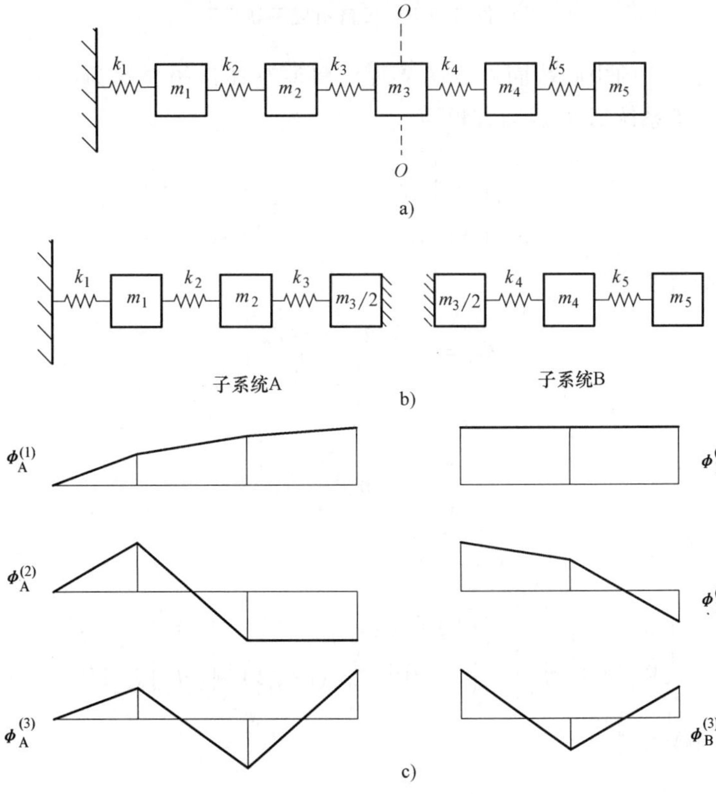

图 3. 8-2 自由界面模态综合法

a) 原系统 b) 切分为两个子系统 c) 子系统主模态

有其三阶主模态 $\boldsymbol{\phi}_A^{(1)}$、$\boldsymbol{\phi}_A^{(2)}$、$\boldsymbol{\phi}_A^{(3)}$，而子系统 B 的模态矩阵 $\boldsymbol{\Phi}_B$ 包括其刚体模态 $\boldsymbol{\phi}_B^{(0)}$ 及二阶主模态 $\boldsymbol{\phi}_B^{(1)}$、$\boldsymbol{\phi}_B^{(2)}$。因此，子系统 A 的模态矩阵为

$$\boldsymbol{\Phi}_A = [\boldsymbol{\phi}_A^{(1)} \quad \boldsymbol{\phi}_A^{(2)} \quad \boldsymbol{\phi}_A^{(3)}] \tag{3.8-18}$$

子系统 B 的模态矩阵

$$\boldsymbol{\Phi}_B = [\boldsymbol{\phi}_B^{(0)} \quad \boldsymbol{\phi}_B^{(1)} \quad \boldsymbol{\phi}_B^{(2)}] \tag{3.8-19}$$

例 3.8-1 用自由界面模态综合法求如图 3.8-3a 所示系统的固有频率与主振型（模态矢量）。

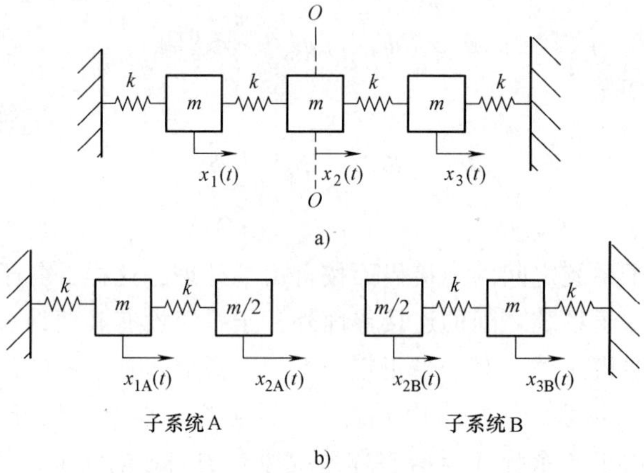

图 3.8-3 三自由度系统

解： 以中间质量块的中心截面 O-O 为界面，将原整体系统分解为如图 3.8-3b 所示的两个子系统 A 与 B。子系统 A 的运动方程为

$$\begin{bmatrix} m & 0 \\ 0 & \dfrac{m}{2} \end{bmatrix}\begin{bmatrix} \ddot{x}_1 \\ \ddot{x}_2 \end{bmatrix}_A + \begin{bmatrix} 2k & -k \\ -k & k \end{bmatrix}\begin{bmatrix} x_1 \\ x_2 \end{bmatrix}_A = \begin{bmatrix} 0 \\ 0 \end{bmatrix} \tag{a}$$

其振型（模态）矩阵为

$$\boldsymbol{\Phi}_A = \begin{bmatrix} \sqrt{2}/2 & -\sqrt{2}/2 \\ 1 & 1 \end{bmatrix}$$

引入变换

$$\begin{bmatrix} x_1 \\ x_2 \end{bmatrix}_A = \boldsymbol{\Phi}_A \begin{bmatrix} \eta_1 \\ \eta_2 \end{bmatrix}_A \tag{b}$$

将方程式（a）变为

$$\begin{bmatrix} m & 0 \\ 0 & m \end{bmatrix}\begin{bmatrix} \ddot{\eta}_1 \\ \ddot{\eta}_2 \end{bmatrix}_A + \begin{bmatrix} (2-\sqrt{2})k & 0 \\ 0 & (2+\sqrt{2})k \end{bmatrix}\begin{bmatrix} \eta_1 \\ \eta_2 \end{bmatrix}_A = \begin{bmatrix} 0 \\ 0 \end{bmatrix} \tag{c}$$

对 B 子系统同样可得

$$\begin{bmatrix} m & 0 \\ 0 & m \end{bmatrix}\begin{bmatrix} \ddot{\eta}_2 \\ \ddot{\eta}_3 \end{bmatrix}_B + \begin{bmatrix} (2+\sqrt{2})k & 0 \\ 0 & (2-\sqrt{2})k \end{bmatrix}\begin{bmatrix} \eta_2 \\ \eta_3 \end{bmatrix}_B = \begin{bmatrix} 0 \\ 0 \end{bmatrix} \tag{d}$$

将式（c）、式（d）组合起来得

$$\boldsymbol{M}_{\mathrm{s}}\ddot{\boldsymbol{\eta}}+\boldsymbol{K}_{\mathrm{s}}\boldsymbol{\eta}=\boldsymbol{0} \tag{e}$$

式中

$$\boldsymbol{M}_{\mathrm{s}}=m\begin{bmatrix}1&0&0&0\\0&1&0&0\\0&0&1&0\\0&0&0&1\end{bmatrix}$$

$$\boldsymbol{K}_{\mathrm{s}}=\begin{bmatrix}(2-\sqrt{2})k&0&0&0\\0&(2+\sqrt{2})k&0&0\\0&0&(2+\sqrt{2})k&0\\0&0&0&(2-\sqrt{2})k\end{bmatrix} \tag{f}$$

$$\boldsymbol{\eta}=\begin{bmatrix}\begin{bmatrix}\eta_1\\\eta_2\end{bmatrix}_{\mathrm{A}}\\\begin{bmatrix}\eta_2\\\eta_3\end{bmatrix}_{\mathrm{B}}\end{bmatrix}=\begin{bmatrix}\eta_{1\mathrm{A}}\\\eta_{2\mathrm{A}}\\\eta_{2\mathrm{B}}\\\eta_{3\mathrm{B}}\end{bmatrix}$$

因为子系统 A 与 B 在结合面呈刚性结合，故位移相容条件（约束方程）为

$$x_{2\mathrm{A}}=x_{2\mathrm{B}}$$

即

$$\begin{bmatrix}0&1&-1&0\end{bmatrix}\begin{bmatrix}x_{1\mathrm{A}}\\x_{2\mathrm{A}}\\x_{2\mathrm{B}}\\x_{3\mathrm{B}}\end{bmatrix}=0$$

或

$$\boldsymbol{JX}=0 \tag{g}$$

因为整体系统中有三个独立坐标，故可将 $\boldsymbol{S}$ 分割为

$$\boldsymbol{S}=\begin{bmatrix}\boldsymbol{S}_\alpha\\\vdots\\\boldsymbol{S}_q\end{bmatrix} \tag{h}$$

其中 $\boldsymbol{S}_\alpha=1$，$\boldsymbol{S}_q=[1\quad -1\quad -1]$，从而按式（3.8-11）

$$\boldsymbol{R}=\begin{bmatrix}-\boldsymbol{S}_\alpha^{-1}\boldsymbol{S}_q\\\boldsymbol{I}\end{bmatrix}=\begin{bmatrix}-1&1&1\\1&0&0\\0&1&0\\0&0&1\end{bmatrix}$$

式（3.8-12）成为

$$\boldsymbol{\eta}(t)=\boldsymbol{Rq}(t)=\boldsymbol{R}\begin{bmatrix}q_1(t)\\q_2(t)\\q_3(t)\end{bmatrix} \tag{i}$$

代入式（e），得到以坐标 $\boldsymbol{q}(t)$ 表达的运动方程

$$m\begin{bmatrix}2 & -1 & -1\\ -1 & 2 & 1\\ -1 & 1 & 2\end{bmatrix}\begin{bmatrix}\ddot{q}_1\\ \ddot{q}_2\\ \ddot{q}_3\end{bmatrix}+k\begin{bmatrix}4 & \sqrt{2}-2 & \sqrt{2}-2\\ \sqrt{2}-2 & 2(\sqrt{2}-2) & 2-\sqrt{2}\\ \sqrt{2}-2 & 2-\sqrt{2} & 4\end{bmatrix}\begin{bmatrix}q_1\\ q_2\\ q_3\end{bmatrix}=\begin{bmatrix}0\\0\\0\end{bmatrix} \tag{j}$$

求解上述方程，对应的固有频率和主振型为

$$\omega_1=\sqrt{(2-\sqrt{2})k/m} \qquad \boldsymbol{\phi}_q^1=[0 \quad 1 \quad 0]^{\mathrm{T}}$$

$$\omega_2=\sqrt{2k/m} \qquad \boldsymbol{\phi}_q^2=[1 \quad 1 \quad -1]^{\mathrm{T}}$$

$$\omega_3=\sqrt{(2+\sqrt{2})k/m} \qquad \boldsymbol{\phi}_q^3=[1 \quad 0 \quad 1]^{\mathrm{T}}$$

系统的振型矩阵

$$\boldsymbol{\Phi}_z=[\boldsymbol{\phi}_q^1 \quad \boldsymbol{\phi}_q^2 \quad \boldsymbol{\phi}_q^3]$$

由于

$$\boldsymbol{X}=\boldsymbol{\Phi\eta}(t)=\boldsymbol{\Phi Rq}(t) \tag{k}$$

所以

$$\boldsymbol{\phi}_x=\boldsymbol{\Phi R\phi}_q \tag{l}$$

将 $\boldsymbol{\phi}_q^{(i)}$（$i=1$，2，3）分别代入式（l），得

$$\left.\begin{bmatrix}\phi_{1A}^{(1)}\\ \phi_{2A}^{(1)}\\ \phi_{2B}^{(1)}\\ \phi_{3B}^{(1)}\end{bmatrix}_x\right\}=\boldsymbol{\phi}_x^{(1)}\begin{bmatrix}\sqrt{2}/2\\ 1\\ 1\\ \sqrt{2}/2\end{bmatrix}$$

$$\left.\begin{bmatrix}\phi_{1A}^{(2)}\\ \phi_{2A}^{(2)}\\ \phi_{2B}^{(2)}\\ \phi_{3B}^{(3)}\end{bmatrix}_x\right\}=\boldsymbol{\phi}_x^{(2)}\begin{bmatrix}-\sqrt{2}\\ 0\\ 0\\ \sqrt{2}\end{bmatrix}$$

$$\begin{bmatrix}\phi_{1A}^{(3)}\\ \phi_{2A}^{(3)}\\ \phi_{2B}^{(3)}\\ \phi_{3B}^{(3)}\end{bmatrix}_x=\boldsymbol{\phi}_x^{(3)}\begin{bmatrix}-\sqrt{2}/2\\ 1\\ 1\\ -\sqrt{2}/2\end{bmatrix} \tag{m}$$

由于 $x_1=x_{1A}$，$x_{2A}=x_{2B}=x_2$，$x_{3B}=x_3$，所以有 $\boldsymbol{\phi}_1=\boldsymbol{\phi}_{1A}$，$\boldsymbol{\phi}_{2A}=\boldsymbol{\phi}_{2B}=\boldsymbol{\phi}_2$，$\boldsymbol{\phi}_{3B}=\boldsymbol{\phi}_3$。据此，系统的模态矢量（即在 x_1，x_2，x_3 坐标下的模态矢量）为

$$\boldsymbol{\phi}^{(1)}=\begin{bmatrix}\sqrt{2}/2\\ 1\\ \sqrt{2}/2\end{bmatrix},\ \boldsymbol{\phi}^{(2)}=\begin{bmatrix}-\sqrt{2}/2\\ 0\\ \sqrt{2}/2\end{bmatrix},\ \boldsymbol{\phi}^{(3)}=\begin{bmatrix}-\sqrt{2}/2\\ 1\\ -\sqrt{2}/2\end{bmatrix}$$

上述结果与采用第 2 章介绍的作为整体系统的模态分析方法求得的结果相同。

对于自由度数较多的系统，该方法也可与振型截断法相结合，略去子系统的高价模态，仅保留对工程问题最有意义的低阶模态，使整体系统的运动方程数量大大减少，而所得结果是原部题的近似值。参加综合的模态阶数，视计算要求的精度、工程中的实际情况选取。

3.9 习　　题

3-1　使用传递矩阵法求如图 3.9-1 所示扭转系统的固有频率及主振型，图中 $J=1.0\mathrm{kg}\cdot\mathrm{m}^2$，$k=0.20\times10^6\mathrm{N}\cdot\mathrm{m/rad}$。

3-2　若如图 3.9-1 所示扭转振动系统的第三个圆盘上作用有简谐扭矩 $T=T_0\sin\omega t$，$T_0=1000\mathrm{N}\cdot\mathrm{m}$，$\omega=150\mathrm{rad/s}$，确定各圆盘的振幅及相位角。

3-3　使用传递矩阵法求如图 3.9-2 所示扭转系统的固有频率及主振型，图中 $k_1=k_2=k_3=k$，$m_1=m_2=m_3=m_4=m$。

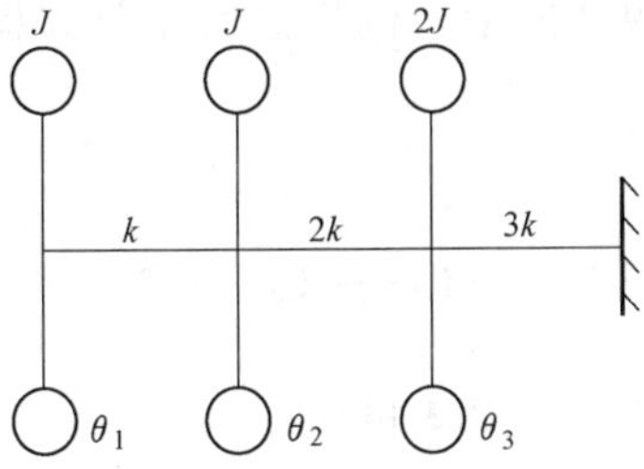

图 3.9-1　题 3-1 图

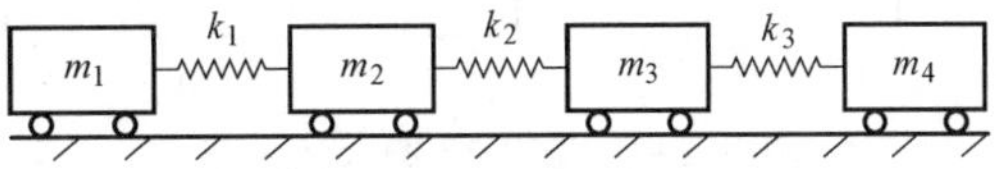

图 3.9-2　题 3-3 图

3-4　将图 3.9-3 所示齿轮传动系统转化为单轴等效系统。齿轮副速比 $i=2$，高速轴长 $l_1=1000\mathrm{mm}$，轴径 $d_1=40\mathrm{mm}$，其上的圆盘转动惯量 $J_1=90\mathrm{kg}\cdot\mathrm{m}^2$；低速轴长 $l_2=750\mathrm{mm}$，轴径 $d_2=60\mathrm{mm}$，其上的圆盘转动惯量 $J_2=220\mathrm{kg}\cdot\mathrm{m}^2$。求其扭转振动固有频率。

3-5　若如图 3.9-3 所示系统中，大、小齿轮的转动惯量分别为 $J_{大}=50\mathrm{kg}\cdot\mathrm{m}^2$，$J_{小}=15\mathrm{kg}\cdot\mathrm{m}^2$，求其扭转振动固有频率。

3-6　如图 3.9-4 所示扭转振动系统的参数为：$J_1=130\mathrm{kg}\cdot\mathrm{m}^2$，$J_2=60\mathrm{kg}\cdot\mathrm{m}^2$，$J_3=108\mathrm{kg}\cdot\mathrm{m}^2$，$J_4=10\mathrm{kg}\cdot\mathrm{m}^2$，$k_1=2\times10^5\mathrm{N}\cdot\mathrm{m/rad}$，$k_2=1.6\times10^5\mathrm{N}\cdot\mathrm{m/rad}$，$k_3=1\times10^5\mathrm{N}\cdot\mathrm{m/rad}$，

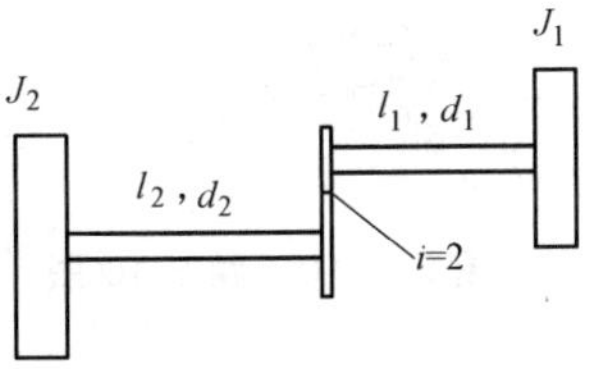

图 3.9-3　题 3-4 图

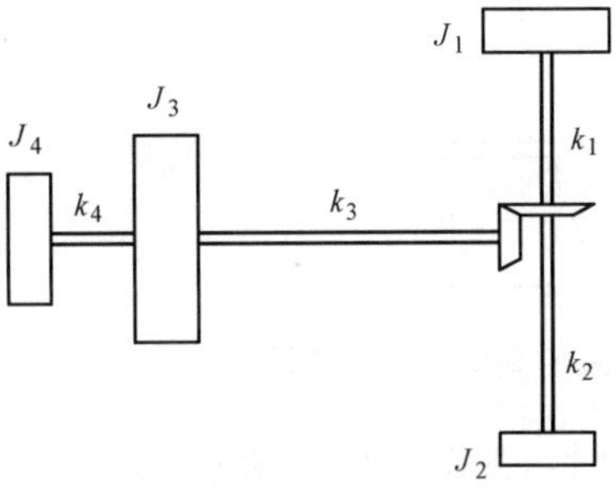

图 3.9-4　题 3-6 图

$k_4=4\times10^5 N\cdot m/rad$，锥齿轮副的传动比为 $i=4$。求系统扭转振动的前两阶固有频率，并求出在此频率下圆盘 J_2 与 J_1 的振幅比。

3-7 求如图 3.9-5 所示具有三个集中质量的悬臂梁的前两阶固有频率及主振型。

3-8 采用传递矩阵方法求如图 3.9-6 所示具有两个集中质量的悬臂梁的固有频率及主振型。

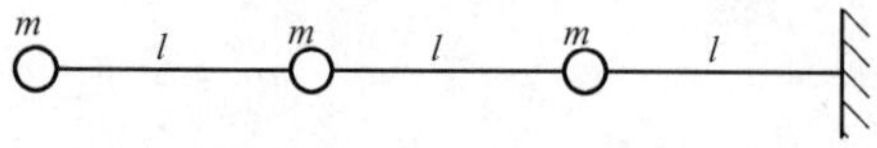

图 3.9-5 题 3-7 图

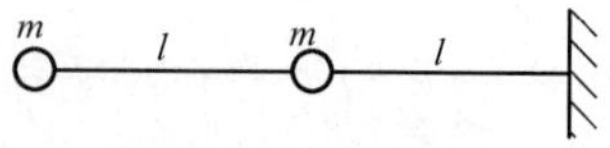

图 3.9-6 题 3-8 图

3-9 求简支梁的边界行列式。

3-10 求两端固定梁的边界行列式 $D(\omega)$。

3-11 求一端固定一端铰支梁的边界行列式 $D(\omega)$。

3-12 求一端铰支一端自由梁的边界行列式 $D(\omega)$。

3-13 采用重复结构的传递矩阵方法证明如图 3.9-7 所示系统的频率方程能简化为 $-\mu_1^n r_1+\mu_2^n r_2=0$。

3-14 n 个相同质量块置于张力为 T 的绳索上，如图 3.9-8 所示，试建立其差分方程，并求边界方程及固有频率。

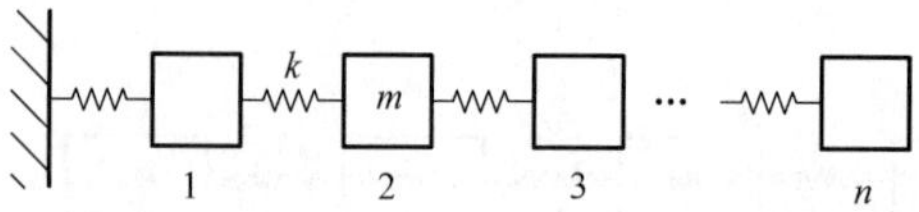

图 3.9-7 题 3-13 图

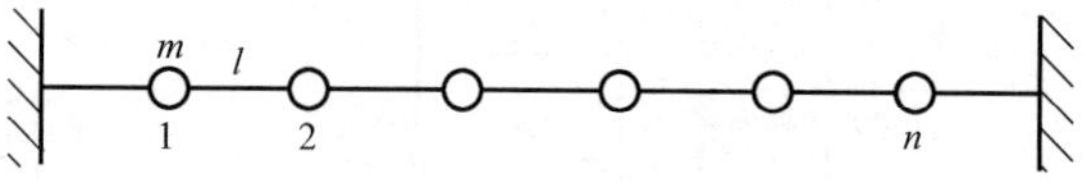

图 3.9-8 题 3-14 图

3-15 若以刚度为 K_N 的弹簧约束建筑物顶部的运动，如图 3.9-9 所示，求该 N 层建筑物的固有频率。

3-16 如图 3.9-10 所示 N 层建筑物在底层受到扭转弹簧 K_θ 约束，求其边界方程及固有频率。

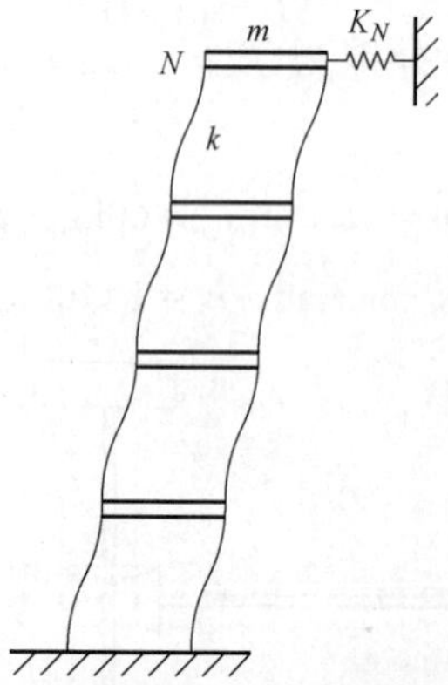

图 3.9-9 题 3-15 图

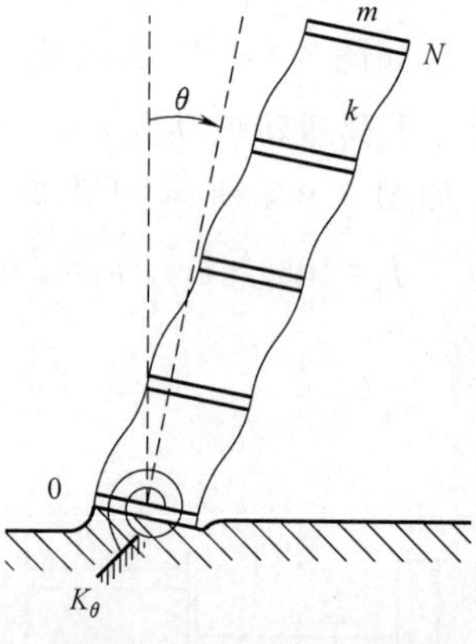

图 3.9-10 题 3-16 图

3-17 绘出如图 3.9-11 所示振动系统的机械网络图。

3-18 绘出如图 3.9-12 所示系统的机械网络图，并求出系统的阻抗 F/v。

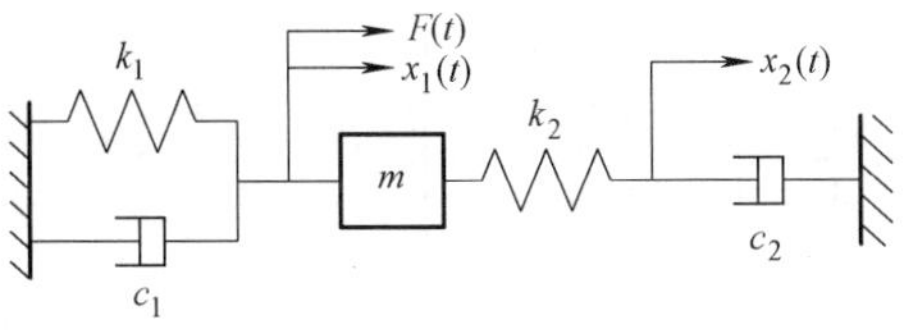

图 3.9-11　题 3-17 图

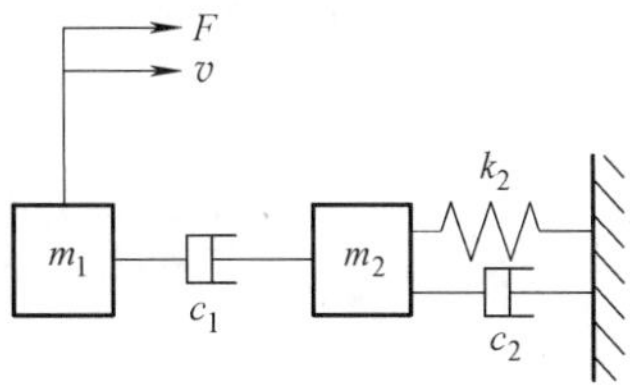

图 3.9-12　题 3-18 图

3-19　三自由度系统如图 3.9-13 所示，试分析比较下列三种情况下的导纳元素与阻抗元素。

1）仅在 m_1 上作用 F_1，考虑 x_1 的响应。

2）仅在 m_1、m_2 上作用 F_1、F_2，考虑 x_1、x_2 的响应。

3）同时在 m_1、m_2、m_3 上作用 F_1、F_2、F_3，考虑 x_1、x_2、x_3 的响应。

3-20　一个扭转振动系统如图 3.9-14 所示，其四个圆盘的转动惯量分别为 J_1、J_2、J_3、J_4，各轴的扭转刚度分别为 k_1、k_2、k_3，试用阻抗综合法导出系统的固有频率方程。

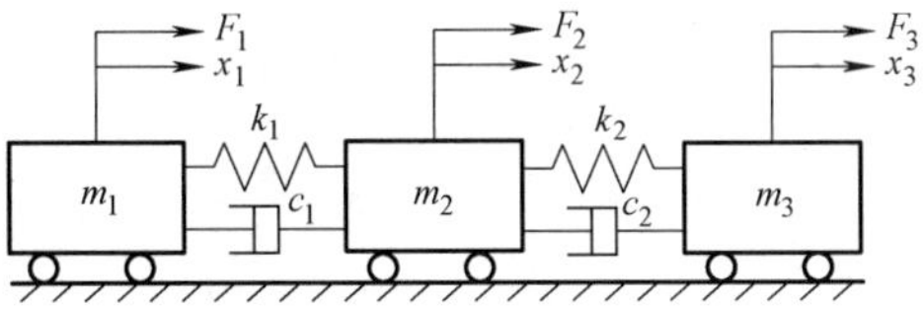

图 3.9-13　题 3-19 图

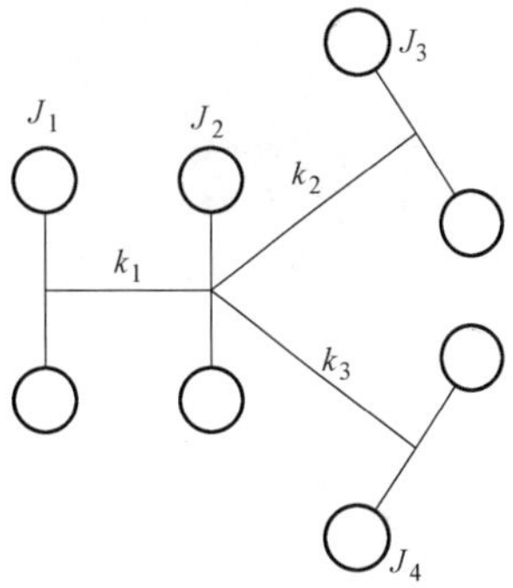

图 3.9-14　题 3-20 图

3-21　图 3.9-15 所示为圆盘扭转振动系统，J_1、J_2、J_3 分别为圆盘的转动惯量，在圆盘 1、2 之间及 2、3 之间轴的扭转刚度及阻尼系数分别为 k_1、k_2、c_1 及 c_2，圆盘的阻尼系数分别为 c_3、c_4 及 c_5，设作用在各圆盘上的扭矩 T_1、T_2、T_3 均为同频简谐函数，试列出系统阻抗形式的运动方程。

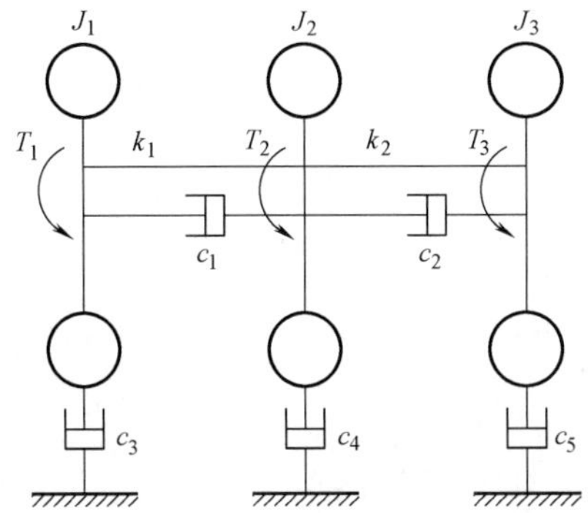

图 3.9-15　题 3-21 图

3-22　将如图 3.9-16 所示五自由度系统划分为两个对称的子系统，截取一阶主模态，用固定界面法求系统的基频。

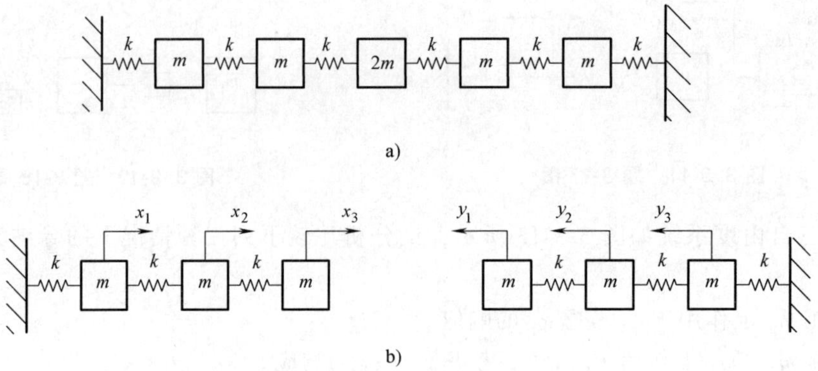

图 3.9-16　题 3-22 图

第 4 章

分析力学基础

牛顿第二定律建立了力和运动量之间的矢量关系，但采用牛顿定律建立系统的振动方程存在以下两个不足：

1）将一个系统分成若干隔离体（质点）来分别列出方程，这就必须涉及约束力，而在求解系统的运动时，往往对其各部分之间的约束力不感兴趣，反而会造成一种麻烦。

2）当将一个系统分成若干隔离体（质点）分别列出方程时，有时描述各质点的物理坐标并不是完全相互独立的，必须计及各种约束条件，运动方程才能求解。

为了克服牛顿力学方程的上述不足，拉格朗日等人创立了分析力学。分析力学将系统作为一个整体，列出整体系统的运动方程，既不再取隔离体，也不一定要求计算约束力。分析力学采用所谓广义坐标，将描述系统运动的参数个数减小到最少而又不失去其充分性的程度，而约束条件也就自动地得到了保证。此外，分析力学摒弃了位移与力这些矢量概念，而采用能量和功等标量来描述力学系统。这些标量与具体的坐标系无关，因此以能量和功这些标量表述的方程具有更广阔的用途，不仅适用于力学系统，也适用于工程上广泛采用的机电液气耦合系统。

4.1 广义坐标

4.1.1 广义坐标与约束

1. 广义坐标

描述系统运动所需的独立坐标称为广义坐标，可用 q_i 表示。系统的自由度数等于广义坐标数。

2. 约束

对系统的运动在几何位置上的限制称为约束。

如图 4.1-1 所示球摆可以用 ψ 和 ϕ 两个独立坐标系描述，ψ 和 ϕ 是系统的广义坐标。该球摆是两自由度系统。

球摆也可用直角坐标 x、y、z 系统描述，但它们不是独立的，是由方程

$$x^2+y^2+z^2=l^2 \tag{4.1-1}$$

联系起来的。式（4.1-1）称为约束方程，x、y、z 中可以由约束方程消去一个，系统必须的独立坐标仍为两个。

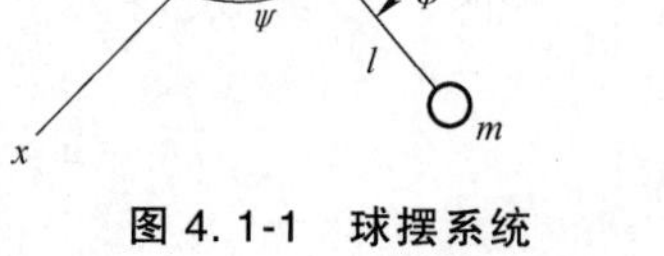

图 4.1-1 球摆系统

超过系统自由度数的过剩坐标称为多余坐标。

完全约束：约束方程数等于多余坐标数，并且多余坐标可通过约束方程消去。

完全约束方程

$$C(q_1,q_2,\cdots,q_n,t)=0 \tag{4.1-2}$$

式中，C 为函数符号。

本书仅讨论完全约束系统。前三章中表示每个质量块位置的坐标 $\boldsymbol{X}$ 都是广义坐标。

4.1.2 动能和势能的广义坐标表达式

可以用广义坐标描述系统的运动，也能用直角坐标 x_1，y_1，x_2，y_2 来描述，但会引入约束方程。如图 4.1-2 所示的复摆系统，有两个约束方程

$$\begin{cases}x_1^2+y_1^2=l_1^2\\(x_2-x_1)^2+(y_2-y_1)^2=l_2^2\end{cases}$$

所以系统仍只有两个独立坐标。直角坐标 x_1，y_1，x_2，y_2 与广义坐标 θ_1，θ_2 之间有如下关系

$$x_1=l_1\sin\theta_1 \qquad x_2=l_1\sin\theta_1+l_2\sin\theta_2$$

$$y_1=l_1\cos\theta_1 \qquad y_2=l_1\cos\theta_1+l_2\cos\theta_2$$

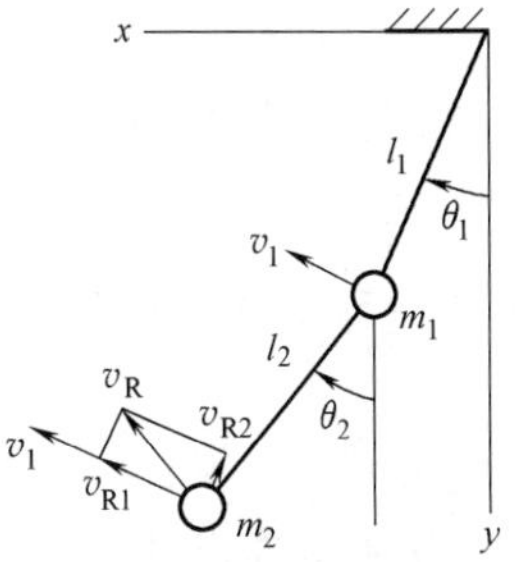

图 4.1-2 复摆运动分析

则质量块 m_1 速度的平方

$$v_1^2=\dot{x}_1^2+\dot{y}_1^2=(l_1\dot{\theta}_1)^2$$

质量块 m_2 的速度由牵连速度 v_1 及相对速度 v_R 组成，相对速度 v_R 可以分解为沿 v_1 方向的分量 v_{R1} 及垂直于 v_1 方向的分量 v_{R2}，因此质量块 m_2 的速度 v_2 可以看成是（v_1+v_{R1}）与 v_{R2} 的合成，即

$$\begin{aligned}v_2^2&=\dot{x}_2^2+\dot{y}_2^2=(v_1+v_{R1})^2+v_{R2}^2\\&=[l_1\dot{\theta}_1+l_2\dot{\theta}_2\cos(\theta_2-\theta_1)]^2+[l_2\dot{\theta}_2\sin(\theta_2-\theta_1)]^2\end{aligned}$$

系统的动能

$$T=\frac{1}{2}m_1v_1^2+\frac{1}{2}m_2v_2^2$$

因此系统的动能不仅是广义坐标的一阶导数 $\dot{\theta}_1$、$\dot{\theta}_2$的函数，还是广义坐标本身 θ_1、θ_2 的函数。

系统势能（以支点为零势能参考点）

$$U=-m_1(l_1\cos\theta_1)g-m_2(l_1\cos\theta_1+l_2\cos\theta_2)g$$

推而广之，多自由度系统的动能可表示为广义坐标及其一阶导数的函数

$$T=T(q_1,q_2,\cdots,\dot{q}_1,\dot{q}_2,\cdots) \tag{4.1-3}$$

系统势能是广义坐标的函数

$$U=U(q_1,q_2,\cdots) \tag{4.1-4}$$

例 4.1-1 列出如图 4.1-3 所示平面桁架结构的约束方程。

解：引入坐标 u_1，u_2，…，u_9，共九个坐标，因杆①，④无轴向伸长，故有

$$u_2=u_8=0$$

杆②无轴向伸长，有

$$u_1=u_5$$

杆③无轴向伸长，有

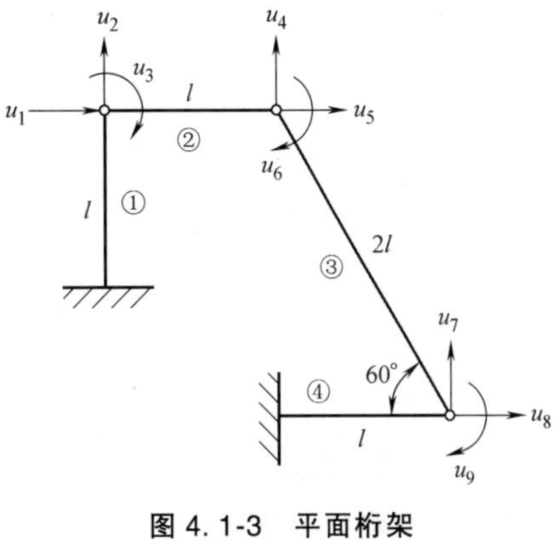

图 4.1-3 平面桁架

$$(u_4\cos30^\circ-u_5\cos60^\circ)-(u_7\cos30^\circ-u_8\cos60^\circ)=0$$

将以上约束方程写成矩阵形式

$$\begin{bmatrix}1 & 0 & \cdots & -1 & 0\\ 0 & 0.866 & \cdots & -0.050 & -0.866\end{bmatrix}\begin{bmatrix}u_1\\ u_4\\ \vdots\\ u_5\\ u_7\end{bmatrix}=\mathbf{0} \tag{a}$$

除去 $u_2=u_8=0$，还有七个坐标，有两个约束方程，系统自由度为

$$7-2=5$$

因此其中五个坐标可以作为广义坐标 $\boldsymbol{q}$，选式（a）中的 u_1、u_4 为多余坐标，则式（a）可写为分块矩阵形式

$$[\boldsymbol{a} \quad \cdots \quad \boldsymbol{b}]\begin{bmatrix}\boldsymbol{u}\\ \vdots\\ \boldsymbol{q}\end{bmatrix}=\boldsymbol{au}+\boldsymbol{bq}=\mathbf{0} \tag{b}$$

因此多余坐标

$$\boldsymbol{u}=-\boldsymbol{a}^{-1}\boldsymbol{bq} \tag{c}$$

式（c）具体用于式（a），有

$$\boldsymbol{u}=\begin{bmatrix}u_1\\ u_4\end{bmatrix}=\begin{bmatrix}1 & 0\\ 0 & \dfrac{1}{0.866}\end{bmatrix}\begin{bmatrix}1 & 0\\ 0.5 & 0.866\end{bmatrix}\begin{bmatrix}u_5\\ u_7\end{bmatrix}=\begin{bmatrix}1 & 0\\ 0.578 & 1\end{bmatrix}\begin{bmatrix}u_5\\ u_7\end{bmatrix}$$

将 $u_3=u_3$，$u_5=u_5$，$u_6=u_6$，$u_7=u_7$，$u_9=u_9$ 五个恒等式引入，则上式扩展为

$$\begin{bmatrix}u_1\\ u_3\\ u_4\\ u_5\\ u_6\\ u_7\\ u_9\end{bmatrix}=\begin{bmatrix}0 & 1 & 0 & 0 & 0\\ 1 & 0 & 0 & 0 & 0\\ 0 & 0.578 & 0 & 1 & 0\\ 0 & 1 & 0 & 0 & 0\\ 0 & 0 & 1 & 0 & 0\\ 0 & 0 & 0 & 1 & 0\\ 0 & 0 & 0 & 0 & 1\end{bmatrix}\begin{bmatrix}u_3\\ u_5\\ u_6\\ u_7\\ u_9\end{bmatrix} \tag{d}$$

式中，左边矢量设为 $\boldsymbol{u}$，右边矢量为广义坐标 $\boldsymbol{q}$，右边第一个矩阵为约束矩阵 $\boldsymbol{C}$，则该平面桁架的约束方程可写为

$$\boldsymbol{u}=\boldsymbol{Cq} \tag{e}$$

4.2 虚功原理

虚功原理是把静力平衡条件通过功的原理来表达。涉及两个基本概念：

1）虚位移：约束所许可的坐标的微小改变量，可用 $\delta\boldsymbol{r}_j$ 表示。力在虚位移上所做的功

称为虚功。

2）理想约束：无摩擦力的约束称为理想约束。

4.2.1 静平衡状态下的虚功原理

系统处于静平衡状态时，所有力在虚位移上所做的功之和为零，即

$$\delta W = \sum_j \boldsymbol{R}_j \cdot \delta \boldsymbol{r}_j = 0 \tag{4.2-1}$$

式中，$\boldsymbol{R}_j$ 为系统所受的力，包括作用力 $\boldsymbol{F}_j$ 和约束力 $\boldsymbol{f}_j$，且

$$\boldsymbol{R}_j = \boldsymbol{F}_j + \boldsymbol{f}_j \tag{4.2-2}$$

在理想约束状态（不计摩擦）下

$$\boldsymbol{f}_j \perp \delta \boldsymbol{r}_j \tag{4.2-3}$$

故有

$$\boldsymbol{f}_j \cdot \delta \boldsymbol{r}_j = 0 \tag{4.2-4}$$

于是式（4.2-1）又等价于

$$\delta W = \sum_j \boldsymbol{F}_j \cdot \delta \boldsymbol{r}_j = 0 \tag{4.2-5}$$

这就是伯努利提出的虚功原理或称虚位移原理。

例 4.2-1 如图 4.2-1 所示复摆受水平力 P 作用，求静平衡时的 θ_1 和 θ_2。

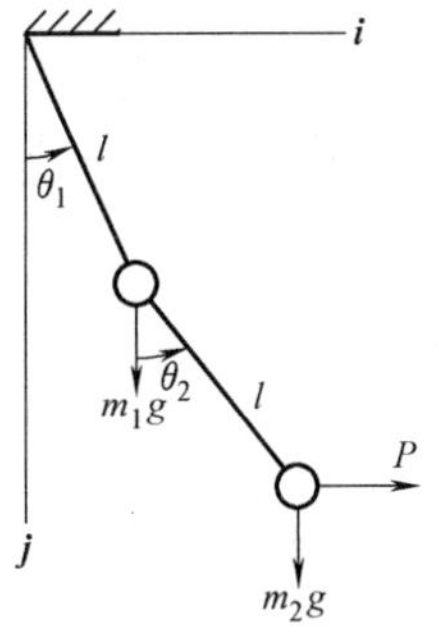

图 4.2-1 复摆

解： 质量块 m_1 的向径为

$$\boldsymbol{r}_1 = l(\sin\theta_1 \boldsymbol{i} + \cos\theta_1 \boldsymbol{j})$$

质量块 m_2 的向径为

$$\boldsymbol{r}_2 = l(\sin\theta_1 + \sin\theta_2)\boldsymbol{i} + l(\cos\theta_1 + \sin\theta_2)\boldsymbol{j}$$

质量块 m_1 上的作用力

$$\boldsymbol{F}_1 = m_1 g \boldsymbol{j}$$

质量块 m_2 上的作用力

$$\boldsymbol{F}_2 = P\boldsymbol{i} + m_2 g \boldsymbol{j}$$

矢量 $\boldsymbol{r}_1$ 的虚位移为

$$\delta \boldsymbol{r}_1 = \frac{\partial \boldsymbol{r}_1}{\partial \theta_1}\delta\theta_1 + \frac{\partial \boldsymbol{r}_1}{\partial \theta_2}\delta\theta_2 = l(\cos\theta_1 \boldsymbol{i} - \sin\theta_1 \boldsymbol{j})\delta\theta_1$$

矢量 $\boldsymbol{r}_2$ 的虚位移为

$$\delta \boldsymbol{r}_2 = \frac{\partial \boldsymbol{r}_2}{\partial \theta_1}\delta\theta_1 + \frac{\partial \boldsymbol{r}_2}{\partial \theta_2}\delta\theta_2 = l(\cos\theta_1\delta\theta_1 + \cos\theta_2\delta\theta_2)\boldsymbol{i} - l(\sin\theta_1\delta\theta_1 + \sin\theta_2\delta\theta_2)\boldsymbol{j}$$

将以上各量代入式（4.2-5）

$$\delta W = \sum_{3} \boldsymbol{F}_j \cdot \delta \boldsymbol{r}_j$$

得

$$\delta W = [Pl\cos\theta_1 - (m_1+m_2)gl\sin\theta_1]\delta\theta_1 + [Pl\cos\theta_2 - m_2 gl\sin\theta_2]\delta\theta_2 = 0$$

由于 $\delta\theta_1$、$\delta\theta_2$ 可任取，只有当 $\delta\theta_1$ 及 $\delta\theta_2$ 的系数均为零时，上式才总是成立。由 $\delta\theta_1$ 的系数为零推导出

$$\tan\theta_1 = \frac{P}{(m_1+m_2)g}$$

由 $\delta\theta_2$ 的系数为零推导出

$$\tan\theta_2 = \frac{P}{m_2 g}$$

4.2.2 运动状态下的虚功原理

将虚功原理推广到动力学问题。在运动状态下系统质点 m_i 受到惯性力 $-m_i\ddot{\boldsymbol{r}}_i$ 作用，依据达朗贝尔原理，质点 m_i 的力平衡方程为

$$\boldsymbol{F}_i + \boldsymbol{f}_i - m_i\ddot{\boldsymbol{r}}_i = 0 \tag{4.2-6}$$

式中，$\boldsymbol{F}_i$、$\boldsymbol{f}_i$ 分别是作用力和约束力。在理想约束状态（不计摩擦）下，式（4.2-5）写为

$$\delta W = \sum_{i} (\boldsymbol{F}_i - m_i\ddot{\boldsymbol{r}}_i) \cdot \delta \boldsymbol{r}_i = 0 \tag{4.2-7}$$

这就是系统在运动状态下的虚功原理（虚位移原理）。

例 4.2-2 用虚功原理建立如图 4.2-2 所示单摆的运动方程。

解： 摆球中心向径的虚位移为

$$\delta\boldsymbol{r} = l\delta\theta \cdot \boldsymbol{i}$$

其二阶导数为

$$\ddot{\boldsymbol{r}} = l\ddot{\theta} \cdot \boldsymbol{i} - l\dot{\theta}^2 \cdot \boldsymbol{j}$$

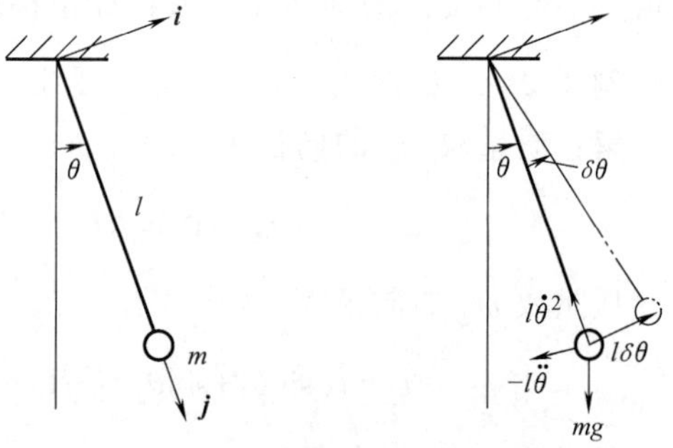

图 4.2-2 单摆

摆球上的作用力

$$\boldsymbol{F} = -mg\sin\theta \cdot \boldsymbol{i} + mg\cos\theta \cdot \boldsymbol{j}$$

计及惯性力，摆球上的力为

$$(\boldsymbol{F} - m\ddot{\boldsymbol{r}}) = (-mg\sin\theta - ml\ddot{\theta})\boldsymbol{i} + (mg\cos\theta + ml\dot{\theta}^2)\boldsymbol{j}$$

将以上各量代入式（4.2-7），有

$$\delta W = (\boldsymbol{F} - m\ddot{\boldsymbol{r}}) \cdot \delta\boldsymbol{r} = -(mg\sin\theta + ml\ddot{\theta})l\delta\theta = 0$$

由于虚位移 $\delta\theta$ 可任取（任意小的分量），只有当 $\delta\theta$ 的系数为零时，上式才总是成立，故单摆的运动方程为

$$\ddot{\theta} + \frac{g}{l}\sin\theta = 0$$

这是非线性方程，但当 θ 很小时 $\sin\theta\approx\theta$，故单摆微振的运动方程可线性化为

$$\ddot{\theta}+\frac{g}{l}\theta=0$$

4.3 动能、势能和广义力

4.3.1 动能

N 自由度系统任一点 k 的位置用 N 个广义坐标表示为

$$\boldsymbol{r}_k=\boldsymbol{r}_k(q_1,q_2,\cdots,q_N) \tag{4.3-1}$$

第 k 点的速度为

$$\boldsymbol{v}_k=\sum_{i=1}^{N}\frac{\partial \boldsymbol{r}}{\partial q_i}\dot{q}_i \tag{4.3-2}$$

系统的动能表示为

$$T=\frac{1}{2}\sum_{k=1}^{N}m_k\boldsymbol{v}_k\cdot\boldsymbol{v}_k=\frac{1}{2}\sum_{k=1}^{N}m_k\sum_{i=1}^{N}\sum_{j=1}^{N}\frac{\partial \boldsymbol{r}_k}{\partial q_i}\cdot\frac{\partial \boldsymbol{r}_k}{\partial q_j}\dot{q}_i\dot{q}_j \tag{4.3-3}$$

改变上式的求和顺序

$$T=\frac{1}{2}\sum_{i=1}^{N}\sum_{j=1}^{N}\left(\sum_{k=1}^{N}m_k\frac{\partial \boldsymbol{r}_k}{\partial q_i}\cdot\frac{\partial \boldsymbol{r}_k}{\partial q_j}\right)\dot{q}_i\dot{q}_j \tag{4.3-4}$$

令广义质量

$$m_{ij}=\sum_{k=1}^{N}m_k\frac{\partial \boldsymbol{r}_k}{\partial q_i}\cdot\frac{\partial \boldsymbol{r}_k}{\partial q_j} \tag{4.3-5}$$

则系统动能可表示为

$$T=\frac{1}{2}\sum_{i=1}^{N}\sum_{j=1}^{N}m_{ij}\dot{q}_i\dot{q}_j=\frac{1}{2}\dot{\boldsymbol{q}}^{\mathrm{T}}\boldsymbol{m}\dot{\boldsymbol{q}} \tag{4.3-6}$$

式中，$\boldsymbol{m}$ 为在广义坐标 $\boldsymbol{q}$ 下的广义质量矩阵。

4.3.2 势能

对于保守系统，可将势能 U 在平衡位置附近展开为泰勒级数

$$U=U_0+\sum_{j=1}^{N}\left(\frac{\partial U}{\partial q_j}\right)_0 q_j+\frac{1}{2}\sum_{j=1}^{N}\sum_{l=1}^{N}\left(\frac{\partial^2 U}{\partial q_i\partial q_l}\right)_0 q_jq_l+\cdots \tag{4.3-7}$$

式中，U_0 表示系统在平衡位置处的势能，可取为零；由于系统势能在平衡位置有极小值，故势能对广义坐标的偏导数在平衡位置处的取值 $\left(\frac{\partial U}{\partial q_j}\right)_0$ 皆为零。对于线性系统，高于二阶的高阶分量可以忽略，故式（4.3-7）可写为

$$U=\frac{1}{2}\sum_{j=1}^{N}\sum_{l=1}^{N}\left(\frac{\partial^2 U}{\partial q_j \partial q_l}\right)q_j q_l \tag{4.3-8}$$

令广义刚度

$$k_{jl}=\frac{\partial^2 U}{\partial q_j \partial q_l} \tag{4.3-9}$$

则系统势能可表示为

$$U=\frac{1}{2}\sum_{j=1}^{N}\sum_{l=1}^{N}k_{jl}q_j q_l=\frac{1}{2}\boldsymbol{q}^{\mathrm{T}}\boldsymbol{k}\boldsymbol{q} \tag{4.3-10}$$

式中，$\boldsymbol{k}$ 为在广义坐标 $\boldsymbol{q}$ 下的广义刚度矩阵。

4.3.3 广义力

由式（4.3-1）可知系统第 j 点的虚位移

$$\delta \boldsymbol{r}_j=\sum_{i=1}^{N}\frac{\partial \boldsymbol{r}_j}{\partial q_i}\delta q_i \tag{4.3-11}$$

由式（4.2-5）可得系统在虚位移上所做的虚功为

$$\delta W=\sum_j \boldsymbol{F}_j\cdot\delta \boldsymbol{r}_j=\sum_j\sum_i \boldsymbol{F}_j\frac{\partial \boldsymbol{r}_j}{\partial q_i}\delta q_i \tag{4.3-12}$$

交换式（4.3-12）的求和顺序

$$\delta W=\sum_i\sum_j \boldsymbol{F}_j\frac{\partial \boldsymbol{r}_j}{\partial q_i}\delta q_i \tag{4.3-13}$$

令广义力为

$$Q_i=\sum_j \boldsymbol{F}_j\frac{\partial \boldsymbol{r}_j}{\partial q_i} \tag{4.3-14}$$

式（4.3-13）可写为

$$\delta W=\sum_i Q_i\delta q_i \tag{4.3-15}$$

对于保守系统，有

$$\delta W=-\delta U=\sum_i -\frac{\partial U}{\partial q_i}\delta q_i \tag{4.3-16}$$

比较式（4.3-15）与式（4.3-16），可知广义力又可表示为

$$Q_i=-\frac{\partial U}{\partial q_i} \tag{4.3-17}$$

例 4.3-1 求如图 4.3-1 所示桁架的广义力。

解： 取广义坐标 q_1、q_2，系统所受的外载荷在虚位移 δq_1 上所做的功为

$$Q_1\delta q_1=F_1\delta q_1-F_2\frac{a}{l}\delta q_1+(M_1-M_2)\frac{1}{l}\delta q_1$$

由此可得广义力

$$Q_1=F_1-\frac{a}{l}F_2+\frac{1}{l}(M_1-M_2)$$

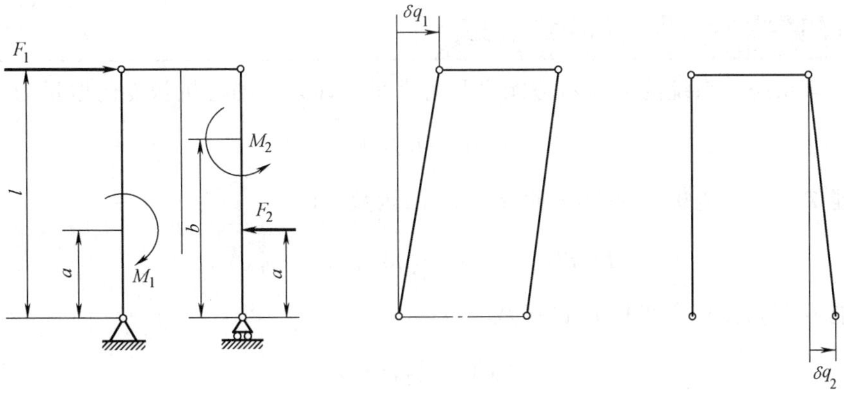

图 4.3-1 桁架

系统所受的外载荷在虚位移 δq_2 上所做的功为

$$Q_2\delta q_2=-F_2\frac{l-a}{l}\delta q_2+M_2\frac{\delta q_2}{l}$$

可得另一广义力

$$Q_2=[-F_2(l-a)+M_2]\frac{1}{l}$$

例 4.3-2 如图 4.3-2 所示梁分别在位置 x_1、x_2、x_3 处受到集中力 F_1、F_2、F_3 作用，设梁的挠度曲线方程为

$$y(x,t)=\sum_{i=1}^{n}\phi_i(x)q_i(t)$$

试用振型叠加法求系统的广义力。

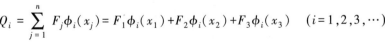

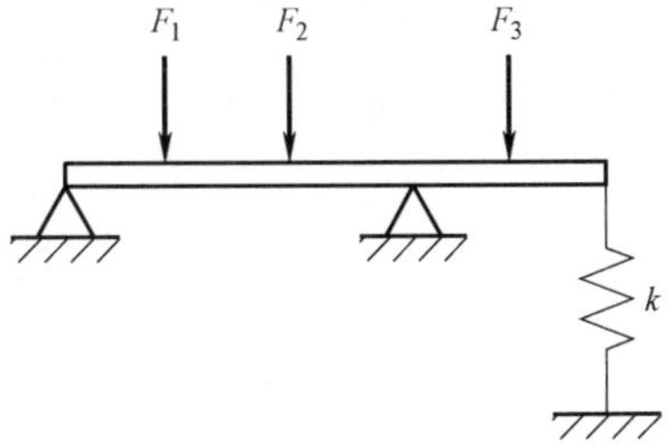

图 4.3-2 受集中力的梁

解： 梁挠度的虚位移为

$$\delta y=\sum_{i=1}^{n}\phi_i(x)\delta q_i(t)$$

载荷 F_1，F_2，F_3 在虚位移上所做的虚功为

$$\delta W=\sum_{j=1}^{3}F_j\cdot\delta y=\sum_{j=1}^{3}F_j\Big(\sum_{i=1}^{n}\phi_i(x_j)\delta q_i\Big)=\sum_{i=1}^{n}\delta q_i\Big(\sum_{j=1}^{3}F_j\phi_i(x_j)\Big)=\sum_{i=1}^{n}Q_i\delta q_i$$

可知系统的各阶广义力为

$$Q_i=\sum_{j=1}^{n}F_j\phi_i(x_j)=F_1\phi_i(x_1)+F_2\phi_i(x_2)+F_3\phi_i(x_3)\quad(i=1,2,3,\cdots)$$

4.4 拉格朗日方程

拉格朗日方程（Laglangge's quations）是用广义坐标表示的系统运动微分方程，本节用动能和势能来介绍拉格朗日方程的一般形式。

4.4.1 保守系统的拉格朗日方程

对于保守系统，系统的动能与势能之和为常量，即系统的总机械能的增量为零

$$d(T+U)=0 \tag{4.4-1}$$

系统的动能 T 是广义坐标 q_i 及其一阶导数 $\dot{q}_i$ 的函数，即

$$T=T(q_1,q_2,\cdots,q_N,\dot{q}_1,\dot{q}_2,\cdots,\dot{q}_N) \tag{4.4-2}$$

系统的势能 U 仅仅是广义坐标 q_i 的函数

$$U=U(q_1,q_2,\cdots,q_N) \tag{4.4-3}$$

系统动能 T 的增量为

$$dT=\sum_{i=1}^{N}\frac{\partial T}{\partial q_i}dq_i+\sum_{i=1}^{N}\frac{\partial T}{\partial \dot{q}_i}d\dot{q}_i \tag{4.4-4}$$

系统的动能 T 又可表示为

$$T=\frac{1}{2}\dot{\boldsymbol{q}}^{\mathrm{T}}\boldsymbol{M}\dot{\boldsymbol{q}}=\frac{1}{2}\sum_{i=1}^{N}\sum_{j=1}^{N}m_{ij}\dot{q}_i\dot{q}_j \tag{4.4-5}$$

式（4.4-5）对 $\dot{q}_k$ 求偏导数，由于 $i=1, 2, \cdots, N$ 中含有 k，$j=1, 2, \cdots, N$ 中也含有 k，故

$$\frac{\partial T}{\partial \dot{q}_k}=\frac{1}{2}\sum_{i=1}^{N}m_{ki}\dot{q}_i+\frac{1}{2}\sum_{j=1}^{N}m_{kj}\dot{q}_j \tag{4.4-6}$$

令式（4.4-6）中，$i=j$，然后令 $k=i$，则式（4.4-6）成为

$$\frac{\partial T}{\partial \dot{q}_i}=\sum_{j=1}^{N}m_{ij}\dot{q}_j \tag{4.4-7}$$

于是

$$\sum_{i=1}^{N}\frac{\partial T}{\partial \dot{q}_i}\dot{q}_i=\sum_{i=1}^{N}\sum_{j=1}^{N}m_{ij}\dot{q}_j\dot{q}_i \tag{4.4-8}$$

对照式（4.4-5），式（4.4-8）成为

$$2T=\sum_{i=1}^{N}\frac{\partial T}{\partial \dot{q}_i}\dot{q}_i=\sum_{i=1}^{N}\sum_{j=1}^{N}m_{ij}\dot{q}_j\dot{q}_i \tag{4.4-9}$$

对式（4.4-9）微分

$$2dT=\sum_{i=1}^{N}d\left(\frac{\partial T}{\partial \dot{q}_i}\right)\dot{q}_i+\sum_{i=1}^{N}\frac{\partial T}{\partial \dot{q}_i}d\dot{q}_i \tag{4.4-10}$$

因为 $\dot{q}_i=\dfrac{dq_i}{dt}$，故式（4.4-10）可写为

$$2\mathrm{d}T=\sum_{i=1}^{N}\frac{\mathrm{d}}{\mathrm{d}t}\left(\frac{\partial T}{\partial \dot{q}_i}\right)\mathrm{d}q_i+\sum_{i=1}^{N}\frac{\partial T}{\partial \dot{q}_i}\mathrm{d}\dot{q}_i \tag{4.4-11}$$

式（4.4-11）减去式（4.4-4）得

$$\mathrm{d}T=\sum_{i=1}^{N}\left[\frac{\mathrm{d}}{\mathrm{d}t}\left(\frac{\partial T}{\partial \dot{q}_i}\right)-\frac{\partial T}{\partial q_i}\right]\mathrm{d}q_i \tag{4.4-12}$$

由式（4.4-3）有

$$\mathrm{d}U=\sum_{i=1}^{N}\frac{\partial U}{\partial q_i}\mathrm{d}q_i \tag{4.4-13}$$

将式（4.4-12）和式（4.4-13）代入式（4.4-1）得

$$\mathrm{d}(T+U)=\sum_{i=1}^{N}\left[\frac{\mathrm{d}}{\mathrm{d}t}\left(\frac{\partial T}{\partial \dot{q}_i}\right)-\frac{\partial T}{\partial q_i}+\frac{\partial U}{\partial q_i}\right]\mathrm{d}q_i=0 \tag{4.4-14}$$

由于 $\mathrm{d}q_i$ 可任意取值，因此必有

$$\frac{\mathrm{d}}{\mathrm{d}t}\left(\frac{\partial T}{\partial \dot{q}_i}\right)-\frac{\partial T}{\partial q_i}+\frac{\partial U}{\partial q_i}=0 \quad (i=1,2,\cdots,N) \tag{4.4-15}$$

这就是保守系统的拉格朗日方程。

引入拉格朗日函数 $L=T-U$，由于 U 不是 $\dot{q}_i$ 的函数，所以 $\frac{\partial U}{\partial \dot{q}_i}=0$，因此拉格朗日方程可写为

$$\frac{\mathrm{d}}{\mathrm{d}t}\left(\frac{\partial L}{\partial \dot{q}_i}\right)-\frac{\partial L}{\partial q_i}=0 \quad (i=1,2,\cdots,N) \tag{4.4-16}$$

4.4.2 非保守系统的拉格朗日方程

当系统受到作用力时，系统即变为非保守的，系统机械能的增量为

$$\mathrm{d}(T+U)=\mathrm{d}W \tag{4.4-17}$$

式中，$\mathrm{d}W$ 为系统所受作用力所做的功，其表达式为

$$\mathrm{d}W=\sum_{i=1}^{N}Q_i\mathrm{d}q_i \tag{4.4-18}$$

式中，Q_i 为广义力，于是非保守系统的拉格朗日方程为

$$\frac{\mathrm{d}}{\mathrm{d}t}\left(\frac{\partial T}{\partial \dot{q}_i}\right)-\frac{\partial T}{\partial q_i}+\frac{\partial U}{\partial q_i}=Q_i \quad (i=1,2,\cdots,N) \tag{4.4-19}$$

注意：

1）若某些力所做的功已经表示为系统的能量的函数形式，则广义力 Q_i 中不再计入这些

力的影响。

2）若广义坐标 q_i 是角坐标，则相应的广义力 Q_i 应是力矩。

例 4.4-1 用拉格朗日方程建立如图 4.4-1 所示系统的运动方程。系统中圆盘绕其中心的转动惯量为 J，弹簧在圆盘上的铰接点距圆盘中心的距离为 r。

解：系统的动能为

$$T=\frac{1}{2}m\dot{q}_1^2+\frac{1}{2}J\dot{q}_2^2$$

系统的势能为

$$U=\frac{1}{2}kq_1^2+\frac{1}{2}k(rq_2-q_1)^2$$

作用力在虚位移上所做的虚功为

$$\delta W=M(t)\delta q_2$$

因此系统的广义力为

$$Q_1=0,\ Q_2=M(t)$$

将以上各量代入式（4.4-19），得系统的运动方程

$$\begin{cases} m\ddot{q}_1+2kq_1-krq_2=0 \\ J\ddot{q}_2-krq_1+kr^2q_2=M(t) \end{cases}$$

写为矩阵形式

$$\begin{bmatrix} m & 0 \\ 0 & J \end{bmatrix}\begin{bmatrix} \ddot{q}_1 \\ \ddot{q}_2 \end{bmatrix}+\begin{bmatrix} 2k & -kr \\ -kr & kr^2 \end{bmatrix}\begin{bmatrix} q_1 \\ q_2 \end{bmatrix}=\begin{bmatrix} 0 \\ M(t) \end{bmatrix}$$

例 4.4-2 写出如图 4.4-2 所示系统的动能 T、势能 U 及运动方程。

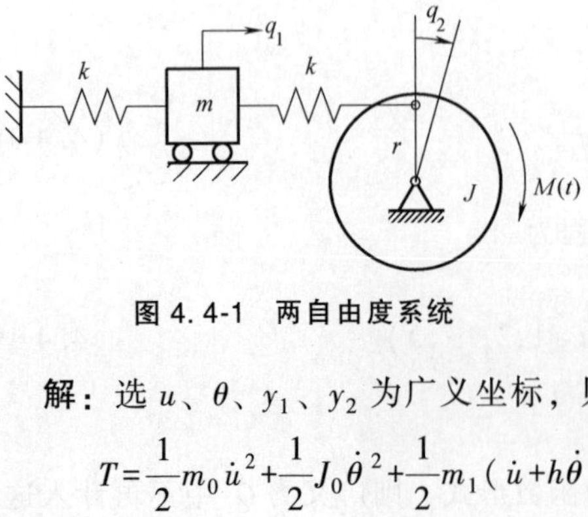

图 4.4-1 两自由度系统

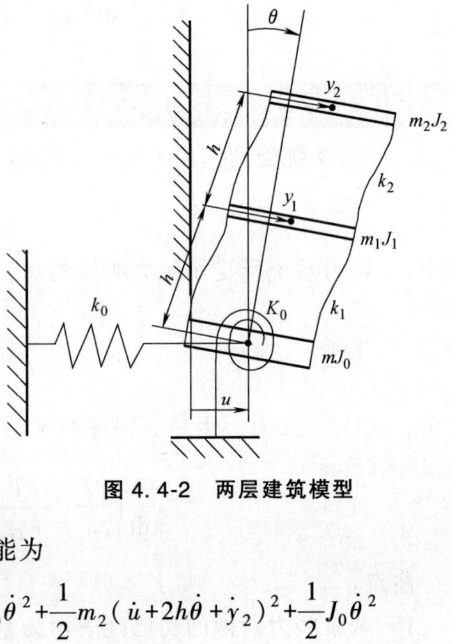

图 4.4-2 两层建筑模型

解：选 u、θ、y_1、y_2 为广义坐标，则系统的动能为

$$T=\frac{1}{2}m_0\dot{u}^2+\frac{1}{2}J_0\dot{\theta}^2+\frac{1}{2}m_1(\dot{u}+h\dot{\theta}+\dot{y}_1)^2+\frac{1}{2}J_0\dot{\theta}^2+\frac{1}{2}m_2(\dot{u}+2h\dot{\theta}+\dot{y}_2)^2+\frac{1}{2}J_0\dot{\theta}^2$$

系统的势能为

$$U=\frac{1}{2}k_0u^2+\frac{1}{2}K_0\theta^2+\frac{1}{2}k_1y_1{}^2+\frac{1}{2}k_2(y_2-y_1)^2$$

有

$$\frac{\partial T}{\partial\dot{\theta}}=(J_0+J_1+J_2)\dot{\theta}+m_1h(\dot{u}+h\dot{\theta}+\dot{y}_1)+m_2 2h(\dot{u}+2h\dot{\theta}+\dot{y}_2)$$

及

$$\frac{\partial U}{\partial\theta}=K_0\theta$$

将以上各量代入拉格朗日方程，可得系统振动方程

$$\begin{bmatrix}(m_0+m_1+m_2) & (m_1+2m_2)h & m_1 & m_2\\(m_1+2m_2)h & (J_0+J_2+J_2+m_1h^2+4m_2h^2) & m_1h & 2m_2h\\m_1 & m_1h & m_1 & 0\\m_2 & 2m_2h & 0 & m_2\end{bmatrix}\begin{bmatrix}\ddot{u}\\\ddot{\theta}\\\ddot{y}_1\\\ddot{y}_2\end{bmatrix}+$$

$$\begin{bmatrix}k_0 & 0 & 0 & 0\\0 & K_0 & 0 & 0\\0 & 0 & (k_1+k_2) & -k_2\\0 & 0 & -k_2 & k_2\end{bmatrix}\begin{bmatrix}u\\\theta\\y_1\\y_2\end{bmatrix}=\mathbf{0}$$

从以上案例可见，以拉格朗日方程来推导系统的运动方程，可以不必考虑约束力，所有的微分方程都是从一个标量函数（拉格朗日函数）和非保守力所做的虚功推导出来，十分方便，特别是对于自由度较多的系统非常有效。

以拉格朗日方程建立系统的运动方程有一定的步骤可循：

1）判断系统的自由度数，选定广义坐标。

2）以广义坐标及其一阶导数来表示系统的动能与势能。

3）对于非保守力的施加力，则将其虚功写成式（4.4-18）的形式，从而确定各广义力。

4）将以上各量代入拉格朗日方程，即得到该系统的运动方程。

4.5 刚架结构的振动

在刚架结构中，常常选择节点的位移和转角作为系统的广义坐标，也可以将质量集中在节点上，于是系统的运动方程可以写为用广义坐标表示。

利用梁的单元刚度来推导出刚架结构的刚度矩阵。

4.5.1 梁单元的受力和变形

图 4.5-1 所示为各种边界条件下的梁的受力与变形的关系。

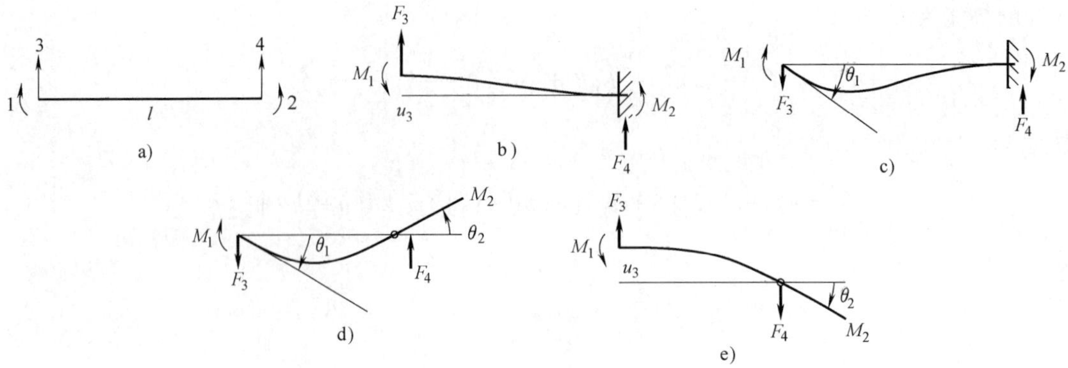

图 4.5-1　梁的受力及变形

a）梁单元　b）自由端只有挠度而无转角的悬臂梁　c）自由端只有转角而无挠度的悬臂梁

d）一端铰支、另一端自由且只有转角而无挠度的梁　e）一端铰支、另一端自由且只有挠度而无转角的梁

1）自由端只有挠度而无转角的悬臂梁（图 4.5-1b）

$$M_1=\frac{6EI}{l^2}u_3,\ F_3=\frac{12EI}{l^3}u_3;\ M_2=\frac{6EI}{l^2}u_3,\ F_4=\frac{12EI}{l^3}u_3 \tag{4.5-1}$$

2）自由端只有转角而无挠度的悬臂梁（图 4.5-1c）

$$M_1=\frac{4EI}{l}\theta_1,\ F_3=\frac{6EI}{l^2}\theta_1;\ M_2=\frac{2EI}{l}\theta_1,\ F_4=\frac{6EI}{l^2}\theta_1 \tag{4.5-2}$$

3）一端铰支、另一端自由且只有转角而无挠度的梁（图 4.5-1d）

$$M_1=\frac{3EI}{l}\theta_1,\ F_3=\frac{3EI}{l^2}\theta_1;\ M_2=0,\ F_4=\frac{3EI}{l^2}\theta_1,\ \theta_2=\frac{1}{2}\theta_1 \tag{4.5-3}$$

4）一端铰支、另一端自由且只有挠度而无转角的梁（图 4.5-1e）

$$M_1=\frac{3EI}{l^2}u_3,\ F_3=\frac{3EI}{l^3}u_3;\ M_2=0,\ F_4=\frac{3EI}{l^3}u_3,\ \theta_2=\frac{3}{2}\frac{u_3}{l} \tag{4.5-4}$$

4.5.2　刚架结构的振动微分方程

在节点处将刚架结构切分为梁单元，节点处的力等于各梁单元在该节点处力的叠加。以图 4.5-2 所示刚架结构为例，求该刚架系统的刚度矩阵、质量矩阵，并建立运动方程。

选坐标 q_1、q_2、q_3，将刚架结构从节点处切分为梁单元①和②，梁单元②属于如图 4.5-1d 所示一端铰支、另一端自由且只有转角而无挠度的梁，由式（4.5-3）知 $q_3=\frac{1}{2}q_2$。因此系统是两自由度，选 q_1、q_2 为广义坐标。

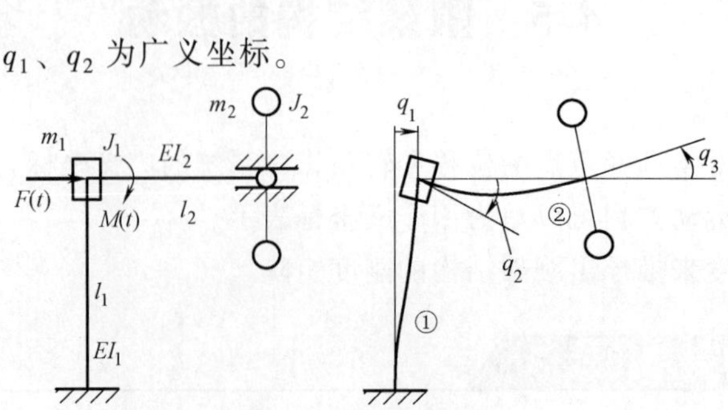

图 4.5-2　刚架结构

1. 求系统的刚度矩阵

1）设 $q_1=1$，$q_2=0$。各梁单元的变形和受力如图 4.5-3a 所示，此时梁单元①属于如图 4.5-1b 所示自由端只有挠度而无转角的悬臂梁；梁单元②无任何变形，也就不受任何载荷。按式（4.5-1）可得

$$K_{11}=\frac{12EI_1}{l_1^3},\ K_{21}=-\frac{6EI_1}{l_1^2}$$

组成刚度矩阵的第一列。

2）设 $q_1=0$，$q_2=1$。各梁单元的变形和受力如图 4.5-3b 所示，此时梁单元①属于如图 4.5-1c 所示自由端只有转角而无挠度的悬臂梁，而梁单元②属于如图 4.5-1d 所示一端铰支、另一端自由且只有转角的梁。根据式（4.5-2）和式（4.5-3），并将两梁单元在节点处的弯矩进行叠加，得

$$K_{12}=-\frac{6EI_1}{l_1^2},\ K_{22}=\frac{4EI_1}{l_1}+\frac{3EI_2}{l_2}$$

组成刚度矩阵的第二列。刚架系统的刚度矩阵为

$$\boldsymbol{K}=\begin{bmatrix}\dfrac{12EI_1}{l_1^3} & -\dfrac{6EI_1}{l_1^2}\\ -\dfrac{6EI_1}{l_1^2} & \dfrac{4EI_1}{l_1}+\dfrac{3EI_2}{l_2}\end{bmatrix}$$

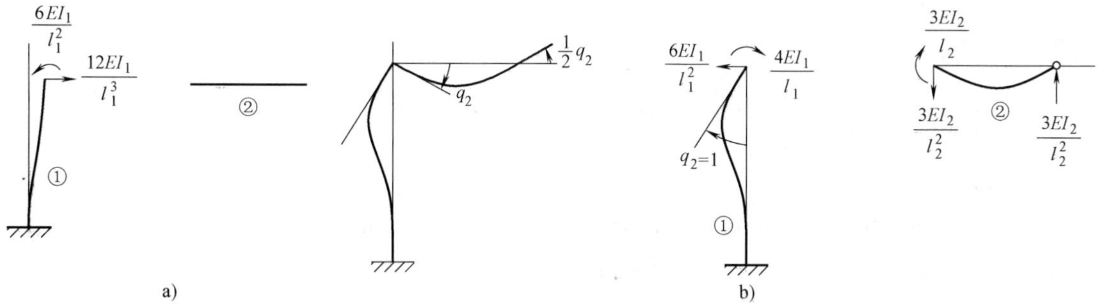

图 4.5-3 将刚架切分为梁单元及各单元受力变形

a）$q_1=1$，$q_2=0$ b）$q_2=1$，$q_1=0$

2. 求质量矩阵 $\boldsymbol{M}$

系统的动能

$$T=\frac{1}{2}(m_1+m_2)\dot{q}_1^2+\frac{1}{2}J_1\dot{q}_2^2+\frac{1}{2}J_2\left(\frac{\dot{q}_2}{2}\right)^2$$

系统动能对 $\dot{q}_1$ 及 $\dot{q}_2$ 的偏导数分别为

$$\frac{\partial T}{\partial \dot{q}_1}=(m_1+m_2)\dot{q}_1$$

$$\frac{\partial T}{\partial \dot{q}_2}=J_1\dot{q}_2+\frac{J_2}{4}\dot{q}_2=\left(J_1+\frac{J_2}{4}\right)\dot{q}_2$$

由式（4.4-7）可得

$$M_{11}=m_1+m_2,\ M_{12}=0;\ M_{21}=0,\ M_{22}=J_1+\frac{J_2}{4}$$

于是刚架系统的质量矩阵为

$$\boldsymbol{M}=\begin{bmatrix} m_1+m_2 & 0 \\ 0 & J_1+\frac{J_2}{4} \end{bmatrix}$$

3. 建立刚架系统的运动方程

刚架系统的运动方程为

$$\boldsymbol{M}\ddot{\boldsymbol{X}}+\boldsymbol{K}\boldsymbol{X}=\boldsymbol{Q}(t)$$

即

$$\begin{bmatrix} m_1+m_2 & 0 \\ 0 & J_1+\frac{J_2}{4} \end{bmatrix}\begin{bmatrix} \ddot{q}_1 \\ \ddot{q}_2 \end{bmatrix}+\begin{bmatrix} \frac{12EI_1}{l_1^{\ 3}} & -\frac{6EI_1}{l_1^{\ 2}} \\ -\frac{6EI_1}{l_1^{\ 2}} & \frac{4EI_1}{l_1}+\frac{3EI_2}{l_2} \end{bmatrix}\begin{bmatrix} q_1 \\ q_2 \end{bmatrix}=\begin{bmatrix} F(t) \\ M(t) \end{bmatrix}$$

4.6 相合质量

通常把质量集中在结构的各节点上，如均质梁一般把梁的总质量之半分别集中在两端。这种简化方法的优点是使质量矩阵成为主对角线矩阵。

更精确的做法是根据能量等效原则，用均质梁两端的挠度和转角作为坐标来表示，这将导致得出一个非对角线的质量矩阵，称为相合质量（Consistent Mass）矩阵。

设图 4.6-1 所示梁的挠度用三次曲线来表示

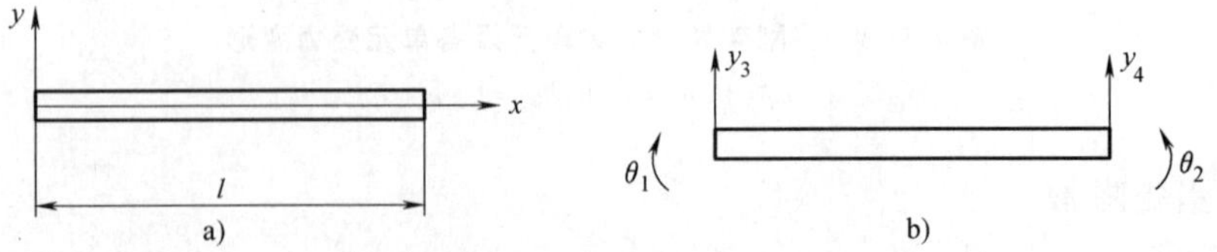

图 4.6-1 梁

a）均质梁 b）以梁两端的转角和挠度作为坐标

$$y=p_1+\xi p_2+\xi^2 p_3+\xi^3 p_4=\begin{bmatrix} 1 & \xi & \xi^2 & \xi^3 \\ 0 & 0 & 0 & 0 \\ 0 & 0 & 0 & 0 \\ 0 & 0 & 0 & 0 \end{bmatrix}\begin{bmatrix} p_1 \\ p_2 \\ p_3 \\ p_4 \end{bmatrix}=\boldsymbol{Lp} \tag{4.6-1}$$

式中，$\xi=x/l$，且令

$$\boldsymbol{L}=\begin{bmatrix}1 & \xi & \xi^2 & \xi^3\\ 0 & 0 & 0 & 0\\ 0 & 0 & 0 & 0\\ 0 & 0 & 0 & 0\end{bmatrix} \tag{4.6-2}$$

则

$$\dot{y}^2=(\boldsymbol{L}\dot{\boldsymbol{p}})^{\mathrm{T}}\boldsymbol{L}\dot{\boldsymbol{p}}=\dot{\boldsymbol{p}}^{\mathrm{T}}\boldsymbol{L}^{\mathrm{T}}\boldsymbol{L}\dot{\boldsymbol{p}} \tag{4.6-3}$$

且

$$\boldsymbol{L}^{\mathrm{T}}\boldsymbol{L}=\begin{bmatrix}1 & 0 & 0 & 0\\ \xi & 0 & 0 & 0\\ \xi^2 & 0 & 0 & 0\\ \xi^3 & 0 & 0 & 0\end{bmatrix}\begin{bmatrix}1 & \xi & \xi^2 & \xi^3\\ 0 & 0 & 0 & 0\\ 0 & 0 & 0 & 0\\ 0 & 0 & 0 & 0\end{bmatrix}=\begin{bmatrix}1 & \xi & \xi^2 & \xi^3\\ \xi & \xi^2 & \xi^3 & \xi^4\\ \xi^2 & \xi^3 & \xi^4 & \xi^5\\ \xi^3 & \xi^4 & \xi^5 & \xi^6\end{bmatrix} \tag{4.6-4}$$

梁的动能为

$$T=\frac{1}{2}\int_0^l m\dot{y}^2\mathrm{d}x=\frac{1}{2}\int_0^l lm\dot{y}^2\frac{\mathrm{d}x}{l}=\frac{l}{2}\int_0^1 m\dot{y}^2\mathrm{d}\xi \tag{4.6-5}$$

式中，m 为梁单位长度的质量。

将式（4.6-3）代入式（4.6-5）得

$$\begin{aligned}T&=\frac{l}{2}\dot{\boldsymbol{p}}^{\mathrm{T}}\int_0^1 \boldsymbol{m}\boldsymbol{L}^{\mathrm{T}}\boldsymbol{L}\mathrm{d}\xi\dot{\boldsymbol{p}}\\ &=\frac{1}{2}[\dot{p}_1,\dot{p}_2,\dot{p}_3,\dot{p}_4]ml\begin{bmatrix}1 & \frac{1}{2} & \frac{1}{3} & \frac{1}{4}\\ \frac{1}{2} & \frac{1}{3} & \frac{1}{4} & \frac{1}{5}\\ \frac{1}{3} & \frac{1}{4} & \frac{1}{5} & \frac{1}{6}\\ \frac{1}{4} & \frac{1}{5} & \frac{1}{6} & \frac{1}{7}\end{bmatrix}\begin{bmatrix}\dot{p}_1\\ \dot{p}_2\\ \dot{p}_3\\ \dot{p}_4\end{bmatrix}=\frac{1}{2}\dot{\boldsymbol{p}}^{\mathrm{T}}\boldsymbol{B}\dot{\boldsymbol{p}}\end{aligned} \tag{4.6-6}$$

式中

$$\boldsymbol{B}=\begin{bmatrix}1 & \frac{1}{2} & \frac{1}{3} & \frac{1}{4}\\ \frac{1}{2} & \frac{1}{3} & \frac{1}{4} & \frac{1}{5}\\ \frac{1}{3} & \frac{1}{4} & \frac{1}{5} & \frac{1}{6}\\ \frac{1}{4} & \frac{1}{5} & \frac{1}{6} & \frac{1}{7}\end{bmatrix} \tag{4.6-7}$$

由式（4.6-1）可得

$$\frac{\mathrm{d}y}{\mathrm{d}\xi}=p_2+2\xi p_3+3\xi^2 p_4$$

又

$$\frac{\mathrm{d}y}{\mathrm{d}\xi}=l\frac{\mathrm{d}y}{\mathrm{d}x}=l\theta$$

所以

$$\theta=(p_2+2\xi p_3+3\xi p_4)/l \tag{4.6-8}$$

在梁的两端分别有 $\xi=0$ 和 $\xi=1$，于是

$$\begin{bmatrix}\theta_1\\ \theta_2\\ y_3\\ y_4\end{bmatrix}=\begin{bmatrix}0 & 1/l & 0 & 0\\ 0 & 1/l & 2/l & 3/l\\ 1 & 0 & 0 & 0\\ 1 & 1 & 1 & 1\end{bmatrix}\begin{bmatrix}p_1\\ p_2\\ p_3\\ p_4\end{bmatrix} \tag{4.6-9}$$

式（4.6-9）两边左乘等式右边第一个矩阵的逆阵，得

$$\begin{bmatrix}p_1\\ p_2\\ p_3\\ p_4\end{bmatrix}=\begin{bmatrix}0 & 0 & 1 & 0\\ l & 0 & 0 & 0\\ -2l & -l & -3 & 3\\ l & l & 2 & -2\end{bmatrix}\begin{bmatrix}\theta_1\\ \theta_2\\ y_3\\ y_4\end{bmatrix}=\boldsymbol{C\delta} \tag{4.6-10}$$

式中

$$\boldsymbol{\delta}=[\theta_1,\ \theta_2,\ y_3,\ y_4]^{\mathrm{T}}$$

将式（4.6-10）代入式（4.6-6）

$$T=\frac{1}{2}\dot{\boldsymbol{p}}^{\mathrm{T}}\boldsymbol{B}\dot{\boldsymbol{p}}=\frac{1}{2}\dot{\boldsymbol{\delta}}^{\mathrm{T}}\boldsymbol{C}^{\mathrm{T}}\boldsymbol{BC}\dot{\boldsymbol{\delta}}=\frac{1}{2}\dot{\boldsymbol{\delta}}^{\mathrm{T}}\boldsymbol{M}\dot{\boldsymbol{\delta}} \tag{4.6-11}$$

于是可得用梁两端的转角和挠度表示的相合质量矩阵

$$\boldsymbol{M}=\boldsymbol{C}^{\mathrm{T}}\boldsymbol{BC}=\frac{ml}{420}\begin{bmatrix}4l^2 & -3l^2 & \cdots & 22l & 13l\\ -3l^2 & 4l^2 & \cdots & -13l & -22l\\ \vdots & \vdots & & \vdots & \vdots\\ 22l & -13l & \cdots & 156 & 54\\ 13l & -22l & \cdots & 54 & 156\end{bmatrix} \tag{4.6-12}$$

例 4.6-1 求如图 4.6-2 所示刚架的相合质量矩阵，用广义坐标 q_1，q_2，q_3 表示。

解： 将刚架切开为梁单元①、②、③，如图 4.6-3 所示。由式（4.6-11），有

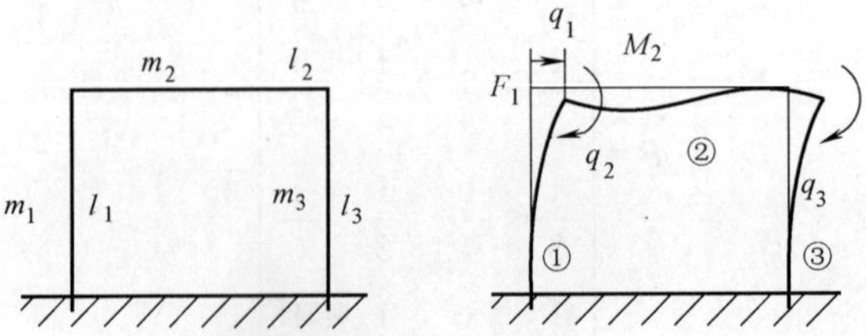

图 4.6-2 刚架

$$\frac{\mathrm{d}}{\mathrm{d}t}\frac{\partial T}{\partial \dot{\delta}_j}=[\text{相合质量矩阵}\ \boldsymbol{M}\ \text{的第}\ j\ \text{行}]\begin{bmatrix}\ddot{\theta}_1\\ \ddot{\theta}_2\\ \ddot{y}_3\\ \ddot{y}_4\end{bmatrix} \tag{a}$$

式（a）表示的是作用在刚架相应节点处的力或力矩。

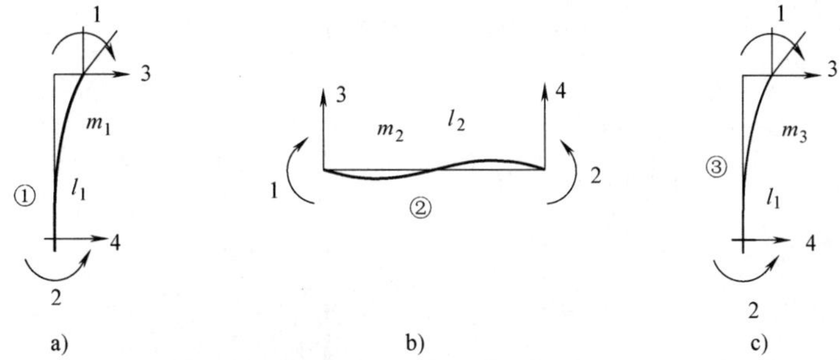

图 4.6-3　切分为梁单元

a）梁单元①　b）梁单元②　c）梁单元③

1）对于梁单元①，梁单元的局部坐标与刚架系统的广义坐标之间有如下关系

$$\theta_1=q_2,\ y_3=q_1,\ \theta_2=y_4=0$$

利用式（a），并采用相合质量矩阵 $\boldsymbol{M}$ 的第三行，有

$$\frac{\mathrm{d}}{\mathrm{d}t}\frac{\partial T}{\partial \dot{y}_3}=F_1=\frac{m_1l_1}{420}(22l_1\ \ddot{\theta}_1+156\ \ddot{y}_3)$$

$$=\frac{\mathrm{d}}{\mathrm{d}t}\frac{\partial T}{\partial \dot{q}_1}=\frac{m_1l_1}{420}(22l_1\ddot{q}_2+156\ddot{q}_1)=(1,2)、(2,1)$$

式中，等式右边的（1，2）、（2，1）表示该元素在刚架系统以 q_1，q_2，q_3 为广义坐标的广义质量矩阵中的位置（行号，列号）。

同理，利用式（a），并采用相合质量矩阵 $\boldsymbol{M}$ 的第一行，有

$$\frac{\mathrm{d}}{\mathrm{d}t}\left(\frac{\partial T}{\partial \dot{\theta}_1}\right)=M_2=\frac{m_1l_1}{420}(4l_1^2\ddot{\theta}_1+22l_1\ \ddot{y}_3)$$

$$=\frac{\mathrm{d}}{\mathrm{d}t}\left(\frac{\partial T}{\dot{q}_2}\right)=\frac{m_1l_1}{420}(4l_1^2\ \ddot{q}_2+22l_1\ddot{q}_1)=(2,2)、(2,1)$$

2）对于梁单元②

$$\theta_1=q_2,\ \theta_2=-q_3,\ y_3=y_4=0$$

利用式（a），并采用相合质量矩阵 $\boldsymbol{M}$ 的第一行，有

$$\frac{\mathrm{d}}{\mathrm{d}t}\left(\frac{\partial T}{\partial \dot{\theta}_1}\right)=M_2=\frac{m_2 l_2}{420}(4l_2^2\ddot{\theta}_1-3l_2^2\ddot{\theta}_2)$$

$$=\frac{\mathrm{d}}{\mathrm{d}t}\left(\frac{\partial T}{\partial \dot{q}_2}\right)=\frac{m_2 l_2}{420}(4l_2^2\ddot{q}_2+3l_2^2\ddot{q}_3)=(2,2)、(2,3)$$

利用式（a），并采用相合质量矩阵 $\boldsymbol{M}$ 的第二行，有

$$\frac{\mathrm{d}}{\mathrm{d}t}\left(\frac{\partial T}{\partial \dot{\theta}_2}\right)=-M_3=\frac{m_2 l_2}{420}(-3l_2^2\ddot{\theta}_1+4l_2^2\ddot{\theta}_2)$$

$$=-\frac{\mathrm{d}}{\mathrm{d}t}\left(\frac{\partial T}{\partial \dot{q}_3}\right)=\frac{m_2 l_2}{420}(-3l_2^2\ddot{q}_2-4l_2^2\ddot{q}_3)=-(3,2)、-(3,3)$$

3）对于梁单元③

$$\theta_1=q_3,\ y_3=q_1,\ \theta_2=y_4=0$$

利用式（a），并采用相合质量矩阵 $\boldsymbol{M}$ 的第三行，有

$$\frac{\mathrm{d}}{\mathrm{d}t}\left(\frac{\partial T}{\partial \dot{y}_3}\right)=F_1=\frac{m_3 l_1}{420}(22l_1\ddot{\theta}_1+156\ddot{y}_3)$$

$$=\frac{\mathrm{d}}{\mathrm{d}t}\left(\frac{\partial T}{\partial \dot{q}_1}\right)=\frac{m_3 l_1}{420}(22l_1\ddot{q}_3+156\ddot{q}_1)=(1,3)、(1,1)$$

利用式（a），并采用相合质量矩阵 $\boldsymbol{M}$ 的第一行，有

$$\frac{\mathrm{d}}{\mathrm{d}t}\left(\frac{\partial T}{\partial \dot{\theta}_1}\right)=M_3=\frac{m_3 l_1}{420}(4{l_1}^2\ddot{\theta}_1+22l_1\ddot{y}_3)$$

$$=\frac{\mathrm{d}}{\mathrm{d}t}\left(\frac{\partial T}{\partial \dot{q}_3}\right)=\frac{m_3 l_1}{420}(4l_1^2\ddot{q}_3+22l_1\ddot{q}_1)=(3,3)、(3,1)$$

将以上三个梁单元广义质量矩阵元素按其行、列位置进行叠加。考虑到梁单元②整体沿 q_1 方向运动产生的惯性力，因此在刚架系统广义质量矩阵的第一行第一列位置上还应叠加上梁单元②的整体质量 m_2l_2。于是可得刚架系统的广义质量矩阵为

$$\boldsymbol{M}=\frac{1}{420}\begin{bmatrix}156(m_1l_1+m_3l_1)+420(m_2l_2) & 22l_1(m_1l_1) & 22l_1(m_3l_1)\\ 22l_1(m_1l_1) & 4l_1^2(m_1l_1)+4l_2^2(m_2l_2) & 3l_2^2(m_2l_2)\\ 22l_1(m_3l_1) & 3l_2^2(m_2l_2) & 4l_1^2(m_1l_1)+4l_2^2(m_2l_2)\end{bmatrix}$$

若令 $m_1=m_2=m_3=m$，且 $l_1=l$、$l_2=2l$，则刚架系统的广义质量矩阵为

$$\boldsymbol{M}=\frac{ml}{420}\begin{bmatrix}576 & 11l & 11l\\ 11l & 18l^2 & 12l^2\\ 11l & 12l^2 & 18l^2\end{bmatrix}$$

4.7 习　题

4-1 试列出如图 4.7-1 所示平面桁架的位移坐标 u_i，写出其几何约束方程，计算出系统的自由度数。

4-2 对如图 4.7-1 所示平面桁架选择广义坐标 q_i，并用 q_i 表示 u_i 坐标。

4-3 使用虚位移原理求如图 4.7-2 所示木工角尺挂在钉子上的平衡位置。

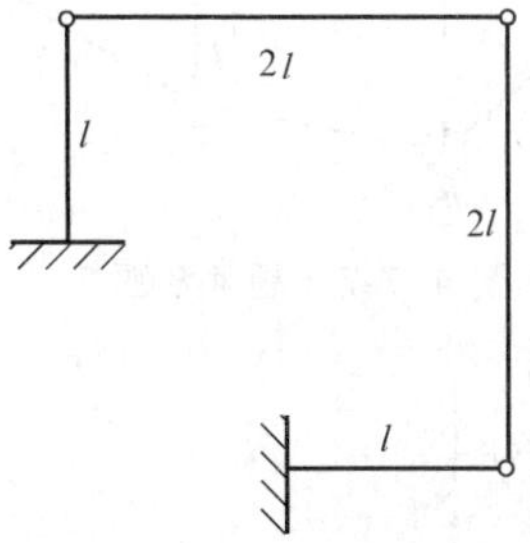

图 4.7-1 题 4-1 图

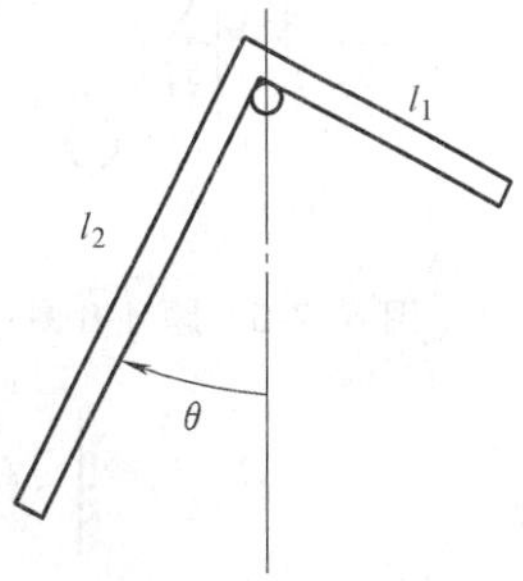

图 4.7-2 题 4-3 图

4-4 如图 4.7-3 所示，质量为 m 的质量块铰接在两根长为 l 的无质量杆上，一根杆的上端铰接在一套筒上，套筒与水平滑杆之间的摩擦系数为 μ，试用虚功原理确定平衡位置的 θ 角。

4-5 两质点 m_1 及 m_2 由无质量杆连接，放置于半径为 R 的光滑半球凹面内，如图 4.7-4 所示，求其平衡位置。

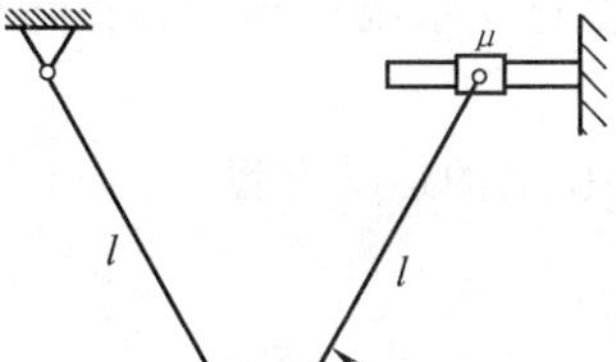

图 4.7-3 题 4-4 图

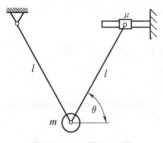

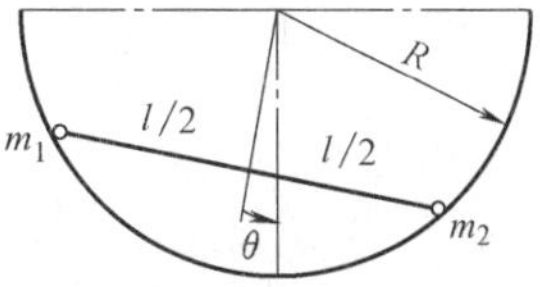

图 4.7-4 题 4-5 图

4-6 如图 4.7-5 所示四重复摆受水平力 F 作用，用虚位移法确定其平衡位置。

4-7 长为 l 的均匀刚性杆以弹簧及地板支承，如图 4.7-6 所示，弹簧原长为 $h/4$，用虚位移原理求杆的平衡位置。

4-8 m_1 及 m_2 以三条相等绳索与壁相连，如图 4.7-7 所示，求其平衡位置。

4-9 当图 4.7-6 所示系统挠其平衡位置做微小振动时，求其运动方程。

4-10 当图 4.7-2 所示角尺挠其平衡位置做微小振动时，求其运动方程。

4-11 当图 4.7-4 所示系统挠其平衡位置做微小振动时，求其运动方程。

4-12 如图 4.7-7 所示的 m_1 被移动一个小位移后释放，求系统的运动方程。

4-13 如图 4.7-8 所示系统在 $\theta=0$ 时弹簧力等于 0，求其运动方程。

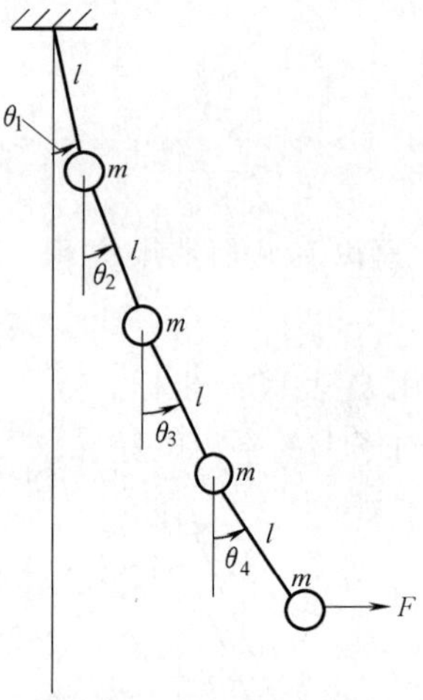

图 4.7-5　题 4-6 图

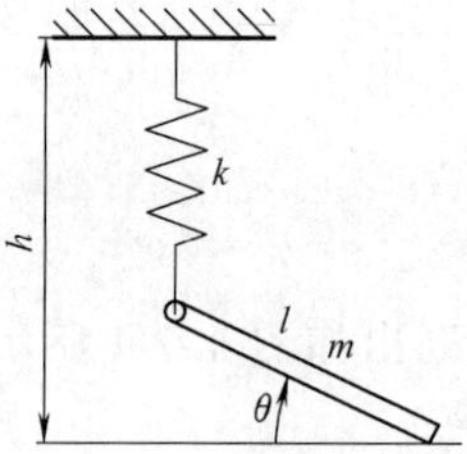

图 4.7-6　题 4-7 图

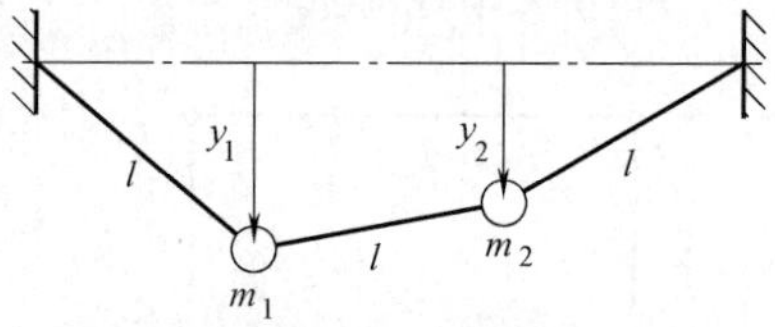

图 4.7-7　题 4-8 图

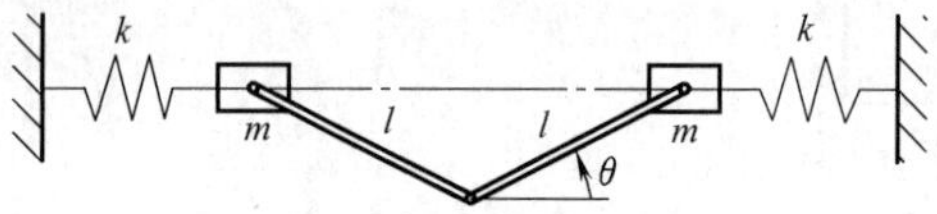

图 4.7-8　题 4-13 图

4-14　写出如图 4.7-9 所示系统的拉格朗日运动方程。

4-15　已知如图 4.7-10 所示梁的常数如下：

$$k=\frac{EI}{l^3},\ \frac{EI}{ml^4}=N,\ \frac{k}{ml}=N,\ K=5\,\frac{EI}{l},\ \frac{K}{ml^3}=5N$$

使用振型 $\phi_1=x/L$ 及 $\phi_2=\sin(\pi x/l)$，由拉格朗日方法建立系统运动方程，并求出前两阶固有频率和主振型。

4-16　使用拉格朗日法，求如图 4.7-11 所示杆系微小振动的运动方程。

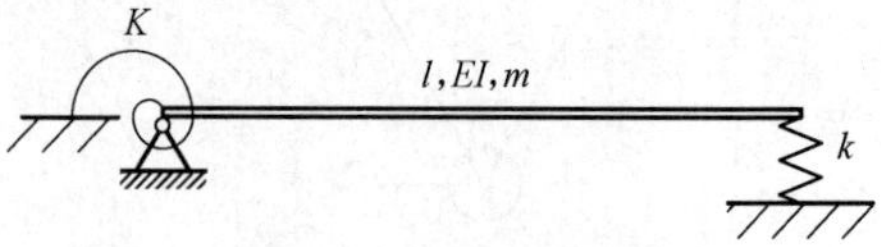

图 4.7-10　题 4-15 图

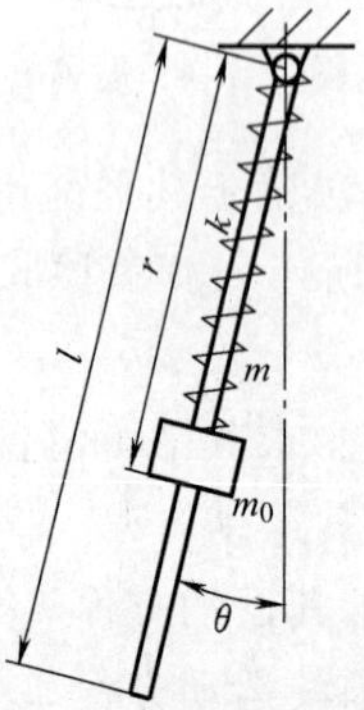

图 4.7-9　题 4-14 图

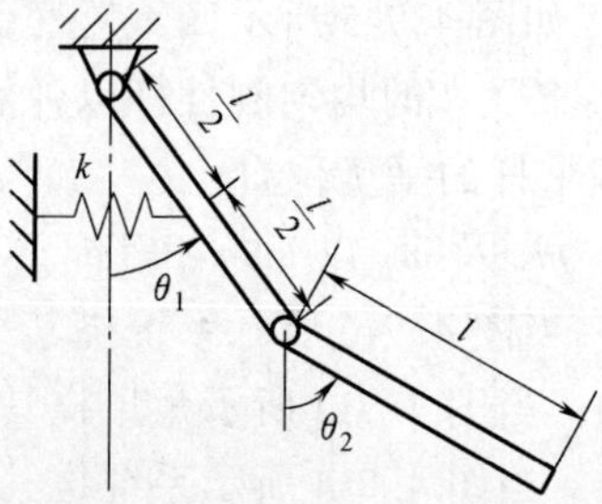

图 4.7-11　题 4-16 图

4-17　如图 4.7-12 所示刚性连杆组受到弹簧和质量块作用，写出系统运动的拉格朗日方程。

4-18　求如图 4.7-13 所示刚架的刚度矩阵及矩阵形式的运动方程。

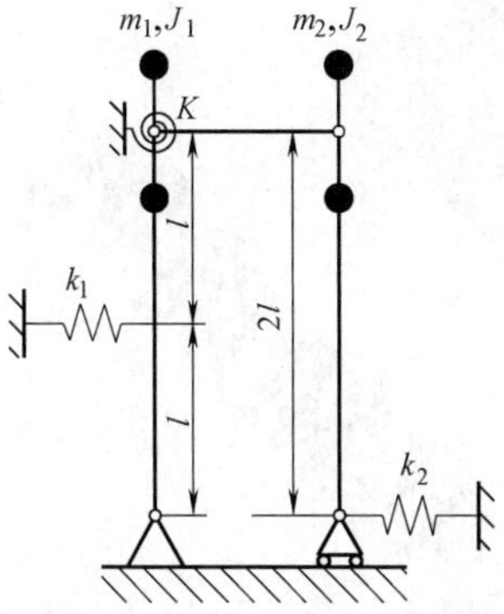

图 4.7-12　题 4-17 图

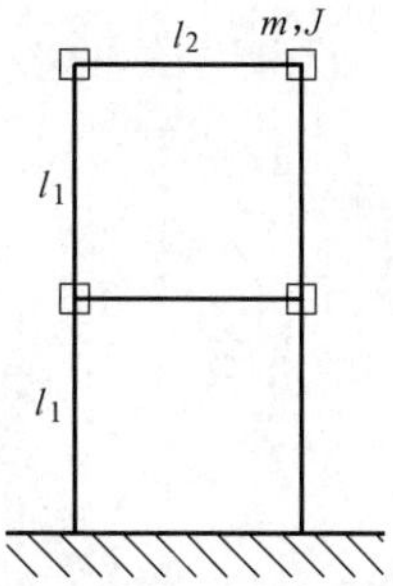

图 4.7-13　题 4-18 图

4-19　求如图 4.7-14 所示刚架的刚度矩阵。

4-20　图 4.7-14 中所示的刚架受弹簧及质量块作用，如图 4.7-15 所示，求系统的运动方程及主振型。

4-21　求如图 4.7-16 所示刚架结构的相合质量矩阵。

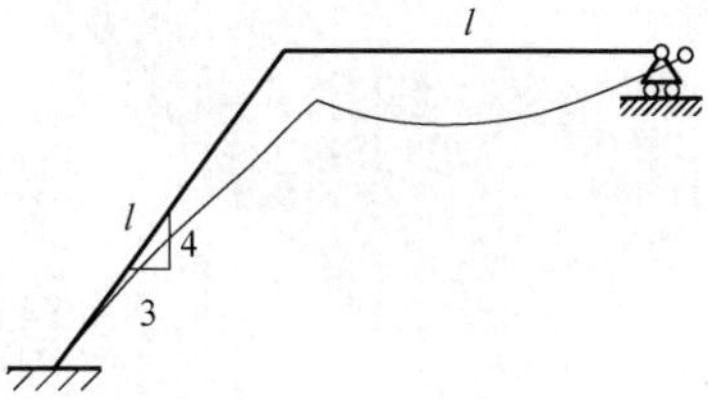

图 4.7-14　题图 4-19

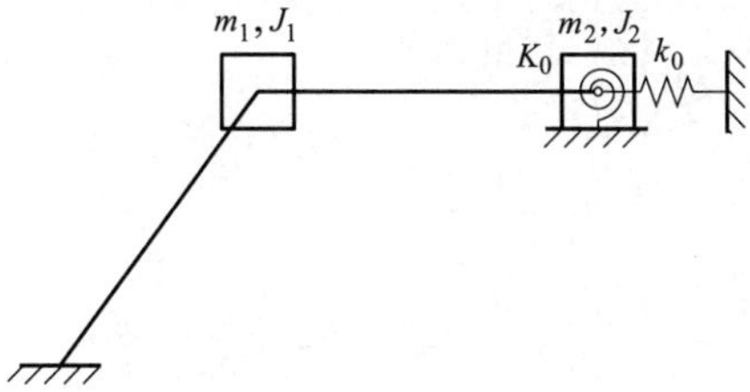

图 4.7-15　题 4-20 图

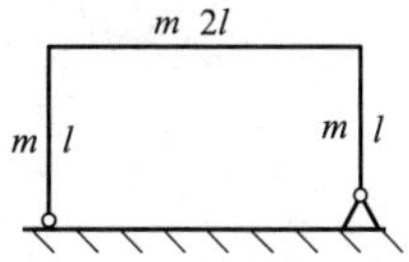

图 4.7-16　题 4-21 图

第5章 连续系统的振动及其精确解

连续系统是指其质量、刚度及阻尼在空间一定区域中连续分布的系统，又称为分布参数系统。实际上自然界所有的系统都是分布参数系统。本书前面所讲的单自由度与多自由度系统都是基于集中的质量块（不计弹性）与均匀的弹簧（不计质量）等理想元件而构成的，这类系统称为离散系统。离散系统是真实的连续系统的近似模型，当其近似程度不能满足实际要求时，就必须增加模型的自由度，或者采用连续模型。连续模型可以看成是离散模型当自由度无限增加时的极限。因此连续系统是具有无限多个自由度的系统。

梁、板、壳、拱等，其材料各向同性、均匀、连续，服从胡克定律，具有无限多自由度，都是连续系统的典型代表。本章内容为连续系统振动的基本概念及其精确解，主要介绍弦的横向振动、杆的纵向振动、轴的扭转振动及梁的弯曲振动。

5.1 弦的横向振动

5.1.1 弦的横向振动运动方程

一根单位长度质量为 ρ 的弦，受到张力 T 作用，假设弦的横向挠度 $y(x, t)$ 很小，即微振动，则弦中各质点位移很小，弦伸长导致 $\theta+\frac{\partial\theta}{\partial x}\mathrm{d}x$ 的张力变化可忽略，因而张力 T 的变化可忽略不计，可假定张力 T 为常量。但因相邻部分张力方向不同，因而弦上的质量会受到张力 T 的不平衡垂直分力的作用。

取 dx 长度的一小段分离体来研究，如图 5.1-1 所示。由 y 方向力的平衡条件

$$T\sin\left(\theta+\frac{\partial\theta}{\partial x}\mathrm{d}x\right)-T\sin\theta=\rho\mathrm{d}x\,\frac{\partial^2 y}{\partial t^2}$$

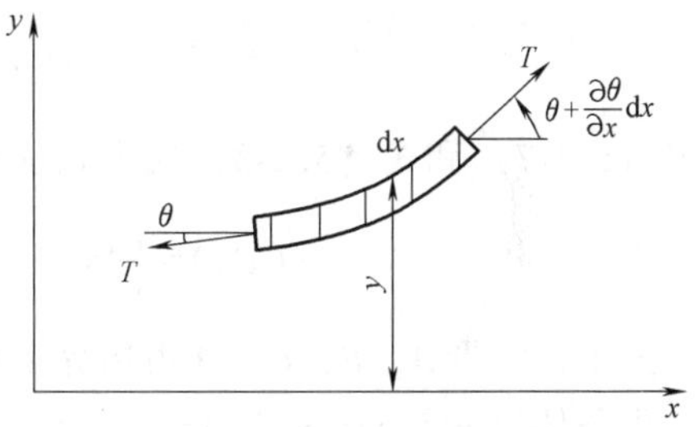

图 5.1-1　横向振动中的弦单元

当 $\theta=1$ 时，$\sin\theta\approx\theta$，上式成为

$$T\left(\theta+\frac{\partial\theta}{\partial x}\mathrm{d}x\right)-T\theta=\rho\mathrm{d}x\,\frac{\partial^2 y}{\partial t^2}$$

即

$$\frac{\partial\theta}{\partial x}=\frac{\rho}{T}\frac{\partial^2 y}{\partial t^2} \tag{5.1-1}$$

因为 $\theta=\partial y/\partial x$，则式（5.1-1）成为

$$\frac{\partial^2 y}{\partial x^2}=\frac{1}{c_2}\frac{\partial^2 y}{\partial t^2} \tag{5.1-2}$$

式中，$c=\sqrt{T/\rho}$，表示波沿着弦的传播速度。式（5.1-2）即为弦横向振动的方程，是一维波动方程。

5.1.2 求解弦振动方程（一维波动方程）

求解偏微分方程的一种方法是变量分离法，即将解设为

$$y(x,t)=Y(x)G(t) \tag{5.1-3}$$

将式（5.1-3）代入式（5.1-2），得

$$G\frac{\mathrm{d}^2Y(x)}{\mathrm{d}x^2}=\frac{1}{c^2}Y\frac{\mathrm{d}^2G(t)}{\mathrm{d}t^2}$$

即

$$\frac{1}{Y}\frac{\mathrm{d}^2Y(x)}{\mathrm{d}x^2}=\frac{1}{c^2}\frac{1}{G}\frac{\mathrm{d}^2G(t)}{\mathrm{d}t^2} \tag{5.1-4}$$

式（5.1-4）左边是空间 x 的函数，而右边是时间 t 的函数，要使式（5.1-4）成立，只有令其左、右两边皆等于一个常量，令这个常量为 $-(\omega/c)^2$，则式（5.1-4）成为以下两个常微分方程

$$\frac{1}{Y}\frac{\mathrm{d}^2Y(x)}{\mathrm{d}x^2}=-(\omega/c)^2\Rightarrow\frac{\mathrm{d}^2Y(x)}{\mathrm{d}x^2}+\left(\frac{\omega}{c}\right)^2Y=0 \tag{5.1-5}$$

$$\frac{1}{c^2}\frac{1}{G}\frac{\mathrm{d}^2G(t)}{\mathrm{d}t^2}=-(\omega/c)^2\Rightarrow\frac{\mathrm{d}^2G(t)}{\mathrm{d}t^2}+\omega^2G(t)=0 \tag{5.1-6}$$

式（5.1-5）和式（5.1-6）的通解分别为

$$Y(x)=A\sin\frac{\omega}{c}x+B\cos\frac{\omega}{c}x \tag{5.1-7}$$

$$G(t)=C\sin\omega t+D\cos\omega t \tag{5.1-8}$$

将式（5.1-7）和式（5.1-8）代入式（5.1-3），得弦横向振动的通解

$$y(x,t)=\left(A\sin\frac{\omega}{c}x+B\cos\frac{\omega}{c}x\right)(C\sin\omega t+D\cos\omega t) \tag{5.1-9}$$

式中，常量 A，B，C，D 由边界条件和初始条件确定。对于弦长为 l 的两端固定的弦，其边界条件为 $y(0,t)=y(l,t)=0$，由 $y(0,t)=0$ 可得 $B=0$，于是式（5.1-9）成为

$$y(x,t)=(C\sin\omega t+D\cos\omega t)\sin\frac{\omega}{c}x \tag{5.1-10}$$

由边界条件 $y(l,\ t)=0$ 可推导出

$$\sin\frac{\omega l}{c}=0 \tag{5.1-11}$$

要使式（5.1-11）成立，必有

$$\frac{\omega_n l}{c}=\frac{2\pi l}{\lambda}=n\pi\quad(n=1,2,3,\cdots) \tag{5.1-12}$$

式中，$\lambda=c/f_n$ 是波长，f_n 是第 n 阶固有频率，由式（5.1-13）确定

$$f_n=\frac{n}{2l}c=\frac{n}{2l}\sqrt{\frac{T}{\rho}}\quad(n=1,2,3,\cdots) \tag{5.1-13}$$

第 n 阶主振型

$$Y(x)=\sin n\pi\frac{x}{l} \tag{5.1-14}$$

由初始条件激起的自由振动是各阶主振型的叠加，即

$$y(x,t)=\sum_{n=1}^{\infty}(C_n\sin\omega_n t+D_n\cos\omega_n t)\sin\frac{n\pi x}{l} \tag{5.1-15}$$

式中，C_n、D_n 由初始条件 $y(x,0)$ 和 $\dot{y}(x,0)$ 确定，且

$$\omega_n=\frac{n\pi c}{l}$$

例 5.1-1 两端固定的均质弦受到张力 T 作用，如果该弦被拉伸到一任意位置 $y(x,0)$ 后释放，试确定式（5.1-15）中的 C_n 和 D_n，弦长为 l。

解：在 $t=0$ 时，弦的位移和速度分别为

$$y(x,0)=\sum_{n=1}^{\infty}D_n\sin\frac{n\pi x}{l}$$

$$\dot{y}(x,0)=\sum_{n=1}^{\infty}\omega_n C_n\sin\frac{n\pi x}{l}=0$$

将以上两式两边同乘以 $\sin k\pi x/l$，并沿弦的全长积分。由三角函数的正交性知，只有当 $n=k$ 时该项才有不为零的值，$n\neq k$ 的所有项都为零，于是得

$$\begin{aligned}\int_0^l y(x,0)\sin\frac{k\pi x}{l}\mathrm{d}x&=\sum_{n=1}^{\infty}\int_0^l D_n\sin\frac{n\pi x}{l}\sin\frac{k\pi x}{l}\mathrm{d}x\\&=D_k\int_0^l\sin^2\left(\frac{k\pi x}{l}\right)\mathrm{d}x=\frac{l}{2}D_k\end{aligned}$$

由此求出

$$D_k=\frac{2}{l}\int_0^l y(x,0)\sin\frac{k\pi x}{l}\mathrm{d}x$$

及

$$C_k=0\quad(k=1,2,3,\cdots)$$

5.2 杆的纵向振动

如图 5.2-1 所示的杆是等截面均质杆，材料为理想弹性材料，弹性模量为 E，杆的密度为 ρ，横截面积为 A。

杆的各点的纵向位移用 $u(x,t)$ 来表示。取 $\mathrm{d}x$ 段微元进行研究，在纵向振动中，该段微元的增长量为 $(\partial u/\partial x)\mathrm{d}x$，其纵向变形的应变为

$$\varepsilon=\frac{\frac{\partial u}{\partial x}\mathrm{d}x}{\mathrm{d}x}=\frac{\partial u}{\partial x} \tag{5.2-1}$$

所受纵向力为 P，则纵向应力为

$$\sigma = \frac{P}{A} \tag{5.2-2}$$

由材料力学知

$$\varepsilon = \frac{\sigma}{E} \tag{5.2-3}$$

因此

$$\frac{\partial u}{\partial x} = \frac{P}{AE} \tag{5.2-4}$$

式（5.2-4）两边分别对 x 取偏导数

$$\frac{\partial P}{\partial x} = AE\frac{\partial^2 u}{\partial x^2} \tag{5.2-5}$$

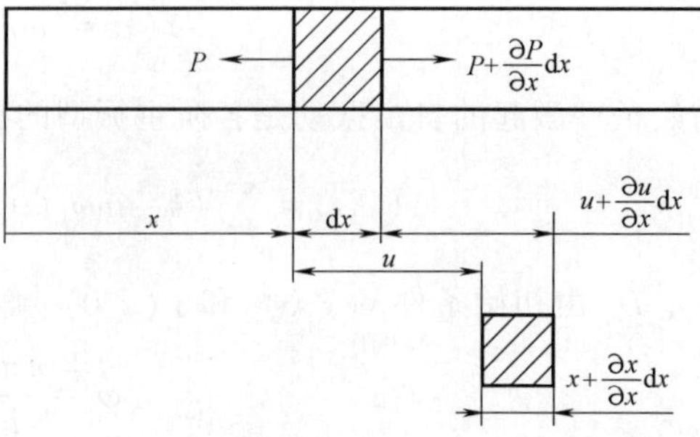

图 5.2-1　杆纵向振动中的受力及变形分析

由图 5.2-1 所示可知，dx 段微元所受纵向力的合力为$(\partial P/\partial x)\,\mathrm{d}x$。由牛顿第二定律，该力应等于微元的质量 $\rho A\mathrm{d}x$ 与振动加速度$\partial^2 u/\partial t^2$ 的乘积，即

$$\rho A\mathrm{d}x\frac{\partial^2 u}{\partial t^2} = \frac{\partial P}{\partial x}\mathrm{d}x \tag{5.2-6}$$

将式（5.2-5）代入式（5.2-6），可得偏微分方程

$$\frac{\partial^2 u}{\partial t^2} = \frac{E}{\rho}\frac{\partial^2 u}{\partial x^2} \tag{5.2-7}$$

令 $c^2 = E/\rho$，有

$$\frac{\partial^2 u}{\partial x^2} = \frac{1}{c^2}\frac{\partial^2 u}{\partial t^2} \tag{5.2-8}$$

这就是描述杆的纵向振动的运动方程，与式（5.1-2）相似，也是一维波动方程。其中位移或应力波沿杆的传播速度为

$$c = \sqrt{E/\rho} \tag{5.2-9}$$

与求解式（5.1-2）相似，也采用变量分离法，设解的形式为

$$u(x,t) = U(x)\,G(t) \tag{5.2-10}$$

同样可推导出类似于式（5.1-5）及式（5.1-6）的两个常微分方程，其通解分别为

$$U(x) = A\sin\frac{\omega}{c}x + B\cos\frac{\omega}{c}x \tag{5.2-11}$$

$$G(t) = C\sin\omega t + D\cos\omega t \tag{5.2-12}$$

式中，常量 A，B，C，D 由边界条件和初始条件确定。

杆的典型边界条件见表 5.2-1。

表 5.2-1　杆的典型边界条件

端部状态	左端	右端	端部状态	左端	右端
固定端	$u(0,t)=0$	$u(l,t)=0$	弹性约束	$\left(EA\frac{\partial u}{\partial x}-ku\right)\Big\|_{x=0}=0$	$\left(EA\frac{\partial u}{\partial x}+ku\right)\Big\|_{x=l}=0$
自由端	$\frac{\partial u}{\partial x}\Big\|_{x=0}=0$	$\frac{\partial u}{\partial x}\Big\|_{x=l}=0$	惯性载荷	$\left(EA\frac{\partial u}{\partial x}-m\frac{\partial^2 u}{\partial t^2}\right)\Big\|_{x=0}=0$	$\left(EA\frac{\partial u}{\partial x}+m\frac{\partial^2 u}{\partial t^2}\right)\Big\|_{x=l}=0$

例 5.2-1 求一根长为 l 的两端自由的杆纵向振动的固有频率和主振型。

解：对于这样一根杆，两端的纵向应力为零。杆的纵向应力为 $E\partial u/\partial x$，因此杆两端的纵向应变皆为零，即杆的边界条件为

$$\left.\frac{\partial u}{\partial x}\right|_{x=0}=\left.\frac{\partial u}{\partial x}\right|_{x=l}=0$$

将以上边界条件运用于式（5.2-10）、式（5.2-11）及式（5.2-12），有

$$\left.\frac{\partial u}{\partial x}\right|_{x=0}=A\frac{\omega}{c}(C\sin\omega t+D\cos\omega t)=0$$

$$\left.\frac{\partial u}{\partial x}\right|_{x=l}=\frac{\omega}{c}\left(A\cos\frac{\omega l}{c}-B\sin\frac{\omega l}{c}\right)(C\sin\omega t+D\cos\omega t)=0$$

由上面第一式推导出必有 $A=0$，要使振动存在，B 不能再等于零，要使上面第二式成立，必有

$$\sin\frac{\omega l}{c}=0$$

或

$$\frac{\omega_n l}{c}=\omega_n l\sqrt{\rho/E}=n\pi\quad(n=0,1,2,3,\cdots)$$

该杆纵向振动的固有频率为

$$\omega_n=\frac{n\pi}{l}\sqrt{E/\rho},\ f_n=\frac{n}{2l}\sqrt{E/\rho}$$

式中，n 表示振型的阶数。杆纵向振动的自由振动是各阶振型的叠加，即

$$u(x,t)=\sum_{n=1}^{\infty}B_n\cos\frac{n\pi x}{l}(C_n\sin\omega_n t+D_n\cos\omega_n t)$$

设杆的初始条件为初始位移为零，即$u|_{t=0}=0$，则必有 $D_n=0$，上式成为

$$u(x,t)=\sum_{n=1}^{\infty}B_nC_n\cos\frac{n\pi x}{l}\sin\omega_n t$$

令常量 $B_nC_n=U_{\text{on}}$（常量），上式写为

$$u(x,t)=\sum_{n=1}^{\infty}U_{\text{on}}\cos\frac{n\pi}{l}x\sin\frac{n\pi}{l}\sqrt{\frac{E}{\rho}}t$$

可知两端自由的杆纵向振动的不计刚体模态的第 n 阶主振型是具有 n 个节点的余弦波 $U_{\text{on}}\cos\frac{n\pi}{l}x$。

5.3 轴的扭转振动

图 5.3-1 所示为一等截面均质轴，材料为理想弹性材料，剪切弹性模量为 G，杆截面的极惯性矩为 I_{p}，材料密度为 ρ。

同样在轴上取长度为 dx 的微元来进行研究，在扭矩 T 作用下，该段轴的转角为

$$\mathrm{d}\theta=\frac{T}{I_{\text{p}}G}\mathrm{d}x\tag{5.3-1}$$

式中，I_pG 是轴截面的扭转刚度，它等于轴截面的极惯性矩 I_p 与剪切弹性模量 G 的乘积。由式（5.3-1）可得

$$T=I_pG\frac{d\theta}{dx} \tag{5.3-2}$$

式（5.3-2）对 x 取偏导数

$$\frac{\partial T}{\partial x}=I_pG\frac{\partial^2\theta}{\partial x^2} \tag{5.3-3}$$

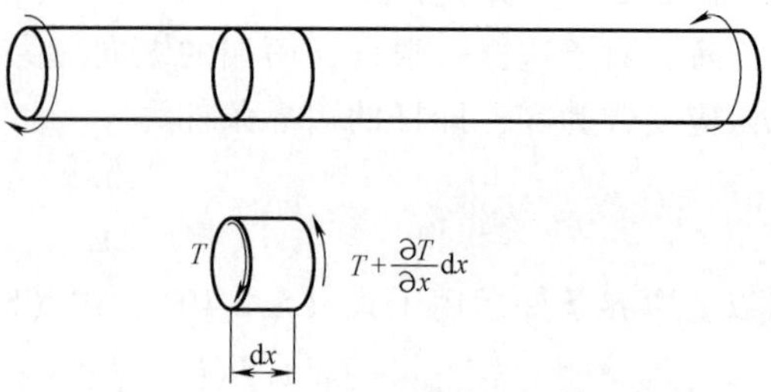

图 5-3.1　作用于轴的微元上的扭矩

dx 段轴微元两面所受扭矩分别为 T 及 $T+(\partial T/\partial x)dx$，因此其所受扭矩的代数和为

$$\frac{\partial T}{\partial x}dx=I_pG\frac{\partial^2\theta}{\partial x^2}dx \tag{5.3-4}$$

由牛顿第二定律，该扭矩等于 dx 段轴微元的转动惯量为 $\rho I_p dx$ 与扭转振动角加速度 $\partial^2\theta/\partial t^2$ 之乘积，即

$$\rho I_p dx\frac{\partial^2\theta}{\partial t^2}=I_pG\frac{\partial^2\theta}{\partial x^2}dx \tag{5.3-5}$$

也即

$$\frac{\partial^2\theta}{\partial x^2}=\frac{\rho}{G}\frac{\partial^2\theta}{\partial t^2} \tag{5.3-6}$$

这就是轴扭转振动的运动方程，与式（5.1-2）及式（5.2-8）相类似，也是一维波动方程。

弦的横向振动、杆的纵向振动及轴的扭转振动三种连续系统振动的运动方程具有相同的数学形式，都是一维波动方程。

类似地可得解为

$$\theta(x,t)=\left(A\sin\omega\sqrt{\frac{\rho}{G}}x+B\cos\omega\sqrt{\frac{\rho}{G}}x\right)(C\sin\omega t+D\cos\omega t) \tag{5.3-7}$$

式中，常量 A，B，C，D 由边界条件和初始条件确定。

各种边界条件下轴扭转振动的固有频率及振型函数见表 5.3-1。

表 5.3-1　各种边界条件下轴扭转振动的固有频率及振型函数

轴的端点条件	边界条件	频率方程	固有频率	振型函数
一端固定 一端自由	$\theta(0,t)=0$ $\frac{\partial}{\partial x}\theta(l,t)=0$	$\cos\frac{\omega l}{c}=0$	$\omega_n=\frac{(2n+1)\pi c}{2l},n=0,1,2,\cdots$	$\phi(x)=C_n\sin\frac{(2n+1)\pi x}{2l}$
两端自由	$\frac{\partial}{\partial x}\theta(0,t)=0$ $\frac{\partial}{\partial x}\theta(l,t)=0$	$\sin\frac{\omega l}{c}=0$	$\omega_n=\frac{n\pi c}{l},n=0,1,2,\cdots$	$\phi(x)=C_n\cos\frac{n\pi x}{l}$
两端固定	$\theta(0,t)=0$ $\theta(l,t)=0$	$\sin\frac{\omega l}{c}=0$	$\omega_n=\frac{n\pi c}{l},n=1,2,3,\cdots$	$\phi(x)=C_n\sin\frac{n\pi x}{l}$

例 5.3-1 求如图 5.3-2 所示一端固定一端自由的均质轴的扭转振动固有频率。

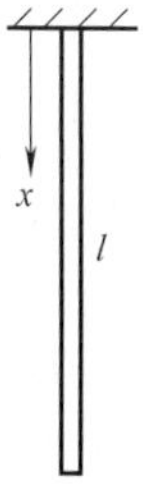

图 5.3-2 一端固定一端自由的均质轴

解：由式（5.3-7）可知该轴扭转振动的解为

$$\theta(x,t)=\left(A\sin\omega\sqrt{\frac{\rho}{G}}x+B\cos\omega\sqrt{\frac{\rho}{G}}x\right)(C\sin\omega t+D\cos\omega t)$$

根据边界条件 $x=0$ 时 $\theta(0,t)=0$，由上式可得 $B=0$。由边界条件 $x=l$ 时扭矩为零，即 $T=0$，可得

$$\left.\frac{\partial\theta}{\partial x}\right|_{x=l}=0$$

即

$$\left.\frac{\partial\theta}{\partial x}\right|_{x=l}=A\omega\sqrt{\frac{\rho}{G}}\cos\left(\sqrt{\frac{\rho}{G}}l\right)(C\sin\omega t+D\cos\omega t)=0$$

必有

$$\cos\left(\sqrt{\frac{\rho}{G}}l\right)=0$$

于是

$$\omega_n\sqrt{\frac{\rho}{G}}l=\left(n+\frac{1}{2}\right)\pi\quad(n=0,1,2,\cdots)$$

该轴扭转振动的固有频率为

$$\omega_n=\left(n+\frac{1}{2}\right)\frac{\pi}{l}\sqrt{G/\rho}\quad(n=0,1,2,\cdots)$$

例 5.3-2 图 5.3-3 所示为油井钻杆，钻杆下端是钻头，钻头的转动惯量为 J_0；钻杆上端固定，钻杆横截面的极惯性矩为 I_p，长为 l，剪切弹性模量为 G。试推导出系统扭转振动的固有频率表达式。

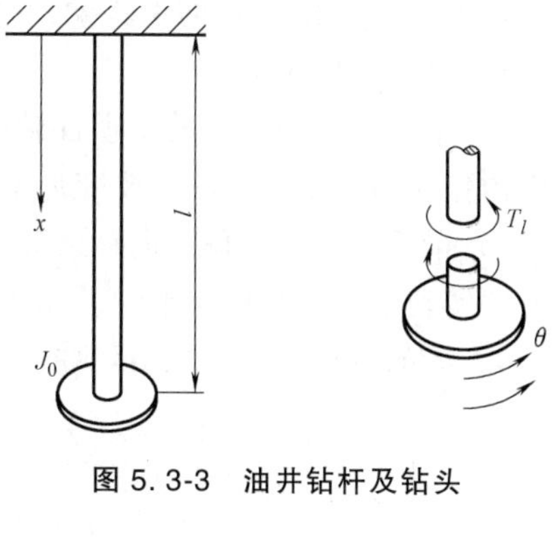

图 5.3-3 油井钻杆及钻头

解：钻杆上端的边界条件是 $x=0$，$\theta=0$，可知式（5.3-7）中的 $B=0$，由式（5.3-7）可得

$$\theta=\sin\omega\sqrt{\frac{P}{G}}x(C\sin\omega t+D\cos\omega t)\tag{a}$$

由图 5.3-3 所示可知钻杆下端 $x=l$ 处的弹性扭矩为

$$T_l=GI_p\left.\frac{\partial\theta}{\partial x}\right|_{x=l}\tag{b}$$

钻头一方面受到钻杆的弹性扭矩 T_l 作用，同时又受到惯性扭矩 $-J_0\left.\frac{\partial^2\theta}{\partial t^2}\right|_{x=l}=J_0\omega^2\theta|_{x=l}$ 的作用，由牛顿第二定律，可得

$$J_0\omega^2\theta|_{x=l}=GI_p\left.\frac{d\theta}{dx}\right|_{x=l}\tag{c}$$

由式（a）可得

$$\left.\frac{\mathrm{d}\theta}{\mathrm{d}x}\right|_{x=l}=\omega\sqrt{\frac{\rho}{G}}\cos\left(\omega l\sqrt{\frac{\rho}{G}}\right)(C\sin\omega t+D\cos\omega t) \tag{d}$$

将式（d）和式（a）代入式（c），并令 $x=l$，得

$$GI_{\mathrm{p}}\omega\sqrt{\frac{\rho}{G}}\cos\left(\omega l\sqrt{\frac{\rho}{G}}\right)=J_0\omega^2\sin\left(\omega l\sqrt{\frac{\rho}{G}}\right) \tag{e}$$

即

$$\tan\left(\omega l\sqrt{\frac{\rho}{G}}\right)=\frac{I_{\mathrm{p}}}{J_0\omega}\sqrt{G\rho}=\frac{I_{\mathrm{p}}\rho l}{J_0\omega l}\sqrt{\frac{G}{\rho}}=\frac{J_{\mathrm{rod}}}{J_0\omega l}\sqrt{\frac{G}{\rho}} \tag{f}$$

式中，$J_{\mathrm{rod}}=I_{\mathrm{p}}\rho l$ 是整根钻杆的转动惯量，令

$$\beta=\omega l\sqrt{\frac{\rho}{G}} \tag{g}$$

式（f）成为

$$\tan\beta=\frac{1}{\beta}\cdot\frac{J_{\mathrm{rod}}}{J_0} \tag{h}$$

由该超越方程求出 β 的各阶值，代入式（g）即可求出该系统扭转振动的各阶固有频率。

5.4 梁的弯曲振动

5.4.1 梁的弯曲振动的运动方程

对如图 5.4-1a 所示的细长梁，有如下基本假设：

1）梁作低频振动。

2）梁的各截面中心的主惯性轴在同一平面 xoy 内，外载荷也作用在此平面内，梁在该平面内作横向振动，它的主要变形是弯曲变形。

3）梁的长度与其截面高度之比大于 10，符合材料力学中的简单梁的理论，即梁中任一单元的转动动能与其横向平动动能相比较可以忽略。

4）梁的剪切变形势能与弯曲变形势能相比较可以忽略。

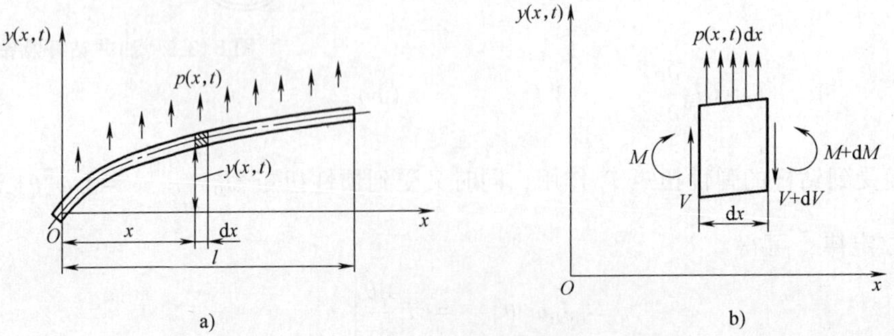

图 5.4-1 梁的弯曲振动微元受力分析

基于以上假设的梁称为细梁或伯努利-欧拉梁（Bernoulli-Euler Beam）。由材料力学知，梁的弯矩 M、剪力 V、挠度 y 之间有以下关系

$$\frac{\mathrm{d}M}{\mathrm{d}x}=V \tag{5.4-1}$$

因此

$$\frac{\mathrm{d}^2M}{\mathrm{d}x^2}=\frac{\mathrm{d}V}{\mathrm{d}x} \tag{5.4-2}$$

且

$$M=EI\frac{\mathrm{d}^2y}{\mathrm{d}x^2} \tag{5.4-3}$$

梁在弯曲振动过程中，其挠度 $y(x,t)$、载荷 $p(x,t)$、弯矩及剪力皆是位置 x 和时间 t 的函数。取 $\mathrm{d}x$ 长的梁的微元进行研究，如图 5.4-1b 所示，其 y 方向的力平衡条件为

$$\mathrm{d}V=p(x,t)\mathrm{d}x-m\mathrm{d}x\frac{\partial^2y}{\partial t^2} \tag{5.4-4}$$

式中，m 为梁单位长度的质量。式（5.4-4）又可写为

$$\frac{\partial V}{\partial x}=p(x,t)-m\frac{\partial^2y}{\partial t^2} \tag{5.4-5}$$

将式（5.4-3）代入式（5.4-2）再代入式（5.4-5），并将所有求导改为求偏导数，则有

$$\frac{\partial^2}{\partial x^2}\left(EI\frac{\partial^2y}{\partial x^2}\right)+m\frac{\partial^2y}{\partial t^2}=p(x,t) \tag{5.4-6}$$

这就是伯努利-欧拉梁弯曲振动的运动方程，又称欧拉方程（Euler Equation）。梁弯曲振动的自由振动方程为

$$\frac{\partial^2}{\partial x^2}\left(EI\frac{\partial^2y}{\partial x^2}\right)+m\frac{\partial^2y}{\partial t^2}=0 \tag{5.4-7}$$

对于均质梁，EI 为常量，则式（5.4-7）成为

$$EI\frac{\partial^4y}{\partial x^4}+m\frac{\partial^2y}{\partial t^2}=0 \tag{5.4-8}$$

5.4.2 梁的弯曲振动的固有频率及振型函数

设式（5.4-8）的通解为

$$y(x,t)=\phi(x)(S\cos\omega t+F\sin\omega t) \tag{5.4-9}$$

式中，$\phi(x)$ 为振型函数（主振型）；S 和 F 为待定常数，由初始条件确定。将式（5.4-9）代入式（5.4-8），得常微分方程

$$EI\frac{\mathrm{d}^4\phi}{\mathrm{d}x^4}-m\omega^2\phi=0 \tag{5.4-10}$$

令

$$\beta^4=m\frac{\omega^2}{EI} \tag{5.4-11}$$

式（5.4-10）成为

$$\frac{\mathrm{d}^4\phi}{\mathrm{d}x^4}-\beta^4\phi=0 \tag{5.4-12}$$

设式（5.4-12）的通解为

$$\phi=\mathrm{e}^{\alpha x} \tag{5.4-13}$$

式中，α 是特征值，将式（5.4-13）代入式（5.4-12）可求得特征值 α 的四个解

$$\alpha=\pm\beta \text{ 和 } \alpha=\pm i\beta$$

因为

$$\mathrm{e}^{\pm\beta x}=\cosh\beta x\pm\sinh\beta x$$
$$\mathrm{e}^{\pm i\beta x}=\cosh\beta x\pm i\sin\beta x$$

由此可得梁弯曲振动的振型函数为

$$\phi(x)=A\cosh\beta x+B\sinh\beta x+C\cos\beta x+D\sin\beta x \tag{5.4-14}$$

式中，待定常量 A、B、C、D 由梁两端的边界条件确定。

由式（5.4-11）可得梁弯曲振动的各阶固有频率为

$$\omega_n=\beta_n{}^2\sqrt{\frac{EI}{m}}=(\beta_n l)^2\sqrt{\frac{EI}{ml^4}} \tag{5.4-15}$$

梁在各种边界条件下的 $(\beta_n l)^2$ 值见表 5.4-1。

表 5.4-1　梁在各种边界条件下 $(\beta_n l)^2$ 的前三阶值

梁的边界条件	$(\beta_1 l)^2$	$(\beta_2 l)^2$	$(\beta_3 l)^2$
简支梁	9.87	39.5	88.9
悬臂梁	3.52	22.0	61.7
两端自由梁	22.4	61.7	121.0
两端固定梁	22.4	61.7	121.0
一端固定一端铰接梁	15.4	50.0	104.0
一端铰接一端自由梁	0	15.4	50.0

因梁的自由振动响应是各阶振型响应的叠加，所以

$$y(x,t)=\sum_{n=1}^{\infty}\phi_n(x)(S_n\cos\omega_n t+F_n\sin\omega_n t) \tag{5.4-16}$$

梁振动的各阶主坐标响应为

$$q_n(t)=(S_n\cos\omega_n t+F_n\sin\omega_n t) \tag{5.4-17}$$

则式（5.4-16）可写为

$$y(x,t)=\sum_{n=1}^{\infty}\phi_n(x)q_n(t) \tag{5.4-18}$$

例 5.4-1　求如图 5.4-2 所示均质悬臂梁弯曲振动的固有频率。

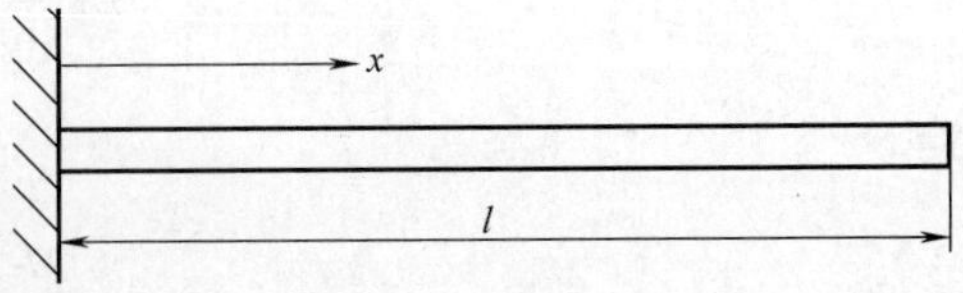

图 5.4-2　悬臂梁

解：由 $x=0$ 时的边界条件

$$\begin{cases} y=0 \\ \dfrac{dy}{dx}=0 \end{cases} \tag{a}$$

可推导出 $A=-C$ 及 $B=-D$。由 $x=l$ 时的边界条件

$$\begin{cases} M=0 \Rightarrow \dfrac{d^2y}{dx^2}=0 \\ V=0 \Rightarrow \dfrac{d^3y}{dx^3}=0 \end{cases} \tag{b}$$

推导出

$$\begin{aligned} &A(\cosh\beta l+\cos\beta l)+B(\sinh\beta l+\sin\beta l)=0 \\ &A(\sinh\beta l-\sin\beta l)+B(\cosh\beta l+\cos\beta l)=0 \end{aligned} \tag{c}$$

由式（c）、式（b）得

$$\frac{\cosh\beta l+\cos\beta l}{\sinh\beta l-\sin\beta l}=\frac{\sinh\beta l+\sin\beta l}{\cosh\beta l+\cos\beta l} \tag{d}$$

利用

$$\cosh^2\beta l-\sinh^2\beta l=1$$

$$\cos^2\beta l+\sin^2\beta l=1$$

式（d）化简为

$$\cosh\beta l \cdot \cos\beta l+1=0 \tag{e}$$

即

$$\cosh\beta l=-\frac{1}{\cos\beta l} \tag{f}$$

解此超越方程可得

$$\beta_1 l=1.875,\ \beta_2 l=4.695 \tag{g}$$

即

$$(\beta_1 l)^2=3.515,\ (\beta_2 l)^2=22.043 \tag{h}$$

以上值与表 5.4-1 中悬臂梁的 $(\beta l)_1^2$、$(\beta l)_2^2$ 值一致，表 5.4-1 中的数据就是采用以上方法由梁的边界条件求出的。

将式（h）中的值代入式（5.4-15），可得悬臂梁弯曲振动的前两阶固有频率为

$$\omega_1=\frac{(\beta_1 l)^2}{l^2}\sqrt{\frac{EI}{m}}=\frac{1.875^2}{l^2}\sqrt{\frac{EI}{m}}=\frac{3.515}{l^2}\sqrt{\frac{EI}{m}}$$

$$\omega_2=\frac{(\beta_2 l)^2}{l^2}\sqrt{\frac{EI}{m}}=\frac{4.695^2}{l^2}\sqrt{\frac{EI}{m}}=\frac{22.043}{l^2}\sqrt{\frac{EI}{m}}$$

5.5 梁的转动惯量和剪切变形对弯曲振动的影响

5.4 节讨论的伯努力-欧拉梁的振动理论只适用于梁高远小于跨度的细长梁作低阶振动的问题，对于粗短的梁或细长梁的高阶振型（梁的全长将被节点平面分成若干个较短的小

段），则应计及转动惯量及剪切变形对梁弯曲振动的影响，否则会产生较大误差。考虑剪切变形和转动惯量影响的梁振动模型，称为粗梁或铁摩辛柯梁（Timoshenko Beam）。

取梁 dx 长度的微元来研究，如图 5.5-1 所示。如果剪切变形为零，则梁中心线的切线将与端面法线重合；如果存在剪切变形，则原本为矩形的微元将变为平行四边形，梁的中心线与端面法线之间存在一个剪切角

$$\beta=\psi-\frac{\mathrm{d}y}{\mathrm{d}x} \tag{5.5-1}$$

式中，$\frac{\mathrm{d}y}{\mathrm{d}x}$为梁的中心线的斜率，即中心线与水平线之间的夹角；$\psi$ 为梁端面法线的斜率，即端面法线与水平线之间的夹角，是由纯弯曲产生的。

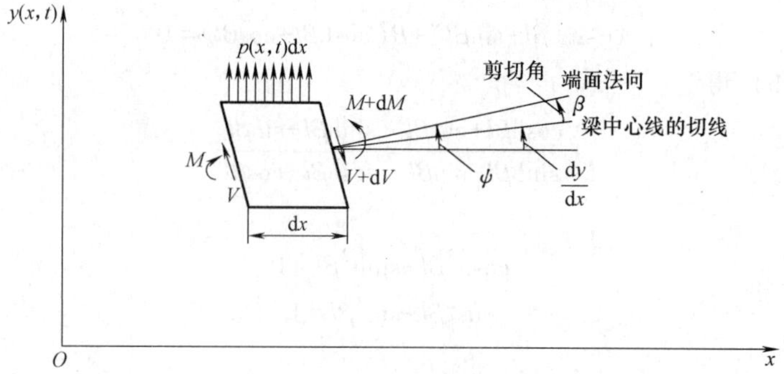

图 5.5-1　剪切变形的影响

由材料力学知，剪力引起的剪切角

$$\beta=\frac{\tau}{kG}=\frac{V}{kAG} \tag{5.5-2}$$

式中，V 为剪力；A 为梁的横截面积；G 为剪切弹性模量；k 为截面剪切系数（$k<1$），即截面平均剪应力与最大剪应力之比，由截面形状决定。

比较式（5.5-1）与式（5.5-2），可知

$$\psi-\frac{\mathrm{d}y}{\mathrm{d}x}=\frac{V}{kAG} \tag{5.5-3}$$

式中，ψ 是由弯矩引起的转角，由材料力学知

$$\frac{\mathrm{d}\psi}{\mathrm{d}x}=\frac{M}{EI} \tag{5.5-4}$$

对于 dx 段梁的微元，有以下两个弯矩及力的平衡方程

$$J\mathrm{d}x\,\ddot{\psi}=\mathrm{d}M-V\mathrm{d}x$$

即

$$J\ddot{\psi}=\frac{\mathrm{d}M}{\mathrm{d}x}-V \tag{5.5-5}$$

和

$$m\mathrm{d}x\,\ddot{y}=-\mathrm{d}V+p(x,t)\,\mathrm{d}x$$

即

$$m\ddot{y}=-\frac{\mathrm{d}V}{\mathrm{d}x}+p(x,t) \tag{5.5-6}$$

式中，J 为梁单位长度的转动惯量；m 为梁单位长度的质量。

将式（5.5-3）和式（5.5-4）代入式（5.5-5），得

$$\frac{\mathrm{d}}{\mathrm{d}x}\left(EI\frac{\mathrm{d}\psi}{\mathrm{d}x}\right)+kAG\left(\frac{\mathrm{d}y}{\mathrm{d}x}-\psi\right)-J\ddot{\psi}=0 \tag{5.5-7}$$

将式（5.5-3）代入式（5.5-6），得

$$m\ddot{y}-\frac{\mathrm{d}}{\mathrm{d}x}\left[kAG\left(\frac{\mathrm{d}y}{\mathrm{d}x}-\psi\right)\right]-p(x,t)=0 \tag{5.5-8}$$

由式（5.5-7）及式（5.5-8）消去 ψ，且设梁的截面不变，即 EI 为常量，则可得计及转动惯量及剪切变形的影响后梁的弯曲振动微分方程。具体推导如下。

由式（5.5-7）有

$$kAG\left(\frac{\mathrm{d}y}{\mathrm{d}x}-\psi\right)=J\frac{\partial^2\psi}{\partial t^2}-EI\frac{\partial^2\psi}{\partial x^2}$$

上式对 x 求偏导数，得

$$\frac{\mathrm{d}}{\mathrm{d}x}\left[kAG\left(\frac{\mathrm{d}y}{\mathrm{d}x}-\psi\right)\right]=J\frac{\partial^3\psi}{\partial t^2\partial x}-EI\frac{\partial^3\psi}{\partial x^3} \tag{a}$$

由式（5.5-8）有

$$\frac{\mathrm{d}}{\mathrm{d}x}\left[kAG\left(\frac{\mathrm{d}y}{\mathrm{d}x}-\psi\right)\right]=m\frac{\partial^2 y}{\partial t^2}-p(x,t) \tag{b}$$

由式（a）和式（b）可得

$$J\frac{\partial^3\psi}{\partial t^2\partial x}-EI\frac{\partial^3\psi}{\partial x^3}=m\frac{\partial^2 y}{\partial t^2}-p(x,t) \tag{c}$$

由式（5.5-3）知

$$\psi=\frac{\mathrm{d}y}{\mathrm{d}x}+\frac{V}{kAG} \tag{d}$$

由式（5.5-6）知

$$\frac{\partial V}{\partial x}=p(x,t)-m\frac{\partial^2 y}{\partial t^2} \tag{e}$$

式（d）对 x 求偏导数，并将式（e）代入，得

$$\frac{\partial\psi}{\partial x}=\frac{\partial^2 y}{\partial x^2}+\frac{\frac{\partial\psi}{\partial x}}{kAG}=\frac{\partial^2 y}{\partial x^2}+\frac{p(x,t)-m\frac{\partial^2 y}{\partial t^2}}{kAG} \tag{f}$$

式（f）再对 t 求两阶偏导数

$$\frac{\partial^3\psi}{\partial x\partial t^2}=\frac{\partial^4 y}{\partial x^2\partial t^2}+\frac{1}{kAG}\left(\frac{\partial^2 p}{\partial t^2}-m\frac{\partial^4 y}{\partial t^4}\right) \tag{g}$$

式（f）再对 x 求两阶偏导数

$$\frac{\partial^3\psi}{\partial x^3}=\frac{\partial^4 y}{\partial x^4}+\frac{1}{kAG}\left(\frac{\partial^2 p}{\partial x^2}-m\frac{\partial^4 y}{\partial x^2\partial t^2}\right) \tag{h}$$

将式（g）和式（h）代入式（c），得

$$J\left(\frac{\partial^4 y}{\partial x^2\partial t^2}+\frac{1}{kAG}\frac{\partial^2 p}{\partial t^2}-\frac{m}{kAG}\frac{\partial^4 y}{\partial t^4}\right)-EI\left(\frac{\partial^4 y}{\partial x^4}+\frac{1}{kAG}\frac{\partial^2 p}{\partial x^2}-\frac{m}{kAG}\frac{\partial^4 y}{\partial x^2\partial t^2}\right)$$
$$=m\frac{\partial^2 p}{\partial t^2}-p(x,t)$$

整理后可得

$$\begin{aligned}&EI\frac{\partial^4 y}{\partial x^4}+m\frac{\partial^2 y}{\partial t^2}-\left(J+\frac{EIm}{kAG}\right)\frac{\partial^4 y}{\partial x^2\partial t^2}+\frac{Jm}{kAG}\frac{\partial^4 y}{\partial t^4}\\&=p(x,t)+\frac{J}{kAG}\frac{\partial^2 p}{\partial t^2}-\frac{EI}{kAG}\frac{\partial^2 p}{\partial x^2}\end{aligned}\qquad(5.5\text{-}9)$$

这就是计及转动惯量及剪切变形的影响后梁的弯曲振动微分方程。式中等号左边第三项和第四项是考虑剪切变形和转动惯量的影响而附加的项。

5.4 节介绍的梁的欧拉方程［式（5.4-6）］

$$EI\frac{\partial^4 y}{\partial x^4}+m\frac{\partial^2 y}{\partial t^2}=p(x,t)$$

是式（5.5-9）的特殊情况。

在式（5.5-9）中，若 $p(x,\ t)=0$，则可以得到计及转动惯量及剪切变形的梁自由振动方程

$$EI\frac{\partial^4 y}{\partial x^4}+m\frac{\partial^2 y}{\partial t^2}-\left(J+\frac{EIm}{kAG}\right)\frac{\partial^4 y}{\partial x^2\partial t^2}+\frac{Jm}{kAG}\frac{\partial^4 y}{\partial t^4}=0\qquad(5.5\text{-}10)$$

5.6 连续系统振型函数的正交性

多自由度系统中已经介绍了主振型正交性，即根据主振型的正交性对线性微分方程组作解耦，然后利用振型叠加法计算多自由度系统的振动响应。在连续系统中，振型函数也存在正交性。

5.6.1 杆的振型函数的正交性

弦、杆、轴的振型函数具有相似的形式，因此仅以杆为例说明。

由 5.1 节的推导知，杆的第 i 阶与第 j 阶振型函数 $U_i(x)$ 和 $U_j(x)$ 均满足式（5.1-5），即

$$\frac{\mathrm{d}^2U_i(x)}{\mathrm{d}x^2}+\left(\frac{\omega_i}{c}\right)^2U_i(x)=0\qquad(5.6\text{-}1)$$

$$\frac{\mathrm{d}^2U_j(x)}{\mathrm{d}x^2}+\left(\frac{\omega_j}{c}\right)^2U_j(x)=0\qquad(5.6\text{-}2)$$

将式（5.6-1）和式（5.6-2）分别乘以 $U_j(x)$ 和 $U_i(x)$，然后将所得方程相减，整理后在杆长范围内积分，可得

$$\frac{\omega_i^2-\omega_j^2}{c^2}\int_0^l U_i(x)U_j(x)\,\mathrm{d}x=-\int_0^l[U_i''(x)U_j(x)-U_i(x)U_j''(x)]\,\mathrm{d}x$$

$$= -\left[U'_i(x)\, U_j(x) - U_i(x)\, U'_j(x) \right]\Big|_0^l \quad (5.6\text{-}3)$$

式中，"$'$" 为振型函数对位置 x 的一阶偏导，"$''$" 为振型函数对位置 x 的二阶偏导，以此类推。

根据表 5.2-1，杆的常见边界条件：

自由端：$U'=0$

则固定端：$U=0$

$$\left[U'_i(x)\, U_j(x) - U_i(x)\, U'_j(x) \right]\Big|_0^l = 0$$

且 $\omega_i^2 \neq \omega_j^2$，则在式（5.6-3）中，有

$$\int_0^l U_i(x)\, U_j(x)\, \mathrm{d}x = 0 \quad (5.6\text{-}4)$$

式（5.6-4）就是杆的振型函数的正交性，它同样适用于弦和轴的振动。

5.6.2 梁的振型函数的正交性

由 5.4 节的推导知，杆的第 i 阶与第 j 阶振型函数 $\phi_i(x)$ 和 $\phi_j(x)$ 均满足式（5.4-10），即

$$EI\frac{\mathrm{d}^4\phi_i(x)}{\mathrm{d}x^4} - m\omega_i^2\phi_i(x) = 0 \quad (5.6\text{-}5)$$

$$EI\frac{\mathrm{d}^4\phi_j(x)}{\mathrm{d}x^4} - m\omega_j^2\phi_j(x) = 0 \quad (5.6\text{-}6)$$

将式（5.6-5）和式（5.6-6）分别乘以 $\phi_j(x)$ 和 $\phi_i(x)$，然后将所得方程相减，整理后在梁长范围内积分，可得

$$m(\omega_i^2 - \omega_j^2)\int_0^l \phi_i(x)\, \phi_j(x)\, dx = EI\int_0^l \left[\phi''''_i(x)\, \phi_j(x) - \phi_i(x)\, \phi''''_j(x) \right] \mathrm{d}x \quad (5.6\text{-}7)$$

$$= EI\left[\phi''''_i(x)\, \phi_j(x) - \phi_i(x)\, \phi''''_j(x) + \phi'_i(x)\, \phi''_j(x) - \phi''_i(x)\, \phi'_j(x) \right]$$

根据梁的边界条件：

固定端：$\phi(x)=0$，$\phi'(x)=0$

简支端：$\phi(x)=0$，$\phi''(x)=0$

自由端：$\phi''(x)=0$，$\phi'''(x)=0$

可知式（5.6-7）中有

$$\phi''''_i(x)\, \phi_j(x) - \phi_i(x)\, \phi''''_j(x) + \phi'_i(x)\, \phi''_j(x) - \phi''_i(x)\, \phi'_j(x) = 0 \quad (5.6\text{-}8)$$

且 $\omega_i^2 \neq \omega_j^2$，则在式（5.6-7）中，有

$$\int_0^l \phi_i(x)\, \phi_j(x)\, \mathrm{d}x = 0 \quad (5.6\text{-}9)$$

式（5.6-9）表明梁的振型函数的正交性。

5.6.3 包括转动惯量和剪切变形的梁主振型的正交性

式（5.6-9）表示的梁弯曲振动主振型的正交性未计及转动惯量及剪切变形的影响，本节将推导包括转动惯量和剪切变形的梁主振型的正交性。

在本章 5.5 节中已经研究了包括转动惯量和剪切变形的梁的振动方程，设梁上有分布力

矩 $M(x,t)$，则两个动力方程式（5.5-7）和式（5.5-8）成为

$$\frac{\mathrm{d}}{\mathrm{d}x}\left(EI\frac{\mathrm{d}\psi}{\mathrm{d}x}\right)+kAG\left(\frac{\mathrm{d}y}{\mathrm{d}x}-\psi\right)-J\ddot{\psi}+M(x,t)=0 \tag{5.6-10}$$

$$m\ddot{y}-\frac{\mathrm{d}}{\mathrm{d}x}\left[kAG\left(\frac{\mathrm{d}y}{\mathrm{d}x}-\psi\right)\right]-p(x,t)=0 \tag{5.6-11}$$

梁的挠度 $y(x,t)$ 和转角 $\psi(x,t)$ 可用广义坐标表示为

$$y(x,t)=\sum_j q_j(t)\phi_j(x)$$

$$\psi(x,t)=\sum_j q_j(t)\psi_j(x) \tag{5.6-12}$$

将式（5.6-12）代入式（5.6-10）和式（5.6-11），得

$$J\sum_j \ddot{q}_j\psi_j=\sum_j q_j\left\{\frac{\mathrm{d}}{\mathrm{d}x}(EI\psi'_j)+kAG(\phi'_j-\psi_j)\right\}+M(x,t) \tag{5.6-13}$$

$$m\sum_j \ddot{q}_j\phi_j=\sum_j q_j\frac{\mathrm{d}}{\mathrm{d}x}\left\{kAG(\phi'_j-\psi_j)\right\}+p(x,t) \tag{5.6-14}$$

但是，梁的主振型振动具有如下形式

$$y=\phi_j(x)\mathrm{e}^{i\omega_j t}$$

$$\psi=\psi_j(x)\mathrm{e}^{i\omega_j t} \tag{5.6-15}$$

将式（5.6-15）代入式（5.6-10）和式（5.6-11），并令激励 $p(x,t)=0$ 和 $M(x,t)=0$，推导出

$$-\omega_j^2 J\psi_j=\frac{\mathrm{d}}{\mathrm{d}x}(EI\psi'_j)+kAG(\phi'_j-\psi_j) \tag{5.6-16}$$

$$-\omega_j^2 J\phi_j=\frac{\mathrm{d}}{\mathrm{d}x}\{kAG(\phi'_j-\psi_j)\} \tag{5.6-17}$$

将式（5.6-16）代入式（5.6-13）右边，得

$$J\sum_j \ddot{q}_j\psi_j=-\sum_j q_j\omega_j^2\psi_j+M(x,t) \tag{5.6-18}$$

将式（5.6-17）代入式（5.6-14）右边，得

$$m\sum_j \ddot{q}_j\phi_j=-\sum_j q_j\omega_j^2 m\phi_j+p(x,t) \tag{5.6-19}$$

式（5.6-18）和式（5.6-19）分别乘以 $\psi_i\mathrm{d}x$ 及 $\phi_i\mathrm{d}x$，然后将两式相加，并沿梁的全长积分，得

$$\sum_j \ddot{q}_j\int_0^l(m\phi_j\phi_i+J\psi_j\psi_i)\mathrm{d}x+\sum_j q_j\omega_j^2\int_0^l(m\phi_j\phi_i+J\psi_j\psi_i)\mathrm{d}x$$

$$=\int_0^l p(x,t)\phi_i\mathrm{d}x+\int_0^l M(x,t)\psi_i\mathrm{d}x \tag{5.6-20}$$

如果以上方程中的 q_j 是广义坐标，则它们必须是独立坐标，且满足以下方程

$$\ddot{q}_i+\omega_i^2 q_i=\frac{1}{M_i}\left[\int_0^l p(x,t)\phi_i\mathrm{d}x+\int_0^l M(x,t)\psi_i\mathrm{d}x\right] \tag{5.6-21}$$

只有在以下条件下式（5.6-21）才能成立

$$\int_0^l(m\phi_j\phi_i+J\psi_j\psi_i)\mathrm{d}x=\begin{cases}0 & j\neq i\\ M_i & j=i\end{cases} \tag{5.6-22}$$

这就是包括转动惯量和剪切变形时梁主振型的正交性。

5.7 连续系统的振型叠加法

根据连续系统振型函数的正交性，可以用振型叠加法计算连续系统的振动响应。本节以梁的振动为例，介绍振型叠加法。

由式（5.4-6）知梁弯曲振动的欧拉方程为

$$[EIy''(x,t)]''+m(x)\ddot{y}(x,t)=p(x,t) \tag{5.7-1}$$

式中，“ ′ ”表示对 x 求偏导数；“ · ”表示对时间 t 求偏导数。由式（5.4-18）知梁的弯曲振动响应可以表示为各阶振型的叠加，即

$$y(x,t)=\sum_{i=1}^{\infty}\phi_i(x)q_i(t) \tag{5.7-2}$$

式（5.7-2）中，梁弯曲振动的主振型 $\phi_i(x)$ 必须满足

$$(EI\phi_i(x)'')''-\omega_i^2 m\phi_i(x)=0 \tag{5.7-3}$$

和边界条件，同时 $\phi_i(x)$ 还要满足正交条件

$$\int_0^l m(x)\phi_i(x)\phi_j(x)\mathrm{d}x=\begin{cases}0 & 当\ j\neq i\\ M_i & 当\ j=i\end{cases} \tag{5.7-4}$$

式中，M_i 为第 i 阶广义质量，且

$$M_i=\int_0^l \phi_i^2(x)m(x)\mathrm{d}x \tag{5.7-5}$$

由式（5.7-4）的正交关系，梁的动能为

$$T=\frac{1}{2}\int_0^l \dot{y}^2(x,t)\,m(x)\,\mathrm{d}x=\frac{1}{2}\sum_i\sum_j \dot{q}_i\dot{q}_j\int_0^l \phi_i(x)\phi_j(x)m(x)\,\mathrm{d}x=\frac{1}{2}M_i\dot{q}_i^{\,2} \tag{5.7-6}$$

梁的势能为

$$\begin{aligned}U&=\frac{1}{2}\int_0^l \frac{M^2(x,t)}{EI}\mathrm{d}x=\frac{1}{2}\int_0^l EIy''^2(x,t)\,\mathrm{d}x\\&=\frac{1}{2}\sum_i\sum_j q_iq_j\int_0^l EI\phi''_i(x)\phi''_j(x)\,\mathrm{d}x=\frac{1}{2}\sum_i K_iq_i^2=\frac{1}{2}\sum_i\omega_i^{\,2}M_iq_i^2\end{aligned} \tag{5.7-7}$$

式中，K_i 为第 i 阶广义刚度，且

$$K_i=\int_0^l EI[\phi_i^2(x)]''\mathrm{d}x \tag{5.7-8}$$

由式（5.7-2），梁挠度的虚位移为

$$\delta y=\sum_i\phi_i(x)\delta q_i$$

则载荷 $p(x,t)$ 在梁全长上所做的虚功

$$\delta W=\int_0^l p(x,t)\delta y\mathrm{d}x=\sum_i\delta q_i\int_0^l p(x,t)\phi_i(x)\,\mathrm{d}x=\sum_i\delta q_iQ_i \tag{5.7-9}$$

式中，Q_i 为第 i 阶广义力

$$Q_i = \int_0^l p(x,t)\phi_i(x)\mathrm{d}x \tag{5.7-10}$$

将以上动能 T、势能 U 及广义力 Q_i 代入拉格朗日方程（4.4-19），得

$$\ddot{q}_i + \omega_i^{\ 2} q_i = \frac{Q_i}{M_i} = \frac{1}{M_i}\int_0^l p(x,t)\phi_i(x)\mathrm{d}x \quad (i = 1,2,3,\cdots) \tag{5.7-11}$$

这就是用主坐标表示的梁的弯曲振动微分方程。

进一步，可将分布载荷分离变量

$$p(x,t) = \frac{P_0}{l}p(x)f(t) \tag{5.7-12}$$

则式（5.7-11）成为

$$\ddot{q}_i + \omega_i^{\ 2} q_i = \frac{P_0}{M_i} \cdot \frac{1}{l}\int_0^l p(x,t)\phi_i(x)\mathrm{d}x \cdot f(t) = \frac{P_0\,\Gamma_i}{l}f(t) \tag{5.7-13}$$

式中，P_0 为一个常量；Γ_i 为振型参与因数，且

$$\Gamma_i = \frac{1}{l}\int_0^l p(x,t)\phi_i(x)\mathrm{d}x \tag{5.7-14}$$

式（5.7-13）的解为

$$\begin{aligned} q_i(t) = {} & q_i(0)\cos\omega_i t + \frac{1}{\omega_i}\dot{q}_i(0)\sin\omega_i t + \\ & \left(\frac{P_0\Gamma_i}{M_i\omega_i^{\ 2}}\right)\omega_i\int_0^t f(\xi)\sin\omega_i(t-\xi)\mathrm{d}\xi \end{aligned} \tag{5.7-15}$$

式（5.7-15）相当于具有初始条件的单自由度系统受迫振动的响应公式，将式（5.7-15）代入式（5.7-2）便可得到梁振动的响应。式中，$\dfrac{P_0\Gamma_i}{M_i\omega_i^{\ 2}}$为第 i 阶振型的静挠度。动载系数 D_i 为

$$D_i = \omega_i\int_0^t f(\xi)\sin\omega_i(t-\xi)\mathrm{d}\xi \tag{5.7-16}$$

例 5.7-1 一根质量为 M_0 的均质简支梁，受到如图 5.7-1a 所示的分布载荷 $p(x,t) = \dfrac{w_0 x}{l}g(t)$ 的作用，$g(t)$ 为如图 5.7-1b 所示的矩形函数，试建立其弯曲振动的运动方程。

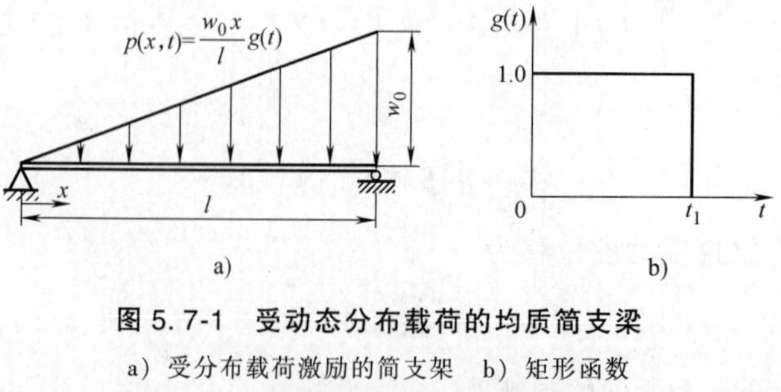

图 5.7-1 受动态分布载荷的均质简支梁

a）受分布载荷激励的简支架 b）矩形函数

解：由相关手册可查出均质简支梁的主振型及固有频率分别为

$$\phi_n(x) = \sqrt{2}\sin\frac{n\pi x}{l}, \quad \omega_n = (n\pi)^2\sqrt{EI/M_0 l^3}$$

第 n 阶广义质量为

$$M_n = \frac{M_0}{l}\int_0^l 2\sin^2\frac{n\pi x}{l}\mathrm{d}x = M_0$$

第 n 阶广义力为

$$\begin{aligned}Q_n &= \int_0^l p(x,t)\phi_n(x)\,\mathrm{d}x = g(t)\int_0^l \frac{w_0 x}{l}\sqrt{2}\sin\frac{n\pi x}{l}\mathrm{d}x \\ &= g(t)\frac{w_0\sqrt{2}}{l}\left[\frac{\sin(n\pi x/l)}{(n\pi/l)^2} - \frac{x\cos(n\pi x/l)}{(n\pi/l)}\right]_0^l \\ &= -g(t)\frac{w_0\sqrt{2}l}{n\pi}\cos n\pi = -\sqrt{2}\frac{lw_0}{n\pi}g(t)(-1)^n\end{aligned}$$

用主坐标表示的第 n 阶主振动方程为

$$\ddot{q}_n + \omega_n^2 q_n = -\sqrt{2}\frac{lw_0}{n\pi M_0}(-1)^n g(t)$$

由此可解出

$$q_n(t) = \begin{cases}\dfrac{-\sqrt{2}lw_0}{n\pi M_0}\dfrac{(-1)^n}{\omega_n^2}(1-\cos\omega_n t) & 0\leqslant t\leqslant t_1 \\ \dfrac{-\sqrt{2}lw_0}{n\pi M_0}\dfrac{(-1)^n}{\omega_n^2}(1-\cos\omega_n t)+\dfrac{2\sqrt{2}lw_0(-1)^n}{n\pi M_0\omega_n^2}[1-\cos\omega_n(t-t_1)] & t_1\leqslant t\leqslant\infty\end{cases}$$

梁在弯曲振动中的挠度为

$$y(x,t) = \sum_{n=1}^{\infty}\phi_n(x)q_n(t) = \sum_{n=1}^{\infty}q_n(t)\sqrt{2}\sin\frac{n\pi x}{l}$$

5.8 受约束结构的主振型

当一个结构上附加有质量或弹簧时，称之为受约束结构。例如，弹簧在作用点约束结构的运动，使系统的固有频率增大；另一方面，附加质量使系统的固有频率降低。这样的问题可以通过广义坐标和振型叠加方法加以解决。

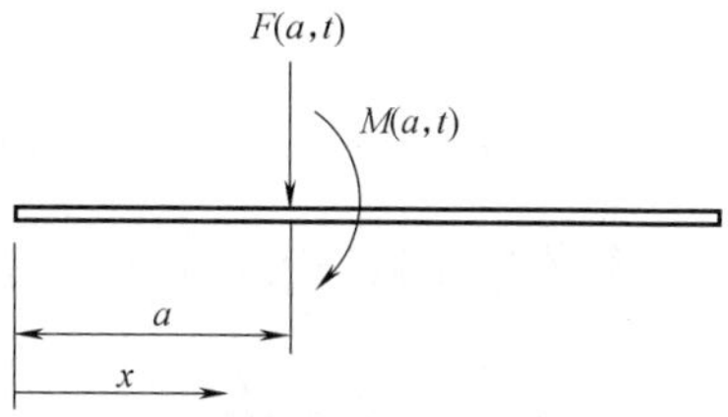

图 5.8-1 受集中力和弯矩的梁

图 5.8-1 所示为受集中力和弯矩的梁。由式 (5.6-2) 知，弯曲振动的梁上任一位置处的挠度可表示为各阶主振型的叠加，即

$$y(x,t) = \sum_{i=1}^{\infty}\phi_i(x)q_i(t) \tag{5.8-1}$$

用式 (5.8-1) 中广义坐标 $q_i(t)$ 表示的结构振动方程是

$$\ddot{q}_i(t) + \omega_i^2 q_i(t) = \frac{Q_i}{M_i} \tag{5.8-2}$$

式中，广义力 Q_i 可由下式求出

$$\delta W = \sum_i Q_i \delta q_i \tag{5.8-3}$$

式中，δW 是外力所做的虚功。

对于如图 5.8-1 所示在 $x=a$ 处有集中力 $F(a,t)$ 和集中弯矩 $M(a,t)$ 的梁，其虚功为

$$\begin{aligned}\delta W &= F(a,t)\delta y(a,t) + M(a,t)\delta y'(a,t)\\ &= F(a,t)\sum_i \phi_i(a)\delta q_i + M(a,t)\sum_i \phi'_i(a)\delta q_i\\ &= \sum_i [F(a,t)\phi_i(a) + M(a,t)\phi'_i(a)]\delta q_i\end{aligned} \tag{5.8-4}$$

式中，“$'$”表示函数对 x 的一阶偏导。

由此可得其广义力

$$Q_i = F(a,t)\phi_i(a) + M(a,t)\phi'_i(a) \tag{5.8-5}$$

于是式（5.8-2）成为

$$\ddot{q}_i(t) + \omega_i^2 q_i(t) = \frac{1}{M_i}[F(a,t)\phi_i(a) + M(a,t)\phi'_i(a)] \tag{5.8-6}$$

式中，ω_i 和 $\phi_i(a)$ 是未受约束时 $x=a$ 处结构的固有频率和主振型。

5.8.1 受弹簧约束结构的主振型

如图 5.8-2 所示受弹簧约束的梁，在 $x=a$ 处受到弹簧 k 和扭簧 K 的约束。

用集中力 $F(a,t)$ 来代替弹簧 k 的约束，用弯矩 $M(a,t)$ 来代替扭簧 K 的约束，则如图 5.8-2 所示受弹簧约束结构可转化为如图 5.8-1 所示受集中力和弯矩的结构，且

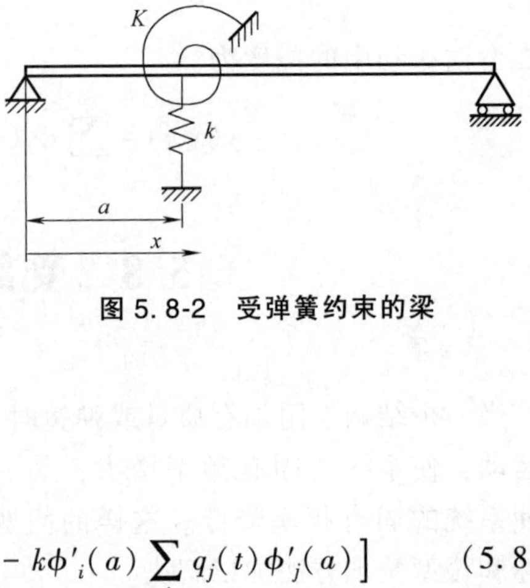

图 5.8-2 受弹簧约束的梁

$$F(a,t) = -ky(a,t) = -k\sum_j q_j(t)\phi_j(a) \tag{5.8-7}$$

$$M(a,t) = -ky'(a,t) = -k\sum_j q_j(t)\phi'_j(a) \tag{5.8-8}$$

于是式（5.8-6）成为

$$\ddot{q}_i + \omega_i^2 q_i = \frac{1}{M_i}\left[-k\phi_i(a)\sum_j q_j(t)\phi_j(a) - k\phi'_i(a)\sum_j q_j(t)\phi'_j(a)\right] \tag{5.8-9}$$

受约束结构的主振型也是简谐函数，因此可设

$$q_i = \bar{q}_i e^{i\omega t}$$

式中，“$-$”表示主振型的振幅。

代入式（5.8-9），可得

$$\bar{q}_i = \frac{1}{M_i(\omega_i^2 - \omega^2)}\left[-k\phi_i(a)\sum_j \bar{q}_i(t)\phi_j(a) - k\phi'_i(a)\sum_j \bar{q}_i(t)\phi'_j(a)\right] \tag{5.8-10}$$

如果应用 n 阶振型，式（5.8-10）可组成 n 个 $\bar{q}_i$ 的齐次代数方程。齐次代数方程组有

非平凡解的充要条件是 $\bar{q}_i$ 的系数行列式为零，由此可求出 ω^2 的 n 个值，这就是受约束结构的前 n 阶固有频率的平方。将得到的 n 个 ω^2 分别代入式（5.8-10），求出 $\bar{q}_i$ 的 n 个值。把求出的对应于 ω^2 的第 j 个值的 $\bar{q}_i(i=1, 2, \cdots, n)$ 代入式（5.8-1），可得受约束结构的第 j 阶主振型

$$\varphi_j(x) = \sum_i \bar{q}_i \phi_i(x) \tag{5.8-11}$$

式中，$\varphi_j(x)$ 为受约束结构的第 j 阶主振型；$\phi_i(x)$ 为未受约束结构的第 i 阶主振型。

5.8.2 受质量约束结构的主振型

如图 5.8-3 所示的受质量约束的梁，在 $x=a$ 处受到质量块 m_0 的约束。用质量块 m_0 的惯性力来代替质量约束，则

$$F(a,t) = -m_0\ddot{y}(a,t) = -m_0\sum_j \ddot{q}_j(t)\phi_j(a) = m_0\omega^2\sum_j q_j(t)\phi_j(a) \tag{5.8-12}$$

式（5.8-10）则成为

$$\bar{q}_i = \frac{1}{M_i(\omega_i^2-\omega^2)}\left[\omega^2 m_0\phi_i(a)\sum_j \bar{q}_j(t)\phi_j(a)\right] \tag{5.8-13}$$

按求解受弹簧约束结构的方法可求出受质量约束结构的固有频率和主振型。

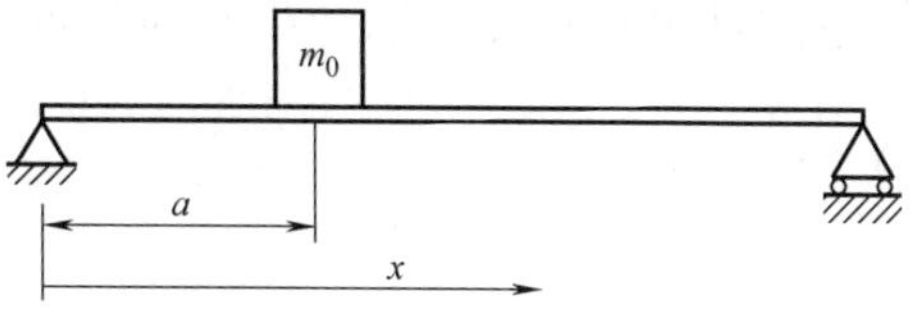

图 5.8-3 受质量约束的梁

例 5.8-1 一根简支梁在 $x=l/3$ 处有一集中质量 m_0，只计及第一阶振型，求该简支梁一阶固有频率的近似值。该简支梁为均质梁，梁本身的质量为 M。

解：仅使用一阶振型，则式（5.8-13）成为

$$M_1(\omega_1^2-\omega^2) = \omega^2 m_0\phi_1^2(a)$$

解得

$$\left(\frac{\omega}{\omega_1}\right)^2 = \frac{1}{1+\dfrac{m_0}{M}\phi_1^2(a)} \tag{a}$$

对均质简支梁，有

$$\omega_1 = \pi^2\sqrt{\frac{EI}{Ml^3}}, \quad \phi_1(x) = \sqrt{2}\sin\frac{\pi x}{l} \tag{b}$$

因 $x=l/3$，故

$$\phi_1\left(\frac{l}{3}\right) = \sqrt{2}\sin\frac{\pi}{3} = \sqrt{2}\times\frac{\sqrt{3}}{2} = \sqrt{1.5} \tag{c}$$

且

$$M_1 = M \tag{d}$$

将式（c）、式（d）代入式（a），得受质量约束梁的一阶固有频率近似值为

$$\left(\frac{\omega}{\omega_1}\right)^2=\frac{1}{1+1.5\frac{m_0}{M}} \tag{e}$$

式中，ω 为受质量约束梁的一阶固有频率；ω_1 为未受约束均质简支梁的一阶固有频率。

第 2 章例 2.7-3 中用邓克列公式求出同样问题的上述比值为

$$\frac{1}{1+1.6\frac{m_0}{M}}$$

例 5.8-2 已知受约束导弹的固有频率和主振型为 Ω_i 和 Φ_i，求导弹未受约束时的固有频率 ω_i 和主振型 ϕ_i，导弹在 $x=a$ 处受到等效刚度系数分别为 k 和 K 的弹簧和扭转弹簧约束（图 5.8-4）。

解： 这是一个从相反方向来讨论的问题。从受约束结构中减去约束的作用，受约束结构就变为未受约束结构。本例中，减去 $x=a$ 处弹簧的约束力及力矩，则导弹就相当于处于自由状态，这时式（5.8-6）成为

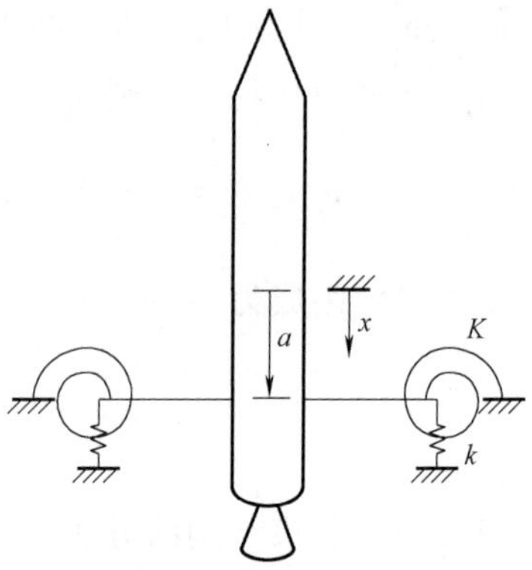

图 5.8-4 在发射井中的导弹

$$\ddot{q}_i(t)+\Omega_i^2 q_i(t)=\frac{-1}{M_i}[F(a,t)\Phi_i(a)+M(a,t)\Phi_i'(a)]$$

同样令

$$q_i=\bar{q}_i e^{i\omega t}$$

代入上式得

$$\bar{q}_i=\frac{-F(a)\Phi_i(a)-M(a)\Phi_i'(a)}{M_i\Omega_i^2[1-(\omega/\Omega_i)^2]}$$

令

$$D_i(\omega)=M_i\Omega_i^2[1-(\omega/\Omega_i)^2]$$

则

$$y(a)=\sum_i \Phi_i(a)\bar{q}_i=\sum_i \frac{-1}{D_i(\omega)}[F(a)\Phi_i^2(a)-M(a)\Phi'_i(a)\Phi_i(a)]$$

因

$$F(a)=-ky(a),\quad M(a)=-Ky'(a)$$

故有

$$y(a)=\sum_i \frac{1}{D_i(\omega)}[ky(a)\Phi_i^2(a)+ky'(a)\Phi_i'(a)\Phi_i(a)]$$

$$y'(a)=\sum_i \frac{1}{D_i(\omega)}[ky(a)\Phi_i'(a)\Phi_i(a)+ky'(a)\Phi'^2_i(a)]$$

以上两式组成如下 $y(a)$ 和 $y'(a)$ 的齐次方程组

$$\begin{cases} y(a)\left[1-k\sum_i \dfrac{\Phi_i^2(a)}{D_i(\omega)}\right]-y'(a)K\sum_i \dfrac{\Phi'_i(a)\Phi_i(a)}{D_i(\omega)}=0 \\ y(a)k\sum_i \dfrac{\Phi'_i(a)\Phi_i(a)}{D_i(\omega)}-y'(a)\left[1-K\sum_i \dfrac{\Phi'^2_i(a)}{D_i(\omega)}\right]=0 \end{cases}$$

上式有非平凡解的充要条件是系数行列式为零，即

$$\left[1-k\sum_i \frac{\Phi_i^2(a)}{D_i(\omega)}\right]\left[1-K\sum_i \frac{\Phi'^2_i(a)}{D_i(\omega)}\right]-kK\left[\sum_i \frac{\Phi'_i(a)\Phi_i(a)}{D_i(\omega)}\right]^2=0$$

由此可解出导弹在自由状态下的各阶固有频率 ω_i，在 $x=a$ 处挠曲变形的斜率为

$$\frac{y'(a)}{y(a)}=\frac{1-k\sum_i \dfrac{\Phi_i^2(a)}{D_i(\omega)}}{K\sum_i \dfrac{\Phi'_i(a)\Phi_i(a)}{D_i(\omega)}}=0$$

导弹在自由状态下的主振型为

$$\phi(x)=\frac{y(x)}{y(a)}=\sum_i \frac{k\Phi_i(a)\Phi_i(x)+K\dfrac{y'(a)}{y(a)}\Phi'_i(a)\Phi_i(x)}{D_i(\omega)}$$

5.9 振型-加速度法

在任何振型叠加法中都可能存在收敛困难的问题，如果收敛性差，可使用大量的振型来提高计算精度。但振型-加速度法可以改善收敛性，只需使用少量几阶振型，就可得到较高的精度。

5.8 节的式（5.8-6）可改写为

$$q_i(t)=\frac{F(a,t)\phi_i(a)}{M_i\omega_i^2}+\frac{M(a,t)\phi'_i(a)}{M_i\omega_i^2}-\frac{\ddot{q}_i(t)}{\omega_i^2} \tag{5.9-1}$$

将式（5.9-1）代入式（5.8-1），得

$$\begin{aligned} y(x,t)&=\sum_i q_i(t)\phi_i(x) \\ &=F(a,t)\sum_i \frac{\phi_i(a)\phi_i(x)}{M_i\omega_i^2}+M(a,t)\sum_i \frac{\phi'_i(a)\phi_i(x)}{M_i\omega_i^2}-\frac{\ddot{q}_i(t)\phi_i(x)}{\omega_i^2} \end{aligned} \tag{5.9-2}$$

注意到，如果 $F(a,t)$ 和 $M(a,t)$ 是静载荷，则式（5.9-2）最后一项为零。令

$$\begin{aligned} \sum_i \frac{\phi_i(a)\phi_i(x)}{M_i\omega_i^2}&=\alpha(a,x) \\ \sum_i \frac{\phi'_i(a)\phi_i(x)}{M_i\omega_i^2}&=\beta(a,x) \end{aligned} \tag{5.9-3}$$

式中，$\alpha(a,x)$ 为在 $x=a$ 处作用单位力而在 x 处产生的挠度；$\beta(a,x)$ 为在 $x=a$ 处作用单位弯矩而在 x 处产生的挠度。

于是，式（5.9-2）成为

$$y(x,t)=F(a,t)\alpha(a,x)+M(a,t)\beta(a,x)-\sum_i \frac{\ddot{q}_i(t)\phi_i(x)}{\omega_i^2} \qquad (5.9\text{-}4)$$

由于 $1/\omega_i^2$ 随阶数增加而迅速减小，故改善了振型叠加法的收敛性。

在受迫振动中，$F(a,t)$ 和 $M(a,t)$ 是激励力和弯矩，首先用一般方法由式（5.8-6）解出 $q_i(t)$；然后代入式（5.9-4）求出挠度曲线。在受约束结构中，$F(a,t)$ 和 $M(a,t)$ 分别是约束力和弯矩，如 5.8 节介绍的一样。由于改善了收敛性，只需少量的振型就能满足精度。

例 5.9-1 用振型-加速度法求解如图 5.8-3 所示结构。

解：设系统进行简谐振动，则

$$F(a,t)=\overline{F}(a)\mathrm{e}^{i\omega t}$$

$$q_i(t)=\overline{q}_i\mathrm{e}^{i\omega t}$$

$$y(x,t)=\overline{y}(x)\mathrm{e}^{i\omega t}$$

将以上各式代入式（5.9-4），并令 $x=a$，则

$$\overline{y}(a)=\overline{F}(a)\alpha(a,a)+\omega^2\sum_j \frac{\overline{q}_j\phi_j(a)}{\omega_j^2}$$

该梁在 $x=a$ 处受到集中质量 m_0 的约束，故上式中的激励力是梁上质量块 m_0 的惯性力

$$\overline{F}(a)=m_0\omega^2\overline{y}(a)$$

由以上两式消去 $\overline{y}(a)$，可得

$$\frac{\overline{F}(a)}{m_0\omega^2}=\overline{F}(a)\alpha(a,a)+\omega^2\sum_j \frac{\overline{q}_j\phi_j(a)}{\omega_j^2}$$

或

$$\overline{F}(a)=\frac{\omega^2\sum_j q_j\dfrac{\phi_j(a)}{\omega_j^2}}{\dfrac{1}{m_0\omega^2}-\alpha(a,a)}$$

由式（5.8-6），有

$$\ddot{q}_i+\omega_i^2q_i=\frac{F(a,t)\phi_i(a)}{M_i}$$

设为简谐振动，则

$$(\omega_i{}^2-\omega^2)\overline{q}_i=\frac{\overline{F}(a,t)\phi_i(a)}{M_i}=\frac{\omega^2\phi_i(a)\sum_j \overline{q}_j\dfrac{\phi_j(a)}{\omega_j^2}}{M_i\left[\dfrac{1}{m_0\omega^2}-\alpha(a,a)\right]}$$

即

$$[1-m_0\omega^2\alpha(a,a)](\omega_i^2-\omega^2)\bar{q}_i=\frac{\omega^4 m_0\phi_i(a)}{M_i}\sum_j\frac{\bar{q}_j\phi_j(a)}{\omega_j^2}$$

这是 $\bar{q}_i$ 的齐次方程，具有非平凡解的充要条件是其系数行列式为零，由此求出受质量约束结构的各阶固有频率。未受质量约束结构的固有频率 ω_i 和主振型 ϕ_i 是事先已求出的，由此可求出 $\bar{q}_i$，然后再按

$$y(x,t)=\sum_i\bar{q}_i(t)e^{i\omega t}\phi_i(x)$$

求出受约束结构的响应。

5.10 分量振型综合法

分量振型综合法是将一个大系统分成若干个小系统（子系统）来进行处理的简化方法。该方法的原则是：

1）各子系统在连接点处的位移和力应协调。

2）每一个子系统可用振型函数表示，这些振型不必是系统的主振型，也不必单独满足连接点的协调条件，只要其联合总和能满足连接点的协调条件即可。

以图 5.10-1 所示 L 形梁为例进行分析。将其分为两个子系统①和②。

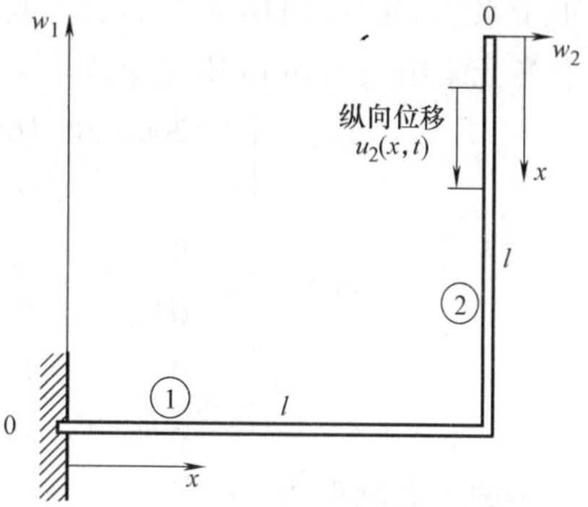

图 5.10-1　L 形梁

对于子系统①，设其弯曲振动为

$$\begin{aligned}w_1(x,t)&=\phi_1(x)p_1(t)+\phi_2(x)p_2(t)+\cdots\\&=\left(\frac{x}{l}\right)^2p_1+\left(\frac{x}{l}\right)^3p_2\end{aligned}\tag{5.10-1}$$

式中，$\phi_1(x)$ 和 $\phi_2(x)$ 不必是正交的，但联合起来应满足子系统①如下的边界条件（几何条件和力平衡条件）：

$$\begin{aligned}&w_1(0)=0 && w_1(l)=p_1+p_2\\&w_1'(0)=0 && w_1'(l)=\frac{2}{l}p_1+\frac{3}{l}p_2\\&w_1''(0)=\frac{M(0)}{EI}=\frac{2}{l^2}p_1 && w_1''(l)=\frac{M(l)}{EI}=\frac{2}{l^2}p_1+\frac{6}{l^2}p_2\\&w_1'''(0)=\frac{V(0)}{EI}=\frac{6}{l^3}p_2 && w_1'''(l)=\frac{V(l)}{EI}=\frac{6}{l^3}p_2\end{aligned}\tag{5.10-2}$$

对于子系统②，设其弯曲振动 $w_2(x,t)$ 和纵向振动 $u_2(x,t)$ 为

$$\begin{aligned}w_2(x,t)&=\phi_3(x)p_3(t)+\phi_4(x)p_4(t)+\phi_5(x)p_5(t)+\cdots\\&=p_3+\left(\frac{x}{l}\right)p_4+\left(\frac{x}{l}\right)^4p_5\end{aligned}\tag{5.10-3}$$

$$u_2(x,t)=\phi_6(x)p_6(t)+\cdots=p_6 \tag{5.10-4}$$

梁的广义质量为

$$m_{ij}=\int_0^l m(x)\,\phi_i(x)\phi_j(x)\,\mathrm{d}x$$

对于子系统①，有

$$m_{11}=\int_0^l m\phi_1(x)\phi_1(x)\,\mathrm{d}x=\int_0^l m\left(\frac{x}{l}\right)^4\mathrm{d}x=0.20ml$$

$$m_{12}=\int_0^l m\phi_1(x)\phi_2(x)\,\mathrm{d}x=\int_0^l m\left(\frac{x}{l}\right)^5\mathrm{d}x=0.166ml=m_{21}$$

$$m_{22}=\int_0^l m\phi_2(x)\phi_2(x)\,\mathrm{d}x=\int_0^l m\left(\frac{x}{l}\right)^6\mathrm{d}x=0.1428ml$$

对于子系统②，类似地可求出

$m_{33}=1.0ml$，$m_{34}=0.50ml=m_{43}$，$m_{35}=0.20ml=m_{53}$

$m_{44}=0.333ml$，$m_{45}=0.166ml=m_{54}$，$m_{55}=0.111ml$，$m_{66}=1.0ml$

由于子系统②的纵向振动 $u_2(x,t)$ 与其弯曲振动 $w_2(x,t)$ 没有关系，故 $m_{63}=m_{64}=m_{65}=0$。以上各元素组成 6×6 阶质量矩阵

$$\boldsymbol{m}=ml\begin{bmatrix}0.200 & 0.1666 & 0 & 0 & 0 & 0\\ 0.1666 & 0.1428 & 0 & 0 & 0 & 0\\ 0 & 0 & 1.0000 & 0.5000 & 0.2000 & 0\\ 0 & 0 & 0.5000 & 0.3333 & 0.1666 & 0\\ 0 & 0 & 0.2000 & 0.1666 & 0.1111 & 0\\ 0 & 0 & 0 & 0 & 0 & 1.0000\end{bmatrix} \tag{5.10-5}$$

梁的广义刚度为

$$k_{ij}=\int_0^l EI\phi''_i(x)\phi''_j(x)\,\mathrm{d}x$$

于是可求出

$$k_{11}=EI\int_0^l \phi''_1(x)\phi''_1(x)\,\mathrm{d}x=EI\int_0^l\left(\frac{2}{l^2}\right)^2\mathrm{d}x=4\frac{EI}{l^3}$$

$$k_{12}=k_{21}=EI\int_0^l\left(\frac{2}{l^2}\right)\left(\frac{6x}{l^3}\right)\mathrm{d}x=6\frac{EI}{l^3}$$

$$k_{22}=12\frac{EI}{l^3},\ k_{55}=28.8\frac{EI}{l^3}$$

其余 k_{ij} 均为零，以上元素组成 6×6 阶刚度矩阵

$$\boldsymbol{k}=\frac{EI}{l^3}\begin{bmatrix}4 & 6 & 0 & 0 & 0 & 0\\ 6 & 12 & 0 & 0 & 0 & 0\\ 0 & 0 & 0 & 0 & 0 & 0\\ 0 & 0 & 0 & 0 & 0 & 0\\ 0 & 0 & 0 & 0 & 28.8 & 0\\ 0 & 0 & 0 & 0 & 0 & 0\end{bmatrix} \tag{5.10-6}$$

由两个子系统①，②连接点处的协调关系，得到四个约束方程

$$w_1(l)+u_2(l)=0 \qquad \Rightarrow p_1+p_2+p_6=0$$

$$w_2(l)=0 \qquad \Rightarrow p_3+p_4+p_5=0$$

$$w_1'(l)+u_2'(l)=0 \qquad \Rightarrow 2p_1+3p_2-p_4-4p_5=0$$

$$EI[w_1''(l)+w_2''(l)]=0 \qquad \Rightarrow 2p_1+6p_2+12p_5=0$$

将约束方程写为矩阵形式

$$\begin{bmatrix} 1 & 1 & 0 & 0 & 0 & 1 \\ 0 & 0 & 1 & 1 & 1 & 0 \\ 2 & 3 & 0 & -1 & -4 & 0 \\ 2 & 6 & 0 & 0 & 12 & 0 \end{bmatrix} \begin{bmatrix} p_1 \\ p_2 \\ p_3 \\ p_4 \\ p_5 \\ p_6 \end{bmatrix} = \mathbf{0} \tag{5.10-7}$$

由于坐标数为6，约束方程数为4，系统的广义坐标数应为2。任选 $p_1=q_1$，$p_6=q_6$ 为广义坐标，式（5.10-7）可变换为

$$\begin{bmatrix} 1 & 0 & 0 & 0 \\ 0 & 1 & 1 & 1 \\ 3 & 0 & -1 & -4 \\ 6 & 0 & 0 & 12 \end{bmatrix} \begin{bmatrix} p_2 \\ p_3 \\ p_4 \\ p_5 \end{bmatrix} = \begin{bmatrix} -1 & -1 \\ 0 & 0 \\ -2 & 0 \\ -2 & 0 \end{bmatrix} \begin{bmatrix} q_1 \\ q_6 \end{bmatrix} \tag{5.10-8}$$

式（5.10-8）可简写为

$$\boldsymbol{s}\boldsymbol{p}_{2\sim 5}=\boldsymbol{Q}\boldsymbol{q}_{1,6}$$

两边左乘 $\boldsymbol{s}^{-1}$，得

$$\boldsymbol{p}_{2\sim 5}=\boldsymbol{s}^{-1}\boldsymbol{Q}\boldsymbol{q}_{1,6}$$

补入恒等式 $p_1=q_1$ 及 $p_6=q_6$，上式可写为

$$\boldsymbol{p}=\boldsymbol{C}\boldsymbol{q} \tag{5.10-9}$$

以上约束方程用广义坐标 q_1、q_6 表示如下

$$\begin{bmatrix} p_1 \\ p_2 \\ p_3 \\ p_4 \\ p_5 \\ p_6 \end{bmatrix} = \begin{bmatrix} 1 & 0 \\ -1 & -1 \\ 2 & 4.50 \\ -2.5 & -5.0 \\ 0.333 & 0.50 \\ 0 & 1 \end{bmatrix} \begin{bmatrix} q_1 \\ q_2 \end{bmatrix} = \boldsymbol{C} \begin{bmatrix} q_1 \\ q_2 \end{bmatrix} \tag{5.10-10}$$

系统的运动方程为

$$\boldsymbol{m}\ddot{\boldsymbol{p}}+\boldsymbol{k}\boldsymbol{p}=\mathbf{0} \tag{5.10-11}$$

将式（5.10-9）代入式（5.10-11）

$$\boldsymbol{m}\boldsymbol{C}\ddot{\boldsymbol{q}}+\boldsymbol{k}\boldsymbol{C}\boldsymbol{q}=\mathbf{0} \tag{5.10-12}$$

式（5.10-12）两边左乘 $\boldsymbol{C}^{\mathrm{T}}$

$$\boldsymbol{C}^{\mathrm{T}}\boldsymbol{m}\boldsymbol{C}\ddot{\boldsymbol{q}}+\boldsymbol{C}^{\mathrm{T}}\boldsymbol{k}\boldsymbol{C}\boldsymbol{q}=\mathbf{0} \tag{5.10-13}$$

约束矩阵 $\boldsymbol{C}$ 为 6×2 阶，质量矩阵 $\boldsymbol{m}$ 和刚度矩阵 $\boldsymbol{k}$ 是 6×6 阶，式（5.10-13）中的 $\boldsymbol{C}^{\mathrm{T}}\boldsymbol{m}\boldsymbol{C}$ 和 $\boldsymbol{C}^{\mathrm{T}}\boldsymbol{k}\boldsymbol{C}$ 是 2×2 阶。通过以上变换，将式（5.10-11）表示的 6×6 阶问题缩减为式（5.10-13）表示的 2×2 阶问题。

令 $\ddot{\boldsymbol{q}}=-\omega^2\boldsymbol{q}$，则式（5.10-13）成为

$$\left(-\omega^2\begin{bmatrix}a_{11} & a_{12}\\ a_{21} & a_{22}\end{bmatrix}+\begin{bmatrix}b_{11} & b_{12}\\ b_{21} & b_{22}\end{bmatrix}\right)\begin{bmatrix}q_1\\ q_6\end{bmatrix}=\boldsymbol{0} \tag{5.10-14}$$

且

$$\begin{bmatrix}a_{11} & a_{12}\\ a_{21} & a_{22}\end{bmatrix}=\boldsymbol{C}^{\mathrm{T}}\boldsymbol{m}\boldsymbol{C}=ml\begin{bmatrix}1.0951 & 2.5522\\ 2.5522 & 7.3211\end{bmatrix}$$

$$\begin{bmatrix}b_{11} & b_{12}\\ b_{21} & b_{22}\end{bmatrix}=\boldsymbol{C}^{\mathrm{T}}\boldsymbol{k}\boldsymbol{C}=\frac{EI}{l^3}\begin{bmatrix}7.200 & 10.800\\ 10.800 & 19.200\end{bmatrix}$$

由

$$\left|-\omega^2\boldsymbol{a}+\boldsymbol{b}\right|=0$$

可求出系统的固有频率

$$\omega_1=1.172\sqrt{\frac{EI}{ml^4}},\quad \omega_2=3.198\sqrt{\frac{EI}{ml^4}}$$

令 $q_1=1$，由式（5.10-14）求出 q_6。将 q_1 及 q_6 代入式（5.10-10）可求出 $\boldsymbol{p}$，再分别由式（5.10-1）、式（5.10-3）及式（5.10-4）求出各阶振型。

5.11 习　　题

5-1　钢索长为 l，单位长度质量为 ρ，左端固定，右端连接于弹簧-质量系统的均匀绳索，如图 5.11-1 所示，求此绳索的固有频率方程。

5-2　如图 5.11-2 所示钢索上端固定，下端在重力影响下自由振动。试证明钢索横向振动的运动方程为

$$\frac{\partial^2 y}{\partial t^2}=g\left(x\frac{\partial^2 y}{\partial x^2}+\frac{\partial y}{\partial x}\right)$$

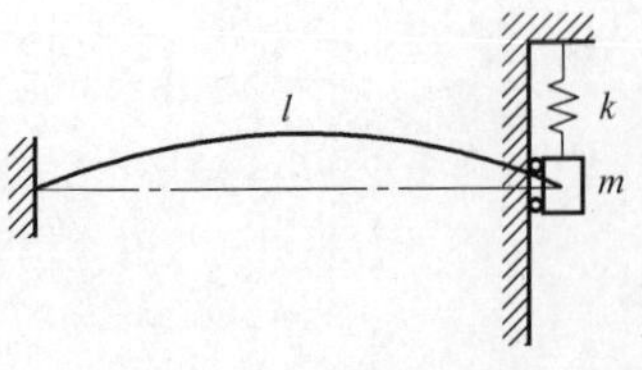

图 5.11-1　题 5-1 图

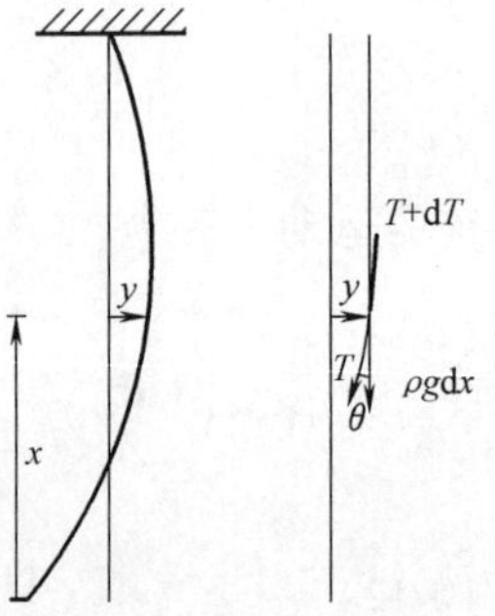

图 5.11-2　题 5-2 图

5-3　钢的弹性模量为 2×10^5MPa，密度为 7810kg/m^3，求沿细钢棒纵向振动的波速。

5-4　一根长为 l 的均质杆一端固定一端自由，求证其纵向振动的固有频率为 $f=\left(n+\dfrac{1}{2}\right)\dfrac{c}{2l}$，其中纵向振动的波速 $c=\sqrt{E/\rho}$，（$n=0$，1，2，…）。

5-5　长为 l，横截面积为 A 的均质杆上端固定，下端有重量为 W 的重物。求证其纵向振动的频率方程为

$$\omega l\sqrt{\frac{\rho}{E}}\cdot\tan\omega l\sqrt{\frac{\rho}{E}}=\frac{A\rho lg}{W}$$

5-6　求证习题 5-5 中系统的基频为

$$\omega_1=\beta_1\sqrt{k/rM}$$

式中，$\beta_1=n_1 l$，$r=\dfrac{M_{杆}}{M}$，$k=\dfrac{AE}{l}$，$M=\dfrac{W}{g}$（重物质量）。

将上述系统简化为弹簧-质量系统，刚度为 k，质量为 $M+\dfrac{1}{3}M_{杆}$。求基频的近似方程，并求证基频的近似值与精确值之间的比值为 $(1/\beta_1)\sqrt{3r/(3+r)}$。

5-7　一根长为 l 的均匀杆以等速 v 沿其轴线运动，在 $t=0$ 时，其中点处突然被卡住，试求其自由振动。

5-8　长为 l 的均匀圆轴，轴的材料密度为 ρ，截面极惯性矩为 I_p，剪切弹性模量为 G，轴中间截面固定，两端自由，试确定其扭转振动固有频率。

5-9　一根均匀圆轴，轴单位长度的转动惯量为 J_s，轴两端各连接一个转动惯量为 J_0 的圆盘，求此系统的扭转振动固有频率。然后将均匀轴转化为连接两端圆盘的扭转弹簧，以检验此系统的基频。

5-10　一根长为 l 的均匀圆轴，材料密度为 ρ，轴截面的极惯性矩为 I_p，剪切弹性模量为 G。在端点 $x=0$ 处与刚度为 K 的扭簧相连，端点 $x=l$ 处固定，如图 5.11-3 所示。求此系统扭转振动固有频率的超越方程。在 $K=0$ 及 $K=\infty$ 两个特殊情况下证明此方程的正确性。

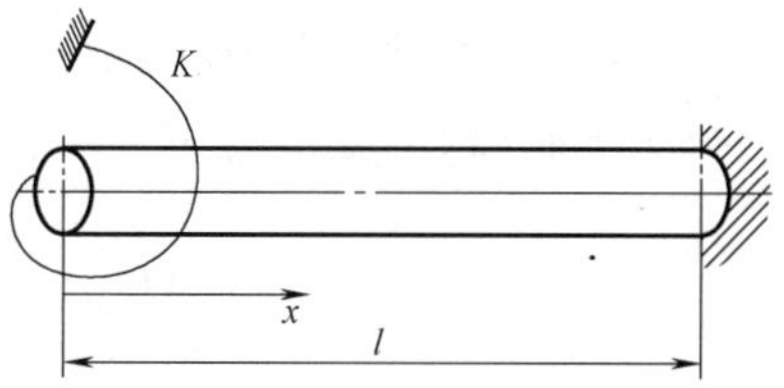

图 5.11-3　题 5-10 图

5-11　均匀轴以角速度 ω_0 匀速旋转，在 $t=0$ 时其左端突然卡死，求其扭转振动。

5-12　一根两端自由的均匀杆，在 $x=0$ 端点处作用一轴向斜坡力 $P=P_0\dfrac{t}{t_1}$，假设该杆起始于静止状态，试确定该力引起的纵向振动。

5-13　一根在 $x=0$ 端固定，$x=l$ 端自由的均匀杆，受均匀分布的轴向力 $(P_0/l)\sin\omega t$ 的作用，试导出由此扰动引起的稳态受迫振动。

5-14　两端固定的均匀杆，在 $t=0$ 时由静止状态突然受到分布恒定的轴向载荷 $q(x,t)=q_0x/l$ 的作用，求其响应。

5-15　一根在 $x=l$ 固定，$x=0$ 端自由的均匀杆，其自由端因受力扰动产生了 $u(0,t)=a\cos\omega t$ 的纵向变形，试求杆的稳态响应。

5-16　长为 l 的均匀梁一端固定，一端铰支，求其固有频率。

5-17　长为 l 的均匀悬臂梁重 W_b，在自由端有一重量为 W_0 的重物，列出其边界条件并求其频率方程。

5-18　试求两端均附有集中质量 m 的自由均匀梁的频率方程。

5-19　试求一端铰支，一端自由的梁的振动频率方程。

5-20　简支梁因作用于跨度中央处的恒力 P 而产生挠曲，在 $t=0$ 时刻，P 力突然移开，求梁的振动。

5-21　简支梁受强度为 f_0 的均布恒定载荷作用，试求载荷突然移去时，该梁发生的振动。

5-22　简支梁在距其两端 1/3 处有两个脉动力 $P\sin\omega t$ 同时作用，ω 等于梁的基频的一半，试求梁中点处的振幅。

5-23　当梁的挠曲包括剪切变形和转动惯量的影响时，求证以一阶导数矩阵表示的梁的运动方程如下

$$\frac{\mathrm{d}}{\mathrm{d}x}\begin{bmatrix}\psi\\ y\\ M\\ V\end{bmatrix}=\begin{bmatrix}0 & 0 & \dfrac{1}{EI} & 0\\ 1 & 0 & 0 & \dfrac{-1}{kAG}\\ -\omega^2 J & 0 & 0 & 1\\ 0 & \omega^2 m & 0 & 0\end{bmatrix}\begin{bmatrix}\psi\\ y\\ M\\ V\end{bmatrix}$$

5-24　假如一个恒定力突然施加在系统上，该系统的第 i 阶振型阻尼比为 ξ，求证动载系统可近似地由下式确定

$$D_i=1-\mathrm{e}^{-\xi\omega_i t}\cos\omega_i t$$

5-25　求均匀分布力的振型参与因数 Γ_i。

5-26　若集中力作用在 $x=a$ 处，可以用 δ 函数表示为分布载荷 $P_0\delta(x-a)$。求证振型参与因数 $\Gamma_i=\phi_i(a)$，且挠度为

$$y(x,t)=\frac{P_0 l^3}{EI}\sum_i \frac{\phi_i(a)\,\phi_j(x)}{(\beta_i l)^4}D_i(t)$$

式中，$\omega_i^2=(\beta_i l)^4(EI/Ml^3)$，且 $(\beta_i l)$ 为正则振型方程的特征值。

5-27　设一力偶矩 M_0 作用在梁的 $x=a$ 处，证明载荷 $p(x)$ 是如图 5.11-4 所示当 $\varepsilon\to 0$ 时两个 δ 函数的极限情形，并证明这一情况下的振型参与因数是

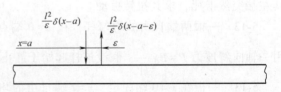

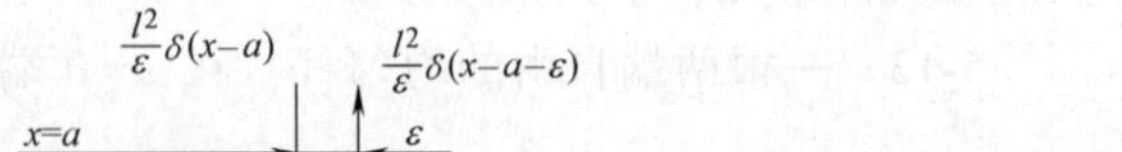

图 5.11-4　题 5-27 图

$$\Gamma_i=l\left.\frac{\mathrm{d}\phi_i(x)}{\mathrm{d}x}\right|_{x=a}=(\beta_i l)\,\phi_i'(x)_{x=a}$$

5-28　集中力 $P_0 f(t)$ 作用在均匀简支梁的中点，如图 5.11-5 所示。求证梁上任一点的挠度为

$$y(x,t)=\frac{P_0 l^3}{EI}\sum_i \frac{\Gamma_i \phi_i(x)}{(\beta_i l)^4}D_i(t)$$

$$=\frac{2P_0 l^3}{EI}\left[\frac{\sin\pi\dfrac{x}{L}}{\pi^4}D_1(t)-\frac{\sin 3\pi\dfrac{x}{L}}{(3\pi)^4}D_3(t)+\frac{\sin 5\pi\dfrac{x}{L}}{(5\pi)^4}D_5(t)-\cdots\right]$$

5-29　均匀简支梁突然受到如图 5.11-6 所示分布载荷作用，载荷是时间的阶跃函数，用梁的主振型表示梁的挠度，指出哪一阶主振型不出现，并写出前两阶主振型。

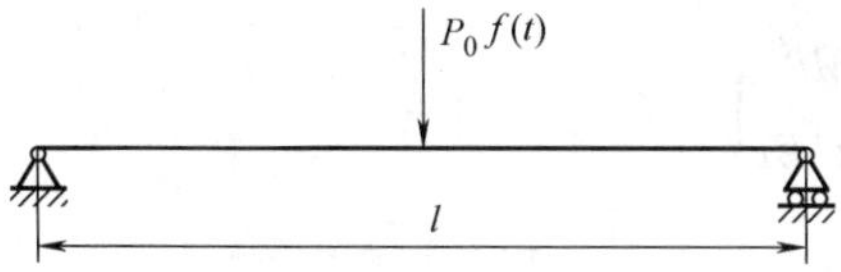

图 5.11-5　题 5-28 图

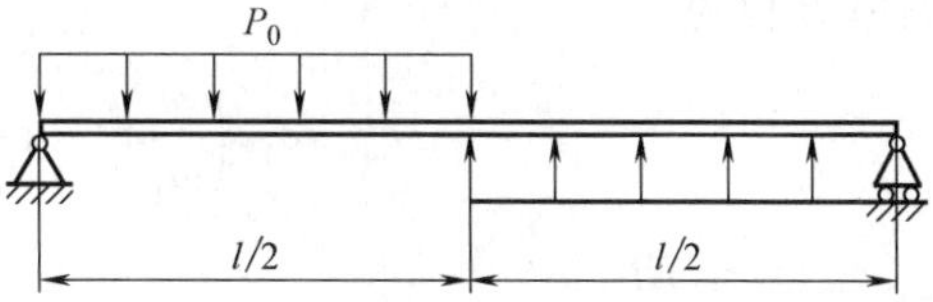

图 5.11-6　题 5-29 图

5-30　长为 l 的细长杆 $x=l$ 为固定端，$x=0$ 为自由端，以随时间变化的纵向力打击自由端，证明所有振型全部被等量激励，且完全解为

$$u(x,t)=\frac{2F_0 l}{AE}\left[\frac{\cos\dfrac{\pi}{2}\dfrac{x}{l}}{\left(\dfrac{\pi}{2}\right)^2}D_1(t)+\frac{\cos\dfrac{3\pi}{2}\dfrac{x}{l}}{\left(\dfrac{3\pi}{2}\right)^2}D_2(t)+\cdots\right]$$

5-31　若习题 5-30 的作用力集中在 $x=l/3$ 处，试确定哪一阶主振型不出现在解中。

5-32　求习题 5-31 中被激励出现的振型对应的振型参与因数，若作用力随时间任意变化，求其完全解。

5-33　如图 5.11-7 所示质量为 M、长为 l 的均匀梁，以总刚度为 k 的两个相同弹簧支承于两端，设其挠度为

$$y(x,t)=\phi_1(x)q_1(t)+\phi_2(x)q_2(t)$$

并选择 $\phi_1(x)=\sin\pi x/l$ 及 $\phi_2(x)=1.0$。使用拉格朗日方程，求证

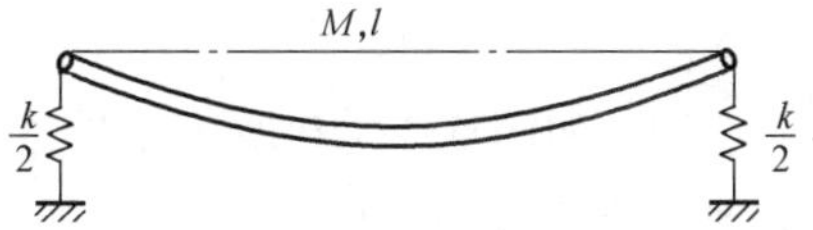

图 5.11-7　题 5-33 图

$$\ddot{q}_1+\frac{4}{\pi}\ddot{q}_2+\omega_{11}^2 q_1=0$$

$$\frac{2}{\pi}\ddot{q}_1+\ddot{q}_2+\omega_{22}^2 q_2=0$$

式中，$\omega_{11}^2=\pi^4(EI/Ml^3)$ 为刚性支承梁的固有频率；$\omega_{22}^2=k/M$ 为刚性梁以弹簧支承时的固有频率。

求解以上两方程，并求证

$$\omega^2=\omega_{22}^2\frac{\pi^2}{2}\left\{\frac{(R-1)\pm\sqrt{(R-1)^2+\dfrac{32}{\pi^2}R}}{\pi^2-8}\right\}$$

令 $y(x,t)=\left(b+\sin\dfrac{\pi x}{l}\right)q$，并用瑞利（Rayleigh）法得到

$$\frac{q_2}{q_1}=b=\frac{\pi}{8}[(R-1)]\mp\sqrt{(R-1)^2+\frac{32}{\pi^2}R}$$

$$R=\left(\frac{\omega_{11}}{\omega_{22}}\right)^2$$

5-34　两端固定的均匀梁如图 5. 11-8 所示，集中载荷 $P_0f(t)$ 作用于中点，求梁的挠度及固定端处产生的弯矩。

5-35　刚度为 k 的弹簧连接于均匀简支梁上，如图 5. 11-9 所示，求证以单振型近似产生的频率方程为

$$\left(\frac{\omega}{\omega_1}\right)^2=1+1.5\left(\frac{k}{M}\right)\left(\frac{Ml^3}{\pi^4EI}\right)$$

式中，$\omega_1^2=\frac{\pi^4EI}{Ml^3}$。

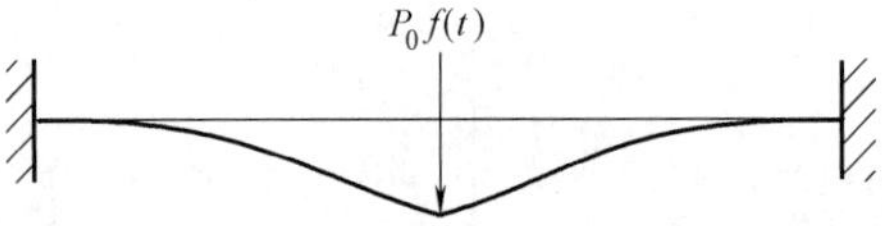

图 5. 11-8　题 5-34 图

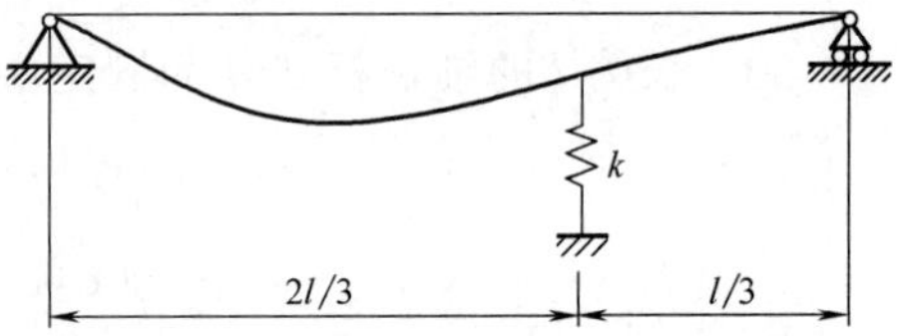

图 5. 11-9　题 5-35 图

5-36　写出习题 5-35 的两阶振型近似频率方程。

5-37　应用振型-加速度法求习题 5-36 的频率方程。

5-38　弹簧连接于 $x=a$ 处，证明当仅应用单振型时，约束-振型法与振型-加速度法得到同样的频率方程

$$\left(\frac{\omega}{\omega_1}\right)^2=1+\frac{k}{M\omega_1^2}\phi_1^2(a)$$

5-39　如图 5. 11-10 所示梁的左端连接刚度为 K 的扭簧，应用式（5. 8-10）的两阶振型，求系统的基频（表示为 $K/M\omega_1^2$ 的函数），其中 ω_1 为简支梁的基频。

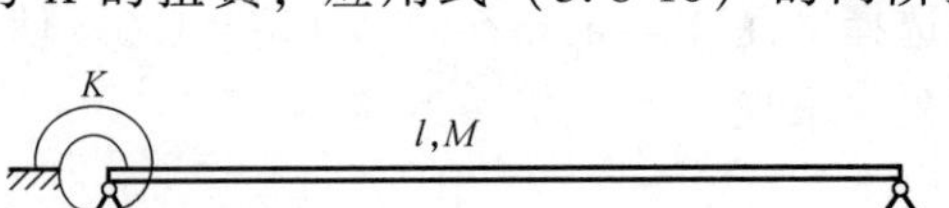

图 5. 11-10　题 5-39 图

5-40　如果图 5. 11-11 中所示的梁两端都连接刚度为 K 的扭簧，求其基频。当 K 值趋于无限大时，求证此时该梁的基频与两端固定梁的基频相同。

5-41　飞机被简化为如图 5. 11-12 所示模型，由两根长为 l、单位长度质量为 m 的均匀梁及其中央的集中质量 M_0 组成。应用 M_0 的平移作为广义坐标之一，以悬臂梁的第一阶振型为机翼振型，试写出系统的运动方程并确定对称振型的固有频率。

图 5. 11-11　题 5-41 图

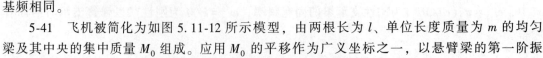

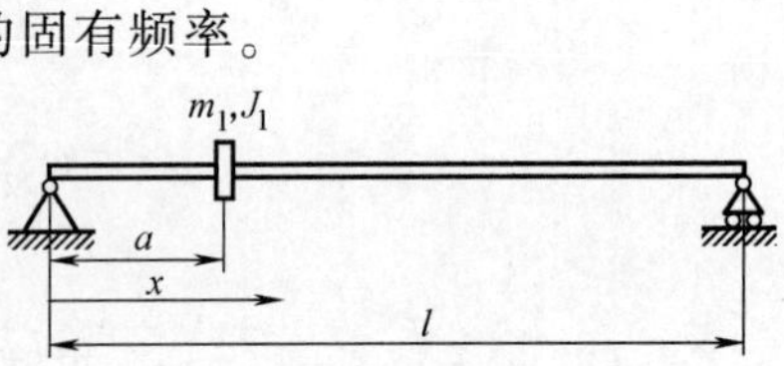

图 5. 11-12　题 5-43 图

5-42　若在如图 5.11-11 所示的飞机模型的两翼尖处加一质量为 M_1 的油箱，求其新的频率方程。

5-43　如图 5.11-12 所示简支梁单位长度质量为 ρ，在 $x=a$ 处有集中质量 m_1 及转动惯量 J_1，求证其一阶固有频率为

$$\omega_1' = \frac{\omega_1}{\sqrt{1+\dfrac{m_1}{M_1}\phi_1^2(a)+\dfrac{J_1}{M_1}\phi_1'^2(a)}}$$

且广义质量及阻尼比分别为

$$M_1' = M_1\left[1+\frac{m_1}{M_1}\phi_1^2(a)+\frac{J_1}{M_1}\phi_1'^2(a)\right]$$

$$\xi_1' = \frac{\xi_1}{\sqrt{1+\dfrac{m_1}{M_1}\phi_1^2(a)+\dfrac{J_1}{M_1}\phi_1'^2(a)}}$$

5-44　试用分量振型综合法求如图 5.11-13 所示刚架的频率方程，刚架和截面的抗弯刚度均为 EI。

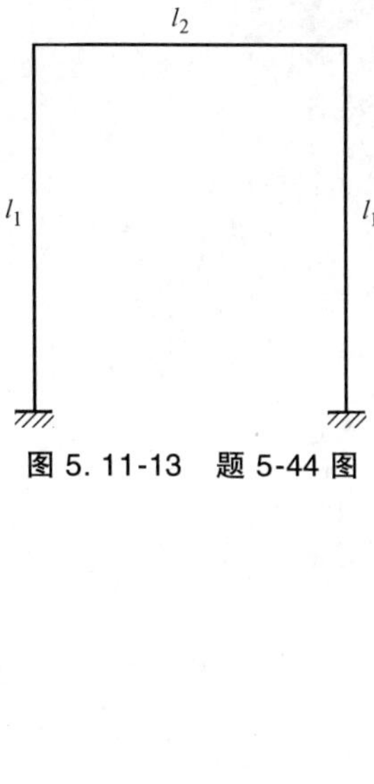

图 5.11-13　题 5-44 图

第6章 非线性系统的振动

6.1 非线性系统振动的特点

前面几章介绍的都是线性系统的振动，运动微分方程仅仅包含位移和它对时间导数的一次项，没有位移和速度的二次项或高次项。严格意义上，机械及结构本质上是非线性的，其阻尼力、弹性恢复力和惯性力与系统的运动速度、位移和加速度并不是线性关系。虽然振动系统的许多运动状态可以近似按线性系统来分析、解释，但这只能限于一定范围内。自然界中的许多振动现象是不能用线性理论来描述的，如自激振动、参数激振、跳跃现象等。在线性系统中，响应与激励之间具有线性关系。而在非线性系统中，响应与激励之间的关系不再成正比。在线性分析中常用的叠加原理，对非线性系统并不适用。

由非线性微分方程所控制的振动，称为非线性振动。如单摆的运动方程为

$$\ddot{\theta}+\frac{g}{l}\sin\theta=0 \tag{6.1-1}$$

而

$$\sin\theta=\theta-\frac{\theta^3}{6}+\cdots \tag{6.1-2}$$

是非线性函数，式（6.1-1）是非线性微分方程，因此单摆的运动是非线性振动。当 $\theta\ll1$ 时，$\sin\theta\approx\theta$，这时式（6.1-1）可改写为

$$\ddot{\theta}+\frac{g}{l}\theta=0 \tag{6.1-3}$$

因此只有在 $\theta\ll1$ 的情况下，单摆的运动才能近似地看作线性振动。

6.1.1 非线性系统的分类

非线性系统可分为自治系统和非自治系统。控制系统振动的微分方程中不显含时间 t 的非线性系统称为自治系统，其微分方程的一般形式为

$$\ddot{x}+f(x,\dot{x})=0 \tag{6.1-4}$$

控制系统振动的微分方程中显含时间 t 的非线性系统称为非自治系统，其微分方程的一般形式为

$$\ddot{x}+f(x,\dot{x},t)=0 \tag{6.1-5}$$

6.1.2 系统的几种非线性因素

系统的非线性因素主要有几何因素和材料因素。有的系统在微振小变形时可近似作为线性系统，而当振动较大时就展现出明显的非线性特点，如单摆。这种非线性因素通常称为几何非线性。

一般的金属材料的受力与变形关系曲线如图 6.1-1 所示。当变形较大时，变形与受力之间呈现明显的非线性关系。这种非线性通常称为材料非线性，它涉及系统的刚度和阻尼的非线性特性。

6.1.3 非线性系统振动的特点

与线性系统的振动相比，非线性系统的振动具有以下特点：

1）叠加原理不适用。

2）对应于平衡状态和周期振动的定常解一般有数个，必须研究解的稳定性，才能够实现。

3）受迫振动中没有频率保持，除主谐波外，还有超谐波和次谐波。

4）固有频率与振幅有关。

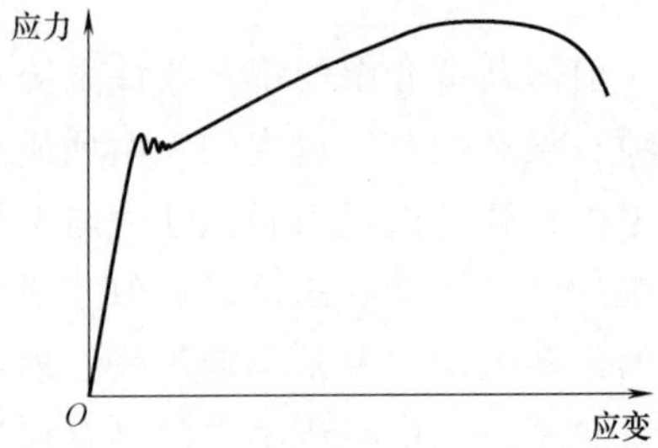

图 6.1-1 低碳钢的应力-应变曲线

由于数学上的困难，非线性系统振动能求出精确解的情况很少，大部分都是只能求出近似解；对于弱非线性的拟线性系统，近似解法比较完善。

求解非线性系统振动的方法一般有几何方法、解析方法和数值方法三种。

6.2 相 平 面

相平面是一种用几何方式来研究非线性振动的方法。

对于自治系统，其非线性振动的微分方程为

$$\ddot{x}+f(x,\dot{x})=0 \tag{6.2-1}$$

改写为状态方程组

$$\begin{cases}\dot{x}=y\\ \dot{y}=-f(x,y)\end{cases} \tag{6.2-2}$$

作 xOy 平面，平面中的每个点对应于一组坐标值 x，y，即对应于系统的某个瞬时运动状态（x 是位移，$y=\dot{x}$ 是速度），这个点称为相点，xOy 平面称为相平面，如图 6.2-1 所示。当运动状态发生变化时，相平面上的相点发生运动，由此生成的曲线称为相轨线。此外，对于相轨线，还可以形象地把相空间内的相点想成一种流体中的质点，相点的运动构成一种相流，因此相轨线是不会相交的。

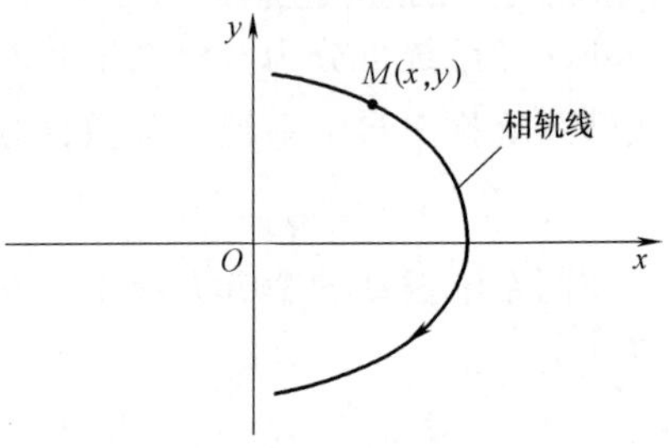

图 6.2-1 相平面

定义

$$v=\sqrt{\dot{x}^2+\dot{y}^2} \tag{6.2-3}$$

为状态速度。当状态速度 $v=0$ 零时，系统处于平衡状态，此时速度 $\dot{x}=0$，加速度 $\ddot{x}=\dot{y}=0$。

式（6.2-2）中的两式相除，得

$$\frac{\mathrm{d}y}{\mathrm{d}x}=-\frac{f(x,y)}{y}=\Phi(x,y) \tag{6.2-4}$$

相平面上的相点分为奇点和常点。同时使式（6.2-4）分子、分母为零的点称为奇点。

在奇点，速度 $\dot{x}=y$ 及加速度 $\ddot{x}=\dot{y}=-f(x, y)$ 都为零，故奇点也称为平衡点，奇点所对应的平衡状态又分为稳定的平衡和不稳定平衡。奇点上的斜率 $\Phi(x, y)$ 是不确定的。不是奇点的普通点则称为常点。

相轨线的方向：

1）在上半平面，运动速度 $\dot{x}=y>0$，随着时间 t 的增加，位移 x 不断增大，相轨线的方向自左向右。

2）在下半平面，运动速度 $\dot{x}=y<0$，随着时间 t 的增加，位移 x 不断减小，相轨线的方向自右向左。

3）$y=0$ 而 $f(x, y)\neq 0$ 时，$dy/dx=\infty$，相轨线与 x 轴正交。

例 6.2-1 确定单自由度系统自由振动

$$\ddot{x}+\omega^2 x=0$$

的相平面。

解：令 $y=\dot{x}$，将原方程写为状态方程

$$\begin{cases}\dot{x}=y\\ \dot{y}=-\omega^2 x\end{cases}$$

以上两式相除，得

$$\frac{dy}{dx}=-\frac{\omega^2 x}{y}$$

即

$$y dy=-\omega^2 x dx$$

上式积分，得

$$y^2+\omega^2 x^2=C$$

这代表一系列椭圆，其椭圆的大小由积分常量 C 确定。对于单自由度系统，$\omega^2=k/m$，上式也表示系统的机械能守恒

$$\frac{1}{2}m\dot{x}^2+\frac{1}{2}kx^2=C'$$

由于奇点是在坐标原点 $x=y=0$，其相轨线如图 6.2-2a 所示。如果纵坐标用 y/ω 来表示，则如图 6.2-2a 所示的椭圆就变为一系列的圆，如图 6.2-2b 所示。

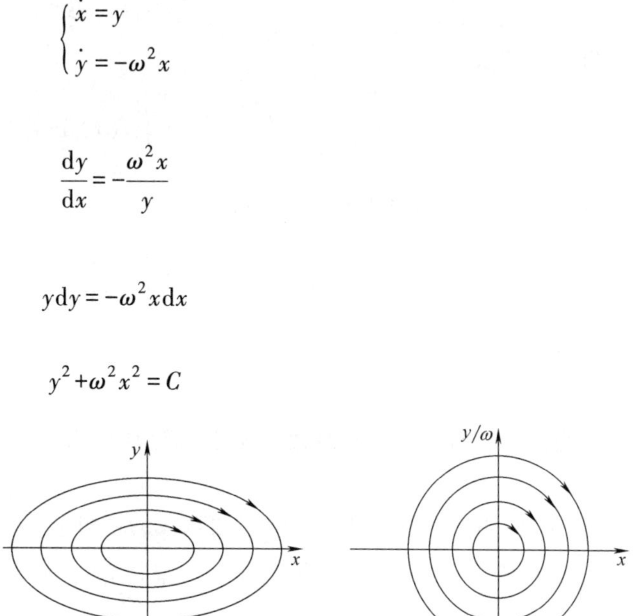

图 6.2-2 单自由度系统自由振动的相轨线图

6.3 保守系统

在一个保守系统中，系统的总能量保持为常量。单位质量的动能和势能之和为

$$\frac{1}{2}\dot{x}^2+U(x)=E=\text{常量} \tag{6.3-1}$$

可解出相平面的坐标

$$y=\dot{x}=\pm\sqrt{2[E-U(x)]} \tag{6.3-2}$$

由此可知保守系统的相轨线对称于 x 轴线。只要知道势能 $U(x)$ 曲线，就可由式（6.3-2）作出相轨线。对应于某确定的总能量 E 值，有一条确定的相轨线。且相轨线只能出现于 $E>U(x)$ 的区域。

保守系统的微分方程可表示为

$$\ddot{x}=f(x) \tag{6.3-3}$$

式中，$f(x)$ 是作用于系统的保守力。

因为

$$\ddot{x}=\frac{\mathrm{d}\dot{x}}{\mathrm{d}t}=\frac{\mathrm{d}\dot{x}}{\mathrm{d}x}\frac{\mathrm{d}x}{\mathrm{d}t}=\dot{x}\frac{\mathrm{d}\dot{x}}{\mathrm{d}x}$$

代入式（6.3-3），有

$$\dot{x}\,\mathrm{d}\dot{x}-f(x)\,\mathrm{d}x=0 \tag{6.3-4}$$

积分得

$$\frac{1}{2}\dot{x}^2-\int_0^x f(x)\,\mathrm{d}x=E \tag{6.3-5}$$

式（6.3-5）与式（6.3-1）比较，可得

$$U(x)=-\int_0^x f(x)\,\mathrm{d}x$$

$$f(x)=-\frac{\mathrm{d}U}{\mathrm{d}x} \tag{6.3-6}$$

即保守力的负值等于势能的梯度。只要知道作用力 $f(x)$，就可由式（6.3-6）做出势能 $U(x)$ 曲线。

设 $y=\dot{x}$，由式（6.3-4）可得到相轨线的微分方程为

$$\frac{\mathrm{d}y}{\mathrm{d}x}=\frac{f(x)}{y} \tag{6.3-7}$$

由式（6.3-7）知奇点对应于 $y=\dot{x}=0$，因此奇点就是平衡点。由式（6.3-6）可知，系统的势能曲线 $U(x)$ 在平衡点的斜率为零。势能 $U(x)$ 的极小值处对应的是稳定的平衡点，势能 $U(x)$ 的波峰处对应的是不稳定的平衡点。

式（6.3-2）表示总能量 E 是由初始条件 $x(0)$ 和 $y(0)=\dot{x}(0)$ 确定的。如果初始条件的值大，则 E 也大。对于每一个位置 x，都对应于一个势能 $U(x)$ 的值；要使系统处于运动状态，E 必须大于 $U(x)$，否则按式（6.3-2）速度 $y=\dot{x}$ 将是虚数。

图 6.3-1 所示为一条势能 $U(x)$ 曲线及对应于不同总能量 E 的相轨线（y-x 曲线）。

如图 6.3-1 所示，对于 $E=7$，仅仅在 $x=0\sim1.2$、$x=3.8\sim5.9$ 及 $x=7\sim8.7$ 三个区间，

$U(x)$ 曲线在 $E=7$ 以下。对应于 $E=7$ 的相轨线是封闭曲线，表示周期振动。

对于更小的初始条件，对应的封闭相轨线也更小。对于 $E=6$，相轨线绕平衡点 $x=7.5$ 收缩为一个点，同时绕平衡点 $x=5$，在 $x=4.2\sim5.7$ 之间的相轨线是一条封闭曲线。

对于 $E=8$，$U(x)$ 曲线的一个极大值位于 $x=6.5$ 且与 $E=8$ 直线相切，在 $x=6.5$ 处相轨线有四条分支。对于 $E=8$，奇点 $x=6.5$ 处，在它不论多小的邻域内，所有相轨线都要离开它，像这样的奇点称为鞍点。除前述的四条分支外，鞍点及其附近相轨线所代表的运动是不稳定的。

对于 $E>8$，相轨线可能封闭也可能不封闭。$E=9$ 表示一条 $x=3.3\sim10.2$ 的封闭曲线。注意到对于 $E=9$，在 $x=6.5$ 处，$\mathrm{d}U/\mathrm{d}x=-f(x)=0$ 且 $y=\dot{x}\neq0$，因此平衡不再存在。

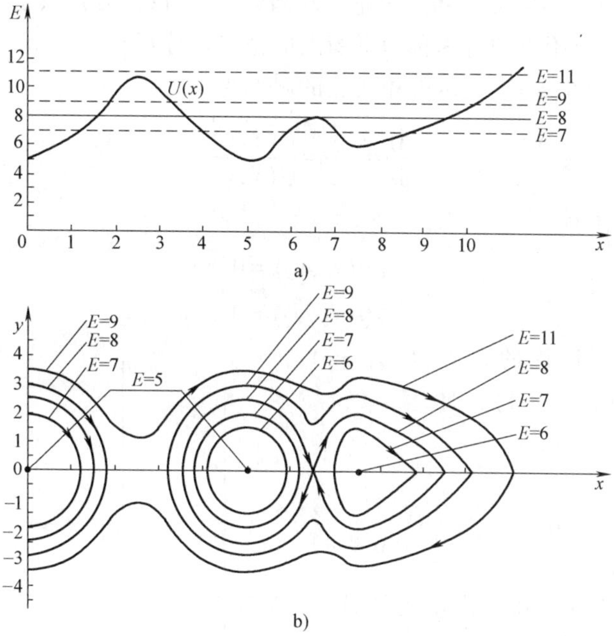

图 6.3-1 由 $U(x)$ 曲线和 E 的相轨线图

a）$U(x)$ 曲线　b）E 的相轨线

封闭的相轨线对应于系统的周期运动，振动周期可由如下方法计算。

由式（6.3-2）有

$$\frac{\mathrm{d}x}{\mathrm{d}t}=\pm\sqrt{2[E-U(x)]}$$

$$\mathrm{d}t=\pm\frac{\mathrm{d}x}{\sqrt{2[E-U(x)]}}$$

则得振动的周期为

$$T=2\int_{x_1}^{x_2}\frac{\mathrm{d}x}{\sqrt{2[E-U(x)]}} \tag{6.3-8}$$

式中，x_1、x_2 是相轨线在 x 轴上的两个点的横坐标。

6.4 平衡的稳定性

6.4.1 稳定性分析

非线性振动方程可写为一般形式

$$\begin{cases}\dot{x}=Q(x,y)\\ \dot{y}=P(x,y)\end{cases} \tag{6.4-1}$$

式中，$P(x,\ y)$ 和 $Q(x,\ y)$ 是 x 和 y 的非线性函数。式（6.2-2）只是式（6.4-1）的特例。研究式（6.4-1）在奇点附近的行为称为平衡点的稳定性分析。

在相平面中，式（6.2-4）表示的相轨迹的斜率为

$$\frac{\mathrm{d}y}{\mathrm{d}x}=-\frac{\dot{y}}{\dot{x}}=\frac{P(x,y)}{Q(x,y)} \tag{6.4-2}$$

奇点（x_s，y_s）满足

$$\begin{cases}P(x_s,y_s)=0\\ Q(x_s,y_s)=0\end{cases} \tag{6.4-3}$$

将坐标原点平移到所讨论的奇点（x_s，y_s）上，得新坐标 u，v（图 6.4-1），且

$$x=x_s+u$$
$$y=y_s+v$$
$$\frac{\mathrm{d}y}{\mathrm{d}x}=\frac{\mathrm{d}v}{\mathrm{d}u} \tag{6.4-4}$$

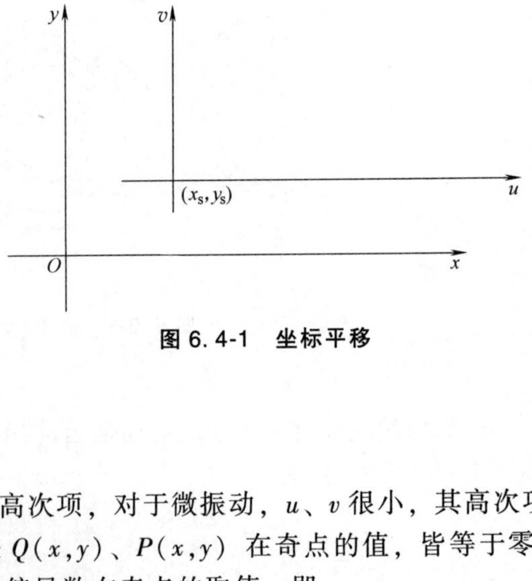

图 6.4-1 坐标平移

分别将 $P(x,y)$、$Q(x,y)$ 在奇点附近展开为泰勒级数

$$\dot{x}=Q(x,y)=Q(x_s,y_s)+au+bv+f(u,v)\approx\dot{u}$$
$$\dot{y}=P(x,y)=P(x_s,y_s)+cu+ev+g(u,v)\approx\dot{v} \tag{6.4-5}$$

式中，$f(u,v)$ 及 $g(u,v)$ 是 u、v 的二次及以上高次项，对于微振动，u、v 很小，其高次项更小，故可略去；$Q(x_s,\ y_s)$、$P(x_s,\ y_s)$ 分别是 $Q(x,y)$、$P(x,y)$ 在奇点的值，皆等于零；u、v 的系数分别是 $P(x,y)$、$Q(x,y)$ 对 x、y 的偏导数在奇点的取值，即

$$a=\left(\frac{\partial Q}{\partial x}\right)_s,\ b=\left(\frac{\partial Q}{\partial y}\right)_s$$
$$c=\left(\frac{\partial P}{\partial x}\right)_s,\ e=\left(\frac{\partial P}{\partial y}\right)_s \tag{6.4-6}$$

于是得系统的线性化方程

$$\begin{cases}\dot{u}=au+bv\\ \dot{v}=cu+ev\end{cases} \tag{6.4-7}$$

令

$$\boldsymbol{A}=\begin{bmatrix} a & b \\ c & e \end{bmatrix}$$

式（6.4-7）写为矩阵形式为

$$\begin{bmatrix} \dot{u} \\ \dot{v} \end{bmatrix}=\begin{bmatrix} a & b \\ c & e \end{bmatrix}\begin{bmatrix} u \\ v \end{bmatrix}=\boldsymbol{A}\begin{bmatrix} u \\ v \end{bmatrix} \tag{6.4-8}$$

若 $\boldsymbol{P}$ 是式（6.4-8）特征矢量组成的矩阵

$$\boldsymbol{P}=\begin{bmatrix} u_1 & u_2 \\ v_1 & v_2 \end{bmatrix}$$

引入 Jordan 标准型

$$\boldsymbol{J}=\boldsymbol{P}^{-1}\boldsymbol{A}\boldsymbol{P}=\begin{bmatrix} \lambda_1 & 0 \\ 0 & \lambda_2 \end{bmatrix}$$

式中 λ_1、λ_2 是矩阵 $\boldsymbol{A}$ 的特征值，由上式可得

$$\boldsymbol{A}=\boldsymbol{P}\boldsymbol{J}\boldsymbol{P}^{-1}$$

代入式（6.4-8），得

$$\begin{bmatrix} \dot{u} \\ \dot{v} \end{bmatrix}=\boldsymbol{P}\boldsymbol{J}\boldsymbol{P}^{-1}\begin{bmatrix} u \\ v \end{bmatrix}$$

两边左乘 $\boldsymbol{P}^{-1}$

$$\boldsymbol{P}^{-1}\begin{bmatrix} \dot{u} \\ \dot{v} \end{bmatrix}=\boldsymbol{J}\boldsymbol{P}^{-1}\begin{bmatrix} u \\ v \end{bmatrix}$$

由变换

$$\begin{bmatrix} u \\ v \end{bmatrix}=\boldsymbol{P}\begin{bmatrix} \xi \\ \eta \end{bmatrix} \tag{6.4-9}$$

有

$$\begin{bmatrix} \xi \\ \eta \end{bmatrix}=\boldsymbol{P}^{-1}\begin{bmatrix} u \\ v \end{bmatrix}$$

则式（6.4-8）解耦为

$$\begin{bmatrix} \dot{u} \\ \dot{v} \end{bmatrix}=\begin{bmatrix} a & b \\ c & e \end{bmatrix}\begin{bmatrix} u \\ v \end{bmatrix}=\boldsymbol{A}\begin{bmatrix} u \\ v \end{bmatrix}$$

$$\begin{bmatrix} \dot{\xi} \\ \dot{\eta} \end{bmatrix}=\begin{bmatrix} \lambda_1 & 0 \\ 0 & \lambda_2 \end{bmatrix}\begin{bmatrix} \xi \\ \eta \end{bmatrix} \tag{6.4-10}$$

其解为

$$\begin{cases} \xi=\mathrm{e}^{\lambda_1 t} \\ \eta=\mathrm{e}^{\lambda_2 t} \end{cases} \tag{6.4-11}$$

u、v 的解为

$$u=u_1 e^{\lambda_1 t}+u_2 e^{\lambda_2 t}$$
$$v=v_1 e^{\lambda_1 t}+v_2 e^{\lambda_2 t} \tag{6.4-12}$$

很明显，奇点的稳定性取决于特征值 λ_1、λ_2，只有当 λ_1、λ_2 有负实部时奇点才具有稳定性。因

$$\begin{vmatrix} a-\lambda & b \\ c & e-\lambda \end{vmatrix}=0$$

所以

$$\lambda_{1,2}=\frac{1}{2}(I+\sqrt{I^2-4\Omega}) \tag{6.4-13}$$

式中

$$I=\mathrm{tr}(A)=a+e$$
$$\Omega=\det(A)=ae-bc \tag{6.4-14}$$

奇点的稳定性判定：

1）当 $I<0$ 且 $\Omega>0$ 时，奇点是稳定的。

2）当 $I>0$ 或 $\Omega<0$ 时，奇点是不稳定的。

3）当 $\Omega>0$ 且 $I=0$ 时，奇点是中心，对于保守系统中心是稳定的；对于非保守系统，则还要考察其非线性项才能确定其稳定性。

6.4.2 奇点的分类

图 6.4-2 所示为奇点的稳定性及其分类。更详细的分类如下：

1）当 $\Omega>0$、$I<0$ 且 $I^2-4\Omega<0$ 时，奇点为稳定的焦点，用 SF 表示。

2）当 $\Omega>0$、$I<0$ 且 $I^2-4\Omega>0$ 时，奇点为稳定的节点，用 SN 表示。

3）当 $\Omega>0$、$I>0$ 且 $I^2-4\Omega>0$ 时，奇点为不稳定的节点，用 UN 表示。

4）当 $\Omega>0$、$I>0$ 且 $I^2-4\Omega<0$ 时，奇点为不稳定的焦点，用 UF 表示。

5）当 $\Omega<0$ 时，奇点为鞍点，用 S 表示，不稳定。

6）当 $\Omega>0$ 且 $I=0$ 时，奇点为中心，用 C 表示。

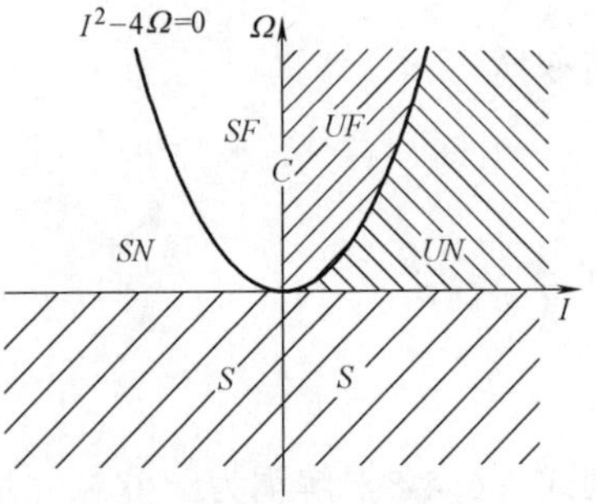

图 6.4-2 奇点稳定性及分类

S—鞍点 C—中心 UF—不稳定焦点 UN—不稳定节点 SF—稳定焦点 SN—稳定节点

各种奇点附近的相轨线示意图如图 6.4-3 所示。

例 6.4-1 具有线性阻尼的单摆，其运动方程为

$$\ddot{x}+2n\dot{x}+\omega_0^2\sin x=0 \quad (n>0)$$

试确定其奇点的位置、类型及稳定性，并绘出相轨线示意图。

解：将原方程改写为状态方程

$$\begin{cases} \dot{x}=y \\ \dot{y}=-\omega_0^2\sin x-2ny \end{cases}$$

有三个奇点（$-\pi$，0）、（0，0）及（π，0）。按式（6.4-6）计算，有

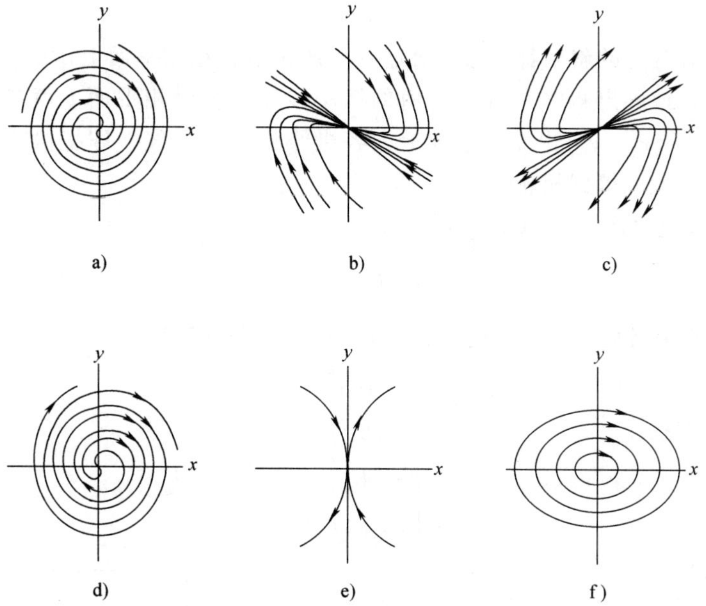

图 6.4-3　各类奇点附近的相轨线示意图

a）稳定焦点　b）稳定节点　c）不稳定节点　d）不稳定焦点　e）鞍点　f）中心

$$a=0,\quad b=1,\quad c=-\omega_0^2\cos x_s,\quad e=-2n$$

将以上各系数代入式（6.4-14）

$$I=a+e=-2n<0$$

$$\Omega=ae-bc=\omega_0^2\cos x_s$$

1）对于奇点（0，0）

$$\Omega=\omega_0^2>0,\ I<0\text{且}\ I^2-4\Omega=4(n^2-\omega_0^2)$$

当 $n<\omega_0$ 时，$I^2-4\Omega<0$，奇点（0.0）为稳定的焦点；当 $n>\omega_0$ 时，$I^2-4\Omega>0$，奇点（0，0）为稳定的节点。

2）对于奇点（$-\pi$，0）和（π，0）：$\Omega=-\omega_0^2<0$，奇点（$-\pi$，0）和（π，0）都是鞍点，不稳定。单摆振动的相轨线如图 6.4-4 所示。

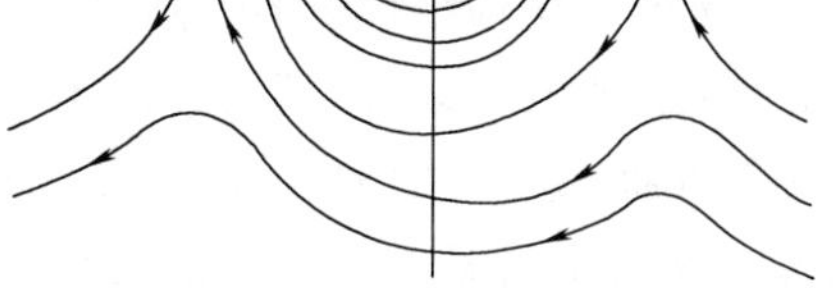

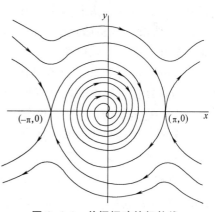

图 6.4-4　单摆振动的相轨线

6.5　等倾线法

自治系统相轨线的微分方程是

$$\frac{dy}{dx}=-\frac{f(x,y)}{y}=\Phi(x,y) \tag{6.5-1}$$

其等倾线的方程为

$$\Phi(x,y)=\alpha \tag{6.5-2}$$

该曲线上所有各点的斜率都是 α。给定一系列 α 值，在相平面上作出等倾线族。在曲线上各点尽可能细致地画出斜率为给定 α 值的微小线段，整个相平面上就布满了这种微小线段。从任意指定点 $(x_0,\ y_0)$ 出发，连续地向各微小线段作切线，即把微小线段逐步连接起来描成光滑曲线，就可得到相轨线。

例 6.5-1 描述自激振动的 Van der Pol 方程

$$\ddot{x}-\mu\dot{x}(1-x^2)+x=0$$

式中，μ 是一个表示阻尼项的较小的数，设 $\mu=1$，则上式成为

$$\ddot{x}-\dot{x}(1-x^2)+x=0$$

将上式写为状态方程

$$\begin{cases}\dot{x}=y\\ \dot{y}=(1-x^2)y\end{cases}$$

其等倾线方程为

$$(1-x^2)-\frac{x}{y}=\alpha$$

给出一系列的 α 值，可画出一系列的等倾线。为了醒目起见，如图 6.5-1 所示，只画出 α 等于 1、0、-1 三条等倾线。在这些等倾线上，分别画出许多斜率为 1、0、-1 的微小线段；从初始点出发，把微小线段逐步连接起来描成光滑曲线，就得到相轨线。

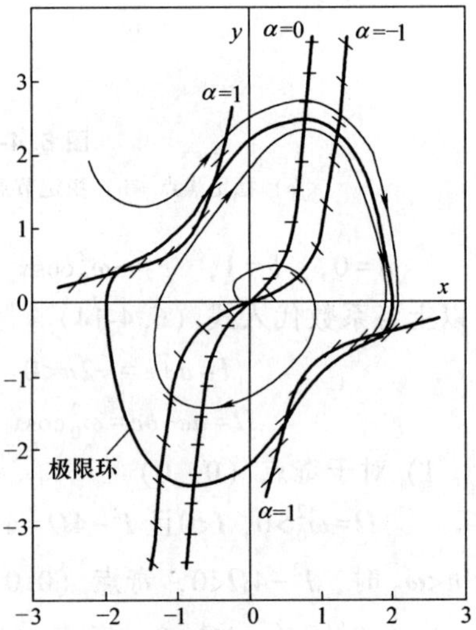

图 6.5-1 μ=1 的 Van der Pol 方程相轨线的等倾线作图法

Van der Pol 方程表示具有黏滞阻尼的弹簧-质量系统的自由振动，方程中的阻尼项是非线性的，它不仅与速度有关，也与位移有关。对于较小的振动（$x<1$），阻尼为负值，振幅相轨线的等倾斜线作图法将随时间增加而增大；对于 $x>1$ 的情况，阻尼为正值，振幅将随时间增加而减小。如果系统的初始状态处于 $x(0)$ 及 $\dot{x}(0)$，振幅究竟是增大还是减小取决于 x 是小还是大，但振动最后都将达到一个称之为极限环的稳定状态，如图 6.5-1 所示。无论初始相点在何处，相轨线都渐近地趋向于稳定的极限环，极限环代表一种稳定的周期运动。

6.6 增 量 法

增量法（δ 法）是由 L. S. Jacobsen 提出的求解非线性方程的一种几何方法。非线性方程的一般形式为

$$\ddot{x}+f(\dot{x},x,t)=0 \tag{6.6-1}$$

式中，$f(\dot{x},x,t)$连续且单值，在$f(\dot{x},x,t)$中划出线性部分ω_o^2x得

$$\ddot{x}+\omega_o^2x=\omega_o^2x-f(\dot{x},x,t) \tag{6.6-2}$$

引入无量纲时间$\tau=\omega_o t$，则

$$y=\frac{\mathrm{d}x}{\mathrm{d}\tau}=\frac{\dot{x}}{\omega_o},\quad \mathrm{d}t=\frac{1}{\omega_o}\mathrm{d}\tau$$

$$\ddot{x}=\frac{\mathrm{d}}{\mathrm{d}t}\left(\frac{\mathrm{d}x}{\mathrm{d}t}\right)=\omega_o\frac{\mathrm{d}}{\mathrm{d}t}\left(\frac{\mathrm{d}x}{\mathrm{d}\tau}\right)=\omega_o^2\frac{\mathrm{d}^2x}{\mathrm{d}\tau^2}=\omega_o^2\left(\frac{\mathrm{d}y}{\mathrm{d}\tau}\right) \tag{6.6-3}$$

令

$$\delta(x,y,\tau)=\frac{1}{\omega_o^2}[f(\dot{x},x,t)-\omega_o^2x] \tag{6.6-4}$$

式（6.6-2）改写为

$$\frac{\mathrm{d}^2x}{\mathrm{d}\tau^2}+x=-\delta(x,y,\tau) \tag{6.6-5}$$

将式（6.6-3）中的$\frac{\mathrm{d}^2x}{\mathrm{d}\tau^2}=\frac{\mathrm{d}y}{\mathrm{d}\tau}$代入式（6.6-5），且$\mathrm{d}\tau=\frac{\mathrm{d}x}{y}$，则式（6.6-5）成为

$$\frac{\mathrm{d}y}{\mathrm{d}x}=\frac{-[x+\delta(x,y,\tau)]}{y} \tag{6.6-6}$$

式中的$\delta(x, y, \tau)$按式（6.6-4）由x、y及τ确定；在很短的时间内，x、y及τ的变化很小，δ可以假设为常量。于是式（6.6-6）积分可得

$$(x+\delta)^2+y^2=\rho^2=C \tag{6.6-7}$$

C为常量，这是以$x=-\delta$、$y=0$为圆心，半径为ρ的圆的方程。对于τ的一个小增量，其解对应于圆的一小段弧，具体作图方法如图6.6-1所示。

如图6.6-1所示，初始点为$P(x_0, y_0)$，以x轴上$x=-\delta$处为圆心过初始点$P(x_0, y_0)$画一小段弧Δs到Q点。由于$\triangle PTC$与$\triangle QMP$相似，有

$$\frac{\Delta s}{\Delta x}=\frac{PQ}{MQ}=\frac{PC}{PT}=\frac{\rho}{y} \tag{6.6-8}$$

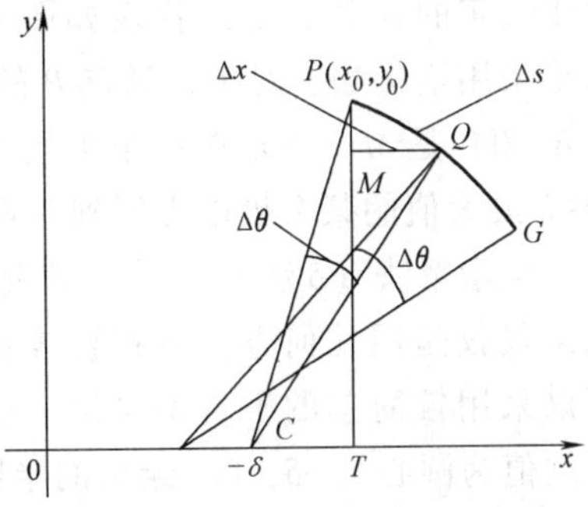

图6.6-1 相轨线的增量作图法

即

$$\frac{\Delta s}{\rho}=\frac{\Delta x}{y} \tag{6.6-9}$$

且

$$\frac{\Delta s}{\rho}=\Delta\theta,\ \frac{\Delta x}{y}=\Delta\tau=\omega_o\Delta t$$

故

$$\Delta\theta=\omega_o\Delta t \tag{6.6-10}$$

即这段圆弧 PQ 的圆心角 $\Delta\theta$ 与时间间隔 $\Delta\tau=\omega_o\Delta t$ 相等。

增量法（δ 法）绘制相轨线的主要步骤：

1）在相平面上确定初始点 $P(x_0,y_0)$。

2）由式（6.6-4）算出 $\delta(x_0,y_0,0)$ 的值，并在 x 轴上确定 $-\delta$ 的位置。

3）以（$-\delta$,0）为圆心，按选定的时间间隔确定圆心角 $\Delta\theta=\omega_o\Delta t$，过 $P(x_0,y_0)$ 绘制一小段圆弧 PQ。

4）根据对应于 Q 点的 x、y、t 值由式（6.6-4）计算 δ 的值，并在 x 轴上确定新的 $-\delta$ 位置。

5）以新的（$-\delta$, 0）为圆心，按选定的时间间隔确定圆心角 $\Delta\theta=\omega_o\Delta t$，过 Q 点再绘制一小段圆弧。如此继续，就可以绘出整条相轨线。

例 6.6-1 绘制以下方程的相轨线

$$\ddot{x}+\mu\,|\,\dot{x}\,|\,\dot{x}+\omega^2 x=0$$

式中，$\omega=10$ 且 $x(0)=4$、$\dot{x}(0)=0$。

解：设 $\tau=\omega t$，则 $\mathrm{d}x/\mathrm{d}\tau=y$，原方程改写为

$$\frac{\mathrm{d}y}{\mathrm{d}\tau}+\mu\,|\,y\,|\,y+x=0$$

或

$$\frac{\mathrm{d}y}{\mathrm{d}x}=\frac{-(\mu\,|\,y\,|\,y+x)}{y}$$

由式（6.6-6）可知

$$\delta=\mu\,|\,y\,|\,y$$

对于给定的 μ 值，上式代表如图 6.6-2 所示的抛物线。如果采用增量法，对于任意点 P 的相轨线圆弧的中心点（$-\delta$, 0）是 M。于是在一个半周中，点 M 从原来对应于 $-\delta$ 最大值的某个极端点回到 0 点。

按增量法（δ 法）一步一步地绘制相轨线较繁琐，如果仅仅是用几何方法从相轨线看出运动的大致规律，可以采用较简单的平均增量法。该方法以半周内 $-\delta$ 的平均值为圆心（$-\delta$, 0）绘出的半圆作为一段相轨线。

本例中半周内的 δ 平均值由下式确定

$$\delta_{\mathrm{av}}=\frac{1}{y}\int_0^y \mu y^2\,\mathrm{d}y=\mu\,\frac{y^2}{3}$$

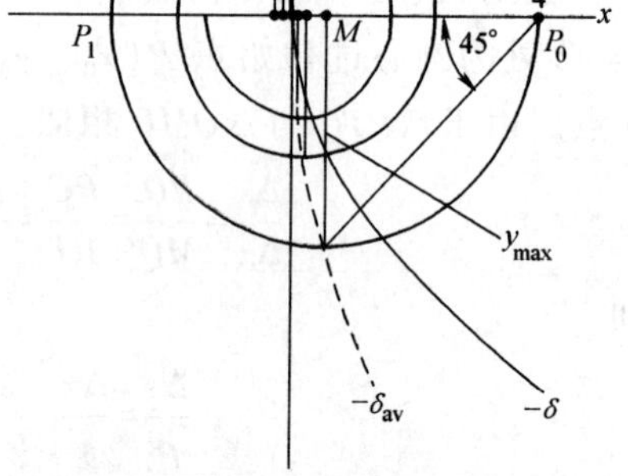

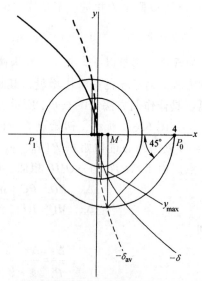

图 6.6-2 相轨线的平均增量法（δ 法）作图法

由此算出的 δ 平均值只有原来 δ 值的 1/3。在相平面上绘出 $-\delta_{\mathrm{av}}$ 的曲线，以 $-\delta_{\mathrm{av}}$ 为中心的相轨线在横坐标 $x=-\delta_{\mathrm{av}}$ 处必定与该曲线相交。如图 6.6-2 所示，$MP_0=MP_1=y_{\max}$，可由此从初始点 P_0 确定圆心 M 点，从而画出相轨线的半圆。按此法可很快画出相轨线的近似曲线。

6.7 求解非线性微分方程的摄动法

6.7.1 摄动法

摄动法适用于弱非线性振动，即微分方程中的非线性系数μ（摄动参数）是一个小参数的情况，又称小参数法。方程的解呈现出摄动参数μ的幂级数形式，结果是非线性振动的解在线性振动解的邻域附近摄动。如果线性振动是周期运动且μ很小，则摄动解也是周期运动。从相平面可以看出周期解必定对应于一条封闭曲线。振动周期取决于初始条件，是振幅的函数。

具有一个质量块和一根非线性弹簧的振子的自由振动可以用下式描述

$$\ddot{x}+\omega_{\mathrm{n}}^2x+\mu x^3=0 \tag{6.7-1}$$

初始条件为$x(0)=A$及$\dot{x}(0)=0$。ω_{n}是$\mu=0$时的线性系统的固有频率，$\omega_{\mathrm{n}}=\sqrt{k/m}$。

设解为摄动参数μ的幂级数形式

$$x=x_0(t)+\mu x_1(t)+\mu^2x_2(t)+\cdots \tag{6.7-2}$$

式中，$x_i(t)$都是时间t的周期函数。因非线性振动的频率取决于振幅及摄动参数μ，因此也设为μ的幂级数形式

$$\omega^2=\omega_{\mathrm{n}}^2+\mu\alpha_1+\mu^2\alpha_2+\cdots \tag{6.7-3}$$

即

$$\omega_{\mathrm{n}}^2=\omega^2-\mu\alpha_1-\mu^2\alpha_2-\cdots \tag{6.7-4}$$

式中，α_i是振幅的未定函数；ω是非线性振动的频率。将式（6.7-2）及式（6.7-4）代入式（6.7-1），并整理为μ的幂级数形式

$$\begin{aligned}&(\ddot{x}_0+\omega^2x_0)+\mu(\ddot{x}_1+\omega^2x_1-\alpha_1x_0+x_0^3)+\\&\mu^2(\ddot{x}_2+\omega^2x_2-\alpha_2x_0-\alpha_1x_1+3x_0^2x_1)+\cdots=0\end{aligned} \tag{6.7-5}$$

因摄动参数μ可任意选取，μ各次幂的系数必等于零。由此得到一系列的递推方程

$$\ddot{x}_0+\omega^2x_0=0 \tag{6.7-6}$$

$$\ddot{x}_1+\omega^2x_1=\alpha_1x_0-x_0^3 \tag{6.7-7}$$

$$\ddot{x}_2+\omega^2x_2=\alpha_2x_0+\alpha_1x_1-3x_0^2x_1 \tag{6.7-8}$$

$$\vdots$$

其初始条件为

$$x_0(0)=A,\ \dot{x}_0(0)=0;\ x_1(0)=0,\ \dot{x}_1(0)=0;\ x_2(0)=0,\ \dot{x}_2(0)=0;\ \cdots$$

式（6.7-6）称为派生方程（Generating Equation），其解为

$$x_0=A\cos\omega t \tag{6.7-9}$$

这个解称为派生解（Generating solution），将其代入式（6.7-7）的右边，得

$$\begin{aligned}\ddot{x}_1+\omega^2x_1&=\alpha_1A\cos\omega t-A^3\cos^3\omega t\\&=\left(\alpha_1-\frac{3}{4}A^2\right)A\cos\omega t-\frac{A^3}{4}\cos3\omega t\end{aligned} \tag{6.7-10}$$

式（6.7-10）中，利用了 $\cos^3\omega t=\frac{3}{4}\cos\omega t+\frac{1}{4}\cos3\omega t$。激励项 $\cos\omega t$ 将导致出现久期项 $t\sin\omega t$，破坏了周期性条件，因此 $\cos\omega t$ 的系数必须为零

$$\left(\alpha_1-\frac{3}{4}A^2\right)=0$$

于是可得

$$\alpha_1=\frac{3}{4}A^2 \tag{6.7-11}$$

式（6.7-10）的通解为

$$x_1=C_1\sin\omega t+C_2\cos\omega t+\frac{A^2}{32\omega^2}\cos3\omega t$$

$$\omega^2=\omega_n^2+\frac{3}{4}\mu A^2 \tag{6.7-12}$$

由初始条件 $x_1(0)=\dot{x}_1(0)=0$ 可确定常数 C_1、C_2

$$C_1=0 \quad C_2=-\frac{A^3}{32\omega^2}$$

于是

$$x_1=\frac{A^3}{32\omega^2}(\cos3\omega t-\cos\omega t) \tag{6.7-13}$$

将 α_1、x_0、x_1 代入式（6.7-2），可得一次近似解

$$x=A\cos\omega t+\mu\frac{A^2}{32\omega^2}(\cos3\omega t-\cos\omega t)$$

$$\omega=\omega_n\sqrt{1+\frac{3}{4}\frac{\mu A^2}{\omega_n^2}} \tag{6.7-14}$$

此解具有周期性，不仅有主谐波 $\cos\omega t$，还有超谐波 $\cos3\omega t$，且基频 ω 随振幅增大而增加，这些都是非线性系统振动的特点。

将 α_1、x_0、x_1 代入式（6.7-8）右边，可由消除久期项条件确定 α_2，再解出 x_2。将 x_1、x_2 代入式（6.7-2），α_1、α_2 代入式（6.7-3），便得到二次近似解。依此类推，可求出原方程的任意次近似解。

例 6.7-1 非线性系统的振动方程

$$\ddot{x}+\omega_0^2(x+\mu x^3)=0$$

式中，μ 为摄动参数。初始条件为 $x(0)=1$，$\dot{x}(0)=0$。试用摄动法求解该非线性振动。

解：引入无量纲时间 $\tau=\omega t$，于是

$$\frac{dx}{dt}=\omega\frac{dx}{d\tau}$$

$$\ddot{x}=\frac{d^2x}{dt^2}=\omega^2\frac{d^2x}{d\tau^2}=\omega^2x''$$

原方程改写为

$$\omega^2 x''+\omega_0^2(x+\mu x^3)=0 \tag{a}$$

设

$$x=x_0(t)+\mu x_1(t)+\mu^2 x_2(t)+\cdots$$
$$\omega=\omega_0+\mu\omega_1+\mu^2\omega_2+\cdots \tag{b}$$

式中，$x_i(t)$都是τ的周期为2π的周期函数。将式（b）代入式（a），并令μ的各次幂的系数均为零，得递推方程

$$x_0''+x_0=0 \tag{c}$$

$$x_1''+x_1=-2\frac{\omega_1}{\omega_0}x_0''-x_0^3 \tag{d}$$

$$x_2''+x_2=-\left(2\frac{\omega_2}{\omega_0}+\frac{\omega_1^2}{\omega_0^2}\right)x_0''-2\frac{\omega_1}{\omega_0}x_1''-3x_0^2x_1 \tag{e}$$

$$\vdots$$

初始条件为

$$x_0(0)=1,\ x_0'(0)=0;\ x_1(0)=0,\ x_1'(0)=0;\ x_2(0)=0,\ x_2'(0)=0;\ \cdots$$

式（c）的派生解（零次近似解）为

$$x_0=\cos\tau$$

代入式（d）右边，有

$$x_1''+x_1=2\frac{\omega_1}{\omega_0}\cos\tau-\cos^3\tau=\left(2\frac{\omega_1}{\omega_0}-\frac{3}{4}\right)\cos\tau-\frac{1}{4}\cos 3\tau$$

由周期性条件得

$$\omega_1=\frac{3}{8}\omega_0$$

式（d）的通解为

$$x_1=C_1\sin\tau+C_2\cos\tau+\frac{1}{32}\cos 3\tau$$

由初始条件$x_1(0)=0$、$x_1'(0)=0$可确定

$$C_1=0 \quad C_2=-\frac{1}{32}$$

于是

$$x_1=\frac{1}{32}(\cos 3\tau-\cos\tau)$$

原方程的一次近似解为

$$x=\cos\omega t+\frac{\mu}{32}(\cos 3\omega t-\cos\omega t)$$

$$\omega=\omega_0\left(1+\frac{3}{8}\mu\right)$$

依此可得二次、三次、…的近似解。一般当$m=0.3\sim0.5$时，一次近似解的误差不大，二次近似解就很精确了。

6.7.2 马休方程

非线性振动方程

$$\ddot{x}+\omega_n^2 x+\mu x^3=F\cos\omega t \tag{6.7-15}$$

设摄动解为

$$x=x_1(t)+\xi(t) \tag{6.7-16}$$

将式（6.7-16）代入式（6.7-15），整理后得以下两方程

$$\ddot{x}_1+\omega_n^2 x_1+\mu x_1^3=F\cos\omega t \tag{6.7-17}$$

$$\ddot{\xi}+(\omega_n^2+\mu 3x_1^2)\xi=0 \tag{6.7-18}$$

若 μ 很小，则令

$$x_1\cong A\sin\omega t \tag{6.7-19}$$

代入式（6.7-18）

$$\ddot{\xi}+\left[\left(\omega_n^2+\frac{3\mu}{2}A^2\right)-\frac{3\mu}{2}A^2\cos 2\omega t\right]\xi=0 \tag{6.7-20}$$

其形式如同

$$\frac{d^2y}{dz^2}+(a-2b\cos 2z)y=0 \tag{6.7-21}$$

这就是马休方程（Mathieu Equation）。马休方程解的稳定区域及不稳定区域取决于参数 a 及 b，如图 6.7-1 所示，稳定区域以阴影面表示。

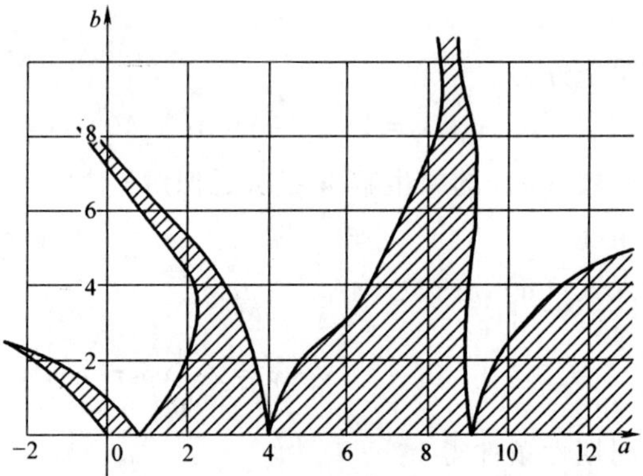

图 6.7-1　马休方程解的稳定区域

6.8　等价线性化法

某振动系统的阻尼力与弹性力具有非线性特征，其振动微分方程可表示为

$$m\ddot{x}+F_k(x,\dot{x})=F_0\sin\omega t \tag{6.8-1}$$

式中，$F_k(x,\ \dot{x})$ 为非线性阻尼力与非线性弹性力的综合表达式。

用等价线性化方法求解非线性振动方程的解，首先要建立一个与非线性振动方程相对应的等价线性化振动方程，即

$$m\ddot{x}+c_e\dot{x}+k_e x=F_0\sin\omega t \tag{6.8-2}$$

式中，c_e 为等价阻尼系数；k_e 为等价弹簧刚度。

只要求出等价阻尼系数和等价弹簧刚度，则非线性振动方程就可近似地按照线性振动方程进行求解。

设等价线性化振动方程式（6.8-2）有以下形式的特解

$$x=A\sin(\omega t-\psi)=A\sin\varphi,\ x_0=A\cos\omega t \tag{6.8-3}$$

于是等价线性化振幅 A 与等价线性化的相位角差 ψ 可分别由下式求出

$$A=\frac{F_0}{\sqrt{(k_e-m\omega^2)-c_e^2\omega^2}}=\frac{F_0\cos\psi}{k_e-m\omega^2}$$

$$\psi=\arctan\frac{c_e\omega}{k_e-m\omega^2} \tag{6.8-4}$$

等价阻尼系数 c_e 与等价弹簧刚度 k_e 的值可通过非线性阻尼力与非线性弹性力综合表达式 $F_k(x,\dot{x})$ 按傅里叶级数展开的方法得出

$$F_k(x,\dot{x})=\frac{a_0}{2}+\sum_{n=1}^{\infty}[a_n\cos(n\varphi_n)+b_n\sin(n\varphi_n)] \tag{6.8-5}$$

式中，φ_n 代表谐波的角度变量。若阻尼力与弹性力对称，则式（6.8-5）中，$a_0=0$。同时，对于一般振动系统，按傅里叶级数展开的一次谐波力远大于二次及其他高次谐波力，若将二次及其他高次谐波力看作小量，近似计算时可以略去，再略去常数项，则非线性阻尼力与非线性弹性力可用一次近似表示为

$$F_k(x,\dot{x})\approx a_1\cos\varphi+b_1\sin\varphi \tag{6.8-6}$$

由傅里叶级数公式，可知

$$\begin{aligned}a_1&=\frac{\omega}{\pi}\int_0^T F_k(x,\dot{x})\cos\varphi\mathrm{d}t_1\\&=\frac{1}{\pi}\int_0^{2\pi}F_k(A\sin\varphi,A\omega\cos\varphi)\cos\varphi\mathrm{d}\varphi\end{aligned} \tag{6.8-7}$$

$$\begin{aligned}b_1&=\frac{\omega}{\pi}\int_0^T F_k(x,\dot{x})\sin\varphi\mathrm{d}t_1\\&=\frac{1}{\pi}\int_0^{2\pi}F_k(A\sin\varphi,A\omega\cos\varphi)\sin\varphi\mathrm{d}\varphi\end{aligned} \tag{6.8-8}$$

将式（6.8-6）代入式（6.8-1），得

$$\begin{aligned}&m\ddot{x}+\left[\frac{1}{\pi}\int_0^{2\pi}F_k(A\sin\varphi,A\omega\cos\varphi)\cos\varphi\mathrm{d}\varphi\right]\cos\varphi+\\&\left[\frac{1}{\pi}\int_0^{2\pi}F_k(A\sin\varphi,A\omega\cos\varphi)\sin\varphi\mathrm{d}\varphi\right]\sin\varphi=F_0\sin\omega t\end{aligned} \tag{6.8-9}$$

或

$$\begin{aligned}&m\ddot{x}+\left[\frac{1}{\pi A\omega}\int_0^{2\pi}F_k(A\sin\varphi,A\omega\cos\varphi)\cos\varphi\mathrm{d}\varphi\right]\dot{x}+\\&\left[\frac{1}{\pi A}\int_0^{2\pi}F_k(A\sin\varphi,A\omega\cos\varphi)\sin\varphi\mathrm{d}\varphi\right]x=F_0\sin\omega t\end{aligned} \tag{6.8-10}$$

对比式（6.8-10）与式（6.8-2），可知等价阻尼系数 c_e 与等价弹簧刚度 k_e 分别为

$$c_e=\frac{1}{\pi A\omega}\int_0^{2\pi}F_k(A\sin\varphi,A\omega\cos\varphi)\cos\varphi\mathrm{d}\varphi$$

$$k_e=\frac{1}{\pi A}\int_0^{2\pi}F_k(A\sin\varphi,A\omega\cos\varphi)\sin\varphi\mathrm{d}\varphi \tag{6.8-11}$$

等价衰减系数 n_e 与等价固有频率 ω_{ne} 分别为

$$n_e=\frac{c_e}{2m}=\frac{1}{2\pi mA\omega}\int_0^{2\pi}F_k(A\sin\varphi,A\omega\cos\varphi)\cos\varphi\mathrm{d}\varphi$$

$$\omega_{ne}=\sqrt{\frac{k_e}{m}}=\sqrt{\frac{1}{\pi mA}\int_0^{2\pi}F_k(A\sin\varphi,A\omega\cos\varphi)\sin\varphi\mathrm{d}\varphi} \tag{6.8-12}$$

例 6.8-1 用等价线性化方法求以下非线性振动方程的等价阻尼系数 c_e 与等价弹簧刚度 k_e。

$$m\ddot{x}+c\dot{x}+kx+\mu x^3+\gamma^5=F_0\sin\omega t$$

解：由式（6.8-11）可知

$$c_e=\frac{1}{\pi A\omega}\int_0^{2\pi}(c\dot{x}+kx+\mu x^3+\gamma^5)\cos\varphi\mathrm{d}\varphi$$

将 $x=A\sin\varphi$，$\dot{x}=A\omega\cos\varphi$ 代入上式，可求得等价阻尼系数

$$c_e=c$$

可见非线性弹性力 $kx+\mu x^3+\gamma^5$ 对等价阻尼系数 c_e 的值没有影响。

由式（6.8-11）可知

$$k_e=\frac{1}{\pi A}\int_0^{2\pi}F_k(A\sin\varphi,A\omega\cos\varphi)\sin\varphi\mathrm{d}\varphi$$

同样将 $x=A\sin\varphi$，$\dot{x}=A\omega\cos\varphi$ 代入上式，可求得等价弹簧刚度

$$\begin{aligned}k_e&=\frac{1}{\pi A}\int_0^{2\pi}(cA\omega\cos\varphi+kA\omega\sin\varphi+\mu A^3\sin^3\varphi+\gamma A^5\sin^5\varphi)\sin\varphi\mathrm{d}\varphi\\&=k+\frac{3}{4}\mu A^2+\frac{5}{8}\gamma A^4\end{aligned}$$

例 6.8-2 已知非线性方程

$$m\ddot{x}+F_k(x)=F_0\sin\omega t$$

式中，$F_k(x)$ 为非线性弹性力，即

$$F_k(x)=\begin{cases}k_1x & -e\leqslant x\leqslant e\\ k_1x+k_2(x-e) & e\leqslant x\leqslant\infty\\ k_1x+k_2(x+e) & -\infty<x\leqslant -e\end{cases}$$

求等价弹簧刚度、等价固有频率及受迫振动的振幅。

解：在一次近似下，方程的近似解为

$$x=A\sin(\omega t-\psi)=A\sin\varphi=A\sin\omega t_1$$

非线性弹性力为

$$F_k(x)=\begin{cases}k_1x & \varphi_e>\varphi>2\pi-\varphi_e,\pi+\varphi_e>\varphi>\pi-\varphi_e\\ k_1x+k_2(x-e) & \varphi_e<\varphi\leqslant\pi-\varphi_e\\ k_1x+k_2(x+e) & \pi+\varphi_e<\varphi<2\pi-\varphi_e\end{cases}$$

式中

$$\varphi_e=\arcsin\frac{e}{A}$$

该系统的等价弹簧刚度为

$$k_e = \frac{1}{\pi A}\int_0^{2\pi} F_k(x)\ \sin\varphi d\varphi$$

将 $F_k(x)$ 代入，积分后简化得

$$k_e = k_1 + k_2\left\{1-\frac{2}{\pi}\left[\arcsin\frac{e}{A}+\frac{e}{A}\sqrt{1-\left(\frac{e}{A}\right)^2}\right]\right\}$$

$$= k_1 + k_2\left[1-\frac{2}{\pi}\left(\varphi_e+\frac{1}{2}\sin\varphi_e\right)\right]$$

由于 $e/A<1$，可将 $\arcsin\frac{e}{A}$ 和 $\frac{e}{A}\sqrt{1-\left(\frac{e}{A}\right)^2}$ 表示为 $\frac{e}{A}$ 的幂级数，有

$$k_e = k_1 + k_2\left\{1-\frac{4}{\pi}\times\frac{e}{A}\left[1-\frac{1}{6}\left(\frac{e}{A}\right)^2-\frac{1}{40}\left(\frac{e}{A}\right)^4\right]\right\}$$

等价固有频率为

$$\omega_{ne} = \sqrt{\frac{k_e}{m}}$$

振幅为

$$A = \frac{F_0}{k_e - m\omega^2}$$

6.9 迭 代 法

6.9.1 求解杜芬方程

杜芬（Duffing）方程为

$$m\ddot{x}+c\dot{x}+kx\pm\mu x^3 = F\cos\omega t$$

代表三次方非线性弹簧连接质量块受到简谐力激励的振动。“±”号视弹簧软硬而定。在非自治方程式中，时间 t 显现于作用力中。

本节仅研究无阻尼的杜芬方程

$$m\ddot{x}+kx\pm\mu x^3 = F\cos\omega t \tag{6.9-1}$$

用迭代法求其稳态周期解。将式（6.9-1）改写为

$$\ddot{x}+\omega^2 x = (\omega^2-\omega_n^2)x \mp \mu x^3 + F\cos\omega t \tag{6.9-2}$$

以

$$\ddot{x}_0+\omega^2 x_0 = 0 \tag{6.9-3}$$

解得

$$x_0 = A\cos\omega t \tag{6.9-4}$$

作为零次近似解，代入式（6.9-2）右边得

$$\begin{aligned}\ddot{x}_1+\omega^2 x_1&=(\omega^2-\omega_n^2)A\cos\omega t \mp \mu A^3\cos^3\omega t+F\cos\omega t\\&=\left[(\omega^2-\omega_n^2)A\mp\frac{3}{4}A^3\mu+F\right]\cos\omega t\mp\frac{1}{4}\mu A^3\cos 3\omega t\end{aligned}\tag{6.9-5}$$

由周期性条件，知式（6.9-5）右边 $\cos\omega t$ 项的系数必为零，即

$$\omega^2=\omega_n^2\pm\frac{3}{4}\mu A^2-\frac{F}{A}\tag{6.9-6}$$

这就是响应曲线的方程，表示激励频率 ω 与主谐波振幅 A 之间的关系。由式（6.9-5）求出一次近似解

$$x_1=A\cos\omega t\pm\frac{\mu A^3}{32\omega^2}\cos 3\omega t\tag{6.9-7}$$

从式（6.9-7）看出，响应中除主谐波 $\cos\omega$ 外，还有超谐波 $\cos 3\omega$，这是非线性系统受迫振动的特点。

将式（6.9-7）代入式（6.9-2）右边，用类似方法可求出二次近似解，就这样逐步逼近。一般求得二次近似解就足够了，更高次的近似计算将很快变得烦琐不堪。

6.9.2 振幅跳跃现象

当 ω_n、μ、F 确定时，按式（6.9-6）绘出 $|A|-\dfrac{\omega}{\omega_n}$ 响应曲线，如图 6.9-1 所示。其脊骨线方程是自由振动时的响应曲线方程：

$$\omega^2=\omega_n^2\pm\frac{3}{4}\mu A^2\tag{6.9-8}$$

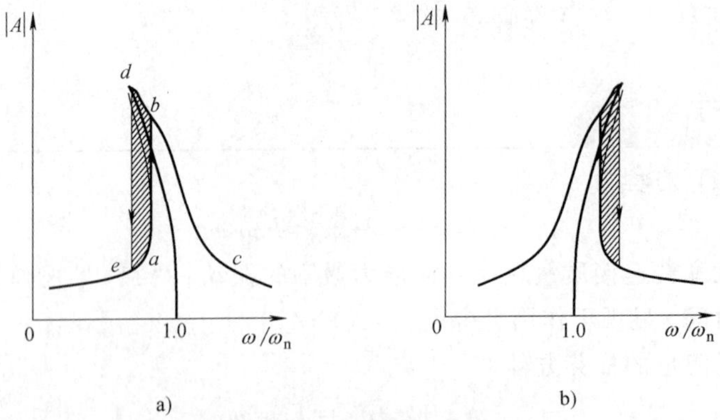

图 6.9-1　无阻尼杜芬方程的响应曲线

a）渐软弹簧响应曲线（$\mu<0$）　b）渐硬弹簧响应曲线（$\mu>0$）

对于线性系统的强迫振动，激励频率的连续变化只会导致响应幅值的连续变化。可是对于非线性系统，即使对激振频率连续扫描，在某些特定点上，也会导致振幅出现不连续的跳跃。在如图 6.9-1a 所示渐软弹簧系统的响应曲线中，随着激振频率增加，振幅逐渐增大直到点 a，如果频率再有极其微小的增加，则振幅会从 a 点突然跃升到 b 点，并且沿曲线右部减小。频率若从 c 点代表的某值降低，振幅则连续增大超过 b 点，直到 d 点。这时，频率如

果再有微小的下降，则振幅将从 d 点突然跌落至 e 点，然后沿曲线左部下降。图中阴影面积为不稳定区域。图 6.9-1b 所示为渐硬弹簧系统的响应曲线，其分析方法相同。

6.9.3 阻尼的影响

有阻尼系统的激励与响应之间存在相位差，此处将相位差放在激励力中而非一般放在位移响应中，这样处理将使代数计算简化。有阻尼的杜芬方程为

$$\ddot{x}+c\dot{x}+\omega_n^2x+\mu x^3=F\cos(\omega t+\gamma)=A_0\cos\omega t-B_0\sin\omega t \tag{6.9-9}$$

其作用力大小为

$$F=\sqrt{A_0^2+B_0^2} \tag{6.9-10}$$

相位差的正切值

$$\tan\gamma=\frac{B_0}{A_0}$$

将式（6.9-9）改写为

$$\ddot{x}+\omega^2x=(\omega^2-\omega_n^2)x-c\dot{x}-\mu x^3+A_0\cos\omega t-B_0\sin\omega t \tag{6.9-11}$$

以

$$x_0=A\cos\omega t$$

作为零次近似解代入式（6.9-11）右边

$$\begin{aligned}\ddot{x}_1+\omega^2x_1&=(\omega^2-\omega_n^2)A\cos\omega t+c\omega A\sin\omega t-\mu A^3\cos^3\omega t+A_0\cos\omega t-B_0\sin\omega t\\&=(\omega^2-\omega_n^2)A-\frac{3}{4}mA^3+A_0\cos\omega t+(c\omega A-B_0)\sin\omega t-\frac{1}{4}\mu A^3\cos3\omega t\end{aligned} \tag{6.9-12}$$

由解的周期性条件得

$$\begin{cases}(\omega_n^2-\omega^2)A+\dfrac{3}{4}\mu A^3=A_0\\c\omega A=B_0\end{cases} \tag{6.9-13}$$

将式（6.9-12）、式（6.9-13）两边平方后相加，得

$$\left[(\omega^2-\omega_n^2)A+\frac{3}{4}\mu A^3\right]^2+(c\omega A)^2=A_0^2+B_0{}^2=F^2 \tag{6.9-14}$$

这就是有阻尼系统响应曲线方程，表示了激励力幅值 F、振幅 A、激励频率 ω 之间的关系。响应曲线如图 6.9-2 所示，曲线上端不再趋向脊骨线而形成封闭线。此时仍出现振幅跳跃现象。

由式（6.9-12）解出一次近似解

$$x_1=A\cos\omega t+\frac{\mu A^3}{32\omega^2}\cos3\omega t \tag{6.9-15}$$

从式（6.9-15）同样看出，响应中除主谐波 $\cos\omega$ 外，还有超谐波 $\cos3\omega$。

将 x_1 再代入式（6.9-12）右边，可解出二次近似解。依此类推可解出任意次近似解。

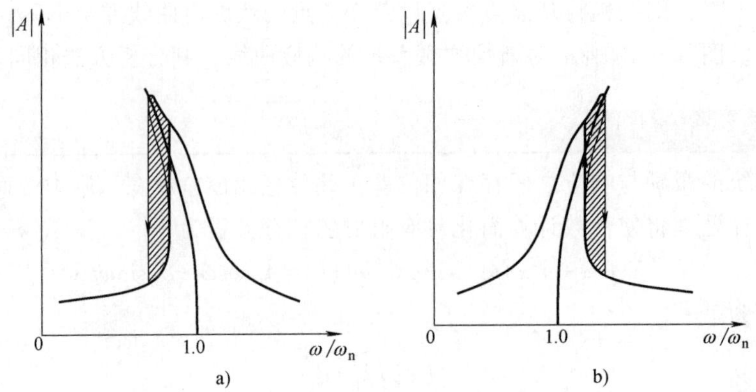

图 6.9-2 有阻尼杜芬方程的响应曲线

a）渐软弹簧响应曲线（$\mu<0$） b）渐硬弹簧响应曲线（$\mu>0$）

6.10 自激振动

由系统自身运动决定的振动称为自激振动。考虑一具有阻尼的单自由度系统，其激振力为速度的函数，其运动方程为

$$m\ddot{x}+c\dot{x}+kx=F(\dot{x}) \tag{6.10-1}$$

或

$$m\ddot{x}+[c\dot{x}-F(\dot{x})]+kx=0 \tag{6.10-2}$$

设外观阻尼 $f(\dot{x})=c\dot{x}-F(\dot{x})$，其变化如图 6.10-1 所示。速度小时，外观阻尼 $f(\dot{x})$ 是负值，系统能量增加，振动的振幅将增大；速度大时，外观阻尼 $f(\dot{x})$ 是正值，系统能量减小，振动的振幅将减小。于是振动将趋向于一极限环（稳定的周期运动）。

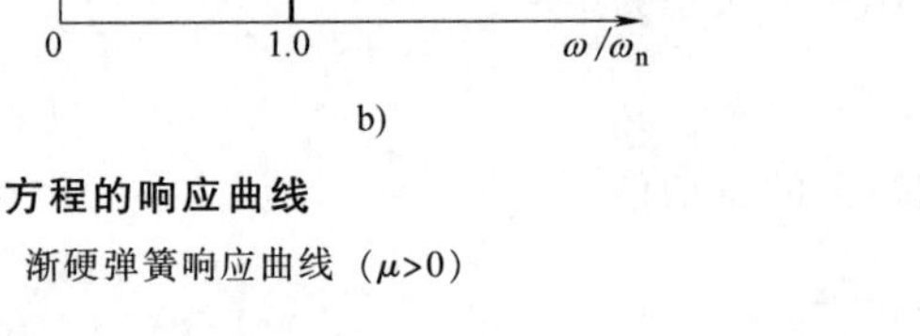

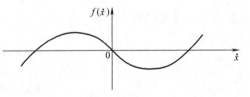

图 6.10-1 外观阻尼 $f(\dot{x})=c\dot{x}-F(\dot{x})$

例 6.10-1 图 6.10-2 所示为一弹簧-质量系统，质量块 m 放在以速度 v 向右运动的传输带上。试分析质量块 m 的振动。

解： 动摩擦系数 μ_k 小于静摩擦系数 μ_s，两者之间的差异随相对速度增大而增加，如图 6.10-3 所示。

刚开始，传输带与质量块同步以速度 v 向右运动，直到弹簧力与静摩擦力平衡量时，在此瞬间

$$kx_0=\mu_s mg \tag{a}$$

质量块从这一点开始向左返回运动，弹簧力将再次被动摩擦力平衡

$$k(x_0-x)=\mu_{k1}mg \tag{b}$$

联立式（a）与式（b），得振动的振幅

$$x=x_0-\mu_{k1}\frac{mg}{k}=\frac{(\mu_s-\mu_{k1})g}{\omega_n^2} \tag{c}$$

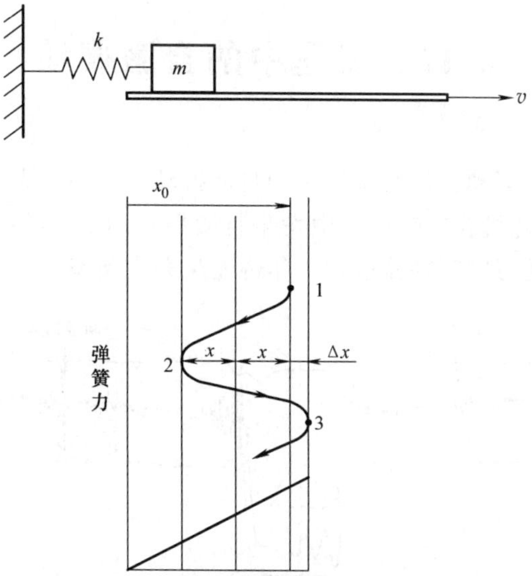

图 6.10-2　在传输带上的弹簧-质量系统振动

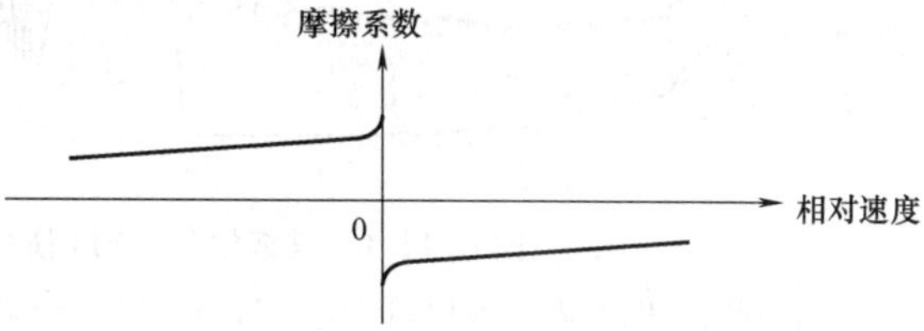

图 6.10-3　传输带与质量块之间的 Coulomb 摩擦系数

当质量块向左运动时，与传输带之间的相对速度大于向右运动，因此

$$\mu_{kl}<\mu_{kr} \tag{d}$$

式中，下标 l 代表向左，r 代表向右。摩擦力在质量块向右运动过程中所做的功显然大于在向左运动过程中所做的功。在质量块向右运动过程中摩擦力的方向与运动方向一致，摩擦力对系统做正功；在质量块向左运动过程中摩擦力的方向与运动方向相反，摩擦力对系统做负功。在一个振动周期内摩擦力对系统所做的正功大于负功，使系统的能量不断增加，振幅持续增大，系统就发生了自激振动。

如图 6.10-2 所示，从位置 2 至位置 3 弹簧力所做的功为

$$W_{23}=-\frac{1}{2}k[(x_0+\Delta x)+(x_0-2x)](2x+\Delta x) \tag{e}$$

从位置“2”至位置“3”摩擦力所做的功

$$W'_{23}=\mu_{kr}mg(2x+\Delta x) \tag{f}$$

质量块在位置 2 及位置 3 处的速度皆为零，即其动能皆为零，故弹簧力和摩擦力从位置 2 至位置 3 所做的功之和为零，即

$$\left[-\frac{1}{2}k(2x_0-2x+\Delta x)+\mu_{kr}mg\right](2x+\Delta x)=0 \tag{g}$$

将式（a）、式（c）代入式（g），得每振动一周振幅的增量为

$$\Delta x=\frac{2g(\mu_{kr}-\mu_{kl})}{\omega_n^2} \tag{h}$$

6.11 工程中的自激振动

工程中经常发生自激振动，使设备因受到自激振动产生的巨大动载荷而破坏。图 6.11-1 所示为某钢铁厂 1000 初轧机在轧钢过程中发生自激振动的记录曲线，由自激振动产生的巨大动载荷使该轧机主传动万向联轴器曾在一年内发生九次断裂。

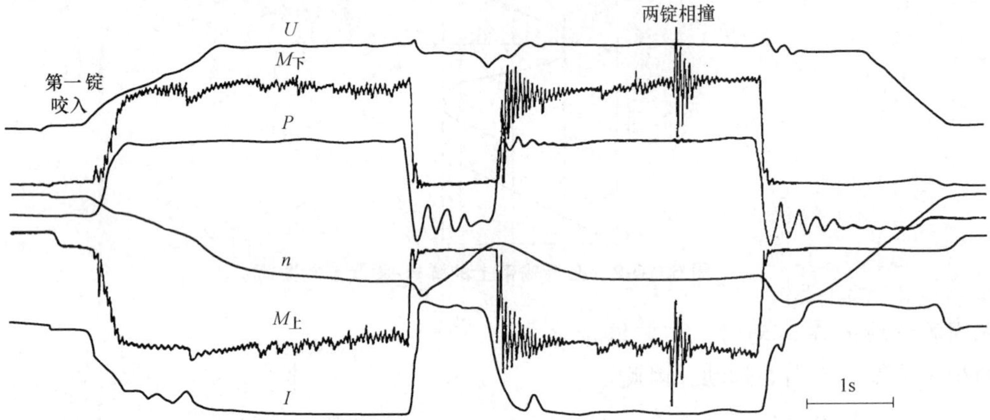

图 6.11-1 某钢铁厂 1000 初轧机自激振动的记录曲线

$M_上$、$M_下$—上、下轧辊的扭矩 P—轧制力 n—转速 I—主电动机电流 U—主电动机电压

图 6.11-2 所示为某钢铁企业板带热连轧机组 R1 轧机（第一架粗轧机）主传动系统的自激振动记录曲线。从该记录曲线可看出，在整个钢坯轧制过程的前半部分，主传动系统的剧烈自激振动使整个系统承受了高频（系统的一阶固有频率）变化的巨大动载荷；在高频率、高强度的径向动载荷和轴向动载荷的作用下，导致主减速器高速轴操作侧轴承保持架断裂，如图 6.11-3 所示的照片。

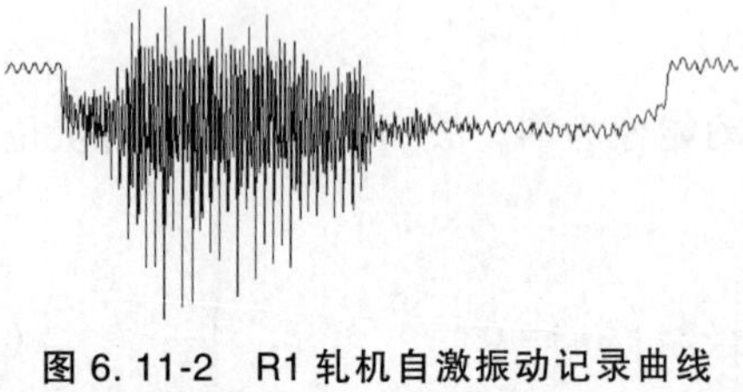

图 6.11-2 R1 轧机自激振动记录曲线

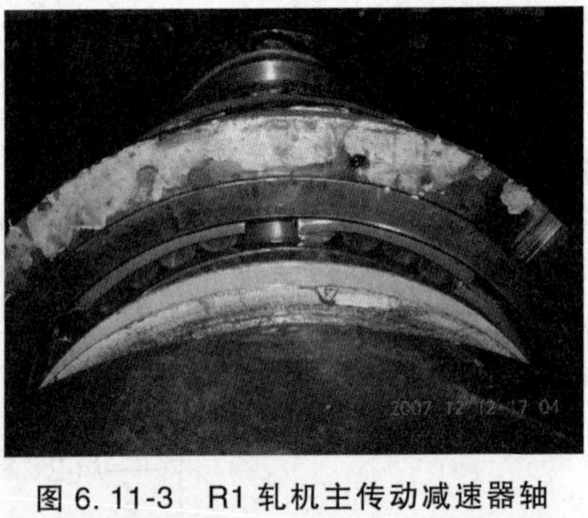

图 6.11-3 R1 轧机主传动减速器轴承因自激振动而损坏照片

下面以某轧钢机主传动系统为例，通过建立轧机主传动系统的扭转振动力学模型，分析产生自激振动的机理，提出防治自激振动的措施。

6.11.1 轧机主传动系统扭转振动理论模型简化

在 2.8 节中研究了轧钢机主传动系统扭转振动的理论模型，可将实际的工程系统（图 2.8-4）抽象简化为如图 2.8-5 所示的五自由度扭转振动理论模型。图 2.8-5 中 J_4、k_3 与 J_5、k_4 对称，可以作为并联进行合并，从而将图 2.8-5 所示的五自由度扭转振动理论模型简化为四自由度系统模型。由于 k_1 比 k_2、k_3、k_4 大得多，因此可以进一步简化为如图 6.11-4 所示两自由度扭转振动模型。图中 J_1 代表主电动机、主减速器、人字齿轮座等部件的等效转动惯量，J_2 代表轧辊辊系的等效转动惯量，K 代表万向联轴器的等效扭转刚度。系统的主振型如图 6.11-5 所示，图中 N 为节点，即无论系统如何振动，N 点始终不动。于是可以从 N 点将系统切分为两个单自由度系统，如图 6.11-6 所示。由于这两个单自由度系统本来就是一个系统，因此它们应有相同的固有频率，有

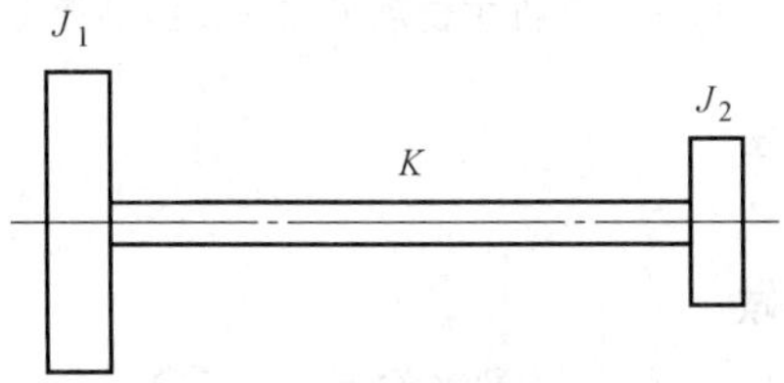

图 6.11-4 轧机主传动系统两自由度扭转振动模型

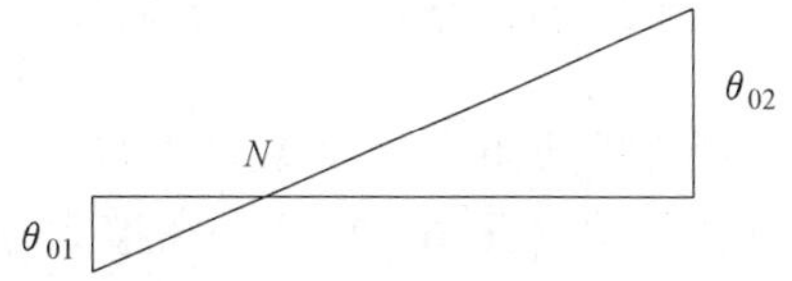

图 6.11-5 轧机主传动系统扭转振动的主振型

$$\sqrt{\frac{K_{01}}{J_1}}=\sqrt{\frac{K_{02}}{J_2}} \tag{6.11-1}$$

即

$$\frac{K_{01}}{K_{02}}=\frac{J_1}{J_2} \tag{6.11-2}$$

而 K_{01} 与 K_{02} 串联的等效刚度就是 K，有

$$\frac{1}{K_{01}}+\frac{1}{K_{02}}=\frac{1}{K} \tag{6.11-3}$$

由以上几个公式可算出等效的单自由度扭转振动系统的固有频率。

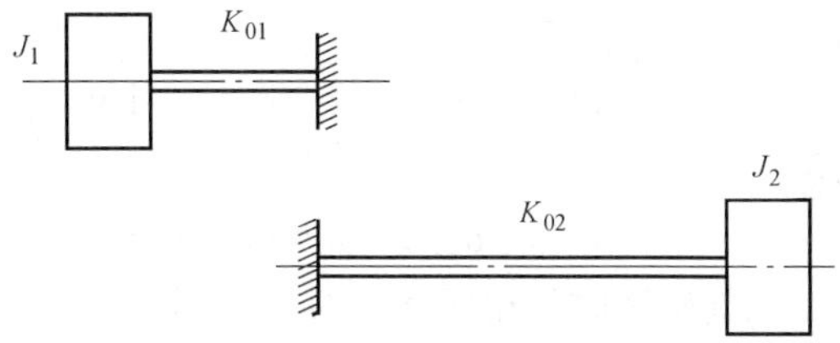

图 6.11-6 轧机主传动系统转化为两个单自由度扭转振动系统

当钢坯与轧辊之间出现打滑时，轧件出口速度 v 小于轧辊辊面的线速度 $R\omega$，如图 6.11-7 所示。

6.11.2 轧机主传动系统自激振动的理论模型

除去整个系统以转速 ω 进行的刚体转动，则钢坯以速度 $v_1=\omega R-v$ 相对于轧辊向左运动，如图 6.11-8 所示。钢坯与轧辊之间有轧制力 N（正压力）作用，钢坯与轧辊之间的摩擦力对轧辊产生的摩擦力矩始终是逆时针方向。在此摩擦力矩作用下，轧辊向逆时针方向转动，轧辊同时受到扭簧 K（由万向联轴器等效转化）产生的弹性扭矩作用。当弹性扭矩与最大静摩擦力矩平衡时，轧辊逆时针方向的转角为 ϕ_0，则有

$$K\phi_0=\mu_s NR \tag{6.11-4}$$

式中，μ_s 为钢坯与轧辊之间的静摩擦系数。

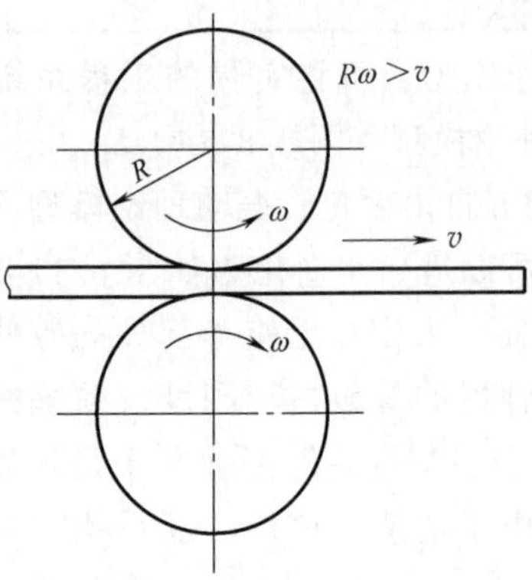

图 6.11-7 钢坯与轧辊之间打滑

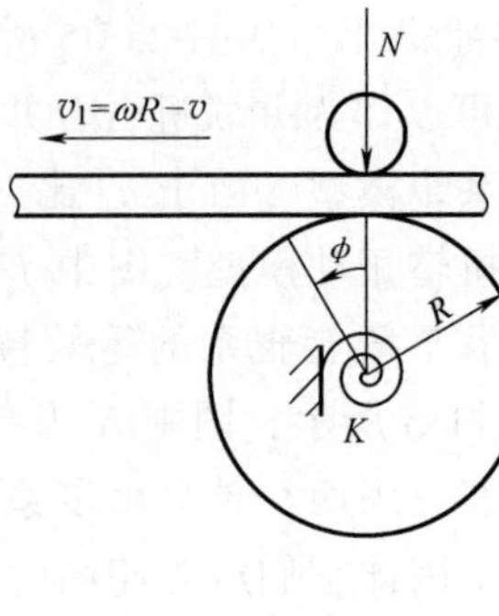

图 6.11-8 轧机主传动系统扭转振动模型

当弹性扭矩大于摩擦力矩时，轧辊将向顺时针方向发生扭转振动（图 6.11-9），摩擦力矩是逆时针方向，与轧辊运动方向相反，这个阶段摩擦力矩对轧机主传动系统做负功。当扭簧产生的弹性扭矩 $K(\phi_0-\phi)$（顺时针方向）与钢坯与轧辊之间的滑动摩擦力矩平衡时，有

$$K(\phi_0-\phi)=\mu_{kr}NR \tag{6.11-5}$$

式中，μ_{kr} 为轧辊顺时针方向振动时与钢坯之间的滑动摩擦系数。

由式（6.11-4）和式（6.11-5）可知，轧辊扭转振动角度为

$$\phi=\phi_0-\mu_{kr}NR/K=NR(\mu_s-\mu_{kr})/K \tag{6.11-6}$$

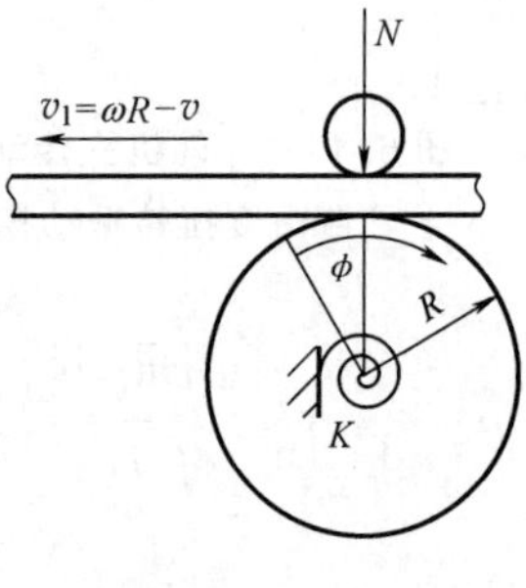

图 6.11-9 轧辊向顺时针方向转动

当轧辊逆时针扭转振动时（图 6.11-10），扭簧的弹性扭矩为 $K(\phi_0-\phi)$，钢坯与轧辊之间的滑动摩擦产生的摩擦力矩为 $\mu_{kl}NR$（逆时针方向），μ_{kl} 为轧辊逆时针方向转动时与钢坯之间的滑动摩擦系数。由于摩擦力矩方向与轧辊运动方向相同，故此阶段摩擦力矩对主传动系统做正功。

当轧辊逆时针扭转振动时，其与钢坯之间的相对速度 v_{el} 为图 6.11-8 中所示的钢坯速度 v_1 与轧辊扭转振动速度 v_{rv} 之差，即

$$v_{el}=v_1-v_{rv} \tag{6.11-7}$$

当轧辊顺时针扭转振动时，其与钢坯之间的相对速度 v_{er} 为图 6.11-8 中所示的钢坯速度 v_1 与轧辊扭转振动速度 v_{rv} 之和，即

$$v_{er}=v_1+v_{rv} \tag{6.11-8}$$

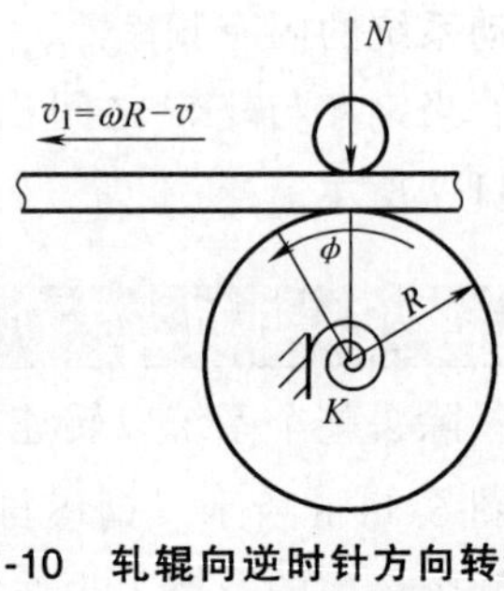

图 6.11-10 轧辊向逆时针方向转动

于是轧辊逆时针方向扭转振动时，其与钢坯之间的相对速度 v_{el} 小于顺时针方向扭转振动时的相对速度 v_{er}，即

$$v_{el}<v_{er} \tag{6.11-9}$$

摩擦系数随相对速度变化（图 6.10-3），相对速度越小，则摩擦系数越大，故轧辊逆时针方向扭转振动时与钢坯之间的滑动摩擦系数 μ_{kl} 大于顺时针方向扭转振动时的滑动摩擦系数 μ_{kr}，即

$$\mu_{kl}<\mu_{kr} \tag{6.11-10}$$

因此，当轧辊逆时针方向振动时的摩擦力矩要大于轧辊顺时针方向振动时的摩擦力矩，在一个振动周期内，摩擦力矩对轧辊主传动系统所做的正功大于所做的负功，使主传动系统扭转振动的能量越来越大，振幅也越来越大，即产生扭转自激振动。由于轧机主传动系统有阻尼存在，当自激振动一个周期内由于钢坯与轧辊之间摩擦力矩使主传动系统增加的能量与系统阻尼消耗的能量平衡时，自激振动的振幅趋于稳定。

6.11.3 轧机主传动系统自激振动的诱发因素和防治措施

1. 诱发轧机主传动系统自激振动的主要因素

从以上分析可知，钢坯与轧辊之间发生打滑是诱发轧机主传动系统自激振动的主要原因。要消除自激振动，就要避免钢坯与轧辊之间发生打滑。使钢坯与轧辊之间产生打滑的因素有：

1）热轧机由于压下量大，如果钢坯与轧辊之间的摩擦系数太小，会造成钢坯咬入困难，使钢坯与轧辊之间出现打滑。

2）钢坯出现扣头现象，如图 6.11-11 所示。下弯的钢坯头部与轧机出口导板及输送辊道发生碰撞，致使钢坯与轧辊之间打滑。

3）钢坯在轧制过程中头部受到撞击，也会使钢坯与轧辊之间出现打滑。图 6.11-1 所示 1000 初轧机主传动系统的自激振动就是由于双锭轧制时第二个钢坯头部撞上了第一个钢坯的尾部，使钢坯与轧辊之间打滑而诱发的。

图 6.11-11　钢坯扣头

2. 防治轧机主传动系统自激振动的措施

针对以上诱发因素，采取以下措施可以防治轧机主传动系统的自激振动。

1）由于钢坯表面的氧化皮与轧辊之间的摩擦系数较小，使钢坯与轧辊间容易产生打滑，因此清除干净钢坯表面的氧化皮，可减小打滑的可能性。

2）将热轧机的轧辊辊身表面加工方式由磨削改为车削，以增加辊身表面的粗糙度，从而增大轧辊与钢坯之间的摩擦系数。某厂板带热连轧机组 R1 轧机就是采取此措施消除了主传动系统的剧烈自激振动。

3）影响钢坯扣头的主要因素是轧制线高度、上下辊径差及钢坯加热温度的均匀度。适当降低轧制线高度、适当加大下辊直径及使钢坯上下面温度一致都可以改善钢坯的扣头状态。某厂对热连轧机组 R1 轧机进行相应调整后，轧出的钢坯头部平直（图 6.11-12），消除了钢坯头部与输送辊道相撞

图 6.11-12　钢坯头部平直

的现象，效果很好。

4）多坯轧制时，适当加大各坯在输送辊道上的距离，避免正在轧制的钢坯与停放在输送辊道上的钢坯相撞。某钢铁厂1000初轧机在双锭轧制时，将前一钢坯输送到较远的位置，避免正在轧制的后一钢坯头部撞击前一钢坯的尾部，从而消除了第二个钢坯轧制过程中的自激振动现象。

采取以上措施后，这些轧机主传动系统再也没有发生过剧烈的自激振动现象，保证了轧机正常运行。

6.12 习　　题

6-1　高度 h、底圆直径 $2r$ 的两个角锥构成如图 6.12-1 所示浮标，质量加在其底部，使得平衡时，水面至其中央面的距离为 x_0，求浮标垂直振动的运动方程。

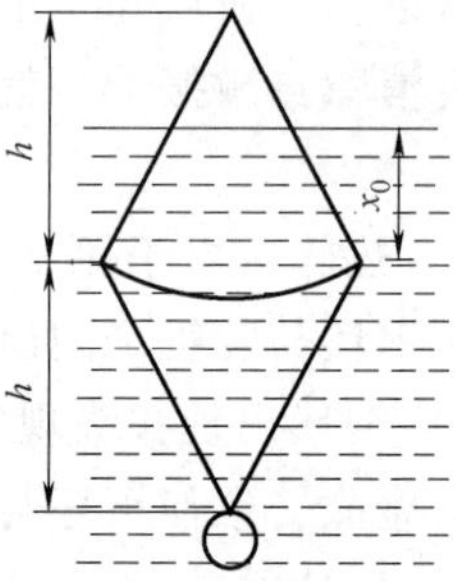

图 6.12-1　题 6-1 图

6-2　有阻尼弹簧-质量系统的运动方程为

$$\ddot{x}+2\xi\omega_{n}\dot{x}+\omega_{n}^{2}x=0$$

写出其状态方程，并以 $v=y/\omega_n$ 及 x 为坐标，画出其中一条相轨线。

6-3　势能函数 $U(x)=8-2\cos\dfrac{\pi x}{4}$，令总机械能 $E=6$、7、8 及 12，画出其相轨线，并讨论这些相轨线。

6-4　如图 6.12-2 所示单摆的集中质量为 m，摆长为 l，受磁石排斥力 $F=\dfrac{C}{(AB)^2}$，磁石距悬挂点距离为 h。试推导其运动方程，并判断在平衡位置 $\theta=0$ 处的稳定条件。

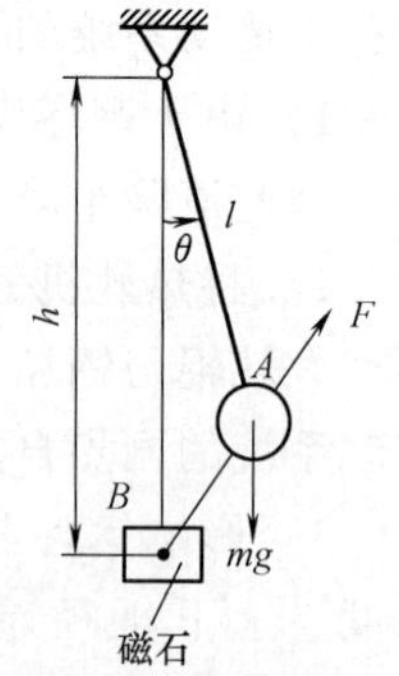

图 6.12-2　题 6-4 图

6-5　非线性振动方程为

$$\ddot{x}+x-\frac{\pi}{2}\sin x=0$$

求奇点位置、类型，判定其稳定性并画出相轨线示意图。

6-6　非线性振动方程为

$$\ddot{x}+x+x^3=0$$

求奇点位置、类型，判定其稳定性并画出相轨线示意图。

6-7　非线性振动方程为

$$\ddot{x}-x+x^3=0$$

求奇点位置、类型，判定其稳定性并画出相轨线示意图。

6-8　某非线性系统的状态方程为

$$\begin{cases}\dot{x}=x-y\\ \dot{y}=x^2-1\end{cases}$$

求奇点位置、类型，判定其稳定性并画出相轨线示意图。

6-9 画出下式的等倾线

$$\frac{\mathrm{d}y}{\mathrm{d}x}=xy(y-2)$$

6-10 具有渐硬弹簧的有阻尼系统自由振动方程为

$$\ddot{x}-\mu\dot{x}(1-x^2)+x=0$$

式中，$\omega_n^2=k/m=25$，$c/m=2\zeta\omega_n=2.0$，$\mu/m=5$。利用增量法（δ 法）画出其相轨线。初始状态为 $x(0)=4.0$，$\dot{x}(0)=0$。

6-11 试用增量法（δ 法）画出单摆的相轨线图，初始状态为 $\theta(0)=60°$，$\dot{\theta}(0)=0$。

6-12 以 $\theta-\frac{\theta^3}{6}$取代 $\sin\theta$，试用摄动法求单摆振动的一次近似解。

6-13 某非线性系统振动方程为

$$\ddot{x}+g\left(\frac{3x}{h}+\frac{3x^2}{h^2}+\frac{x^3}{h^3}\right)=0$$

初始条件：$x(0)=A$，$\dot{x}(0)=0$。设 $x=A\xi$，则上式改写为

$$\ddot{\xi}+\omega_0^2(\xi+\mu\xi^2+\mu^2\xi^3)=0$$

式中，$\omega_0^2=\frac{3g}{h}$，$\mu=\frac{A}{h}$。试用摄动法求其二次近似解。

6-14 非线性系统振动方程为

$$\ddot{x}-0.15\dot{x}+10x+x^3=5\cos(\omega t+\varphi)$$

试用迭代法求其一次近似解。初始条件为 $x(0)=A$，$\dot{x}(0)=0$。并画出 $|A|$-ω 响应曲线。

6-15 试用摄动法求如图 6.12-3 所示系统非线性振动的一次近似解。假设绳子张力为 T，初始状态为 $x(0)=A$，$\dot{x}(0)=0$。并导出其马休（Mathieu）方程。

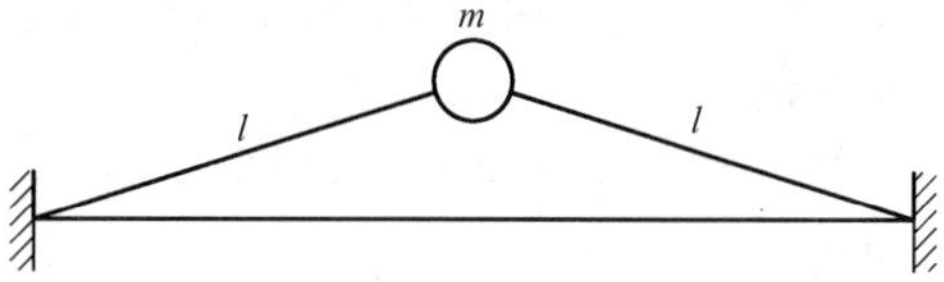

图 6.12-3 题 6-15 图

6-16 某非线性系统的振动微分方程为

$$m\ddot{x}+kx+ax^3=0$$

其初始位移为 A，请用等价线性化方法求该系统的自由振动圆频率。

参考文献

[1] THOMSON W T, DAHLEH M D. 振动理论及应用［M］. 5版. 北京：清华大学出版社，2005.

[2] RAO S S机械振动［M］. 李欣业，张明璐，译. 4版. 北京：清华大学出版社，2009.

[3] 师汉民，谌刚，吴雅. 机械振动系统——分析·测试·建模·对策［M］. 3版. 武汉：华中科技大学出版社，2013.

[4] 闻邦椿，刘树英，张纯宇. 机械振动学［M］. 2版. 北京：冶金工业出版社，2014.

[5] 清华大学工程力学系固体力学教研组振动组编. 机械振动［M］. 北京：机械工业出版社，1980.

[6] 铁摩辛柯 S，杨 D H，小韦孚 W. 工程中的振动问题［M］. 胡人礼，译. 北京：人民铁道出版社，1978.

[7] 谷口修. 振动工程大全［M］. 北京：机械工业出版社，1983.

[8] 振动与冲击手册编辑委员会. 振动与冲击手册［M］. 北京：国防工业出版社，1990.

[9] 陈予恕. 非线性振动［M］. 北京：高等教育出版社，2002.

[10] 李友荣，贺文涛. 开坯机主传动系统自激振动分析［J］. 武汉科技大学学报，2010（3）：303-305.

[11] 李友荣. 1000初轧机主传动系统的扭转振动［J］. 武汉钢铁学院学报，1992（4）：387-397.

[12] 李友荣. 热轧开坯机主传动系统自激振动的危害和机理及防治措施［J］. 冶金设备，2011（2）：105-108.

[13] 王志刚，李友荣，吕勇，等. 地下卷取机主传动系统自激振动的机理研究［J］. 轧钢，2006（2）：22-25.

[14] LI H N，ZHANG P，SONG G B. Robustness Study of the Pounding Tuned Mass Damper for Vibration Control of Subsea Jumpers［J］. Smart Materials and Structures，2015（24）：95-100.

[15] Li L，SONG G，SINGLA M，et al. Vibration control of a traffic signal pole using a pounding tuned mass damper with viscoelastic materials（Ⅱ）：experimental verification［J］. J Vib Control，21（4）：670-675.

[16] CHEN J，LU G T，LI Y R. Experimental Study on Robustness of an Eddy Current-Tuned Mass Damper［J］. Applied Sciences，2017，7（9）：895.

[17] 王兴东，涂琪瑞，李友荣，等. 沉没辊振动附加质量计算及试验研究［J］. 华中科技大学学报（自然科学版），2018，46（11）：47-52.

[18] 王兴东，刘灿灿，李友荣，等. 计及附加质量的热镀锌线沉没辊装置液固耦合振动瞬态响应分析［J］. 振动与冲击，2018，37（7）：152-156.

[19] 王兴东，黄毫军，李友荣，等. 沉没辊装置液固耦合数值模拟及振动实验［J］. 北京科技大学学报，2016，38（12）：1778-1783.

[20] 陈敬常，李友荣. 预应力轧机垂直方向振动分析［J］. 武汉钢铁学院学报，1983（2）：63-79.

[21] 李友荣. 预应力轧机拉杆的随机动力响应分析［J］. 机械强度，1989（4）：75-78.

[22] 王志刚，李友荣. 结晶器非正弦振动研究［J］. 机械传动，2002（2）：10-11.

[23] 刘安中，李友荣，朱瑞荪，等. 降低带钢卷取机主传动系统冲击扭矩的试验研究［J］. 轧钢，2002（6）：15-16.

[24] 查铂，李友荣. 弹性联轴器对辊道冲击扭矩的衰减效果研究［J］. 重型机械. 2004（4）：75-78.

[25] 吕勇，李友荣，朱瑞荪. 轧机主传动轴断裂事故分析［J］. 武汉科技大学学报. 2007（3），63-79.